飞行技术专业系列教材

直升机飞行原理

王永虎 编

西南交通大学出版社
·成都·

图书在版编目（ＣＩＰ）数据

直升机飞行原理 / 王永虎编. —成都：西南交通
大学出版社，2017.7（2022.1 重印）
飞行技术专业系列教材
ISBN 978-7-5643-5529-6

Ⅰ. ①直⋯ Ⅱ. ①王⋯ Ⅲ. ①直升机 – 飞行原理 – 教
材 Ⅳ. ①V275

中国版本图书馆 CIP 数据核字（2017）第 152282 号

飞行技术专业系列教材

直升机飞行原理

王永虎　编

责 任 编 辑	孟苏成	
封 面 设 计	刘海东	
出 版 发 行	西南交通大学出版社 （四川省成都市二环路北一段 111 号 西南交通大学创新大厦 21 楼）	
发 行 部 电 话	028-87600564　028-87600533	
邮 政 编 码	610031	
网　　　　址	http://www.xnjdcbs.com	
印　　　　刷	成都蜀通印务有限责任公司	
成 品 尺 寸	185 mm × 260 mm	
印　　　　张	22.5	
字　　　　数	562 千	
版　　　　次	2017 年 7 月第 1 版	
印　　　　次	2022 年 1 月第 3 次	
书　　　　号	ISBN 978-7-5643-5529-6	
定　　　　价	88.00 元	

课件咨询电话：028-81435775
图书如有印装质量问题　本社负责退换
版权所有　盗版必究　举报电话：028-87600562

总　序

　　民航是现代综合交通运输体系的有机组成部分，以其安全、快捷、通达、舒适等独特优势确立了独立的产业地位。同时，民航在国家参与经济全球化、推动老少边穷地区发展、维护国家统一和民族团结、保障国防和经济安全、加强与世界不同文明沟通、催生相关领域科技创新等方面都发挥着难以估量的作用。因此，民航业已成为国家经济社会发展的战略性先导性产业，其发达程度直接体现了国家的综合实力和现代化水平。

　　自改革开放以来，我国民航业快速发展，行业规模不断扩大，服务能力逐步提升，安全水平显著提高，为我国改革开放和社会主义现代化建设做出了突出贡献。可以说，我国已经成为名副其实的民航大国。站在新的历史起点上，在 2008 年的全国民航工作会议上，民航局提出了全面推进建设民航强国的战略构想，拉开了我国由民航大国迈向民航强国的序幕。

　　要实现民航大国向民航强国的转变，人才储备是最基本的先决条件。长期以来，我国民航业发展的基本矛盾是供给能力难以满足快速增长的市场需求。而其深层次的原因之一，便是人力资源的短缺，尤其是飞行、空管和机务等专业技术人员结构不合理，缺乏高级技术、管理和安全监管人才。有鉴于此，国务院在《关于促进民航业发展的若干意见》中明确指出，要强化科教和人才支撑，要实施重大人才工程，加大飞行、机务、空管等紧缺专业人才的培养力度。

　　正是在这样的大背景下，作为世界上最大的航空训练机构，作为中国民航培养飞行员和空中交通管制员的主力院校，中国民航飞行学院以中国民航可持续发展为己任，勇挑历史重担，结合自身的办学特色，整合优势资源，组织编写了这套"飞行技术专业系列教材"，以解当下民航专业人才培养的燃眉之急。在这套教材的规划、组织和编写过程中，教材建设团队全面贯彻落实《国家中长期教育改革和发展规划纲要（2010—2020 年）》，以培养适应民航业岗位需要的、具有"工匠精神"的应用型高素质人才为目标，创新人才培养模式，突出民航院校办学特色，坚持"以飞为主，协调发展"的方针，深化"产教融合、校企合作"，强化学生实践能力培养。同时，教材建设团队积极推进课程内容改革，在优化专业课程内容的基础上，加强包括职业道德、民航文化在内的人文素养教育。

由中国民航飞行学院编写的这套教材，高度契合民航局颁布的飞行员执照理论考试大纲及知识点要求，对相应的内容体系进行了完善，从而满足了民航专业人才培养的新要求。可以说，本系列教材的出版恰逢其时，是一场不折不扣的"及时雨"。

由于飞行技术专业涉及的知识点多，知识更新速度快，因此教材的编写是一项极其艰巨的任务。但令人欣喜的是，中国民航飞行学院的教师们凭借严谨的工作作风、深厚的学术造诣以及坚韧的精神品质，出色地完成了这一任务。尽管这套教材在模式创新方面尚存在瑕疵，但仍不失为当前民航人才培养领域的优秀教材，值得大力推广。我们相信，这套教材的出版必将为我国民航人才的培养做出贡献，为我国民航事业的发展做出贡献！

是为序。

中国民航飞行学院教材
编写委员会
2016 年 7 月 1 日

前　言

根据目前国内通用航空大发展的趋势，为适应直升机飞行员培训市场的需求，以及众多通用航空企事业单位和直升机航空爱好者的强烈要求，在中国民用航空规章 61 部（CCAR61部）《民用航空器驾驶员、飞行教员和地面教员合格审定规则》框架下，经过多年的编撰，《直升机飞行原理》终于付梓，这对直升机飞行技术、通航运行和机务维修等方面的拓展有着积极和深远的意义。

本教材是航空院校直升机飞行技术、直升机机务维修专业等学生的专业基础教材，也可作为相关科技人员以及航空爱好者的学习参考书。考虑到不同专业和方向的需求，本教材也提供一定知识选择的余地，书籍章节安排也力图与固定翼飞机飞行原理相对照和衔接，以便于飞行理论的理解掌握和进行自学。

本书在编写过程中参考了多本国内外同类或相近教材和书籍，并融入作者多年的学习和研究结果；针对直升机操纵和飞行执照要求的基础理论知识，翻译并融会了国外大量的资料，包括国外飞行航校教学材料和相关机型的训练手册，择其精华编入书中，强化对基本知识、基本技能和基本方法的介绍。本教材从直升机飞行操纵的方法出发，按照飞行理论学科体系，阐述了旋翼类航空器运动和控制所遵循的基本知识，涉及低速和高速飞行时的旋翼空气动力特性、直升机平衡性和稳操性、不同飞行状态的飞行性能和操纵技术等，通过介绍直升机旋翼的挥舞运动，通俗易懂地阐明直升机操纵的工作机理。

全书共分 10 章。第 1 章为绪论，主要介绍直升机的发展、特点、类型、基本组成和与固定翼飞机的区别。由于与固定翼飞机的低速和高速空气动力相似，第 2 章主要在翼型气动特性知识的基础上，重点介绍旋翼的气动特性及其作用，同时也特别给出了对称翼型的空气动力特点。第 3 章为本教材的突出亮点，也是在众多直升机方面书籍中所没有详细涉及的知识内容，即旋翼挥舞。旋翼挥舞运动对理解直升机稳定性和操纵性至关重要，这也是区别于固定翼飞机稳定性和操纵性的主要根源，通过旋翼挥舞运动的分析，给出自然挥舞特性和挥舞规律。第 4 章为直升机的平衡、稳定性和操纵性，主要阐述了包括静稳定性、动稳定性和操纵性的基本概念，以及影响因素等知识点。第 5 章为直升机平飞、上升和下滑，主要介绍基本概念及其性能，并详细给出相应飞行状态的操纵原理。第 6 章为垂直飞行状态，重点介绍直升机悬停性能及其影响因素，同时也阐述了垂直上升和垂直下降的基本性能及其操纵原理。第 7 章为侧滑和盘旋，主要介绍直升机产生侧滑的原因、判断侧滑的方法，以及消除侧滑的操纵原理，同时也介绍了直升机转弯性能和操纵原理。第 8 章为起飞和着陆，主要阐述了直升机起飞和着陆方式，以及包括低过载飞行和 Mast Bumping 等特殊运行情况。第 9 章为特殊飞行状态，从动态失速出发，介绍了旋翼失速的产生机理、预防和改出方法，然后针对直升机自转下降、涡环状态、尾桨失速等特殊飞行状态进行了详细介绍。第 10 章为重量与平衡，主要介绍直升机重量与平衡的确定方法，重点是确定重心位置。最后，附录给出了直升机理论涉及的术语、美英制单位换算和直升机数据等，特别对目前升力的不同描述方法进行汇总，并突出强调美国联邦航空管理局（FAA）对升力比较完善的解释。

　　在教材编写过程中，得到飞行技术学院、教务处以及新津分院直升机大队等相关部门的大力支持，直升机大队队长犹轶（一级飞行员）、研究生处刘晓明教授对书稿提出了宝贵意见，中国民航飞行学院校长及功勋飞行员关立欣对本书进行了审定，作者在此表示诚挚的感谢。同时，对为本书编撰提供各类参考文献的国内外专家、学者以及相关网站和论坛表示谢意，感谢各位专家和众多的网友提供了很多实际可行的思路，也对教研室及其他老师、学生对第7、8章部分内容的文字录入工作表示谢意，特别感谢中国民航飞行学院大学生心理健康中心王红梅老师对整篇文字校正所付出的辛勤工作。

　　航空器飞行原理是飞行员驾驶的最基本技能，本书涉及的直升机飞行理论知识在深度和广度上更上一层楼。在本书中，涵盖了直升机类别私用驾驶员执照理论考试大纲，希望各位读者收获到对自己有益的直升机航空知识硕果，吾心足矣。

　　为方便读者阅读学习和交流，请扫描下方二维码"HelicopterHome"，即可共享执照考试大纲、考试题型、考试心得、考试技巧、题库更新状态、直升机运行视频、典型事故分析报告、国内外直升机发展势态等信息。此著作编写历经艰辛，但书中难免会有挂一漏万之处，为了力求尽善尽美，如有任何纰漏，欢迎读者指正，不胜感激，请直接通过电子邮件 cafucer@sina.com 联系作者。

作　者

2017 年 5 月

HelicopterHome

目　录

第1章 绪 论

直升机是一种依靠航空发动机驱动一个或多个旋翼产生升力和推进力，实现垂直起落及悬停、前飞、后飞、定点回转等可控飞行的航空器。众所周知，直升机的成功飞行比固定翼飞机晚了几十年，但直升机具有垂直起降，能长时间在空中悬停和向任意方向飞行，以及悬停、小速度向前或向后飞行的特点，当发动机在空中停车时，直升机还可以利用旋翼自转下降，安全着陆，所以在航空界中占据一席之地，近年来呈迅速蓬勃发展之势。

在直升机发展史中，相对于固定翼航空器，直升机具有独特的飞行特性，成为一种不需要专用机场的空中交通工具，在军民通用性方面发挥着重要作用。在军用方面用于运输突击、空降空投、侦察搜索、火力支援、反潜反坦克、布雷扫雷等军事活动。在民用方面主要用于客运、货运、森林灭火、新闻摄影、环境监测、抢险救灾和医疗救护等民事活动，例如，直升机在"5·12"汶川大地震的抢险救灾中就发挥了巨大甚至无可替代的作用。

1.1 直升机的发展

中国的竹蜻蜓和意大利人达·芬奇的直升机草图，为最初直升机的发明提供了启示，它们被公认是直升机发展史的起点。中国的竹蜻蜓（公元前 400 年，见图 1-1）和意大利人达·芬奇的设计方案图（15 世纪，见图 1-2），体现了直升机的基本工作原理——利用螺旋桨的空气动力实现升空飞行。

图 1-1 中国古代"竹蜻蜓"（公元前 400 年）　　图 1-2 达·芬奇的直升机手稿（15 世纪）

竹蜻蜓及其变种在 18 世纪传入欧洲，被西方称之为飞螺旋或"中国陀螺"，这是我们祖先的奇特发明。现代直升机尽管比竹蜻蜓复杂千万倍，但其飞行原理却与竹蜻蜓有相似之处。现代直升机的旋翼就好像竹蜻蜓的叶片，旋翼轴就像竹蜻蜓的那根细竹棍儿，带动旋翼的发动机就好像用力搓竹棍儿的双手。竹蜻蜓的叶片前面圆钝，后面尖锐，上表面比较圆拱，下表面比较平直。当气流经过圆拱的上表面时，其流速快而压力小；当气流经过平直的下表面时，其流速慢而压力大，于是上下表面之间形成了一个压力差，提供向上大于其本身重量的力，竹蜻蜓就会腾空而起。其实，直升机旋翼产生拉力的道理与竹蜻蜓是相同的。

意大利著名科学家、工程师达·芬奇最早提出了直升机旋翼的设想。19 世纪末，在意大利的米兰图书馆里发现了达·芬奇在 1475 年画的一张关于直升机的想象图。这是一个用上浆亚麻布制成的巨大螺旋体，看上去好像一个巨大的螺丝钉。它以弹簧为动力旋转，当达到一定转速时，就会把机体带到空中。驾驶员站在底盘上，拉动钢丝绳，以改变飞行方向。西方人都说，这是最早的直升机设计蓝图。俄国人 M.B.罗蒙诺索夫于 1754 年第一次进行了以弹簧为动力的直升机模型试验。1790 年，英国的凯利制造了以弹性元件为动力的模型，并且绘制了直升机草图。

1907 年，在美国莱特兄弟制造了世界上第一架可操纵的固定翼飞机 4 年后，法国人保罗·科尔尼研制的直升机成功地升空到膝盖高度长达 20 s（见图 1-3），机身两端各有两个旋翼向相反方向旋转以保持扭矩平衡，这架直升机被称为"人类第一架直升机"。它类似于现代直升机的雏形并以其精巧的设计向具有旋翼的载人直升机迈出了成功的一步。早期，直升机面临着两个重要的技术突破，首先需要提供足够的航空动力；其次要抵消旋翼旋转引起的反扭转造成的机身晃动问题。

图 1-3　法国保罗·科尔尼与人类第一架直升机（1907 年）

由于直升机技术的复杂性和发动机性能不佳，直升机的成功飞行比飞机晚了 30 多年。1911 年，俄国人 Б.尤利耶夫提出用尾桨来平衡反扭转的方案，并制作出试验机，同年还发明了可使旋翼桨距发生周期性变换的自动倾斜器。这种单旋翼加尾桨布局的直升机成为现在最流行的布局，占世界直升机总数的 95%。1923 年，西班牙人 J.切尔瓦将挥舞铰用到旋翼上，建造了 C-4 旋翼机，利用前飞时的相对气流吹动旋翼自转以产生升力，而直升机的旋翼有动力驱动，这是两者的差异。

第一架可正常操纵的载人直升机是德国人福克于 1936 年 6 月 26 日成功试飞的 FW-61（见图 1-4）。FW-61 直升机属于并列双旋翼单座直升机，在 1937 年的试飞中，一举刷新了直升机飞行速度、升限、留空时间 3 项世界纪录。1939 年 9 月 14 日，美籍俄国人西科斯基（I. Sikorsky，1889—1972）设计的 VS-300 直升机试飞成功，1941 年 5 月 6 日持续飞行了

1 h 32 min，打破了 FW-61 的世界巡航时间纪录。1942 年，在 VS-302 基础上制造的 R-4（见图 1-5）通常被认为是第一架切实可行的、真正可供使用的直升机，西科斯基被称为现代直升机之父。直升机 R-4 是第一架大量生产的直升机，在第二次世界大战期间制造了数百架。

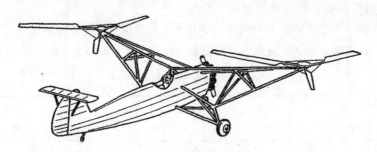

图 1-4　世界上第一架可正常操纵的直升机（1936 年）

图 1-5　世界上第一种批量生产的直升机（1942 年）

1946 年，美国贝尔公司的 Bell 47-NC1H 直升机（见图 1-6）首次取得美国联邦航空局（FAA）颁发的民用适航证，成为世界上第一种拥有商业型号合格证的直升机，使直升机在民用方面逐渐获得了广泛的应用。从此，直升机的发展由探索阶段进入到实用阶段，并逐渐成为各国军事武器装备和国民经济发展的重要支柱。

图 1-6　世界上第一种取得民用适航证的直升机（1945 年）

直升机进入实用期后，主要在动力装置和旋翼方面取得了许多重大的技术进展。首先是涡轴发动机的采用；其次是采用复合材料的旋翼桨叶；第三项重大进展是桨毂的结构形式。早期的全金属铰接式桨毂结构复杂且寿命仅有几百小时，通过不断改进，相继出现了用弹性铰和其他柔性元件取代金属轴承的桨毂结构，直到近期出现的全复合材料无轴承旋翼，达到了简单、长寿、无维护的要求，是直升机发展的一个里程碑。除了旋翼和发动机这两个关键方面的重大进展之外，航空电子系统的迅速发展也为直升机的发展作出了重大贡献，对直升机的使用效能和飞行安全的改善起着重要作用。

在过去的大约半个世纪中，直升机经历了技术上的几项重大突破性进展。目前，直升机进入快速发展阶段，以旋翼和发动机发展为主要技术特征，大体上可分为 4 代，见表 1-1。

表 1-1　各代直升机的比较

投产日期	第一代 1946—1960	第二代 1961—1975	第三代 1976—1990	第四代 1991 至今
主要技术特征	活塞式发动机，金属/木质混合式桨叶，机体为由钢管焊接成的桁架式或铝合金半硬壳式结构，简易的仪表和电子设备	第一代涡轴发动机；全金属桨叶与金属铰接式桨毂构成的旋翼；机体主要仍为铝合金半硬壳式结构；开始采用最初的集成微电子设备	第二代涡轴发动机；全复合材料桨叶及带有弹性元件的桨毂构成的旋翼；机体部分采用复合材料；采用大规模集成电路的电子设备和较先进的飞行控制系统	第三代涡轴发动机；装有进一步优化设计的翼型、桨尖和先进的复合材料旋翼桨叶，无轴承或弹性铰式等新型桨毂；机体大部分或全部使用复合材料；操纵系统改为电传操纵；机载电子设备采用数据总线、综合显示和任务管理；先进的飞行控制、通信导航等系统
最大平飞速度 /km·h^{-1}	<200	约 250	约 300	约 350
全机振动水平/g	约 0.2	约 0.15	约 0.10	约 0.05
噪声水平/dB	约 110	约 100	约 90	<80
旋翼桨叶寿命/h	600	1 200	3 600	近于无限寿命
典型机型	米-4、Bell-47、直-5、S-51 等	米-8、SA321（超黄蜂）、S-65 等	欧直 AS365（海豚）、Lynx（山猫）、UH-60A（黑鹰）、AH-64（阿帕奇）、S-76、卡-50 等	RAH-66（科曼奇）、NH-90、AS350（松鼠）、SA360（海豚）、EH101（灰背隼）、S-92 等

1.2　直升机的特点

直升机是利用旋翼提供升力、推进力来操纵自身进行各种姿态飞行。由于旋翼工作原理和构造的独特，导致直升机与其他航空器不同。固定翼飞机主要依靠机翼产生升力，靠舵面实现姿态的控制；而直升机依靠旋翼能垂直起落、空中悬停、向任一方向灵活飞行。直升机在功能上属于垂直起落机，在构造形式上属于旋翼飞行器。

直升机的最突出特点是可以做低空（离地面数米）、低速（从悬停开始）和机头方向不变的机动飞行，特别是可在小面积场地垂直起降。直升机的主要特点包括直升机空气动力特点、飞行特点、操纵特点和构造特点等，可以归纳如下：

（1）能垂直起飞、着陆和飞行。

（2）对起降场地没有特殊要求。

（3）能在空中悬停和定点转弯。

（4）能沿任何方向飞行。

（5）能吊装体积比货舱大得多的物件。

直升机的最大速度可达 300 km/h 以上，俯冲极限速度近 400 km/h，使用升限可达 6 000 m（世界纪录为 12 450 m），一般航程可达 600~800 km。携带机内、外副油箱转场航程可达 2 000 km 以上。根据不同的需要直升机有不同的起飞重量。当前世界上投入使用的重型直升机最大的是俄罗斯的米-26（最大起飞重量达 56 t，有效载荷 20 t）。

由于以上这些特点使直升机具有广阔的用途及发展前景。在军用方面，直升机广泛应用于对地攻击、机降登陆、武器运送、后勤支援、战场救护、侦察巡逻、指挥控制、通信联络、反潜扫雷、电子对抗等。在民用方面，直升机主要用于短途运输、医疗救护、救灾救生、紧急营救、吊装设备、地质勘探、护林灭火、空中摄影等。海上油井与基地间的人员及物资运输也是直升机应用于公共事务中的一个重要体现。

1.3　直升机的类型

随着直升机技术的长足发展与进步，已有数以万计不同吨位、不同类型和用途的直升机被研制、生产和投入使用，仅《国外直升机手册》一书收编的直升机就有近几百种之多，但由于其发动机、传动系统、旋翼、尾桨之间的关系和相对位置基本固定，使得各种型号的直升机都具有基本相像的形状。目前，一般按直升机的结构形式、起飞重量、用途、使用的发动机种类和有无人驾驶等对直升机进行分类。

1.3.1　按结构形式分类

直升机是依靠发动机驱动旋翼转动产生拉力而飞行的，升力和推进均由旋翼产生。根据牛顿第三定律，旋翼产生拉力的同时，空气必定以大小相等、方向相反的力矩作用于旋翼，这个反作用力矩叫反扭矩，反扭矩会传递到机体上，使机体向旋翼旋转的反方向转动。为了平衡这个反作用力矩，保证直升机的航向平衡，直升机采取了不同的布局形式，从而造成直升机结构形式多种多样。

直升机主要从平衡旋翼反扭矩的方式、驱动旋翼的方式和提供升力与推进力的不同方式来进行结构分类。直升机按平衡旋翼反扭矩的方式可分为单旋翼带尾桨式、双旋翼式、多旋翼式；按驱动旋翼的方式可分为机械驱动式、桨尖喷气驱动式；按提供升力与推动力的方式可分为正常式、带翼式、倾转旋翼式、复合式等。在这些构型中，有的构型通过不断地发展，技术较成熟，已研制出实用的型号，并在军民用领域大量使用，如单旋翼带尾桨式、双旋翼共轴式、双旋翼纵列式、双旋翼交叉式、倾转旋翼式等。

1．单旋翼直升机

单旋翼带尾桨式直升机常称为单旋翼直升机，旋翼系统为一副旋翼和一副尾桨（见图1-7），旋翼既产生升力又产生推进力，可以使直升机垂直飞行、前飞、后飞和侧飞。安装在机身尾部的尾桨提供平衡旋翼反作用力矩的平衡力矩（见图1-8）及航向操纵。改变尾桨拉力的大小，能够改变直升机的航向，进行机动飞行。单旋翼直升机的优点是机械驱动，构造简单效率高，其组成除了旋翼和尾桨外，还有发动机，主、尾减速器，传动系统和自动倾斜器等。与其他类型的直升机相比，其气动、平衡、操稳、振动等问题较易解决，操纵灵便，性能和成本均可接受，目前设计制造技术日趋成熟，是世界上使用最广的发展最完善的一种构型，约占目前直升机总数的80%。我国目前使用的直升机（如直-5，米-8、云雀-3、"超黄蜂"和BO-105等）都属于这种类型。

图 1-7 单旋翼带尾桨式直升机

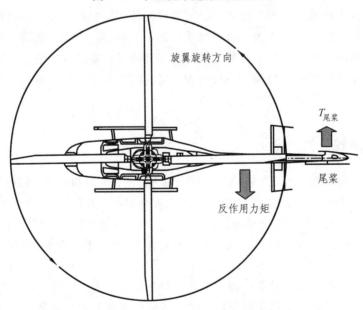

图 1-8 直升机的反作用力矩

这种形式的不足之处是需要一副尾桨来平衡旋翼的反扭矩，这无疑增加了全机的功率消耗和重量，一般尾桨在起飞、悬停状态下的功耗占总功耗的 7%～12%。尾桨高速旋转并处于旋翼的下洗流之下，受载复杂，造成噪声和结构件的疲劳。目前，采用涵道尾桨、增加垂直尾翼（简称垂尾）面积及采用无尾桨式单旋翼等措施来解决这些问题。对于轻型单旋翼直升机，可把尾桨安装在尾梁末端的涵道内，这种尾桨称为涵道风扇尾桨。20世纪80年代，出现了另外一种平衡旋翼反扭矩及进行航向操纵的方法，它根本不需要尾桨来产生侧向力，采用这种方式的单旋翼直升机称为无尾桨单旋翼直升机。

2．双旋翼直升机

双旋翼直升机是用两副机械驱动式旋翼产生升力的直升机。两副旋翼尺寸相同而旋转方向相反，其反扭矩互相平衡，因而不需要安装尾桨。这种形式又可分为共轴式双旋翼直升机、纵列式双旋翼直升机、横列式双旋翼直升机和横列交叉式双旋翼直升机，如图1-9所示。

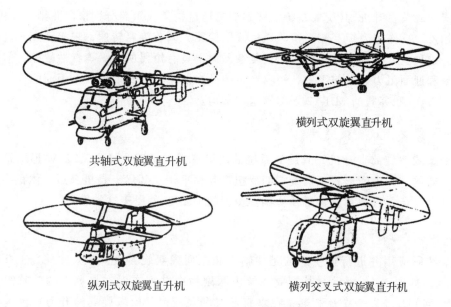

共轴式双旋翼直升机

横列式双旋翼直升机

纵列式双旋翼直升机

横列交叉式双旋翼直升机

图 1-9　双旋翼直升机

3．共轴式双旋翼直升机

共轴式双旋翼直升机是在同一旋转轴线上以一定间距上下排列两副旋转方向相反的旋翼。由于两旋翼转向相反，故反扭矩可互相平衡，不需要尾桨便可抵消反扭矩，并通过旋翼的倾斜和转速的调整，来产生实现直升机各种飞行状态所需的力。这种形式结构紧凑，外部尺寸小，但操纵机构复杂，一般用于中、轻型直升机，苏联的KA-25、KA-50和美国的XH-59A都属这种类型。共轴式双旋翼直升机与单旋翼直升机相比具有以下特点：由于取消了尾桨及其传动系统，在相同总重下，旋翼直径只有单旋翼的70%~80%，因而该机外廓尺寸大大减小；在性能方面，由于旋翼间相互干扰，在悬停时产生的有利影响会使共轴式悬停效率高。此类机型的主要不足为操纵机构复杂、重量大，两旋翼易互相干扰，振动较大。共轴双旋翼布局是唯一能够较好克服单旋翼加尾桨布局不足的构型布局，而这一技术的创造者是俄罗斯的卡莫夫设计局。

4．纵列式双旋翼直升机

纵列式双旋翼直升机，其旋翼系统的两副旋翼沿机体一前一后纵向排列。为避免相互影

7

响，后旋翼安装位置较高。两旋翼转向相反，反扭矩互相平衡。通过旋翼的倾斜、转速的调整来产生各个运动方向的力，实现直升机的各种飞行运动。与单旋翼直升机相比，其主要特点为：一方面，主减速器和旋翼所占重量比例较大，采用纵列式可减小全机重量，该机机身比较宽敞，且纵向重心移动的允许范围较大，对于直升机的使用极为有利，适用于重型运输直升机；另一方面，操纵机构复杂，后旋翼气动性能也较差，在最经济状态的飞行性能明显不如单旋翼直升机。因此，纵列式构型一般只在设计吨位较大的直升机时采用。目前，世界上只有美国的 BV-234 和 CH-46D 等采用这种形式。

5．横列式双旋翼直升机

横列式双旋翼直升机，其旋翼系统的两副旋翼通过构架或短翼分别横向并排装在机身上，旋翼旋转相反，反作用力矩互相平衡。通过倾斜旋翼，调节旋翼转速，来实现直升机各个方向的运动。这种直升机的操纵机构也比较复杂。由于具有短翼所以平衡特性较好，但增加了结构的重量和迎面阻力。在前飞中，短翼产生的升力能减轻旋翼的负荷，因而能提高飞行速度。美国的 V-76 和苏联的 MH-12 等均属这种结构。

6．横列交叉式双旋翼直升机

横列交叉式双旋翼直升机，其旋翼系统的两旋翼相距很近，且交叉成"V"形，是介于共轴式与横列式的一种中间形式。两旋翼的反扭矩互相平衡。其优点是机身短，体积小。其缺点是转动部分复杂，且旋翼旋转必须协调。美国的 HH-43 就属于这种结构。

7．倾转旋翼式直升机

目前，实际应用并进行批生产的是共轴式和纵列式双旋翼直升机。此外，还有倾转旋翼式直升机，如图 1-10 所示，其旋翼系统由两副横向并列布置在机翼上的旋翼组成，两副旋翼的转向相反，以平衡反扭转。在垂直起飞和飞行时，依靠旋翼的升力提供垂直方向的力，因此，可像普通的直升机那样进行垂直、侧向、偏航等方向飞行。前飞时，两副旋翼向前倾斜，由升力螺旋桨转为推力螺旋桨，而由机翼提供克服飞机重量的垂直方向的力，变直升机为定翼螺旋桨式飞机。很显然，这种构型大大提高了前飞速度，直升机状态功率消耗大幅度降低，有效解决了失速问题。目前，美国的 V-22 已投入试用，其他国家也在竞相发展，倾斜旋翼机有可能部分代替经典直升机和支线客机，而成为未来的主力机种之一。

图 1-10　倾转旋翼式直升机

8．带翼式直升机

带翼式直升机安装了辅助翼，如图 1-11 所示，前飞时辅助翼提供部分升力使旋翼卸载，从而提高了飞行速度，增加了航程，飞行性能也得到了改善。苏联重型直升机米-6 即为这种直升机，巡航飞行时旋翼卸载约为总升力的 20%，最大飞行速度接近 300 km/h。

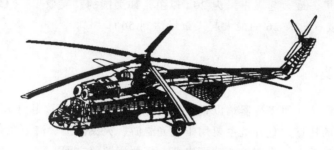

图 1-11　带翼式直升机

9．旋翼桨尖喷气直升机

还有一种桨尖喷气驱动式直升机，称为旋翼桨尖喷气直升机。由安装在旋翼桨尖的喷气发动机喷气或由装在直升机内的发动机提供的压缩空气通过桨尖喷管喷出，产生冲力驱动旋翼旋转。该构型的优点是，机身不受反作用力矩作用，因而不需要尾桨进行平衡，传动机构比较简单，载重效率较高；缺点是桨叶构造复杂，耗油量大，桨叶内部结构复杂，桨尖喷气产生的噪声大，如图 1-12 所示。目前，该机型数量不多，英国的"罗托达因"（Rotodyne）就属该种直升机。

图 1-12　旋翼桨尖喷气直升机

1.3.2　按起飞重量分类

按起飞重量对直升机进行分类，能反映出直升机在技术、经济、使用等方面的差别，直升机的起飞重量是直升机研制、生产和使用中人们非常关注的问题。人们尤其重视运输直升机的吨位（起飞重量）、空机重量、有效载荷、客（货）舱容积、外部吊挂能力、航程及续航时间等。一般来讲，吨位越大的直升机装载量越大，采购价格越高。按直升机最大起飞重量的不同主要分为轻型、中型、重型和超重型。

（1）小型直升机，最大起飞重量在 2 t 以下。如 SA319 云雀系列、EC120、贝尔 206 等。

（2）轻型直升机，最大起飞重量为 2～4 t。如法国的"云雀3"（SA313/319）、意大利的 A119 等。目前，轻型直升机在民用直升机中占有相当大的比例，是民用直升机的主体。

（3）中型直升机，最大起飞重量为 4～10 t，如欧直的"海豚"（SA365）、美国的"骑士"（CH-46）、"黑鹰"（UH-60）等。

（4）大型直升机，最大起飞重量为 10～20 t，如美国的 CH-53E、法国的"超黄蜂"（SA321）和俄罗斯的米-8 等。

（5）重型直升机，最大起飞重量为 20 t 以上，如美国的"支奴干"（CH-47）、俄罗斯的米-6 和米-12 等。俄罗斯米-26 的最大起飞重量达到 56 t。

1.3.3 按用途分类

直升机因为有许多其他飞行器难以企及的优势，得到广泛应用。由于可以垂直起飞降落，不需要大面积机场的特点，直升机主要用于观光旅游、火灾救援、海上急救、缉私缉毒、消防、商务运输、医疗救助、通信以及喷洒农药、探测资源等方面。

直升机用途不同决定着直升机的性能、构造和外形不同。直升机按用途可以分为军用和民用两大类，军用直升机执行军事任务，民用直升机担负民用任务。军用直升机主要有：多用途运输直升机、反潜艇直升机、反坦克直升机和侦察通信使用的直升机等；民用直升机主要有：中型运输直升机、起重直升机和农业多用途直升机等。

根据其执行主要任务不同，军用直升机分为军用运输直升机（例如，UH-60"黑鹰"、CH-47"支奴干"、米-8、米-26、V-22"鱼鹰"等）、武装直升机（例如，AH-64D"阿帕奇"、米-24、卡-52、"虎"等）和战斗勤务直升机 3 个类别。

民用直升机是指用于客运、货运、吊装、公共事务，以及抢险救灾和医疗救护等民事活动的直升机。民用直升机已经广泛应用于国民经济建设的各个方面，按用途大体可以分为：通用运输直升机（例如，直-9、直-11、贝尔 222、S-76 等）、旅客运输直升机（例如，S-96、BA609 等）、公共服务直升机（例如，R22、R44、贝尔 212 等）、特种作业直升机（例如，UH-1H、MD500、贝尔 206B 等）、起重直升机（例如，米-26、CH-47SD 等）和教练直升机（例如，B-2B、R22 等）。

1.3.4 按其他方法分类

按照直升机动力装置可分为活塞式直升机和涡轴式直升机。目前，安装涡轴发动机的直升机约占直升机总数的 80% 以上；按照安装发动机数量的多少，可分为单发、双发和多发；按照驾驶员座位分为单驾驶或双驾驶；按照起降场地可分为在陆地起降的陆用直升机、水陆两用直升机和舰载直升机等；按隐身水平可以分为隐身直升机、准隐身直升机和非隐身直升机；按有无人驾驶分为有人驾驶直升机和无人驾驶直升机。

1.4 直升机的组成

目前，直升机普遍是单旋翼带尾桨的直升机，一般由以下主要部分组成：旋翼和尾桨、动力装置、传动系统、操纵系统、起落装置、机身和机载设备等，如图 1-13 所示。

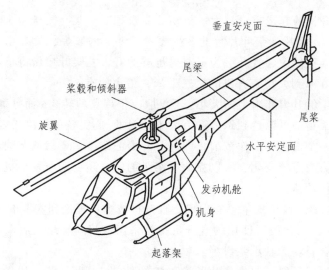

图 1-13　直升机的主要组成部分

1.4.1　旋　翼

直升机最明显的标志部件是旋翼，顾名思义，旋翼就是旋转的机翼，也是直升机最关键的部件。直升机在空中飞行，升力、前进推力和操纵力都由旋翼产生；而固定翼飞机的升力主要是靠安装在飞机机身的机翼产生，而前进拉力则靠另外的螺旋桨或喷气式发动机产生。所以，直升机的旋翼既起到飞机机翼的作用，又起到螺旋桨（或喷气式发动机）的作用，此外还起到副翼、升降舵和方向舵的作用。旋翼既是升力面又是操纵面，这使得直升机旋翼比固定翼飞机的机翼结构复杂。

旋翼由数片桨叶和桨毂构成，形状像细长机翼的桨叶连接在桨毂上。桨毂安装在旋翼轴上，旋翼旋转轴方向接近于铅垂方向，桨叶一般是靠来自发动机的扭转保持旋转运动，旋转时，桨叶与周围空气相互作用，产生气动力。直升机旋翼绕旋翼旋转轴旋转时，每个桨叶的工作都与一个机翼类似。在桨叶 1-1 处沿旋翼旋转方向剖开，其剖面形状是一个翼型，即桨叶剖面，如图 1-14 所示。翼型弦线与垂直于桨毂旋转轴的桨毂旋转平面之间的夹角称为桨叶的安装角（或桨距），以 φ 表示。相对气流 W 与翼弦之间的夹角为该剖面的迎角 α。

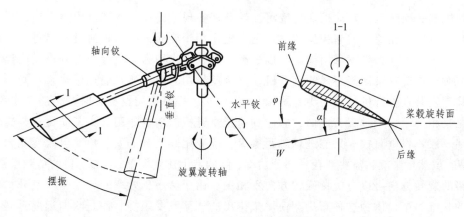

图 1-14　全铰式旋翼与桨距

11

一般而言，直升机的起飞重量越大、机动性要求越高，桨叶数量相对就要多一些，从最少的两片到6片或7、8片。桨叶片数的多少要看设计上的取舍，桨叶越多直升机越平稳。一般来说，直升机载重越大，直升机为了获得足够的升力，桨叶要做得足够长，旋翼直径从小型直升机的5~10 m到大型直升机的二三十米，最大的有32 m。

旋翼旋转所产生的升力和阻力的大小，不仅取决于旋翼的转速，而且取决于桨叶的桨距。调节旋翼的转速和桨距都可以达到调节升力大小的目的。旋翼转速取决于发动机的主轴转速，由于发动机转速有一个最佳的工作范围，因此，升力的改变主要靠调节桨叶桨距来实现。桨距变化又将引起阻力力矩的变化，所以在调节桨距的同时还要调节发动机油门，保持转速尽量靠近最有利的工作转速。

自直升机诞生以来，铰接式桨毂的出现是直升机技术从理论到实践的第一次飞跃，在20世纪70年代以前，大部分投入使用的直升机都是采用铰接式桨毂。后来出现无铰式桨毂、星形柔性桨毂和复合材料无轴承桨毂等。

直升机旋翼采用新材料、改进桨叶形状和新翼型来提高其性能，比如桨尖的形状从第一代的矩形，到第二代的尖削、后掠的简单变化，以及第三代的曲线形桨尖变化，发展至目前第四代桨尖的三维变化。

旋翼的旋转方向包括左旋和右旋，这对直升机旋翼的气动特性没有什么差别，但会引起机身构造的不同。从设计角度上讲，可以通过右手准则来判断某种型号直升机旋翼的旋转方向，右手拇指垂直于弯曲四指，拇指指向为旋翼拉力（或机体立轴）方向，如果四指弯曲方向与旋翼旋转方向一致，为右旋旋翼；如果弯曲方向与旋翼旋转方向相反，则为左旋旋翼。本文采用这种方式来定义旋翼的旋转方向。从运行角度上讲，依据飞行员视角来判断，如果桨叶从左侧转向右侧认为旋翼右旋，称为右转旋翼；而桨叶从右侧转向左侧认为旋翼左旋，称为左转旋翼。

对于设计者而言，旋翼的旋转方向主要是根据各国的传统，美洲系列和欧洲系列就不一样，例如美国一般采用右旋旋翼；而俄罗斯则采用左旋旋翼。美洲系列包括美国、英国、德国、意大利、日本等国家的直升机；欧洲系列包括法国、俄罗斯、中国、印度、波兰等国家的直升机。

1.4.2　尾　桨

直升机旋翼旋转是由发动机通过旋翼轴带动来实现，旋翼给空气以作用力矩，空气必然在同一时间以大小相等、方向相反的反作用力矩作用于旋翼，继而再通过旋翼将这一反作用力矩传递到机身上。如果不采用措施予以平衡，这个反作用力矩就会使直升机逆旋翼转动方向旋转。对于单旋翼带尾桨布局的直升机，这个反作用力矩主要是通过尾桨来平衡。

尾桨是安装在直升机尾端的小旋翼，旋翼产生侧力来平衡旋翼旋转时产生的反作用力矩。旋转的尾桨相当于一个垂直安定面，能起到稳定直升机航向的作用。为了简化尾桨桨毂的构造，尾桨一般不设垂直铰，只能进行总距操纵，改变尾桨桨叶的安装角，可改变侧力，实现方向操纵。虽然尾桨旋转需要消耗一部分功率，但构造上比较简单，所以，目前得到广泛应用。

尾桨的旋转方向可以与旋翼旋转方向不相关。由于考虑到效率问题，当代直升机尾桨一般采用的是推力桨，因为这种布局会使尾桨排出的气流不受阻挡，而是吹向远离垂尾方向，尾桨效率高。另外，出于某种考虑，有的直升机采用拉力桨，例如俄罗斯的米-17。

尾桨是反扭矩系统的重要组成部分，反扭矩系统发展经历了 3 个阶段：一是常规尾桨；二是涵道尾桨；三是无尾桨系统。

常规尾桨由尾桨叶和尾桨毂两部分组成，技术比较成熟，应用广泛，所以单旋翼带尾桨直升机是最成功的生产型直升机。但受旋翼下洗流影响，流场不稳定，尾桨裸露在机体之外易发生伤人或撞击地面障碍物，引起的事故占整个直升机事故总数的 15% 以上。

涵道尾桨与常规尾桨相比，不仅消除了常规尾桨存在的固有缺点，还提高了安全性。桨叶位于涵道内，旋翼下洗流干扰较小，且不会发生伤人撞物的事故。再者，大垂尾面和涵道口前飞时产生的气动力对尾桨起卸载作用，故前飞时消耗的功率要比常规尾桨小得多。由于垂尾的存在又能保证当尾桨失效而直升机被迫自转下降时的全机气动平衡要求，即在涵道尾桨完全失效的情况下，直升机仍然能以一定的速度继续飞行。涵道尾桨工作平稳，振动和噪声水平低，目前为止尚未发生严重事故，充分显示了其优越性。例如，法国的海豚、小羚羊直升机采用的就是涵道尾桨。

无尾桨系统是通过环量控制系统，将旋翼尾流的动能转化成平衡反扭矩的侧力，从而代替常规尾桨，从根本上消除了常规尾桨存在的固有缺陷。例如，美国麦道直升机公司研制的NOTAR 直升机采用的就是无尾桨系统。

为了帮助尾桨抵消旋翼旋转时产生的反作用力矩，有的直升机尾梁上还装有垂直安定面，保证直升机的航向稳定性。尾桨的桨尖速度和旋翼的桨尖速度相近，如果尾桨直径是旋翼直径的 1/5 左右，则尾桨的转速约为旋翼转速的 5 倍。

1.4.3 动力装置

动力装置是直升机动力的提供者，它把燃料的化学能转化为机械能，驱动旋翼旋转。作为驱动直升机旋翼而产生升力和推力的动力装置，从是否需要机械传动机构来分，大体分为机械传动型和喷气驱动型两类。喷气驱动型包括喷气驱动式旋翼和压缩气体驱动式旋翼；机械传动型发动机包括活塞式发动机和涡轴式发动机。20 世纪 50 年代中期以前，直升机都采用活塞式发动机，之后，涡轴式发动机开始用作直升机的动力。直升机动力装置的选择主要根据飞行性能的要求来确定。

在直升机发展初期，均采用技术上较成熟的活塞式发动机作为直升机动力装置。活塞式发动机的优点是耗油率低，起动方便，加速性好，也容易实现高空增压，技术成熟，成本低，经济性好，因此仍是轻小型直升机动力装置的优先选择，如贝尔 47 直升机。现代中型、大型直升机已基本不再采用这种动力装置了，而采用涡轴式发动机。第一台涡轴式发动机是 1953 年莱康明公司研制出来的。涡轴式发动机的燃气能量几乎全部转换为涡轮的轴功率，通过减速器带动直升机的旋翼和尾桨旋转。

涡轴式发动机与活塞式发动机相比，其最大优点是功率大、质量轻和体积小，且由于没有活塞发动机的往复运动，所以振动小，噪声低，易于启动；同时，涡轴式发动机的使用、维护也简单，因此得到迅速发展与广泛采用，目前基本上取代了活塞式发动机。到目前为止，涡轴发动机已经发展了 4 代，表 1-2 显示了涡轴发动机的发展趋势。

表 1-2　涡轴发动机的发展趋势

参　数	使用中	研制中	研究中
功率重量比/kW·kg^{-1}	3.8~6.7	5.8~7.1	8~13
起飞耗油率/kg·(kW·h)$^{-1}$	0.27~0.36	0.27~0.28	0.17~0.24
总压比	8~14	13~15	16~26
涡轮转子前温度/K	1 270~1 370	1 400~1 500	1 500~1 920

　　涡轴发动机自从问世近 40 年来，产品不断改进发展，结构、性能一代比一代好，型号不断推陈出新。据不完全统计，世界上直升机用航空涡轴发动机经历了四代发展时期，输出轴功率从几十 kW 到数千 kW，大大小小约有二十几个发展系列，见表 1-3 所示。

表 1-3　西方典型四代涡轴发动机

分　类	一代	二代	三代	四代
年　代	20 世纪 50 年代	20 世纪 60 年代	20 世纪 70 年代末 至 80 年代初	20 世纪 90 年代 之后
型号名称	阿都斯特Ⅱ（法） T58-GE-109（美） 宁巴斯（英）	阿斯泰祖（法） T64-GE-6（美） 诺姆（英）	马基拉（法） T700-GE-700（美） 宝石 41-1（英）	NTR-390（欧洲） T800-LHT-800（美） RTM-322（英、法）
功　率 /kW	405 1 029 528	441 2 096 1 192	1 324 1 146 835	958 895 1 566
耗油率 /kg·(kW·h)$^{-1}$	0.46 0.38 0.43	0.33 0.32 0.33	0.292 0.29 0.32	0.274 0.280 0.267
增压比	5.2 8.4 5.88	7.8 13 8.4	10.4 17 12	13 15 14.72
涡轮进口温度 /°C	750 982 930	950 1 093 986	1 100 1 199 1 107	1 432 1 480
重量 /kg	154 159 304	160 328 197	210 181 183	169 163 241
功率重量比 /kW·kg^{-1}	2.62 6.47 1.92	2.76 6.39 6.03	6.3 6.33 4.56	5.66 5.5 6.5
适用直升机型号	"云雀" SH-3、UH-2 "黄蜂"	"小羚羊" AH-56 "威赛克斯"	"超美洲豹" "黑鹰" "山猫"	欧洲"虎式" AH-66 EH-101

涡轴式发动机按有无自由涡轮，分为自由涡轮轴发动机和定轴涡轮轴发动机，如图 1-15 所示。自由涡轮轴发动机的特点是允许旋翼在很大的转速范围内变化，其功率重量比大，现代直升机基本都采用这种动力装置。

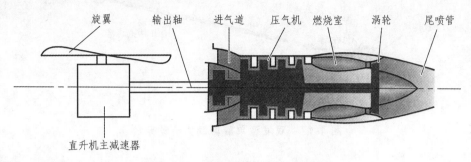

图 1-15　定轴式涡轮发动机简图

在沙尘环境中起降或近地悬停时，下吹气流会将地面的尘土吹扬起来，扬起的沙尘会随空气流进发动机，对发动机的工作非常不利。此时必须考虑发动机防沙尘，一般需安装防止沙尘进入发动机的装置，如滤网、粒子分离器等，以提高发动机的使用寿命。

1.4.4　传动系统

直升机的传动系统是发动机驱动旋翼和尾桨，保持适当转速必不可缺的部件，它与发动机、旋翼和尾桨共同构成了完整的机械传动系统，这是直升机的一个显著特点。直升机的传动系统主要采用刚性构件，利用齿轮啮合传动原理将发动机输出的功率传递给旋翼、尾桨和其他部件。直升机在使用中的实践证明，传动系统的好坏直接关系到直升机的飞行性能、操纵品质、安全性及维修性等各个方面。

按照动力装置在直升机上的使用数量不同，传动系统包括单发型、双发型和三发型的单旋翼动力传动系统，以及双旋翼动力传动系统 4 种典型的直升机动力传动系统。

图 1-16 所示为单发型单旋翼动力传动系统。

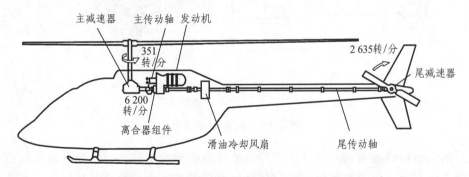

图 1-16　单发型单旋翼动力传动系统

直升机的传动系统通常由发动机传动轴（也称主传动轴）、旋翼轴、尾传动轴、主减速器和尾减速器几部分组成，通常称为三轴两器。有的直升机，由于发动机安装位置和尾桨位置的不同，而有角减速器或中间减速器，如图 1-17 所示。

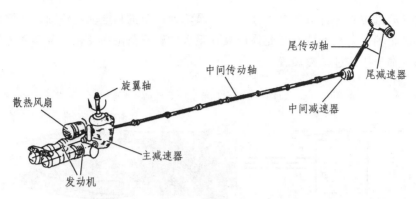

图 1-17　双发型单旋翼动力传动系统

1.4.5　操纵系统

在飞行中，直升机必须具备垂直位移操纵性及对 3 个空间轴线（即横轴、纵轴和立轴）的角位移操纵性，这就要通过操纵系统来实现。直升机的操纵系统是指将驾驶员的操纵信号传递到有关操纵机构，以改变直升机的飞行姿态和方向。整个操纵系统分为 3 大部分：油门总距操纵系统、脚操纵系统和周期变距操纵系统。

单旋翼带尾桨直升机利用尾桨进行方向操纵。驾驶员在驾驶舱中用脚蹬就可以改变尾桨桨距，从而改变尾桨拉力，于是产生所需的相对立轴的力矩，如图 1-18 所示。在双旋翼和多旋翼直升机上，用旋翼进行方向操纵。

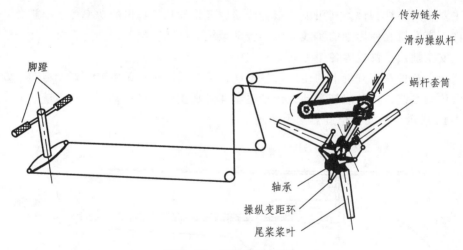

图 1-18　尾桨操纵机构

直升机垂直位移的操纵是通过改变旋翼桨叶总距和发动机油门的方法来实现的。在大多数现代直升机上，总距的操纵与油门的操纵是联动的。直升机操纵系统中一个独特的部件是自动倾斜器，图 1-19 所示的旋翼操纵机构是操纵系统中最复杂的部件，它装在旋翼桨毂之内或桨毂附近。自动倾斜器由滑筒、导筒、内环、外环、旋转环、操纵摇臂和变距拉杆组成。

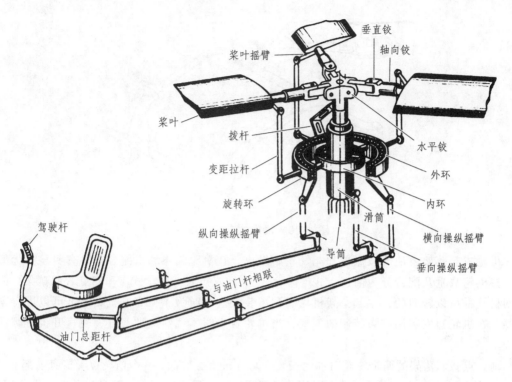

图 1-19　旋翼操纵机构

　　自动倾斜器的构造有很多种,但它们的工作原理基本相同。传统的机械操纵系统质量大、体积大、操纵力大、综合性能差,而现在使用的电传操纵系统,将驾驶员的操纵信号,经过变换器转变为电信号,通过电缆直接传输操纵信号来操纵直升机。电传系统一般具有 4 套独立的电传操纵系统,一旦有一套出现故障,另外 3 套还可操纵直升机正常飞行。如果一套"乱来",出现错误,另外 3 套可以将其纠正过来。

1.4.6　起落装置

　　直升机起落装置的主要作用是直升机着陆时起缓冲作用,减少触地撞击引起的过载,以及防止在起飞、着陆和地面开车时出现地面共振。起落装置还用于地面滑行和停放。由于直升机的飞行速度都不高,所以大多数起落架是不可收放的固定式,通常只是在起落架的支柱和斜支柱上安装整流罩以减小阻力。在飞行速度较高的直升机上,已采用可收放式起落架。

　　直升机起落架的形式有很多种,按接地与滑行装置特点分为滑橇式与机轮式,有用于水上降落的浮筒式起落架,也有同时装有浮筒和机轮的两用起落架(水陆两栖直升机用)。滑橇式起落架在着陆时,依靠结构的弹性变形来吸收撞击能量,起缓冲作用。滑橇式起落装置(见图 1-20)构造简单、质量轻;维护容易、成本低;能够提供非常稳定及刚性的地面接触;有助于从斜面上起飞与着陆;滑橇上容易安装浮筒且捆绑外载方便。但滑橇式直升机不能进行滑跑起飞与着陆,不具备超载滑跑起飞的能力。为了能在地面移动直升机,一般需要在滑橇上临时快速安装小的地面推力轮,它只在地面拖曳直升机时发挥作用。为了使直升机能在泥泞的土地和松软的雪地上起降,可在滑橇上安装雪橇。滑橇式起落装置目前多用于小型直升机。

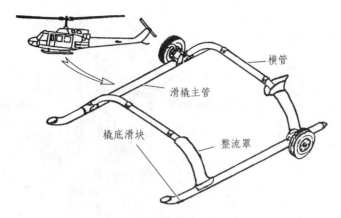

图 1-20　滑橇式起落装置

机轮式起落架由油气减振器和充气轮胎组成，在滑跑起飞和滑跑着陆时有明显的优势。

按机轮数量及配置分为前三点式（前轮式）、后三点式（尾轮式）和四点式起落架。前起落架机轮是可以转向的，主起落架机轮有刹车装置。有时为了使直升机在水上可以进行紧急迫降，在机轮边安装用胶布特制的气囊，当机轮触水时，气囊立即充气，使直升机可漂浮在水面上。

前三点式起落架的两个主轮对称地安装在直升机重心后面，一个前轮位于机身前部（见图1-21）。另外，为了防止直升机着陆时尾桨或尾梁触地，尾梁的后部一般还安装有尾撑或尾橇。后三点式起落架的两个主轮对称地安装在直升机的重心前面，一个尾轮位于尾梁的下部。

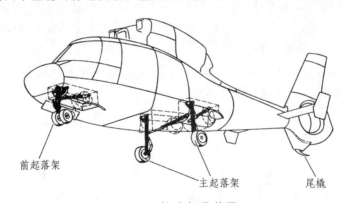

图 1-21　轮式起落装置

前三点式起落架的直升机方向稳定性比后三点式起落架的直升机方向稳定性好，着陆更容易控制，安全性好。后三点式起落架比前三点式起落架的结构重量轻。这主要考虑到直升机带俯冲着陆时，前起落架比尾起落架承受的载荷大得多，因此要求前三点式的前起落架的结构强度和刚度比后三点式的尾起落架大，因而结构重量大。

四点式起落架分别有两个主机轮和两个前机轮，两个主机轮对称地安装在直升机重心的后面，两个前机轮对称地安装在直升机重心的前面，例如"支奴干"直升机。

轮式起落架的结构形式可分为构架式、支柱式和摇臂式。构架式起落架（见图1-22）主要由减震支柱、撑杆、轮轴和机轮等组成。当起落架受到地面反作用力时，减震支柱和撑杆主要承受拉伸和压缩的轴向力，撑杆承受的弯矩较小，因此结构简单，但起落架的尺寸较大。

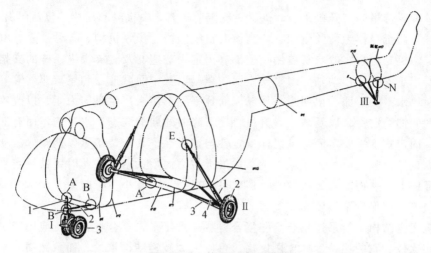

图 1-22　构架式起落架

Ⅰ—前起落架；1—前起落架缓冲支柱；2—叉形斜撑杆；3—机轮
Ⅱ—主起落架；1—主起落架缓冲支柱；2—机轮；3—半轴；4—斜支柱
Ⅲ—尾撑

1.4.7　机　身

机身包括驾驶舱和机舱，与固定翼飞机机身的构造大体相同，其功用是装载人员、货物、设备和燃油等，同时它将各个部分连成一个整体。它主要由机身前段、机身中段、过渡段、尾梁、安定面、尾斜梁及主减速器舱等组成。图 1-23 为 UH-60A 直升机的机身分段图。

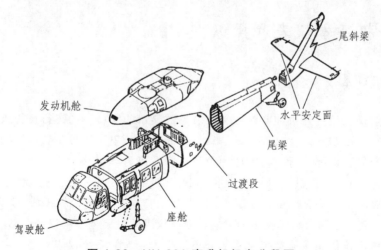

图 1-23　UH-60A 直升机机身分段图

机身主要由主体结构和尾部结构组成。机身是直接承受和产生空气动力的部件，并构成直升机的气动外形。另外，机身还具有承载和传力的功能。固定翼飞机机身的最大受力部位在机翼和机身的结合部，而直升机的最大受力部位在机身顶部旋翼的桨毂和机身结合部。按构造来分，直升机机身分为构架式、梁式和混合式，直升机的构型对机身外形和受力方式有很大影响。

对于单旋翼带尾桨直升机来说，机身一般由前机身、中机身和尾梁（包括尾斜梁）组成。通常情况下，前机身作为驾驶舱用，舱内设有机组座椅、操纵机构、各种仪表、电气与无线电设备等。中机身作乘客舱或货舱用，上部有固定主减速器及旋翼操纵系统的支架。尾桨和尾斜梁主要用于安装尾传动轴、水平安定面、尾梁以及中间减速器和尾减速器等。安装在尾梁左右的两块水平安定面（也叫水平尾翼，简称平尾）用来产生纵向力矩，以改善直升机的纵向平衡和俯仰稳定性，以及减小直升机自转下降时的俯仰姿态。水平安定面有活动式与固定式两种。固定式水平安定面保证纵向安定性与操纵性，其安装角可以调整。活动水平安定面可以操纵偏转。起飞时，为了获得旋翼的最大拉力而增大空速，此时可操纵水平安定面使直升机尾部向上，从而获得最大拉力；巡航飞行时，为了减小飞行阻力，用水平安定面使直升机尾部向下，以保持平飞姿态。

直升机机身结构主要采用铝合金与复合材料。近年来，复合材料广泛应用于机身结构，与铝合金相比较，它的比强度、比刚度高，可以大大减轻结构重量，而且破损安全性能好，成型工艺简单，所以受到人们的普遍重视。

1.4.8　机载设备

直升机机载设备是指直升机上保证直升机飞行和完成各种任务的设备。随着现代直升机的发展，机载设备的重要性越来越突出。机载设备的先进性已成为现代直升机先进与否的重要标志之一。保证飞行的飞行设备有各种仪表、电气、供氧、通信、导航、防冰、加温、灭火等设备，这些设备与普通固定翼飞机上的设备类似。

1.5　直升机基本仪表和操纵

1.5.1　直升机基本仪表介绍

直升机座舱仪表是直升机性能参数和导航参数显示的窗口，为飞行员提供用于监视和控制直升机的飞行、发动机以及其他系统信息。直升机座舱里飞行员位置与民用飞机一样，一般为并列两座布局，训练飞行时，左座为教员座，右座为学员座。

在直升机刚问世时，因其本身结构简单，飞行高度和速度都很低，直升机上没有航空仪表。第一次世界大战期间，迫于军事上的需要，机上开始安装空速表、高度表、磁罗盘、发动机转速表和滑油压力表等。随着科学技术的发展，航空仪表的发展也紧跟机型的发展而发展。

现代直升机座舱仪表按航空仪表功能分类可分为：大气系统仪表、姿态系统仪表、航向系统仪表、导航和飞控系统仪表、发动机仪表和辅助仪表等。

（1）大气系统仪表。大气系统仪表包括指示空速表、真空速表、马赫数（M数）表、升降速度表、气压高度表和大气温度表等。直升机上有一套全静压系统，通过动、静压传感器和温度传感器测量直升机相对大气的运动得到直升机所在位置的大气参数，再根据大气参数与直升机参数的特定关系进行换算，得到相应仪表上所需要指示的直升机参数。

（2）姿态系统仪表。直升机上使用的姿态仪表主要是地平仪和转弯仪。地平仪指示直升机在空中的俯仰角和倾斜角，用三自由度陀螺作为测量工具。转弯仪指示直升机的转弯角速度，用二自由度陀螺作为测量元件。

（3）航向系统仪表。航向系统仪表主要有磁罗盘、陀螺磁罗盘、陀螺半罗盘。直升机上的航向仪表是利用地球的磁场和陀螺定轴性原理来测量直升机的磁航向的。

（4）导航和飞控系统仪表。此类仪表主要包括无线电磁罗盘、电子姿态指引仪、电子水平状态指引仪。这些仪表都是受机载计算机控制，是多功能的综合仪表。该类仪表的功能、结构和控制方式都体现了当前飞行仪表发展的方向，即从单功能指示仪表发展为多功能仪表；从机电控制型仪表发展为数控型仪表；从指针式仪表发展为 CRT 或液晶显示仪表；从监控显示功能型发展为指引飞行员飞行的功能。

（5）发动机仪表。这类仪表是用来检查发动机的工作状态的，如发动机转速表、扭矩表、排气温度表、燃油压力表、滑油压力表、滑油温度表、燃油油量表、燃油流量表和滑油油量表等。

（6）辅助仪表。这类仪表是用来检查不属于上述仪表所检查的其他装置的工作状态的，例如液压、冷气系统的压力表，座舱密封系统的空气流量表等。

座舱航空仪表中飞行仪表（见图 1-24）和发动机仪表（见图 1-25）对飞行员操纵很重要。飞行仪表用于显示直升机的各种运动参数，包括空速表、姿态仪、高度表、航向仪、升降速度表、转弯侧滑表、磁罗盘。发动机仪表是指发动机工作系统中的各种参数测量仪表，包括两用转速表、扭矩表、进气压力表等。

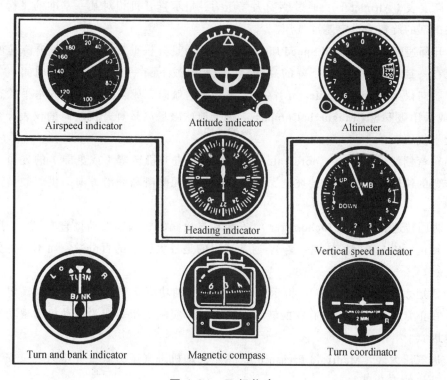

图 1-24　飞行仪表

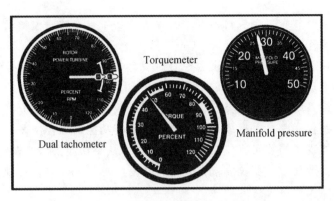

图 1-25　发动机仪表

（1）空速表（Airspeed Indicator）：用来指示直升机相对空气的速度即指示空速的大小，单位为海里/小时或节。驾驶员根据空速，可以判断作用在直升上的空气动力情况，即动压的大小。指示空速不等于真空速，但可以根据空速计算出地速，从而确定飞行距离和时间。

（2）姿态仪（Attitude Indicator）：可以精确指示直升机包括俯仰角和滚转角（坡度）的飞行姿态信息。由于姿态仪对直升机驾驶和飞机自动控制系统很重要，所以一般装有两个姿态仪（正、副驾驶各一个）。

（3）高度表（Altimeter）：通过感受大气压力，指示直升机相对某一基准的飞行高度。通过拨动左下部的旋钮来设定基准气压。

（4）升降速度表（Vertical Speed Indicator）：指示直升机垂直速度。根据升降速度表可以计算飞机在一定时间内爬升或下降的高度，以及爬升或下降一定高度所用的时间。

（5）航向仪（Heading Indicator）：指示直升机的航向，或采用较高级的水平状态指示器（HIS），或采用磁罗盘（Magnetic Compass）感受地球磁场测量直升机航向的仪表，要与航向仪结合起来使用。

（6）转弯侧滑仪（Turn Coordinator）：用来指示直升机转弯（或盘旋）的方向，可以粗略反映转弯的快慢程度和近似的坡度，还可以指示有无侧滑和侧滑方向，供驾驶员操纵直升机协调转弯。

（7）两用转速表（Dual Tachometer）：安装在自由涡轮式涡轴发动机直升机上，用来表示自由涡轮转速（N_1）和旋翼转速（N_2）。通常读出的是最大转速的百分数，而不是每分钟实际的转速。

（8）扭矩表（Torquemeter）：指示发动机输出的轴功率。与转速组合起来确定涡轴发动机功率。在正常工作中，一般旋翼的转速保持不变，实际上扭矩成为发动机输出功率大小的唯一影响因素。

（9）进气压力表（Manifold Pressure）：指示发动机进气压力。进气压力表只安装在装备活塞式发动机的直升机上。

根据在飞行中显示的主导地位，无论分离式仪表显示数据的格式，还是屏幕仪表显示数据的格式，都遵循基本"T"格式，常称为 Basic T。例如图 1-24 中粗黑框中的空速表、姿态仪、高度表和航向仪布局呈 T 字形。现代直升机驾驶舱中已经少见机械式仪表，如图 1-26（a）所示，其中主飞行显示（PFD）从左到右从上到下分别给出空速指示、姿态指示、高度指示、垂直速度指示和航向指示，如图 1-26（b）所示。

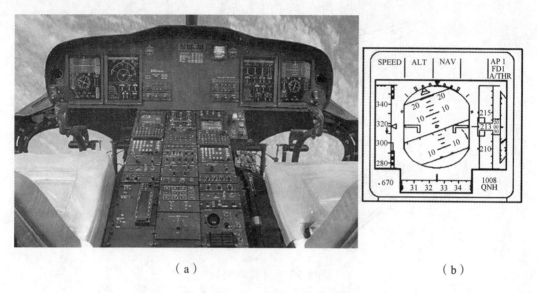

（a）   （b）

图 1-26   先进的航电仪表系统

1.5.2   直升机的基本操纵

直升机的操纵指的是直升机原来处于平衡状态，当驾驶员操纵后，直升机的飞行状态发生了改变，建立了新的平衡状态。操纵主要是通过保持（对平衡而言）或改变（对于操纵而言）旋翼的空气动力合力的大小和方向以及尾桨的空气动力的大小来实现的。

直升机作为控制对象，与固定翼飞机相比具有更复杂的气动特性。如果把固定翼飞机看成 6 自由度的运动体，那么对直升机而言，还必须考虑旋翼和尾桨对机身的转动，桨叶相对于铰链接头的转动。直升机能够升降、悬停、前飞、后飞、左右侧飞、左右转弯，实际上是通过旋翼和尾桨的操纵来实现的。直升机的操纵大多采用自动倾斜器，能使桨叶的桨距作周期性变化，从而改变空气动力的方向，以达到操纵的目的。

1. 旋翼的控制（Rotor Control）

在直升机上，为了改变旋翼的气动合力，有直接控制和间接控制两种方式：

（1）直接控制：直接改变旋翼轴的方向，从而改变旋翼气动合力的方向。此种类型的控制方法适用于小型的单人飞行器，对重量较大的直升机来说构造困难，已经很少使用。

（2）间接控制：不用直接改变旋翼轴相对机身的位置，而用间接控制的方法，即通过自动倾斜器的倾斜，周期地改变桨叶的桨距，即可改变桨尖平面相对机身的位置，从而改变了旋翼的气动合力的方向。这种控制方式目前广泛采用，如图 1-27 所示。

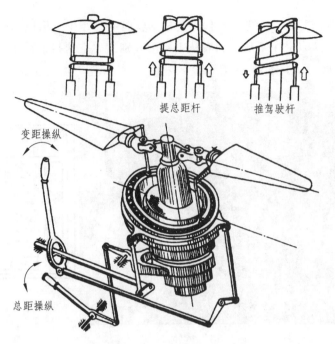

提总距杆　推驾驶杆

变距操纵

总距操纵

图 1-27　旋翼的控制

2．总距杆（Collective Pitch Control）

提放总距杆及调节油门杆，完成旋翼总桨距大小和发动机功率的交联控制，以实现直升机的高度控制，及对发动机功率的协调，所以这种装置又称作"油门总距杆"。在油门总距杆的端头，设有旋转式油门操纵机构，用来单独调节油门的开度，使得在桨距不变时能单独改变发动机的功率，如图 1-28 所示，以便使发动机输出功率与旋翼桨叶总距变化后的旋翼需用功率相适应。

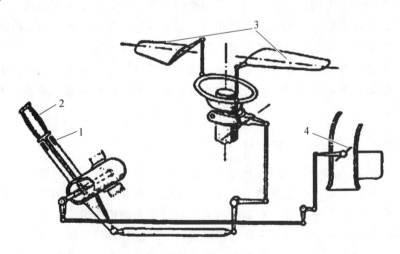

图 1-28　总距和油门的操纵

1—总距杆；2—油门调节环；3—旋翼；4—发动机节气门

一般，总距杆布置在驾驶员座位的左侧，绕支座轴线上、下转动。驾驶员左手上提杆时，使自动倾斜器整体上升而增大旋翼桨叶总距（即所有桨叶的桨距同时增大相同角度），使旋翼拉力增大，反之拉力减小，由此来控制直升机的升降运动。

3. 周期变距杆（Cyclic Control）

周期变距杆简称驾驶杆，与固定翼航空器的驾驶杆作用相似，通过操纵机构与自动倾斜器相连接。一般位于驾驶员座椅的中央前方，用来改变旋翼倾斜度，前后推拉驾驶杆，使自动倾斜器带动旋翼锥体前后倾斜，以改变俯仰角并实现纵向速度控制。驾驶杆左右操纵，使自动倾斜器带动旋翼锥体左右倾斜，改变横滚角，实现侧向速度控制，从而改变直升机的运动状态和自身姿态。

4. 自动倾斜器（Rotor Control Assembly）

自动倾斜器又称斜盘（Swashplate），是把直升机总距杆和周期变距杆的操纵位移，分别转换成旋翼桨叶的总距操纵和周期变距操纵的主要操纵机构。自动倾斜器发明于 1911 年，由于其出现使直升机的复杂操纵得以实现，现已在所有直升机上应用。直升机通过自动倾斜器改变旋翼桨叶总距和周期变距，实际上就是将周期变距杆和油门总距杆的动作由不旋转的操纵传动杆传给旋转的桨叶。

自动倾斜器是直升机操纵系统特有的复杂而且重要的构件，虽然其构造形式虽有多种，但工作原理基本相同。自动倾斜器周期地改变旋翼桨叶的桨距，使旋翼旋转平面倾斜，从而产生所需的俯仰力矩或横滚力矩。当前推驾驶杆向时，通过自动倾斜器的变距拉杆改变纵向桨叶的桨距，形成纵向周期变矩，迫使每片桨叶的桨距进行周期性变化，即周期挥舞；造成旋转锥体及气动力方向前倾，机头下俯，这样直升机向前飞行。同理，当驾驶杆向左倾时，通过自动倾斜器改变横向周期变距，从而迫使桨叶按一定方向挥舞，造成锥体及空气动力方向左倾，旋翼拉力的向左分力使直升机向左滚转，这样直升机向左飞行。驾驶杆向右倾斜时的情况与向左时基本相同，如图1-27所示。

5. 脚蹬（Anti-torque Pedals）

操纵脚蹬可以使尾桨产生拉力形成力矩来平衡旋翼反作用力矩，保证航向稳定；还可改变尾桨总桨距使拉力变化，实现机头转向控制。脚蹬的作用与固定翼航空器的方向舵脚蹬作用相似。

由于直升机的类型比较多，脚蹬起作用的方式也各不相同。对于单旋翼带尾桨直升机，脚蹬经操纵机构与尾桨的桨距控制装置相连，通过控制尾桨桨距的大小来调节尾桨产生的侧向力，达到控制航向的目的。对于单旋翼无尾桨直升机，则是通过脚蹬控制机身尾部出气量的大小来调节侧向力。对于双旋翼直升机，脚蹬控制的则是两旋翼总桨距的差动，即一个增大一个减小，使得两旋翼反扭矩不能平衡，从而使机身发生航向偏转。

若用飞行控制系统来代替驾驶员的操纵，则由 4 个通道组成：俯仰通道、横滚通道、航向通道及高度通道。为了提高直升机对旋翼迎角的稳定性，在某些直升机上采用可调节的水平安定面，其面积为 0.2% ~ 0.5% 桨盘面积。当总桨距提升时（桨距 – 油门向上），水平安定面安装角加大，其作用是增加控制储备，在不同飞行状态下可保持平衡。

总之，单旋翼直升机的操纵规律为：通过操纵油门总距杆的总距操纵来实现直升机的升降运动；通过操纵周期变距杆的变距操纵来实现直升机的前后左右运动，可以使直升机向任意方向飞行；通过操纵脚蹬进行航向操纵来改变直升机的飞行方向，使直升机转弯。

双旋翼横列式和纵列式直升机的水平飞行或垂直飞行的操纵原理，同单旋翼直升机的操纵原理是一样的，只是纵列式直升机在纵向操纵方面和横列式直升机在横向操纵方面有些不同。例如，双旋翼横列式直升机向侧方飞行时要通过差动改变旋翼总桨距。向左、右压杆时，一个旋翼桨距减小而总空气动力随之减小，而另一旋翼的总桨距增大而总空气动力随之增大。这将使直升机滚转而出现坡度，并使总空气矢量倾斜，因而出现总空气动力的横侧分力，直升机便开始向侧方运动，如图 1-29 所示。

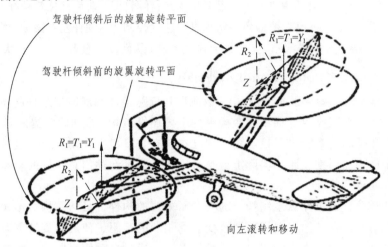

图 1-29　双旋翼横列式直升机的横向操纵

双旋翼横列式、纵列式和共轴式直升机方向的操纵，要借助于旋翼自动倾斜器进行差动操纵。若左旋翼旋转平面向前倾斜，而右旋翼旋转平面向后倾斜，则左旋翼相应得到向前的总空气动力水平力，而右旋翼相应得到向后的水平分力，结果出现绕重心的作用力矩，因而直升机向右偏转，如图 1-30 所示。

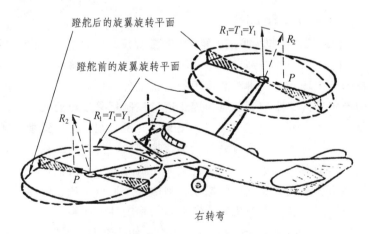

图 1-30　双旋翼横列式直升机的方向操纵

1.6　直升机与固定翼飞机的区别

　　一般认为，直升机技术要比固定翼飞机复杂，其发展也比固定翼飞机慢，两者之间也有相似之处。直升机属于旋翼航空器，而固定翼飞机属于固定翼航空器，都是重于空气且利用空气动力进行飞行的航空飞行器。直升机和飞机有共同点，都需要与空气发生相互作用，产生向上的升力来克服自身重力，而保持在空中飞行。从驾驶角度上看，两者都有"三杆"设备，固定翼飞机有驾驶杆、油门杆和脚蹬；直升机有驾驶杆（周期变距杆）、总距油门杆（总距杆）和脚蹬。"三杆"操纵方式和效果相近，都是用来控制航空器的倾斜和俯仰姿态，前推驾驶杆使其低头，后拉抬头；向左压杆是左滚转，向右压杆是右滚转；左脚蹬使机头左偏，右脚蹬使机头右偏。

直升机有许多独有特性，其飞行原理等方面与固定翼飞机不同。

（1）在空气动力方面，两者的空气动力和操纵力矩产生方式不同。① 直升机保持各种姿态飞行所需的空气动力主要来源于旋翼。因为在任意飞行速度情况下（包括速度为零），直升机旋翼产生拉力以提供所需的升力，所需前进力和侧向力也是由旋翼产生。② 直升机除了尾桨产生偏转力矩之外，其余操纵力矩全部来源于旋翼。旋翼桨盘前后倾斜产生俯仰力矩，左右倾斜产生滚转力矩。改变尾桨拉力大小产生所需的偏转力矩。而固定翼飞机在空中飞行，升力主要靠与飞机机身固定在一起的机翼所产生，而且只有飞行速度超过允许的最小速度时才能产生所需的升力。前进力是靠另外的螺旋桨（或喷气式发动机）所产生，操纵力矩来自于各个可动舵面，俯仰力矩由水平尾翼活动舵面产生；滚转力矩由副翼产生；偏转力矩由垂直尾翼的活动舵面产生。

（2）在飞行速度上，固定翼飞机在速度减小时，必须通过增大机翼迎角来保持所需升力。但迎角的变化范围有限，如果迎角过大，不仅不能产生所需的升力，反而导致飞机失速，失去操纵。直升机可以在飞行速度为零的悬停状态下保持飞行，而在前飞中旋翼桨叶是在气流速度不对称的条件下工作的，随着飞行速度的增大，气流速度不对称性也愈加严重，当飞行速度超过一定数值后，后行桨叶将会因气流分离而失速，前行桨叶会出现激波，从而限制了直升机飞行速度的提高，直升机的最大飞行速度受到限制。而直升机旋翼转速只要不低于相应飞行状态允许的最小值，就可保证直升机的正常飞行，这是旋翼在空气动力方面的另一特点。

（3）在操纵方面上，直升机与固定翼飞机的主要区别首先体现在操纵原理上。固定翼飞机驾驶杆的左右运动带动机翼外侧的副翼，前后运动带动尾部的水平尾翼。而直升机驾驶杆的运动带动自动倾斜器的不动环向驾驶杆运动方向倾斜，自动倾斜器的动环在跟随旋翼旋转的同时，随着不动环倾斜，带动变距拉杆运动，周期性改变所有桨叶的桨距，促使整个桨盘向驾驶杆运动方向倾斜，产生操纵力矩。固定翼飞机的油门杆是单纯的油门，直接控制发动机的功率，决定动力的大小；而直升机的总距油门杆包含总距杆和油门杆，二者合二为一，上提和下放总距油门杆，改变旋翼总拉力的同时，也会通过燃油调节器，增加或减少活门开度，从而改变发动机功率，保持旋翼转速不变。固定翼飞机的脚蹬带动的是垂直尾翼的活动舵面，而直升机的脚蹬带动的是尾桨的自动倾斜器，进行尾桨总距的改变。

（4）在操纵反应灵敏性方面，相对而言，固定翼飞机操纵反应较灵敏，而直升机操纵反应迟缓。飞机舵面（即方向舵、升降舵、副翼）距飞机重心较远，一有操纵，即可产生较大的操纵力矩。因此，一般飞机对操纵的反应比较灵敏。对于直升机，其旋翼气动合力与重心的垂直距离比较近，而直升机的纵向运动和横向运动又是通过改变旋翼气动合力的方向来操纵的，旋翼气动合力偏斜对重心所形成的操纵力矩变化也较小，所以在操纵驾驶杆后直升机的反应也就迟缓。另外，旋翼是个动量矩很大的旋转体，宛如一个定轴性良好的大陀螺，因此旋翼力图保持锥体方向不变的定轴性，也是直升机操纵反应迟缓的重要原因。

（5）直升机操纵中协调动作多，难度大。例如从悬停状态转入某一平飞状态，有如下一系列协调动作：飞行员向前顶杆，产生纵向分力，但同时也产生相对重心的纵向力矩，从而使直升机在前飞的同时也将下俯。当直升机有了前飞速度后，所需功率减小，如不改变飞行高度，桨距就得相应减小。随着功率的减小，旋翼反扭矩也就减小，为保持航向不变，必须同时操纵脚蹬以调节尾桨拉力。尾桨拉力的改变，又必然伴生横向力矩，因此又要侧向操纵驾驶杆。旋翼的横向力矩，平衡了尾桨产生的横向力矩，但旋翼的横向分力并不能恰好平衡尾桨的横向力，最后力的平衡靠机体倾斜出现的重力分量来完成。可见，直升机的操纵较固定翼飞机复杂，加上直升机的稳定性较差，使得直升机驾驶员入门难，并且训练时间较长。为此，越来越多的直升机装上自动驾驶仪和增稳装置，以减轻飞行员的疲劳，改善直升机的飞行品质。

除此之外，直升机存在速度慢、航程短、飞行高度低、振动和噪声大、使用成本高、可靠性低等问题。如直升机直线飞行最大速度的世界纪录为 400 km/h，由英国"山猫"直升机于 1986 年创造。直升机一般巡航速度为 250～350 km/h，实用升限 4 000～6 000 m，航程 400～800 km。

·复习思考题·

1. 试述直升机的特点。

2. 直升机的分代和主要技术特点是什么？

3. 按照结构类型，直升机有哪些类别？

4. 简述直升机的主要组成部分及各部分的功用。

5. 直升机机身的主要组成是_____。

    A. 前段、驾驶舱、中段、客舱与尾斜梁等

    B. 前段、中段、过渡段、尾梁、斜梁与主减速器舱等

    C. 前段、中段、尾斜梁与尾桨等

6. 简单说明直升机两个转速表的作用。

7. 直升机起落装置有哪几种典型形式？其优缺点各是什么？

8. 试述直升机的动力装置分类及区别。

9. 试述直升机主要的航空仪表及其功用。

10. 如何判断旋翼的旋转方向？

11. 单旋翼直升机旋翼传给机体的反力矩由_____。

    A. 发动机输出扭矩平衡

    B. 各桨叶升力彼此平衡

    C. 尾桨产生反力矩平衡

12. 简述直升机尾桨的功能。

13. 直升机传动系统中间减速器的主要功用是_____。

    A. 提高主减速器的传动效率

    B. 将主减速器传给尾桨的转速进一步降低

C. 将主减速器传给旋翼的转速进一步降低

14. 描述单旋翼直升机的操纵规律。

15. 直升机操纵系统自动倾斜器的功用为_____。

    A. 飞行中直升机姿态振荡时，斜盘自动倾斜变距修正

    B. 飞行中直升机受垂直上升或下洗气流作用而颠簸时，斜盘自动修正总桨距

    C. 按操纵改变旋翼总距和周期变距

16. 直升机目前使用最多的动力装置是_____。

    A. 涡轮风扇式燃气涡轮动力装置

    B. 活塞式动力装置

    C. 涡轮轴式燃气涡轮动力装置

17. 直升机与旋翼机的主要区别为_____。

    A. 旋翼机的旋翼无专门动力驱动

    B. 多个与一个旋翼旋转之别

    C. 直升机也叫自转旋翼机

18. 简述直升机与固定翼飞机的区别。

第2章 旋翼空气动力学

旋翼是直升机产生空气动力的主要部件，直升机的性能好坏也取决于旋翼的空气动力特性。对直升机来说，旋翼既起到了飞机机翼的作用，又起到了螺旋桨的作用。不仅如此，旋翼还能起到飞机副翼、升降舵和方向舵的作用。为了实现这些功能，旋翼总的空气动力矢量方向和大小都可变，产生升力、前进力和操纵力，既能前飞，还能有效地完成空中悬停、垂直起落和后飞、倒飞等飞行。理解了旋翼的空气动力特性，就不难掌握有关直升机的飞行原理。旋翼空气动力学也关系到直升机的性能、飞行品质，影响到直升机的可靠性、舒适性。

本章从大气和气流特性、旋翼的结构形式、旋翼的几何特性、旋翼和桨叶工作状态参数入手，主要介绍旋翼的作用和气动理论，进一步研究旋翼的空气动力学特性，目的是为了掌握直升机的运动规律和操纵原理，指导飞行实践。

2.1 大气和气流特性

作用在直升机上的拉力、阻力和侧力等气动力，都是由于直升机在空气中运动，空气流过机身、旋翼、尾桨等而产生的。所以，在研究这些力的产生和变化以前，首先要了解气体和气流流动的特性。

2.1.1 大气状态参量和状态方程

直升机飞行离不开大气。包围在地球周围的空气层，叫作大气。大气的 3 个物理参量分别是压强 P、温度 T 和密度 ρ，这 3 个参量决定气体状态，可以用气体状态方程来表示，即

$$P = \rho RT \tag{2.1}$$

式中　T——大气的绝对温度（单位 K），它与摄氏度 t（单位°C）之间的关系为 $T = t + 273$；

　　　　R——大气气动常数，$R = 287.05\ \text{J}/(\text{kg} \cdot \text{K})$。

直升机飞行中，空气动力的大小和飞行性能的好坏都与气体状态有关，其中某个参量改变时，另外的一个或两个参量也要相应地发生改变。

当温度不变时，压力和密度成正比。即一定质量的气体，保持温度不变，但压力增加，会使气体体积缩小，密度增加；反之，压力减小，密度也随之减小。

当密度不变时，压力与温度成正比。即一定质量的气体，如保持体积不变（也就是密度不变），温度升高时，压力会增大。比如，充足气的轮胎，在高温环境下，由于压力增大会自动爆胎。

当压力不变时，密度与温度成反比。如瘪了的足球在火炉旁烤，足球会重新鼓起来。这说明一定质量的空气，如保持压力不变，温度增高时，会引起空气膨胀，体积变大，密度变小。

2.1.2 气体的黏性和压缩性

黏性和压缩性都是空气的物理特性。气体的黏性是空气在流动过程中表现出的一种物理性质。而气体的可压缩性是当气体的压强改变时其密度和体积改变的性质。直升机在飞行中，机身和桨叶旋转时候会受到空气阻力，其原因之一就是空气有黏性。当旋翼桨尖的相对气流速度接近音速时，会出现阻力突增的现象，这与空气的可压缩性有关。

1．气体的黏性

空气的黏性主要是气体分子不规则运动的结果。相邻两层空气有相对运动时会产生牵扯作用力，叫作空气的黏性力，或称空气的内摩擦力。空气流过物体时产生的所谓摩擦阻力，就是由空气黏性力来决定的。

空气和水都属于流体，但是两者之间的黏性不同，即使不同高度层的大气，由于空气密度的不同，造成空气黏性也不同。流体黏性力的大小可以用流体的内摩擦系数来衡量。在常温下，水的内摩擦系数大于空气，所以水的黏性大于空气的黏性。一般情况下，大气对物体的黏性力可以忽略，但像直升机这样的飞行器，空气对直升机产生的摩擦阻力已不是一个小值，所以必须加以考虑。

如果物体在空气中运动速度不是很大，黏性的作用可以达到忽略的程度，此时，可以采用理想流体模型来进行理论分析。通常把不考虑黏性的流体，即流体的内摩擦系数趋于零的流体，称为理想流体或无黏流体。

2．气体的压缩性

任何气体都是可压缩的。当空气流过物体时，在物体周围各处，气流速度会有增加或减小的变化，相应气体压力会有减小或增大的变化，因此，气体密度会有减小或增大的变化，这就是空气具有压缩性的体现。当研究的问题不涉及压缩性时，所建立的流体力学模型，既适合于液体也适合于气体，当考虑流体压缩性时，气体和液体两种介质必须分别处理。

对于流动的空气来说，空气密度的变化程度是采用空气密度变化的百分比来表示的，即空气密度的变化量 $\Delta\rho$ 与原来空气密度 ρ 之比。事实表明，当旋翼桨尖的相对气流速度较小时，该处的空气密度变化程度小，空气密度变化的影响可以忽略不计，即不考虑空气压缩性的影响，空气密度等于常量：$\rho=c$；但当旋翼桨尖的相对气流速度很大（即接近音速）时，该处的空气密度变化程度很大，密度的变化量显著，旋翼翼尖会出现超音速区并产生激波（压力、密度等突变的分界面），激波是一种强的压缩波，从而产生特别大的激波阻力，影响旋翼的正常工作。

因此，在研究气体低速流动的有关问题时，可以不考虑空气的可压缩性的影响；但当气体流动速度较高时，例如直升机在作大速度飞行时，高速和低速所产生的空气动力有很大的差别，甚至会发生质的变化，这时就必须考虑空气压缩性的影响。

2.1.3 流动气体的基本规律

1．相对运动原理

空气的流动叫气流。当空气流过物体的时候，就会对物体产生空气动力。比如，台风吹过木屋可以将屋顶掀翻，龙卷风可以将大树连根拔起，这些都是空气快速流过物体，在物体上产生力的结果。再比如，有风的时候，即使我们站着不动，也会感觉到空气的力量作用在身上；无风的时候，跑步或坐在敞篷汽车上，同样会感觉到空气迎面吹来，也有力量作用在身上。以上两种情况虽然运动的对象不同，但所产生的空气动力效果是一样的。前一种是空气流动，物体不动；后一种是空气静止，物体运动。因此，只要物体和空气之间有了相对运动，也就是有空气对于物体的相对运动（即相对气流，RAF），在物体表面上就会有空气动力产生。事实证明，只要空气与物体之间的相对速度相同，所产生的空气动力也是相同的。

直升机飞行也是一样的，根据上述道理，可以从直升机在静止空气中运动的情况来研究飞行问题，也可以把直升机看成静止，让空气以相同速度沿相反方向迎面流过直升机，来研究空气动力的产生和变化。这两种情况在现象上尽管有所不同，但由于相对气流相同，由此而产生的空气动力及其变化规律却是一样的。作用在直升机上的空气动力与直升机和空气之间的相对运动速度有很大关系，实际上就是直升机与空气之间的相对运动的结果。

在实验研究和理论分析中，往往采用让直升机静止，而空气以同样的速度沿相反的方向流过直升机，此时在直升机上产生的空气动力效果与直升机以相同速度在空气中飞行所产生的空气动力效果完全一样，这就是"相对运动原理"。例如，直升机以 V_1 = 200 km/h 的速度在静止的空气中飞行，如图 2-1（a）所示，或者气流以 V_2 = 200 km/h 速度反方向流过静止的直升机，如图 2-1（b）所示，二者的相对速度都是 200 km/h。这两种情况下，在直升机上产生的空气动力完全相等，因此可以把以上两种运动情况看成是等效的。

（a）直升机以速度 V_1 飞行

（b）气流以速度 V_2 流过直升机

图 2-1　直升机与气流的相对运动

譬如直升机在空中悬停，虽然直升机没有运动，但旋翼会带动桨叶以一定角速度旋转。此时，相对气流方向和桨叶运动方向相反，速度大小相等。相对气流与翼型桨弦之间的夹角即为桨叶迎角，也称为攻角，如图 2-2 所示。桨叶迎角和固定翼飞机的迎角定义相似，而直升机和旋翼机的迎角采用旋翼迎角来表示，见 2.3.2 小节。

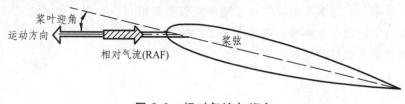

图 2-2　相对气流与迎角

2．连续性定理

直升机是重于空气的飞行器，当其飞行在空中或旋翼旋转时，就会产生作用于直升机的空气动力，直升机就是靠空气动力飞行的。所以，我们要认识空气流动的特性，即空气流动的基本规律。

当流体连续不断而稳定地流过一个粗细不等的管道时，例如文邱利管，由于管道中任何一部分的流体都不能中断或推挤，因此在同一时间内，流进任一截面的流体的质量和从另一截面流出的流体质量是相等的，这就是质量守恒定律。质量守恒定律是连续性定理的基础。连续性定理实际上是质量守恒定律在空气动力学中的应用，反映的是流速与截面积之间的关系，即描述流体流速与流管截面积之间的关系。

同样，当空气流过一个截面变化的流管，如图 2-3 所示，根据连续性定理，在同一时间内，流进任意截面的气体质量和从另一截面流出的气体质量应该相等。则

$$\rho_1 V_1 A_1 = \rho_2 V_2 A_2 = \rho_3 V_3 A_3 \tag{2.2}$$

式中　ρ ——气体密度（kg/m^3）；

　　　V ——气体的流动速度（m/s）；

　　　A ——所取截面的面积（m^2）。

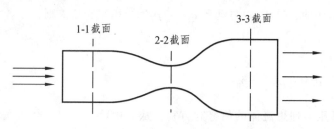

图 2-3　流速与流管截面积的关系

可以看出，气体流过变截面流管中任意截面处的质量 $\rho V A$ 相等，即

$$\rho V A = C \tag{2.3}$$

式（2.3）也被称为可压缩流体的连续性方程。当气体低速流动时，可以认为气体是不可压缩的，即不考虑空气流动时的密度变化，密度 ρ 保持不变，此时

$$VA = C \tag{2.4}$$

式（2.4）被称为不可压缩流体的连续性方程。表明空气以低速稳定流过一个粗细不均的流管时，气流速度与流管直径的平方成反比。截面积大的地方，气流流速低；反之，截面积小的地方，气流速度大。

在日常生活中，有许多事情说明流速随着流管截面积大小变化，如河流在河道窄的地方流得快，在河道宽的地方流得慢；高楼大厦之间的风通常比空旷地带大；山谷里的风通常比平原大等，这都是连续性定理的体现。

3. 伯努利定理

在一个流体系统，比如在气流、水流中，流速越快，流体产生的压力就越小，这就是被称为"流体力学之父"的瑞士物理学家丹尼尔·伯努利1738年首先提出的"伯努利定理"。

流体在运动时，除了遵循质量守恒定律外，还要遵循能量守恒定律。伯努利定理实际上是能量守恒定律在空气动力学中的具体应用，反映的是流速与压力之间的关系。这说明，流体在流动中，不仅流速与流管截面积之间有相互联系，而且流速和压力之间也有相互联系。人们通过大量的实验和日常生活的经验，得到以下结论：在稳定气流中，流速大的地方压力小，流速小的地方压力大。

上述流速与压力的关系，可以用静压和动压的关系来说明。在低速气流中有两部分压力，一部分是静压，一部分是动压，这两者的总和为全压，或称总压。随高度和温度的改变，两种压力都会发生变化。

任何高度的大气层所具有的气压，称为静压，即大气压就是静压。对于直升机来说，直升机远前方的静压是指飞行高度上未受到直升机扰动时的大气压力。动压则蕴含在流动的空气中，大气流动形成的气压，称为动压力，简称动压。动压没有作用于物体表面，只有当空气流经物体，流速发生改变时，动压才转变为静压，施加于物体表面，即空气流动时所产生的附加压力。例如，空气流到旋翼桨叶前缘某一点，受到阻挡，流速降低为零，全部动压转变为静压作用于桨叶前缘。此时，桨叶前缘静压所增加的量就是动压。

实验表明，空气的动压大小与密度成正比，与气流速度的平方成正比。在稳定气流中，气流的全压 p_0 是不变的，静压 p_∞ 与动压 $q_1 = \frac{1}{2}\rho V^2$ 会相互转换。则，三者之间的关系可以表示为

$$p_\infty + \frac{1}{2}\rho V^2 = p_0 \tag{2.5}$$

式（2.5）就是不可压缩理想流体的伯努利方程。从式中可以看出，全压既然一定，当气流的流速加快时，动压增大，静压必然减小；而当流速减慢时，动压减小，静压必然增大。

伯努利定理在水力学和应用流体力学中有着广泛的应用。普通飞机和直升机的空速表就是利用这个定理制成的，其中静压和全压对直升机的作用由空速管探测，又称皮托管，如图2-4所示。飞行中，全压总是大于静压，空速管前端的孔感受到全压，侧面的孔则感受到气流的静压，膜盒内外的压力差就是气流的动压。动压改变，膜盒就会相应地收缩或膨胀，从而带动空速表指针沿刻度盘转动。

空速管常用组合式气压探头和全压探头。组合
气压探头如图 2-5 所示，前端全压孔张开连接到全压
管路。静压管路连接到探头内部静压腔，该腔通过
探头旁边的静压口或静压孔探测直升机外部静压，
这一区域可以减小扰流和偏航气压的影响。全静压
探头如图 2-6 所示，静压由安装于直升机机身上的
静压盘上的孔探测。两个静压孔安装于机身左右两
边，并且连接到相同的静压管路，这样可以纠正偏
航或横滚引起的误差，因此，对静压的探测实际上
探测的是机身左右两边的平均气压。这种类型的系统不适用于高速飞行，因为激波的作用会
产生误差。全压管路直接与全压腔相连，感知大气全压。

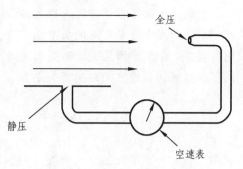

图 2-4　空速表的指示原理

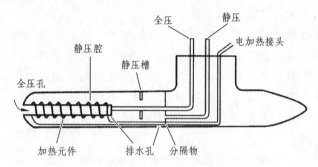

图 2-5　组合气压探头

在直升机飞行中，气压管或空速管可能会结冰，它会干扰气体的流动，当全压或静压管
完全堵塞时，将导致全静压系统不能测量出正确的压力值。通常，静压口很少会受到结冰的
影响。但是，空速管则不同，在结冰天气中飞行时它会结冰，因此，必须对其进行电加热，
在探头上有排水孔。

空气流过直升机会在机身周围形成紊流，这会造成由全静压探头和静压口探测的静压与
实际机身周围的静压存在误差。为了减小这一误差，静压口一般开在机身结构上紊流干扰较
小的地方，厂家通过飞行实验确定这一位置。当校验全静压仪表时，将一起计算这些误差。

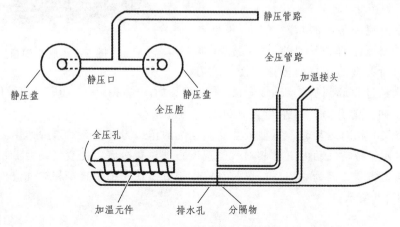

图 2-6　静压口和空速管

根据动压所指示的速度，称为指示空速（IAS），即表速，是飞行操纵的一个重要参数。直升机在标准大气条件下的海平面飞行，其表速等于直升机相对于空气的真实速度（真空速），简称真速（TAS）。因为空速表是根据海平面标准大气条件下的空速与动压之间的关系所测定的，则真速和表速之间的换算关系为

$$TAS = IAS \sqrt{\frac{\rho_0}{\rho_H}} \tag{2.6}$$

式中　　ρ_0——海平面的空气密度，$\rho_0 = 1.225 \, \text{kg} / \text{m}^3$；

　　　　ρ_H——飞行所在高度的空气密度。

如果飞行高度增加，空气密度减小，保持表速不变，由于动压降低，真速大于表速。在中低空飞行，通常高度每增加 1 000 m，真速比表速约大 5%。在直升机空气动力学和性能分析中，凡是没有指明为表速的，均为真速。

其实空速表反映的数值包括了机械误差、空气动力误差、空气压缩性误差和空气可压缩性误差等。在表速换算成真速的时候，要进行相应修正，以满足各种需求。

连续性原理和伯努利定理是空气动力学中两个最基本的定理，它们说明了流管截面积、气流流速和压力三者之间的关系。综合这两个定理，可以得出以下结论：在变截面管道中低速流动的定常流动的气体，凡是截面积小的地方，流速就大，压力就小；而在截面积大的地方，流速就小，压力就大。

在日常生活中，可以观察到表现流速与压力之间关系的实例。如果两手各拿一张薄纸，使它们之间的距离为 4～6 cm，然后用嘴向这两张纸中间吹气，你会看到，这两张纸不但没有分开，反而相互靠近了，而且吹出的气体速度越大，两张纸就越靠近。另一个实例，靠得很近的两只船并肩行驶会自动靠拢，这是由于两船之间的通道变细，由连续性定理知，水速加快；由伯努利定理知，两船之间的水的压力降低。这样，两船中间水的压力低于两船外侧水的压力。于是在压力差的作用下，两船自动靠拢，如果不规避的话就会发生碰撞。航海上把这种现象称为"船吸现象"，如图 2-7 所示。

图 2-7　船吸现象

同样道理，流经桨叶的相对气流，根据连续性定理和伯努利定理，翼型的上翼面流速加快、压力低，而翼型的下翼面流速减慢、压力高，就像流体经过文邱利管（Venturi tube）一样，如图 2-8 所示。上下翼面的压力差促使旋翼桨叶产生向上的升力，以平衡直升机的重力。

翼型与空气有相对运动时，翼型上会受到空气的作用力，空气的这种作用力，叫作空气动力，用 F 表示。将空气动力 F 按相对气流速度方向进行分解：把空气动力沿相对气流速度方向的分力叫阻力 X，因为它阻碍机翼与空气作相对运动，把垂直于相对气流方向的分力叫升力 Y，如图 2-9 所示。

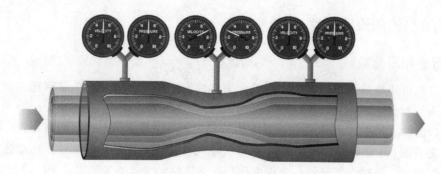

图 2-8　流体在文邱利管中流动

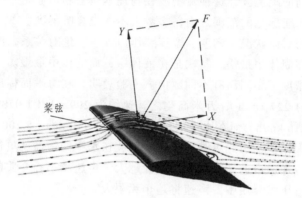

图 2-9　总空气动力

注: 本书在分析桨叶升力时, 仍然采用航空界对机翼升力的普遍描述方式: 伯努利升力。原先 FAA 和 ICAO 等组织采用这种解释方法, 目前对升力的其他解释见附录Ⅲ。

2.1.4　低速气流的流动特性

所谓低速气流, 是指流动速度小于 0.4 倍音速的气流。所谓气流特性, 就是指流动中的空气其压强、密度、温度以及流管截面同流速之间的关系。

低速气流在变截面管道中的流动情况如图 2-10 所示, 密度 ρ 视为常数, 当管道收缩时, $A_2 < A_1$, 由连续性方程 (2.4) 可知, 气流的流速将增加, 即 $V_2 > V_1$; 再由伯努利方程 (2.5) 可知, 气流的静压将减小, 即 $P_2 < P_1$, 如图 2-10 (a) 所示。反之, 当管道扩张时, $A_2 > A_1$, 气流的流速将减小, 即 $V_2 < V_1$, 而气流的静压将增加, 即 $P_2 > P_1$, 如图 2-10 (b) 所示。

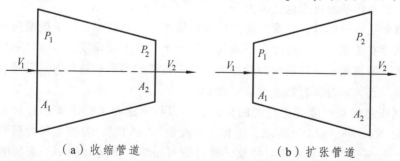

（a）收缩管道　　　　　　　　　　（b）扩张管道

图 2-10　低速气流在变截面管道中的流动

2.1.5 高速气流的流动特性

1. 音速和马赫数

对于空气可压缩性而言，在衡量它的压缩性时，应考虑的因素一个是声速，而另一个考虑因素是飞行器的运动速度，可以用马赫数来表示。

音速，也称"声速"，是声波在介质中的传播速度。声波是一个振动的声源在介质中传播时产生的疏密波（压缩和膨胀相间的波）。空气中飞行的飞机或旋转的桨叶在运动过程中推开周围的空气微团，并对空气起到一个压缩作用，压紧的空气微团又膨胀开来，回到原来位置，因此将一直会产生振动的疏密波，这种疏密波在物理本质上和声波是一样的。不同的是，它的振动频率不在人耳所能感觉的范围之内，多数人不一定会听得到。

音速与传递介质的材质状况（密度、温度、压力等）有绝对关系，而与波源本身速度无关。声音的传播速度在固体中最快，其次是在液体中，而气体中最慢。音速又会根据空气状态（如湿度、温度、密度）不同而有不同数值。实验表明，在海平面标准大气状态下的空气中音速约为 340 m/s（1 227 km/h）；万米高空之音速约为 299 m/s（1 078 km/h）；另外，每升高 1 ℃ 音速约增加 2.16 km/h。而在水中的声速大约为 1 440 m/s（5 200 km/h）。这是因为水的压强和密度比空气大得多，因此更难以压缩，声波在水中的传播就更快。由此可见，衡量介质的压缩性程度，应考虑声速，介质的压缩性越大，声速越小；介质的可压缩性越小，声速越大。显然，在不可压缩介质中，声速将趋于无限大。

音速的大小与空气是否容易压缩有关。容易压缩的空气在流动过程中，受到阻碍的那部分空气体积被压缩得多，即空气密度增加得多，压力增加得慢，不能立即挤压邻近的空气，以至于扰动向外传播得慢，所以音速小；相反，不容易压缩的空气，受到阻碍的那部分空气体积不需要缩小很多，即密度增加也不多，压力就会增加很快，立即能挤压邻近的空气，以至于扰动向外传播得快，所以音速大。

其实，空气是否容易压缩又取决于气体的属性和当地温度的高低。对于一种气体而言，音速大小只取决于当地温度。气温低时，空气容易压缩，音速小；反之，气温高时，空气不容易压缩，音速大。

对于空气，若绝热指数 $\gamma = 1.4$，大气气体常数 $R = 287.05\ \mathrm{J/(kg \cdot K)}$，则

$$a = 20.5\sqrt{T} \tag{2.7}$$

音速随温度变化的原因是，气体分子无规则热运动的速度正比于 $\sqrt{T}$，T 越高分子热运动速度越大，扰动传播的速度也就越大。

研究飞行器飞行原理时，经常会提到马赫数概念，马赫数和音速不能混为一谈。音速与气象条件和高度有关系，同一速度在不同气象条件下、在不同高度，音速是不同的。飞行器运动速度越大，则施加给空气的压力就越大，空气被压缩得也就越厉害。可见，空气被压缩程度与声速成反比，而与飞行器速度成正比。

衡量空气压缩性和密度变化程度的标志，可以将声速和飞行速度结合起来考虑，采用马赫数（Mach Number，M）来表示，也称"马氏数""M-数"，因奥地利物理学家马赫最早提出而得名。马赫数是一个无量纲的数，是讨论可压缩气体运动的一个重要的无量纲相似准数。马赫在从 1887 年起发表的 3 篇关于研究弹丸在空气中运动的论文中指出，当气体速

度大于或小于声速时，弹丸引起的扰动波形是不同的。1929 年德国空气动力学家 J.阿克莱特首次把比值V/a同马赫的姓氏联系起来，直到 1939 年，马赫数这个名词才在世界范围内广泛应用。

飞行器的运动速度与该高度前方未受扰动的空气音速之间的比值，称为飞行马赫数。飞行器局部表面处气流速度与当地音速的比值，称局部马赫数。飞行马赫数可以表示为

$$M = \frac{V}{a} \qquad (2.8)$$

式中　V ——飞行器的飞行速度；

　　　a ——飞行高度处的音速。

因此，从空气动力学的观点来看，马赫数比流速能更好地表示流动的特点。飞行器飞行速度越大，马赫数越大，飞行器前面空气的压缩性的影响越显著。按照马赫数的大小，气体流动可分为低速流动、亚音速流动、跨音速流动、超音速流动和高超音速流动等不同类型，也可以把飞行器的飞行速度分为如下区域，即

$M \leqslant 0.4$ 为低速飞行；

$0.4 \leqslant M \leqslant 0.85$ 为亚音速飞行；

$0.85 \leqslant M \leqslant 1.2$ 为跨音速飞行；

$1.2 \leqslant M \leqslant 5.0$ 为超音速飞行；

$M > 5.0$ 为高超音速飞行。

2．高速气流的特征

在低速飞行中，直升机的桨叶速度、飞行高度可以不同，但只要迎角相同，翼型压力分布和气动特性（如升力系数、阻力系数等）都是一样的；而在高速运动中，除了需要迎角相同之外，局部马赫数也要相同。

因为，桨叶表面各点扰动传播情况不相同，空气密度变化的情况就不相同，因而桨叶的压力分布以及空气动力特性就会发生变化。在低速气流中，物体周围的空气由于压力变化引起空气密度变化量很小，其影响可以忽略；而在高速气流中，气流速度变化引起的空气密度变化会引起空气动力发生很大的变化，甚至会引起空气流动规律发生质的改变，故它的影响不能忽略。这是高速气流特性与低速气流特性之所以不同的根本所在。

当在气流由低速转变为高速，或者从低于音速转变为超过音速的过程中，气流特性会有明显的差异。在气流速度低于音速的阶段，这种差异仅局限于量级上；当气流速度超过音速以后，空气的压力、密度等发生了显著的变化，气流特性就出现了不同于低速情况的质的差别。例如，这时会产生使压力突然升高的激波，流管收缩不是使气流加速，反而使气流减速等现象。

在高速气流中，需要考虑空气的压缩性。气流流速与流管截面之间的关系，从气流流动的基本规律出发，可以推导出下面的公式

$$\frac{\Delta A}{A} = (M^2 - 1)\frac{\Delta V}{V} \qquad (2.9)$$

式中　$\Delta A / A$ ——流管截面的变化程度；

ΔA ——流管截面积的变化量；

$\Delta V / V$ ——流速的变化程度；

ΔV ——流速的变化量。

1）亚音速气流，即 $M<1$ 的情况

此时在式（2.9）中 $(M^2-1)<0$，导致截面积变化量 ΔA 与流速变化量 ΔV 成反比，即流管截面积扩大时，气流减速；反之，流管截面积缩小时，气流加速。可见，气流亚音速流动时，流速与流管截面积之间关系为：流管缩小，流速增大；流管扩大，流速减小。根据可压缩流体的连续性方程（2.3），亚音速气流与低速气流流动特性的区别在于，密度不再是常量，而是有所减小，只是减小得很慢，这样亚音速气流的流速增加得更快。

2）超音速气流，即 $M>1$ 的情况

此时在式（2.9）中 $(M^2-1)>0$，所以截面积变化量 ΔA 与流速变化量 ΔV 成正比。这说明，在超音速气流中，流速与流管截面积一起增加或减小，即流管扩大，流速也增大；流管缩小，流速也减小，这与低速情况正好相反。

进一步理解：气流具有连续性，如果密度不变，流管截面积与流速成反比。对于低速气流，密度变化很微小，甚至认为不变，流管截面积与流速的关系成反比。但在高速气流中，考虑到空气的压缩性，流速一经改变，密度同时也有很明显的变化。为了保持各个截面的流量相同，流速加快，要求流管面积减小，而密度的减小又要求流管截面增大。可见，流速与密度对流管截面积的变化起到相反的影响。流速和密度的关系可以表示为

$$\frac{\mathrm{d}\rho}{\rho} = -M^2 \frac{\mathrm{d}V}{V} \tag{2.10}$$

在低速时，$M^2 \ll 1$，流速变化引起的密度变化不大，可以认为 ρV 基本上只随速度改变，所以流管截面随速度的增加而减小。在超音速气流中，空气的压缩性变得显著，即 $M^2>1$，此时密度的变化占主导地位，ρV 的变化主要取决于密度的变化，形成 ρV 随着速度增加而减小。此时流管截面随速度的增加而增大。

图 2-11 给出超音速气流在变截面管道中的流动情况。若 $A_2<A_1$，则有 $\rho_2>\rho_1$，即 $V_2<V_1$，$P_2>P_1$；反之，若 $A_2>A_1$，$\rho_2<\rho_1$，即 $V_2>V_1$，$P_2<P_1$。

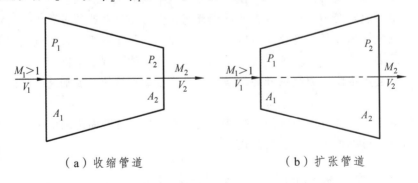

（a）收缩管道　　　　　　　　　（b）扩张管道

图 2-11　超音速气流在变截面管道中的流动

根据伯努利定理，气流流速与压力的关系：流速增大，压力降低；流速减少，压力增高。这个结论无论在高速或低速情况下都是适合的，也就是说伯努利定理在低速和高速流动中都适应。流速与流管截面积的关系：在亚音速气流中，随着流速增大，流管截面积必然减小，而在超音速气流中，随着流速增大，流管截面积必然增大。所以，要想使气流由亚音速加速到超音速，除了沿气流流动方向有一定的压力差外，还应具有一定的管道形状，这就是先收缩后扩张的拉瓦尔管形状，如图 2-12 所示。

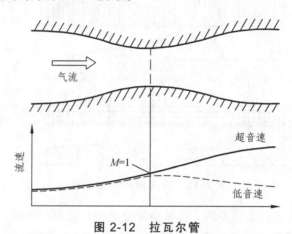

图 2-12　拉瓦尔管

由于气流的密度变化，高速气流和低速气流的流动特性各不相同，见表 2-1。

表 2-1　高速气流和低速气流流动特性总结

流管形状		低速流动 $M < 0.4$		亚音速流动 $0.4 < M < 1$		超音速流动 $M > 1$	
流管收缩 $A\downarrow$	V	↑	V	↑	V	↓
	P	↓	P	↓	P	↑
	ρ	不变	ρ	↓	ρ	↑
	T	不变	T	↓	T	↑
流管扩张 $A\uparrow$	V	↓	V	↓	V	↑
	P	↑	P	↑	P	↓
	ρ	不变	ρ	↑	ρ	↓
	T	不变	T	↑	T	↓

3. 激波和波阻

当超音速气流流过物体（如翼型）时，气流在物体前受到急剧的压缩，压力和密度突然显著增加。所产生的压力扰动波以比音速大得多的速度传播，波面所至之处气流参数发生突变，如图 2-13 所示。气体压强、密度和温度在波面上发生突跃变化的压缩波，叫激波。这是由数学家 B. 黎曼在分析管道中气体非定常运动时发现的。

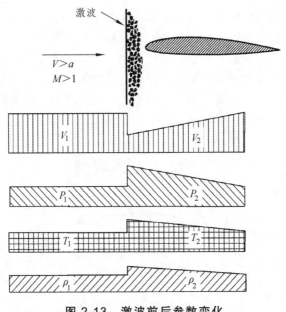

图 2-13　激波前后参数变化

根据激波面与气流方向夹角不同，可将激波分成正激波和斜激波。激波面与气流来流方向垂直的激波称为正激波，倾斜的称为斜激波，如图 2-14（a）所示。定常超音速气流经过正激波后不改变来流方向，而经过斜激波后要折转一个角度，使流动方向发生改变。正激波主要发生在跨音速飞行的翼面上，由于气流的密度和压力的突变而引起，此时气流速度从超音速状态转变为亚音速状态，如图 2-13 所示。而气流穿过斜激波后，气流的密度会增加，流速也减小，但是不会减小到亚音速，仍处在超音速阶段。所以，正激波引起的密度变化要比斜激波所引起的密度变化更大些。

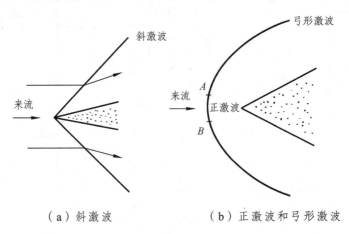

（a）斜激波　　　　　　　　　（b）正激波和弓形激波

图 2-14　激波分类

正激波与斜激波相比较，通过正激波的空气压缩得最厉害，流速减慢得多，压力、密度和温度升得最高，激波强度也就最大；通过斜激波的空气，气流受到的阻碍较小，空气压缩得不太厉害，流速减小得不多，压力、密度和温度升高也不很多，激波强度也就小。

由正激波（在中间部分）和斜激波组成的激波，称为弓形激波，通常称为脱体激波。从

图 2-14（b）中可以看出，钝头产生弓形激波，其消耗更多的能量，阻力也更大。超音速飞机在设计时要尽量避免产生正激波，所以采用尖锐的机头和尖削的翼型。

一定马赫数的超音速气流经斜激波可能折转的角度有一个最大值。将一个尖楔置于超声速气流中，当楔面相对于气流的倾斜角小于上述最大值时，就会产生附着在楔尖上的斜激波，如图 2-14（a）所示。若楔角超过此最大值，则会产生立在物体前面的弓形激波，如图 2-14（b）所示，即脱体激波，弓形激波的中间部分相当于正激波如图 2-14（b）中的 AB 段所示。

下面简述激波在翼型上的发展过程。如果相对气流中的翼型是正迎角，翼型的上表面流速比下表面快，所以首先达到等音速点并超过局部音速，从而出现局部超音速区和局部激波，如图 2-15（a）~（f）所示。上翼面首先出现等音速点，此时飞行 M 即为临界马赫数 M_{cr} ［见图 2-15（b）］。随着相对气流流速 M 增加，翼型下表面的局部流速也会超过局部音速，而出现局部超音速区和局部激波，并伴随着激波分离。当 $M > 1$ 以后，翼型的前缘还会出现头部激波［见图 2-15（f）］，此时翼型上下表面的局部激波将移到后缘，形成尾部激波。

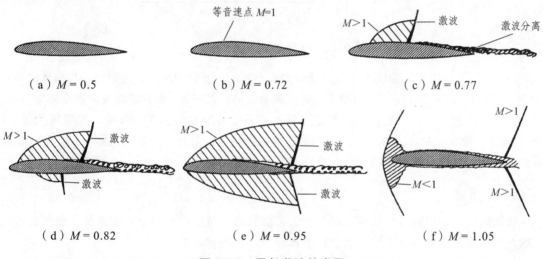

图 2-15　局部激波的发展

局部激波的发展可归纳为以下几点：

（1）翼型上表面首先出现等音速点，产生激波。

（2）随相对气流 M 数的增大，等音速点前移，局部激波后移。这是因为随相对气流 M 数增大，翼型上表面对应点的局部气流速度都增大，超音速区扩大，故等音速点前移；局部激波之所以后移，是因为 M 数增大后，激波前的当地速度增大，迫使激波后移，激波强度和激波传播速度都增大，当激波的传播速度等于气流速度时，激波的位置就稳定下来。

（3）下翼面的局部激波后移快，较上翼面先到达翼型后缘。这是因为正迎角时，下翼面前部流管较上翼面前部的粗，且流管最窄的地方较上翼面靠后，所以，等音速点出现时机和位置也较上翼面晚和靠后。在增大飞行 M 数的过程中，激波后移快，也就较上翼面先到达后缘。

激波阻力（简称波阻）是由激波阻滞气流而产生的阻力。激波是一种强压缩波，因此，当气流通过激波时产生的波阻也特别大，如图 2-16 所示。在任何情况下，气流通过正激波时产生的激波都要比通过斜激波时产生的波阻大。因为当产生正激波时，空气被压缩得最厉害，激波后的空气压强和密度上升得最高，激波强度也最大。当超音速气流通过它时，空气微团受到的阻滞最强烈，速度迅速降低，能量消耗很大，因此产生的波阻也很大。

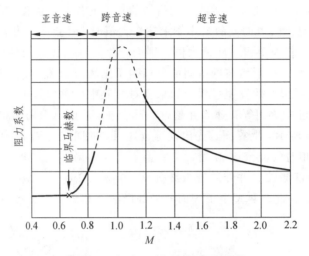

图 2-16　飞行阻力随速度的变化

进一步说，波阻是指激波本身和激波分离而引起的压差阻力之和。波阻大小与物体的外形有关。正迎角时，在跨音速阶段翼型产生的附加吸力向后倾斜，从而在速度方向产生附加阻力。

局部激波和波阻的出现，在飞行器发展的道路上曾经成为巨大的障碍，就是所谓的"音障"。通过采取相应措施，提高临界马赫数，才能突破音障。比如，采用后掠布局，可以提高临界马赫数，推迟局部激波的产生，进一步减小波阻。

4．膨胀波

超音速气流受到阻碍，流速减慢，压力突然升高，就会产生激波。如果超音速气流继续加速，压力会逐渐降低，产生膨胀波。膨胀波是一种弱扰动波。

如图 2-17 所示，空气以超音速的速度流过一个表面向外转折（叫外凸角）的菱形翼型时，超音速气流先以 V_1 或 M_1 的速度沿表面 AO 段平行流动，空气流到转折点 O，因表面连续转折，由于流动空间扩大（流管截面增大）的缘故，气流膨胀加速，而引起压力、密度和温度都降低，形成一系列膨胀波（或称马赫线即 $O1$、$O1'$、…、$O2$）。当气流方向转到与 OB 表面平行时，不再偏转，于是空气以超音速 V_2 或 M_2 沿表面 OB 段平行流动。由此可见，膨胀波是一个渐变的过程，即在 $O1$ 和 $O2$ 之间的扇形区域，就是超音速气流不断膨胀加速的范围。

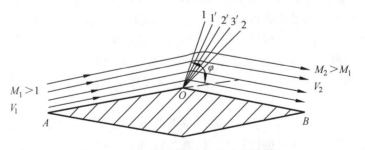

图 2-17　在菱形翼型上产生膨胀波

总而言之，超音速气流通过膨胀波后，速度增加，压力、密度和温度降低。

在超音速气流中，机翼上不仅有激波产生，还会有膨胀波产生，如图 2-18 所示。在一个地方呈现压缩，则在另一个地方必然呈现膨胀；在一个地方呈现膨胀，则在另一个地方必然呈现压缩。

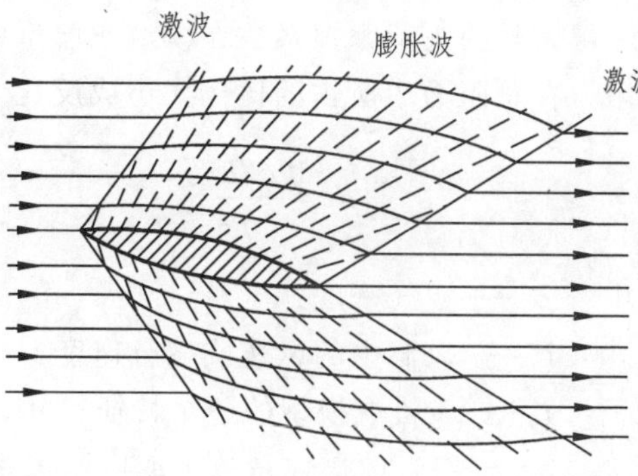

图 2-18　膨胀波和激波

2.1.6　风洞实验

风洞是空气动力学研究和试验中最广泛使用的工具，它的产生和发展是同航空科学的发展紧密相关的。风洞广泛用于研究空气动力学的基本规律，以验证和发展有关理论，并直接为各种飞行器的研制服务，如可以通过风洞实验来确定飞行器的气动布局和评估其气动性能。

风洞种类繁多，有不同的分类方法。按实验段气流速度大小来区分，可以分为低速、高速和高超声速风洞。$M \leqslant 0.4$ 的风洞称为低速风洞，这时气流中的空气密度几乎无变化；在 $0.4 < M \leqslant 0.85$ 范围内的风洞称为亚音速风洞，这时气流的密度在流动中有所变化；$0.85 < M < 1.2$ 范围内的风洞称为跨音速风洞；$1.2 \leqslant M < 5$ 范围内的风洞称为超音速风洞；$M \geqslant 5$ 的风洞称为高超音速风洞。

在风洞中，根据相对运动原理，人们利用人造风吹过飞行器或机翼模型，来研究模型上产生的空气动力的大小和变化。实验时，常将模型或实物固定在风洞内，使气体流过模型。这种方法，流动条件容易控制，可重复地、经济地取得实验数据。

飞行器（包括飞机、直升机、巡航导弹等）在风洞中的试验内容主要有测力试验（测量作用于模型的空气动力，如升力、阻力等，确定飞行性能）；测压试验（测量作用于模型表面的压力分布，确定飞机载荷和强度）；布局选型试验（模型各部件做成多套，可以更换组合，选择最佳的飞机布局和外形）等等。

随着飞行器性能的提高和改进，风洞试验所需要的时间不断增加。20 世纪 40 年代，研制一架螺旋桨飞机，风洞试验的时间是几百小时。至 70 年代初，一架喷气式客机的风洞试验时间是 4 万～5 万小时。航天器（如洲际导弹、卫星、宇宙飞船等）大部分航行在大气层外，基本上与空气无关，但其发射和返回是在大气层中，仍然需要在风洞中进行试验。如美国的航天飞机，在不同风洞中总共进行了 10 万小时的试验。

为了保证试验结果尽量与飞行真实情况相符，实验时的流动必须与实际流动状态相似，即必须满足相似律的要求，包括：

（1）几何相似：实验模型与真实飞行器的形状尽可能相似，即几何尺寸按同一比例缩小。

（2）运动相似：保证模型各部分与实际气流速度大小成同一比例，而且流速方向相同，甚至包括气流扰动。

（3）动力相似：保证作用在模型上的气动力同作用在原型上的气动力大小成比例，方向相同。做到动力相似实际上是很困难，主要在于阻力的变化。因为速度增加，压差阻力增加，而摩擦阻力增加缓慢，但模型尺寸小，而且风洞风速小得多，反而造成摩擦阻力占的比例很大。为了保证动力相似，必须使模型试验时的雷诺数同真飞行器飞行时的一样。

雷诺数为表示摩擦系数在模型或原型中总阻力中所占比例大小的一个系数。雷诺数与摩擦阻力在总阻力中所占的比例大小成反比。雷诺数可以定义为

$$Re = \frac{\rho VL}{\eta} \qquad (2.11)$$

式中　ρ——空气密度；

　　　V——风洞中的风速或飞行速度；

　　　L——飞机或模型的一个特征尺寸，如机翼翼弦弦长；

　　　η——空气的黏性系数（或内摩擦系数）。

如果采用风洞实验数据计算飞机的空气动力，必须选用雷诺数相近，最好是相等的数据，这样才能获得比较准确的结果，否则就会产生很大的误差。

对于理想气体而言，空气的黏性系数为 ∞，则其 $Re = 0$。对于直升机范围内的空气而言，由于受到旋翼工作的影响，雷诺数对空气动力的影响不容忽视。

1. 低速风洞

低速风洞是指实验段气流速度 $M \leqslant 0.4$ 的风洞。世界上第一座风洞是 F. H. 韦纳姆于 1869—1871 年在英国建造的。美国的莱特兄弟（O. Wright 和 W. Wright）于 1901 年制造了试验段 0.56 m 见方，风速 12 m/s 的风洞，从而于 1903 年发明了世界上第一架实用的飞机。风洞的大量出现是在 20 世纪中期。下面介绍两种类型的风洞。

直流式闭口实验段低速风洞是典型的低速风洞，如图 2-19 所示。低速风洞试验段有开口和闭口两种形式，截面形状有矩形、圆形、八角形和椭圆形等，长度视风洞类别和实验对象而定。在这种风洞中，风扇向右端鼓风而使空气从左端外界进入风洞的稳定段。稳定段的蜂窝器和阻尼网使气流得到梳理与和匀，然后由收缩段使气流得到加速而在实验段中形成流动方向一致、速度均匀的稳定气流。在实验段中可进行飞行器模型的吹风实验，以取得作用在模型上的空气动力实验数据。这种风洞的气流速度是靠风扇的转速来控制的。

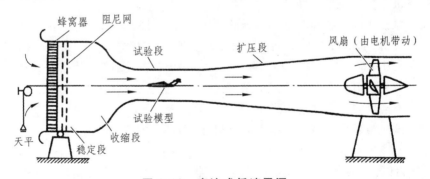

图 2-19　直流式低速风洞

风洞试验既然是一种模拟试验，不可能完全准确。概括地说，风洞试验固有的模拟不足主要有以下 3 个方面：① 边界效应或边界干扰；② 支架干扰；③ 相似准则不能满足的影响。

雷诺数 Re 是低速风洞实验的主要模拟参数，但由于实验对象和项目不同，有时需模拟另一些参数，在重力起作用的一些场合下（如尾旋、投放和动力模型实验等）还需模拟弗劳

德数 Fr，在直升机实验中尚需模拟飞行马赫数和旋翼桨尖马赫数等。

烟风洞也是一种低速风洞，其作用形象显示出环流试验模型的气流流动的情况，使观察者可以清晰地看到模型的流线谱，或拍摄出流线谱的照片。烟风洞一般由风洞本体、发烟器、风扇电动机和照明设备等组成，图 2-20 给出了旋翼桨叶（或翼型）的流动图像。从图中可以清晰地看到细股烟流，称作流线。在稳定气流中，流线就是空气流动的路线。

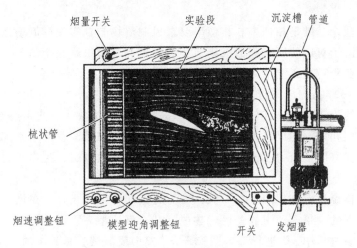

图 2-20　烟风洞

2. 高速风洞

高速风洞是指实验段内气流马赫数为 0.4~4.5 的风洞。按马赫数范围划分，高速风洞可分为亚声速风洞、跨声速风洞和超声速风洞。这里主要介绍超音速风洞。

超音速风洞的特点是，人造风的速度是超音速。超音速气流由超音速喷管产生，超音速喷管（又叫"拉瓦尔喷管"）是一个先收缩后扩张的管道，把它装在试验段之前可以产生超音速气流。如图 2-21 所示的风洞为暂冲下吹式三音速风洞，是这种风洞的代表。

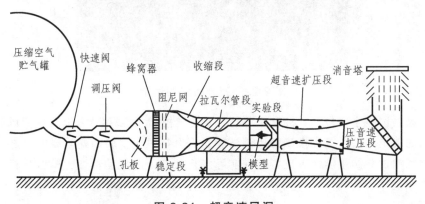

图 2-21　超音速风洞

暂冲下吹式三音速风洞左端最上游为一压缩空气贮气罐，其中压强一般在 8 个大气压以上。当隔断贮气罐与风洞的快速阀被打开时，压缩空气即经快速阀和调压阀而流入稳定段。调压阀能跟随贮气罐内的压力下降而自动地逐渐开大，使稳定段保持恒定的压强（以超音速实验来说，这类风洞能保持恒定压强约数十秒时间）。稳定段中的恒压气流经拉瓦尔喷管加速而达到超音速状态，以一定的马赫数（$M>1$）进入实验段，以供超音速飞行器模型实验之用。气流流过实验段后，再由超音速扩压段和亚音速扩压段降速升压，并排放到外界大气中去。为了降低排气噪声，在排气口处设有消音塔。在进行跨音速实验时，由于模型上产生局部激波，风洞实验段的壁面必须做成多孔或开槽壁，以保证实验段气流的均匀性和消除壁面上的反射激波。

风洞试验的理论基础是相似率。相似率要求风洞流场与真实飞行流场之间满足所有的相似准则，或两个流场对应的所有相似准则数相等，风洞试验很难完全满足。最常见的主要相似准则不满足是亚跨声速风洞的雷诺数不够。以波音 737 飞机为例，它在巡航高度（9 000 m）上，以巡航速度（927 km/h）飞行，雷诺数为 $2.4×10^7$，而在 3 m 亚声速风洞中以风速 100 m/s 试验，雷诺数仅约为 $1.4×10^6$，两者相距甚远。提高风洞雷诺数的方法主要有：

（1）增大模型和风洞的尺度，其代价同样是风洞造价和风洞驱动功率都将大幅度增加。

（2）增大空气密度或压力。已出现很多压力型高雷诺数风洞，工作压力在几个至十几个大气压范围。

（3）降低气体温度。如以 90K（−183 ℃）的氮气为工作介质，在尺度和速度相同时，雷诺数是常温空气的 9 倍多。世界上已经建成好几个低温型高雷诺数风洞。

直升机在研制过程中，要进行许多试验研究，模型风洞试验是其中的基本试验项目之一，涉及直升机的空气动力学、气动弹性力学、动力学、飞行力学及声学等领域的各个方面。如图 2-22 所示。

图 2-22　直升机风洞试验

直升机风洞试验主要包括：机身模型、孤立旋翼模型、旋翼/机身组合模型风洞试验。旋翼是直升机的关键部件，旋翼模型的风洞试验是直升机风洞试验的最重要内容之一。为了使旋翼模型的风洞试验结果能换算成旋翼在实际飞行状态下的气动特性，模型与真实旋翼之间必须满足相似规律。旋翼模型的风洞试验是一种高风险、高难度的试验，需要长时间的准备和调试。

2.1.7　飞行试验

风洞实验毕竟与真实飞行不同，除了采用风洞进行实验外，还应采用飞行试验的方法，飞行试验是发展航空科学技术的关键环节。

　　直升机飞行试验包括直升机、动力装置及机载设备在飞行环境条件下进行的各种试验。直升机飞行试验贯穿于飞行研究、新机设计、研制定型、生产和使用全过程，并借助于大量精确的测试手段获得实际试验数据资料。直升机和飞机试飞次数变化如图 2-23 所示，这说明不管是固定翼飞机还是直升机，在成功问世前，都必须经过大量的试飞。

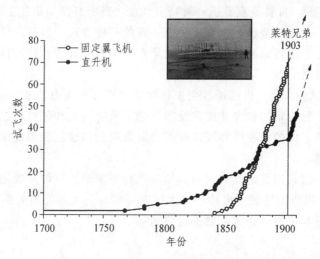

图 2-23　直升机和飞机试飞数量变化

　　直升机飞行试验主要是为了确定直升机的飞行性能和飞行品质，包括：悬停性能、垂直上升性能、平飞性能、爬升性能、起飞着陆性能、航程和续航性能及自转特性；平衡特性、侧飞和后退飞行特性、操纵性、动稳定性及机动性；确定直升机受各种限制（例如，发动机或传动装置的功率限制、操纵能力和旋翼等部件气动特性的限制及振动限制等）的飞行包线。

1. 性能飞行试验

　　（1）悬停性能试验。目的是确定直升机悬停状态的需用功率，进而通过计算和试验确定直升机的静升限，评定直升机旋翼的性能。试验方法有两种：自由飞行悬停法和系留悬停法。

　　（2）起飞性能试验。目的是确定飞越一定高度的障碍物的起飞距离、起飞速度和最佳操作方法。试验方法可分为滑跑起飞法、悬停-平飞加速法和同时爬升加速法。

　　（3）垂直爬升性能试验。目的是确定直升机在不同功率和总距下的垂直爬升能力。在规定飞行重量下，以规定的旋翼转速和功率状态垂直爬升，以确定各个高度的实际爬升率、爬升时间及实际爬升升限（对应的爬升率等于或小于 0.5 m/s）。

　　（4）爬升性能试验。目的是确定最有利爬升速度、爬升率、动升限及对应的爬升时间；特别是确定爬升率随着重量、功率、高度和爬升速度的变化关系。

　　（5）平飞性能试验。目的是确定发动机的组合特性，包括平飞需用功率特性和巡航特性（航程和续航时间）及受振动、气流分离、可用功率和操纵机构等限制的 V_{min} 和 V_{max}。这些特性受气动外形、重量、重心位置、大气情况及旋翼转速的影响。

　　（6）航程和续航时间试验。目的是选择直升机和发动机最适当的工作状态以得到最大的航程和续航时间。

（7）动力下滑性能试验。目的是确定直升机的最小下降率、最大下滑距离及其对应的飞行速度，以及这些参数随功率、重量、高度和旋翼转速的变化。

（8）着陆性能试验。目的是确定着陆速度和着陆距离及其随功率、重量、高度和旋翼转速的变化关系。

（9）自转性能试验。自转是直升机一种特有性能。当所有发动机发生故障后，通过自转，能够实现安全着陆。自转通常也是直升机快速下降的一种方式，包括自转进入、稳定自转下降和自转着陆三部分。自转试验目的是为了确定直升机进入自转，稳定自转下滑和自转着陆特性及其最佳处理方法。

（10）机动性能试验。直升机迅速改变飞行轨迹和姿态的能力，称为直升机的机动性，直升机的机动性取决于在给定的前飞速度和旋翼转速下所能达到和保持的过载值，一般用直升机达到的姿态角，各方向的线速度和线加速度，各方向的角速度和角加速度，以及这些运动参数的组合值来描述。

机动性能试验一般采用稳定盘旋和对称拉起飞行来实现。目的是确定在不同高度和发动机工作状态下，直升机所能达到和保持的最大法向过载与前飞速度的关系曲线。确定受功率、极限姿态角，操纵量和旋翼转速等限制的过载包线。

2. 飞行品质试飞试验

为了确定直升机的飞行品质和驾驶特性是否满足规定的规范和标准，定量评价直升机的飞行品质，及时发现直升机的缺陷与不足，还要进行飞行试验。主要从两个方面考虑，其一，从直升机本身的特性来讲，直升机的飞行品质试验主要包括平衡特性、机动飞行特性（侧飞和后飞）、动稳定性、操纵性和机动性的确定；其二，从对直升机的验收标准来讲，直升机的飞行品质试验应该按"民航适航规章"有关飞行特性条文的要求，进行适航试飞。

为了验证直升机的飞行品质和驾驶特性，保证直升机在各种使用条件下的机动飞行及安全，必须按照适航规章的要求进行适航性试飞，即满足符合 CCAR27 部《正常类旋翼航空器适航规定》或 CCAR29 部《运输类旋翼航空器适航规定》要求。CCAR29 部 B 分部中飞行特性的有关条款是飞行品质适航性试飞的主要依据。具体条款包括：总则（141 条）、操纵性与机动性（143 条）、飞行操纵（151 条）、配平操纵（161 条）、稳定性（171 条）、纵向稳定性（173 条）、纵向静稳定性和演示（175 条）、航向静稳定性（177 条）和动稳定性（181 条）。

2.2 翼型的气动特性

旋翼的空气动力是建立在每片桨叶的空气动力基础上，旋翼由数片形状相同的桨叶组成，每片桨叶的空气动力可以近似看成各小段机翼的空气动力总和，因此本节首先从翼型入手对桨叶的空气动力特性进行分析。

自从第一架直升机制造以来，旋翼的桨叶主要分为两大类：金属桨叶和复合材料桨叶。许多旋翼桨叶的翼型为对称翼型，这是因为它可以提供非常稳定的压力中心，避免了因压力中心移动而导致叶片发生扭转。许多现代直升机的复合材料桨叶采用的是和固定翼飞机机翼相似的翼型，优点是具备更好的气动性，但需要采用其他方法来保持压力中心位置不变。尾桨桨叶和旋翼桨叶一样，采用的是金属或复合材料结构，在翼型上也相似。

2.2.1 桨叶翼型

正如机翼翼型一样，桨叶翼型是构成桨叶的基石。在直升机的发展初期（20世纪40～50年代），基本上都采用NACA对称翼型系列。对称翼型的优点是正负迎角的升阻特性对称，迄今尾桨上仍在采用。

随着对直升机性能的要求越来越高，特别是空气压缩性对翼型的影响越来越重，到了20世纪70年代，各大直升机单位都按照"超临界翼型"的思路，发展各自的独家翼型，这些翼型在较宽的马赫数范围内都有较好的气动特性。

1. 桨叶翼型

桨叶的剖面形状与飞机机翼的剖面形状类似，都称之为翼型。翼型有不同的形状，分为对称翼型和非对称翼型，如图2-24所示。常见的形状为平凸形、双凸形和对称形。翼型都有弯曲的表面和逐渐收敛的后缘。翼型弯曲的程度叫翼型的弯度，所谓大弯度是指一个翼型的上表面的弯曲程度远大于下表面的弯曲程度。

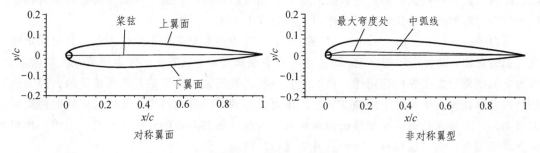

图 2-24 翼型的分类

桨叶翼型要求具有良好的空气动力性能，且桨叶结构制造简单。所以，直升机桨叶最常采用的翼型是对称翼型，这种翼型的特点是上下两部分完全对称，选用这样翼型的原因在后面讨论。

2. 桨叶的几何扭转

桨叶沿半径的扭转角分布，是影响旋翼气动特性的又一个重要几何参数。旋翼旋转时，桨叶的不同部位切向速度不同，桨根处最小，桨尖处最大，从而引起空气动力沿着整个桨叶分布不均。为了使旋翼具有良好的空气动力性能，一般桨叶沿展向是分段变化的，尽量做到空气动力沿整个桨叶的分布均匀，减少由于诱导速度分布不均而引起的附加功率损失。

通常都把桨叶做成具有负的几何扭转，如图2-25所示。对于扭转的桨叶，为方便计算，一般取70%R处的安装角为桨叶安装角，并称该安装角为桨距φ，有些资料表示为φ_7。Bell206III型直升机桨叶的扭转角为10°。桨叶安装角的大小一般按线性规律，即从桨根到桨尖，安装角逐渐减小，随距离旋转轴越近而逐渐增大。

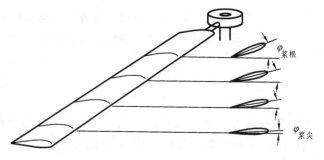

图 2-25　桨叶的几何扭转

扭转角沿半径的分布与桨叶平面形状即宽度分布相组合，可使桨叶气动环量分布趋于均匀，提高桨叶效能，改善旋翼失速特性。对于某典型矩形桨叶，若采用最佳线性扭转，悬停诱导功率损失可比无扭转时减小 8%。近来，旋翼桨叶的扭转角分布有做成两段不同的线性扭转的，也有的旋翼为配合桨尖变化，在桨叶基本段为线性负扭转，在桨尖段采用曲线扭转。

3．直升机桨叶翼型的选择

比较常用的直升机桨叶翼型是对称翼型，这种翼型具有高升阻比的特点，即在允许的速度范围内从翼根到翼尖能够产生较大的升力，同时阻力较小，最主要的理由是它具有稳定的压力中心。对称翼型的压力中心的作用点与弦线上的重心基本重合。

压力中心（Center of Pressure，简称 CP）是升力在翼型弦线上的作用点。针对固定翼飞机机翼的翼型，随着迎角的变化，压力中心沿着弦线移动，这对于固定翼飞机来说问题不大，因为它的尾翼可提供纵向稳定性；而对于直升机的旋翼桨叶来说则是不可接受的，因为旋翼桨叶的迎角在飞行中是在不停地变化的，压力中心的不停移动将引起桨叶的扭转而使桨叶应力增加，同时给飞行员带来额外的操纵要求。因此，随着迎角的变化，要求压力中心作用点位置保持基本不变，这样可以减轻直升机飞行员的操纵负担。

为使旋翼获得最佳性能，往往要把桨叶翼型设计成沿桨叶展向变化，采用成套的翼型族，分别满足桨叶不同半径处在不同方位角的不同要求，使桨叶在不同气动环境中发挥不同翼型的性能。国外许多有实力的研究单位，无不关注翼型的发展，通过大量的研究和实验，发展了许多优良的翼型族，例如法国的 OA 翼型系列（见图 2-26）、俄罗斯的 TsAGI 翼型系列以及美国波音伏托尔的 VR 系列和西科斯基的 SC 系列。以美国波音公司的 VR 翼型族为例，该公司从 20 世纪 50 年代到 80 年代先后发展的翼型（见图 2-27）的最大升力系数和阻力发散马赫数都有显著提高。

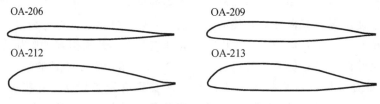

图 2-26　法国的 OA 翼型系列

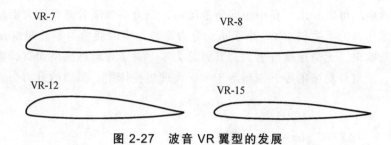

图 2-27　波音 VR 翼型的发展

2.2.2　翼型的升力特性

从飞机的空气动力学中可知，作用于翼型的升力公式为

$$\Delta Y = C_L \frac{1}{2}\rho W^2 S \qquad (2.12)$$

式中　　W ——相对气流速度；

　　　　C_L ——翼型升力系数；

　　　　$\frac{1}{2}\rho W^2$ ——迎面动压，ρ 为大气密度；

　　　　S ——叶素的有效面积或投影面积

$$S = c \cdot \Delta r ,$$

其中　　c ——桨弦弦长；

　　　　Δr ——叶素的长度。

升力特性表示翼型升力系数随迎角变化的关系曲线。升力系数是影响翼型升力的一个重要因素，反映了翼型和迎角对升力的影响，是衡量翼型好坏的一个特性参数。通过风洞实验，可以给出某种翼型的升力系数随迎角变化情况。例如，桨叶用的翼型（SC1095 和 SC1095-R8）的升力系数随着迎角的变化曲线（见图 2-28）。

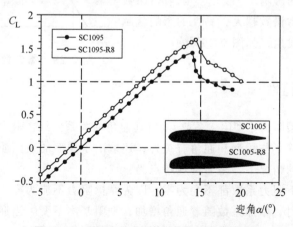

图 2-28　翼型升力系数随着迎角的变化

从升力系数曲线可以看出，在中小迎角范围内，升力系数随着迎角增大而呈线性增加，曲线斜率可以采用升力系数斜率 $C_{L\alpha}$ 来表示。升力系数为零的迎角为零升迎角 α_0。如果相对气流以零升迎角吹来，无论速度有多大，升力总为零。对于非对称翼型而言，零升迎角不为零，常为负值，而对称翼型的零升迎角等于零。在理想流体中，翼型的升力公式可以进一步表示为

$$\Delta Y = C_{L\alpha}(\alpha - \alpha_0)\frac{1}{2}\rho W^2 S \qquad (2.13)$$

当迎角增加到某一直时，升力系数增加到最大值，此时最大升力系数所对应的迎角，叫作临界迎角 α_{lj}。一般桨叶翼型的临界迎角为 $13° \sim 16°$，临界迎角所对应的升力系数通常为 $1.4 \sim 1.6$。

从图 2-28 还可以看出，升力系数随迎角的变化规律：

（1）从零升迎角开始，升力系数随迎角的增加呈线性增加。

（2）曲线达到最高点时，即迎角增加到临界迎角，升力系数达到最大值。

（3）超过临界迎角再继续增大迎角，由于翼型上表面产生气流分离，且分离点前移，升力系数开始下降。

应该指出的是，旋翼桨叶在某些飞行状态下，有可能局部超过临界迎角，这时桨叶上的升力下降，使旋翼工作失常，这就是旋翼工作受到限制的原因之一。

当翼型以一定迎角在空气中运动时，相对气流与其接触后将改变流动方向。当气流流过翼型上表面时气流加速，根据伯努利定律，气流的加速将引起压力的减小，而流过下表面的气流流速减慢，则压力增大。翼型下表面的压力大于上表面的压力，这个压力差将使得翼型向着压力差的方向运动，通常将这个压力差描述为翼型升力。

雷诺数 Re 是体现气体流动黏性影响的相似参数，对常用翼型的升力曲线斜率影响很小，但对最大升力系数则有明显的影响。一般 C_{Lmax} 随着雷诺数的增加而增大，因为雷诺数越大，黏性的影响就越小，从而延缓分离的发生，如图 2-29 所示。

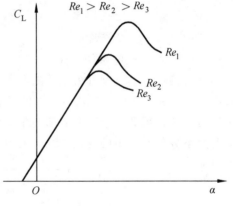

图 2-29　雷诺数对升力特性的影响

2.2.3　翼型的阻力特性

阻力特性表示翼型阻力（型阻）系数 C_D 对其迎角的关系曲线。阻力系数是影响翼型阻力的一个重要因素，它除了与翼型和迎角有关外，还取决于翼型的表面质量。

在表面质量一定的情况下，阻力特性特点为：

（1）在任何迎角下阻力系数都不会为零，因为摩擦阻力不能为零。

（2）在迎角较小时，摩擦系数随着迎角增加，型阻基本不变。当迎角较大时，型阻随着迎角增长很快，这是黏性作用导致附面层分离所致，如图 2-30 所示。

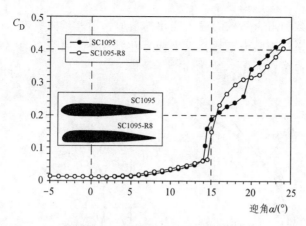

图 2-30　翼型的阻力系数曲线

应该指出的是,翼型的阻力系数比用这种翼型制成桨叶的阻力系数小，如图 2-31 所示，这是因为没有考虑翼尖部分对其相连部分翼型的影响。翼型本身的阻力系数只包含两部分，即摩擦阻力和压差阻力，没有诱导阻力。

2.2.4　翼型的极曲线

如果将翼型升力特性和阻力特性用一个图表示出来，例如图 2-32 给出对称翼型的升力系数和阻力

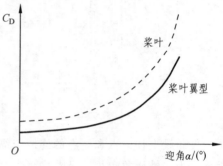

图 2-31　阻力系数的比较

系数随迎角的变化情况，能直接反映它们随迎角的变化情况，但要全面地反映翼型的空气动力特性的话，就要采用极曲线的形式来表示。

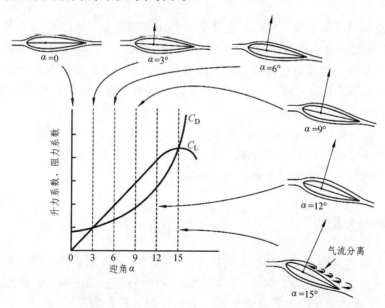

图 2-32　对称翼型 C_L 和 C_D 随迎角的变化

把翼型的升力系数和阻力系数随迎角变化的情形，用一条曲线表示出来，此曲线叫作翼型极曲线。极曲线横坐标为阻力系数，纵坐标为升力系数，曲线上的每一点代表一个升力系数和阻力系数对应的迎角，如图 2-33 所示。

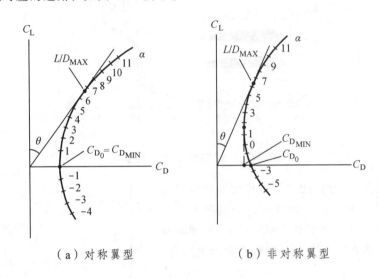

（a）对称翼型　　　　　　　　（b）非对称翼型

图 2-33　翼型的极曲线

极曲线上任一点和原点的连线与纵轴的夹角称为性质角，用 θ 来表示。性质角反映了升阻比大小，性质角越小，升阻比越大；反之，升阻比越小。升阻比就是同一迎角下升力系数和阻力系数之比，用 K 来表示。

在极曲线上，曲线与 C_D 轴交点为零升迎角（ α_0 ）和零升阻力系数（ C_{D0} ）。曲线最高点为临界迎角（ α_{lj} ）和最大升力系数（ C_{Lmax} ）。曲线最左侧为最小阻力系数迎角和最小阻力系数 $C_{D_{MIN}}$ 。

从坐标原点向曲线引切线，切点对应最小阻力迎角和最大升阻比 K_{max}（或 L/D_{MAX}）。这是因为，当从坐标原点向曲线引的射线与曲线相切时，性质角最小，故升阻比最大。从图 2-33 可见，从零升迎角起，随迎角逐渐增大，性质角逐渐减小，升阻比逐渐增大；当连线与曲线相切时，性质角最小，升阻比最大，对应迎角为最小阻力迎角；当迎角大于最小阻力迎角时，随迎角增大，性质角减小，升阻比降低。

另外，通过翼型气动特性曲线可以看出是否为对称翼型。图 2-32 给出的对称翼型的气动特性，因为迎角为零处的升力系数为零。图 2-33 给出非对称翼型的极曲线，因为迎角为零处的升力系数不为零，当迎角为负值时，升力系数才为零。

2.2.5　压力中心和焦点

翼型的空气动力是上下翼面的压力差产生的，其压力分布图通常采用矢量表示法和坐标表示法两种形式来表示。例如，图 2-34 和图 2-35 给出坐标表示法形式的翼型压力分布图，横坐标 x/c 和 y/c 表示翼型表面各点的位置，纵坐标为压力系数 C_p 。

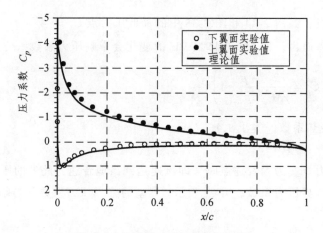

图 2-34   弦线方向压力分布图

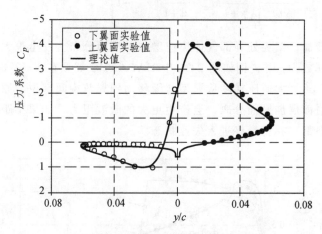

图 2-35   垂直弦线方向的压力分布

压力系数 C_p 是无量纲系数，主要取决于迎角和翼型，而与翼面上各点处的流速无关。公式表示为

$$C_p = \frac{p - p_\infty}{q_\infty} = 1 - \left(\frac{V}{V_\infty}\right)^2 \qquad (2.14)$$

式中 p——翼型表面某点的压力；

$\quad\quad p_\infty$——静压，即当地大气压；

$\quad\quad q_\infty$——动压，$q_\infty = \frac{1}{2}\rho V^2$；

$\quad\quad V$——局部流速；

$\quad\quad V_\infty$——来流速度。

对称翼型 NACA0012 的压力分布图（见图 2-34 和图 2-35）中，可以看出，吸力峰和最大逆压梯度出现在翼型前缘。

对于不可压缩气体而言，$C_p = 1$ 的点为驻点，即此处的流速为零。压力系数最小的点为该翼型的最低压力点，如图 2-34 和图 2-35 中的最低压力点 $C_p = -4$。

对于可压缩气体而言，即 $M > 0.4$ 时，M 的变化会影响压力系数，公式可以表示为

$$C_p = \frac{2}{\gamma M_{cr}^2}\left(\frac{p}{p_\infty}-1\right) \tag{2.15}$$

式中　γ——气体绝热系数，等于 1.4；

　　　M_{cr}——临界马赫数。

当翼型最低压力点变为等音速点时，即流速达到当地音速，此处的压力称为临界压力，而压力系数称之为临界压力系数，用 C_p^* 表示。翼型的临界压力系数只与临界马赫数有关，公式为

$$C_p^* = \frac{2}{\gamma M_{cr}^2}\left[\left(\frac{\gamma-1}{\gamma+1}M_{cr}^2+\frac{2}{\lambda+1}\right)^{\gamma/\gamma-1}-1\right] \tag{2.16}$$

随着旋翼转速增加，桨尖处局部气体流速增加，压力分布会发生很大变化。当桨尖翼型速度达到超临界马赫数 M_{cr} 时，例如图 2-36 中 NACA0012 翼型在 $\alpha = 2°$ 时的 $M_{cr} = 0.77$，在 $\alpha = 2.1°$ 时的 $M_{cr} = 0.68$，大逆压梯度从翼型前缘移动到翼弦中间部位，原因是出现超音速区和激波，激波促使附面层加厚而分离，会产生更大的激波阻力。如果桨距再增加，附面层分离就会出现在激波根部，翼型最终进入失速状态。

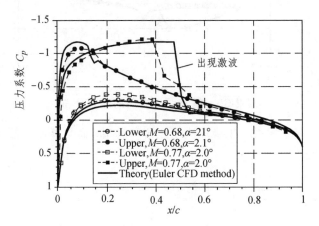

图 2-36　跨音速气流中的翼型压力分布

压力中心（CP）是气动力合力与翼弦的交点。重心（CG）是重力的着力点，而压力中心（CP）是升力的着力点。在桨叶剖面上，如果压力中心在重心的前侧，如图 2-37（a）所示，就会产生上仰力矩，会使桨叶发生扭转。如果增加桨叶迎角，会造成桨叶升力增加，加剧了桨叶扭转。在极端情况下，会引起桨叶颤振，严重时会使桨叶疲劳破坏。一般情况下，固定翼飞机机翼上的刚度足以应付所产生的颤振，但又薄又长的旋翼桨叶不一定适应。所以，直升机旋翼桨叶的压力中心通常设置在重心的后侧，迎角增加所产生的附加升力引起下俯力矩，造成桨叶迎角减小，减少桨叶扭转，如图 2-37（b）所示。除了采用这种方式减少桨叶扭转，桨叶还采用了前面讲的几何扭转方式。

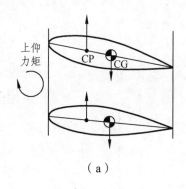
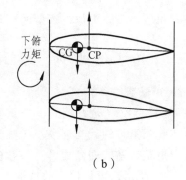

（a）　　　　　　　　　　　　（b）

图 2-37　压力中心和重心

对称翼型和非对称翼型在不同迎角下的压力中心位置如图 2-38 所示，其中，对称翼型的零升力压力中心如图 2-38（a）所示；对称翼型的正升力压力中心如图 2-38（b）所示；外凸形非对称翼型的零升力压力中心如图 2-38（c）所示；外凸形非对称翼型的正升力压力中心如图 2-38（d）所示。

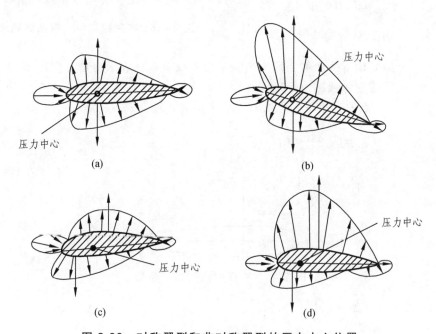

图 2-38　对称翼型和非对称翼型的压力中心位置

对称翼型上下翼面的压力直接反向作用，虽然随着迎角变化会引起升力变化，但也不会产生俯仰力矩。非对称翼型上下翼面的 CP 并没有直接反向作用，就会产生俯仰力矩。在小于临界迎角范围之内，随着迎角增加，CP 会前移；反之随着迎角减小而后移。所以，这种特性造成 CP 很难用于气动分析。

作用在翼型上的气动力，对翼型前缘的力矩（规定上仰为正），称为翼型的气动力矩 M，如图 2-39 所示。

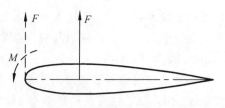

图 2-39　翼型的气动力力矩

与升力公式和阻力公式类似，翼型的气动力矩公式为

$$M = C_M \frac{1}{2} \rho W^2 Sc \qquad (2.17)$$

式中　　C_M——力矩系数。

C_M 也是影响翼型空气动力矩的一个重要因
素。通过风洞实验测量可知，当迎角小于临界迎
角时，翼型的力矩系数随着迎角或升力系数呈线
性变化，如图 2-40 所示，可用以下公式表示

$$C_M = C_{M0} + \left(\frac{\partial C_M}{\partial C_L} \right) C_L \qquad (2.18)$$

式中　　C_{M0}——$C_L = 0$ 对应的力矩系数，对称翼
型 $C_{M0} = 0$，非对称翼型一般
$C_{M0} = 0 \sim 0.02$；

$\dfrac{\partial C_M}{\partial C_L}$——力矩系数的变化量与升力系数

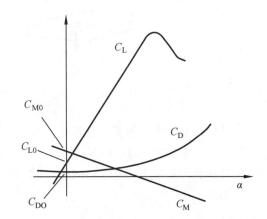

图 2-40　非对称翼型力矩系数随迎角的变化

的变化量的比值，即为力矩系数曲线斜率，表示迎角每变化 1° 俯仰力矩系
数的变化量，一般为负值。

对于翼型上任一点的力矩系数（见图 2-41）用下式近似表示，即

$$C_{Mx} = C_M + \left(\frac{x}{c} \right) C_L \qquad (2.19)$$

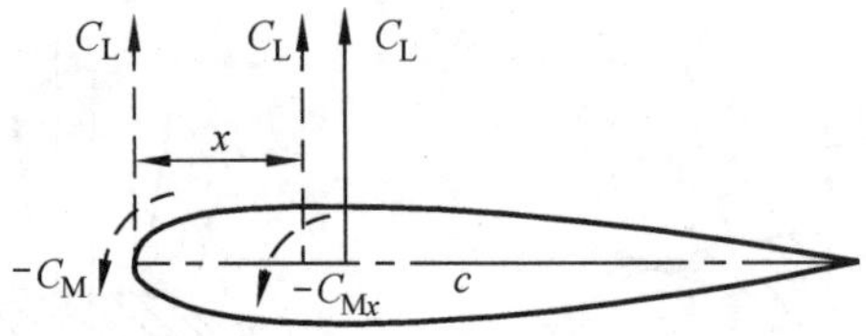

图 2-41　对任意点的力矩系数

将式（2.19）代入式（2.18）中，整理得

$$C_{Mx} = C_{M0} + \left(\frac{\partial C_M}{\partial C_L} \right) C_L + \left(\frac{x}{c} \right) C_L \qquad (2.20)$$

如果在翼弦线上选择一点，它至前缘的相对距离表示为 $\dfrac{x}{c} = \dfrac{\partial C_M}{\partial C_L}$，于是空气动力绕该点
的力矩系数为 $C_M = C_{M0}$，这表明，绕该点的力矩系数始终等于零升力时的力矩系数。换言之，
绕该点的空气动力力矩系数与升力系数（或迎角）的改变无关，该点称之为焦点（Aerodynamic
Center，简称 AC）。

不管是非对称翼型还是对称翼型，翼型焦点一般在 1/4 弦长处，由于翼型厚度和流体黏
性原因，焦点 AC 位置会稍微偏离 1/4 弦长处，如图 2-42 所示。非对称翼型在中小迎角范围，
AC 位置保持不变，接近 1/4 弦线位置，CP 位置一直前移，对 AC 的 C_M 保持不变；当迎角超

过 α_{lj} 后，CP 开始往翼型后缘移动，对 AC 的 C_M 往前移动。

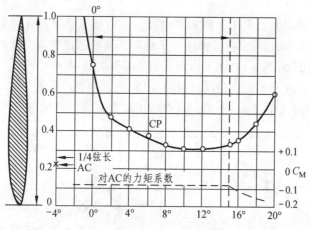

图 2-42 某翼型 CP 与 AC 的关系

对称翼型的 $C_{M0}=0$，压力中心 CP 与焦点 AC 重合；非对称翼型，两者位置不同，随着迎角增加，CP 前移，逐渐接近 AC。

在选择翼型时要重点考虑俯仰力矩。当非对称翼型的迎角增加时，产生下俯力矩，就会产生扭转力矩。这种扭转载荷必须通过桨叶、控制组件等吸收，否则高速旋转产生过度的下俯力矩，会引起桨叶失效。

通常把桨叶的轴向铰链轴线设置在翼型焦点上，这样对应于不同迎角，桨叶力矩系数始终不变，从而可使旋翼操纵机构上的载荷变化小些。如果桨叶翼型是对称翼弦，绕焦点的空气动力力矩为零，基于这个特点，早期的直升机设计人员一般选择对称翼型，NACA0012 翼型广泛应用到直升机桨叶上，后来逐渐采用具有高承载能力和疲劳载荷的非对称翼型。

进一步理解，焦点是这样的一个点，即当翼型迎角发生变化时，飞机的气动力对该点的力矩始终不变，因此它可以理解为气动力增量的作用点。

2.2.6 影响气动特性的因素

翼型气动特性包括升力特性、阻力特性和气动力矩特性，分别用升力系数、阻力系数、力矩系数与迎角的关系来表示。最大升力系数和失速特性决定着翼型的气动特性，是判断翼型性能好坏的重要依据，也是翼型设计必须要考虑的因素。对于大多数翼型，随着迎角增加，翼型上表面开始气流分离而产生失速，升力损失比较严重，而对前缘尖削的高速翼型而言，气流分离和失速产生比较突然。

翼型厚弦比、前缘半径、雷诺数、中弧线弯度和马赫数对翼型的气动特性都有影响。在直升机桨叶设计中，比较简单的方法就是增加翼型厚度来增加最大升力系数。另一种方法也可以提升翼型气动性，就是增加前缘半径，但是会增加额外的俯仰力矩。低速情况下空气的雷诺数越大，翼型表面附面层越薄，会推迟附面层分离，提高最大升力系数。

桨叶速度（马赫数）特别是桨尖速度对翼型气动力特性也具有很大影响，如图 2-43 所示的 NACA0012 对称翼型的气动力特性，从物理本质上讲，随着马赫数 M 的增加，翼型表面扰动速度小于来流速度，这是由于低速时大逆压梯度出现在翼型前缘，而在高速时出现在激波处。

随着马赫数 M 的增加，升力系数斜率增加，一般情况的最大升力系数减小，如图 2-43（a）所示；压力系数分布中的大逆压梯度位置后移，激波造成气流分离，附面层脱离翼面，最终会造成激波失速，如图 2-43（b）所示；阻力系数先保持基本不变，然后随着 M 增加而急剧增加，如图 2-43（c）所示；在高马赫数 M 情况下，会产生低头气动力矩，而且力矩系数突变也会提前，如图 2-43（d）所示，这会增加桨盘载荷，影响直升机性能。

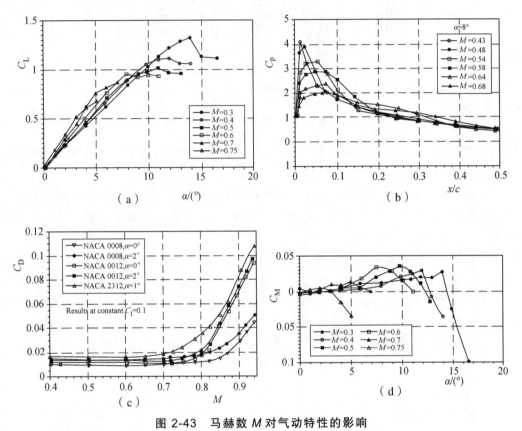

图 2-43　马赫数 M 对气动特性的影响

超临界翼型在高速喷气式飞机上得到广泛应用，某些型号直升机的桨尖翼型也采用这种翼型，但是由于低迎角下过早进入失速，所以桨叶主体结构仍采用传统翼型设计思路。

2.3　旋翼的作用

旋翼是直升机最关键的核心部件，既可以产生升力，又是直升机水平运动的动力来源，旋翼旋转的平面既是升力面又是操纵面。从原理上讲旋翼和螺旋桨没有区别，但是旋翼提供的拉力可以分解为升力和推力，而螺旋桨仅提供推力。飞行员操纵直升机改变飞行状态，是靠改变旋翼拉力的大小和方向来完成的。

直升机的旋翼主要由一个桨毂和数片桨叶组成。直升机的桨叶包括旋翼叶片和尾桨叶片，旋翼桨叶与空气作相对运动，产生直升机飞行所需要的空气动力，而尾桨叶则主要产生一个侧向的拉力，以平衡旋翼产生的反扭矩并实现航向控制。

2.3.1 桨叶的平面形状

旋翼的桨叶是旋翼系统的重要部件。桨叶的平面形状常见的有矩形、梯形和矩形加后掠形桨尖等。近年来桨尖的形状变化发展较多，目前已从第一代的矩形、第二代的简单尖削加后掠、第三代曲线尖削加后掠发展到下反式三维桨尖（见图 2-44）。

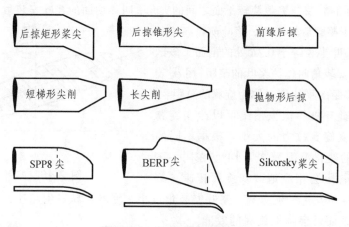

图 2-44 不同外形的桨尖

旋翼的桨尖区域，既是桨叶的高速区，又是桨叶的气动敏感区。桨尖形状的适当修型，可以有效地改进旋翼的气动特性。尖削桨叶可以获得较高的气动效率，一般将尖削与扭转加以特别组合，这是因为桨尖速度对旋翼性能有着十分密切的影响。前行桨叶尖部的空气压缩性不允许速度过大，通常限制马赫数在 0.92 以下，这是第一个原因。某些直升机采取后掠桨尖可使临界马赫数增加百分之几，例如"山猫"直升机的前后掠桨尖较大地提高了旋翼的效率（见图 2-45）。原因之二是噪声的限制，当桨尖速度过高则引起的噪声很大，当速度过大时，产生的噪声是不可接受的。

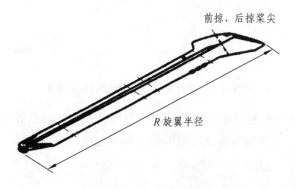

图 2-45 前、后掠桨尖

早期，由于制造工艺所限，桨尖形状一般都为矩形。自 20 世纪 70 年代以来，由于复合材料桨叶的出现，使桨尖形状的变化成为可能，于是有了平面形状直线变化的尖削或后掠桨尖，或者尖削后掠形状组合的桨尖。进入 80 年代，桨尖形状进一步向曲线变化（如抛物线后掠）发展，其中最引人注目的是英国 Westland 直升机公司研制出的 BERP 桨尖。这种桨尖形如不规则的蹼状，1986 年在"山猫"直升机上试用，首创了飞行速度 400 km/h 的世界纪录。

2.3.2 桨叶工作状态参数

1．桨叶安装角和桨距（Blade Angle）

桨叶某一剖面的翼弦与桨毂旋转平面之间的夹角，叫该切面的桨叶安装角，用 φ 表示，如图 2-46 所示。相对于桨毂旋转平面，桨叶前缘高于后缘，φ 为正。把桨叶半径等于 $0.7R$ 处的剖面（该剖面称特性切面）的安装角叫作该桨叶的桨距，用 φ_7 表示。各片桨叶的桨距的平均值，称为旋翼的总距。

飞行员通过直升机的操纵系统可以改变旋翼的总距，从而改变旋翼拉力的大小。根据不同的飞行状态，总距的变化范围为 2°～14°。在同一飞行状态下，改变总距会相应地改变旋翼转速。桨

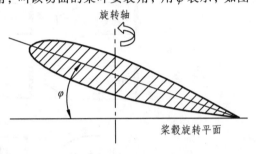

图 2-46　桨叶安装角

叶安装角过大，容易发生气流分离；桨叶安装角过小，旋翼容易发生超速，惯性离心力增大，使结构载荷过大，而且会降低旋翼的效能。

2．桨叶迎角（Angle of Attack，AoA）

桨叶旋转时，桨叶剖面的相对气流合速度 W 与其桨弦之间的夹角，称为桨叶迎角，用 α 表示，如图 2-47 所示的垂直上升情况。通常将特性切面的迎角称为桨叶迎角，用 α_7 表示。相对气流从翼弦线的下方吹来，迎角为正。

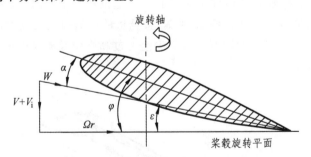

图 2-47　桨叶安装角、迎角和入流角

桨叶迎角和旋翼迎角是有根本区别的。桨叶剖面的相对气流合速度由旋转相对气流速度（Ωr）和桨毂旋转平面的相对气流速度来确定。利用速度合成的方法，可以确定出相对气流合速度的大小和方向。

3．入流角（Inflow Angle）

相对气流合速度 W 与桨毂旋转平面一般是不平行的，它与桨毂旋转平面的夹角，称为入

流角，或称为来流角，用 ε 表示。合速度 W 从上方吹向桨毂旋转平面时，ε 为正；反之，从下方吹向桨毂旋转平面时，ε 为负。

安装角 φ、桨叶迎角 α、入流角 ε 三者之间的关系为

$$\alpha = \varphi - \varepsilon \tag{2.21}$$

当安装角一定时，入流角的大小和方向直接影响桨叶迎角的大小，因此它是影响旋翼空气动力的一个重要参数。即使在悬停状态，由于诱导速度 V_i 的存在，α 也不等于 φ。

下面分析一下旋翼的轴向直线运动，即直升机垂直飞行时旋翼工作情况，相当于某些飞机上螺旋桨的工作情况。由于两者技术要求不同，旋翼的直径大且转速小，而螺旋桨的直径小而转速大，在分析和设计上就有区别。

假设某一旋翼运动，桨叶以恒定角速度 Ω 绕轴旋转，并以速度 V 沿旋转轴作直线运动，如果用一中心轴线与旋翼轴重合，而半径为 r 的圆柱面把桨叶裁开（见图 2-48），并将这个圆柱面展开成平面。由于桨叶的运动包括旋转运动和直线运动，所以对桨叶剖面来说，就有周向速度（等于 Ωr）和垂直于旋转平面的速度（等于 V），而合速度是两者的矢量和。显然从图 2-48 进一步看出，用不同半径的圆柱面所截出来的各个桨叶剖面，其合速度是不同的，即大小不同，方向也不相同。如果再考虑到由于桨叶运动所激起的附加气流速度（诱导速度），那么桨叶各个剖面与空气之间的相对速度就更加不同。与机翼相比较，这就是桨叶工作条件复杂，对它的分析比较麻烦的原因所在。

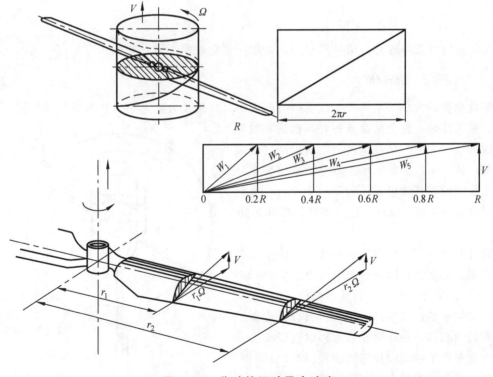

图 2-48　桨叶的运动及合速度

2.3.3 旋翼工作状态参数

1. 旋翼直径 D 和半径 R

旋翼旋转时忽略挥舞，桨尖所画圆的直径，叫作旋翼直径，用 D 表示，它是影响旋翼拉力大小的一个很重要的因素。大型直升机的旋翼直径可达 30 多米，小型直升机也有 7~8 m。旋翼半径 $R = D/2$，任一桨叶剖面离桨毂中心的半径为 r，铰外伸量为 e，如图 2-49 所示。

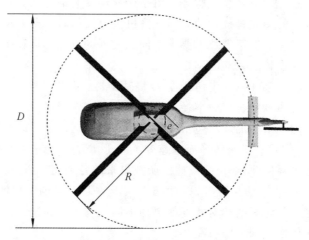

图 2-49 旋翼直径和半径

2. 桨盘面积（Disc Area）

旋翼旋转时忽略挥舞，桨叶所画圆的面积叫桨盘面积，用 A 来表示

$$A = \pi R^2 \tag{2.22}$$

桨盘面积的大小关系到产生旋翼拉力的大小，旋翼拉力的大小与桨盘面积成正比。

旋翼工作时，整个桨盘面积并不都能有效地产生拉力。因为空气从高压区自下而上绕过桨尖流向低压区，桨叶尖部的压差减小，旋翼桨盘外部一个狭窄的圆环处可以认为不产生拉力，在计算旋翼有效面积时，应减去这一部分，如图 2-50 所示。

旋翼桨毂不产生拉力。在前飞中，由于气流斜吹旋翼，桨盘中心部分不产生拉力。在 180° 至 360° 方位的桨叶靠近根部的某些部分，气流是从桨叶后缘吹来的，也不产生拉力。所以，旋翼桨盘面积的中心部分在计算有效面积时也应减去。

对旋翼产生拉力起作用的面积，叫有效面积，它比整个桨盘面积稍小。有效面积一般约为整个旋翼桨盘面积的 92%~96%。

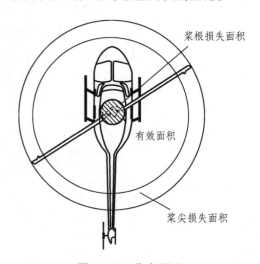

图 2-50 桨盘面积

3. 桨盘载荷（Disc Loading）

桨盘载荷就是直升机起飞总重与桨盘面积之比，即

$$P_d = \frac{G}{\pi R^2} \qquad (2.23)$$

式中 G —— 起飞重量；

　　R —— 旋翼半径。

桨盘载荷是直升机飞行性能的一个重要参数。在选择直升机桨盘载荷时，一般要符合最大速度状态、悬停状态和旋翼自转飞行状态的要求。

很显然，相同起飞重量下，旋翼直径越小，意味着直升机桨盘载荷越大。但是，桨盘载荷越大，需要的诱导功率也就增大，这对于直升机的悬停工作状态是十分不利的。特别是在沙尘、雪或松软的地面上空悬停时，由于大的诱导速度将掀起地面上的沙尘和雪，遮蔽飞行员的视界，并穿过旋翼和进入发动机进气道，给直升机使用带来严重的问题。因此，若直升机的使用是以悬停或贴近地面工作方式为主，则选择旋翼直径小、桨盘载荷大的直升机就很不适合了。

4. 旋翼实度（Solidity Ratio）

所有桨叶面积之和同桨盘面积的比值，叫作旋翼实度，也称为桨盘固态性或填充系数，用 σ 表示，是总桨叶面积 A_b 与桨盘面积 A 的比值。对矩形桨叶而言，旋翼实度公式为

$$\sigma = \frac{A_b}{A} = \frac{k \cdot cR}{\pi R^2} = \frac{kc}{\pi R} \qquad (2.24)$$

其中，k 为桨叶片数。旋翼实度的大小，取决于桨叶的片数和每片桨叶的面积。直升机的旋翼桨盘实度一般为 0.03 ~ 0.09，例如黑鹰 UH-60 直升机的旋翼实度为 0.082 6，尾桨的桨盘固态性一般要比旋翼的大。

旋翼实度过小，表明每片桨叶面积小或桨叶片数少，为了产生足够的所需拉力，必须增大桨叶的安装角和桨叶迎角，从而在大速度飞行时会发生气流分离，使最大飞行速度受到限制。旋翼实度过大，表明每片桨叶面积大或桨叶片数多，必然使桨叶间距过小，造成后桨叶经常处于前桨叶的涡流之中，使空气动力性能变差。同时也会因桨叶面积大和片数多造成旋翼笨重，型阻也越大，旋翼旋转会消耗更多的发动机功率，使旋翼的效率降低，这将降低直升机的航程和续航时间。

在重量不变的条件下，如果实度越大，意味着单位面积桨叶上的载荷变小了，从而桨叶迎角变小了。这将推迟旋翼的气流分离失速，提高直升机的机动性、悬停升限、动升限、最大平飞速度等。

5. 旋翼转速 n 和角速度 Ω

旋翼每分钟旋转的圈数，叫作旋翼转速，用 n 表示。角速度是以每秒钟所转过的弧度为单位，即弧度/秒。它与转速的关系为

$$\Omega = 2\pi \left(\frac{n}{60} \right) = \frac{\pi n}{30} \qquad (2.25)$$

旋翼转动的快慢可用角速度 Ω 表示。桨尖速度为 ΩR，桨叶各切面的切向速度为 Ωr。旋翼转速越大，桨尖速度越大。

从性能角度考虑，在前飞时，桨尖速度越大，前行桨叶越容易产生激波阻力，引起需要功率的迅速增加，这便限制了桨尖速度的加大。所以，旋翼转速的增加要受到桨尖速度的限制，以避免桨尖出现大的空气压缩效应，产生激波。目前旋翼的桨尖速度 $\Omega R = 180 \sim 220\,\mathrm{m/s}$，大致相当于桨尖 $M = 0.55 \sim 0.6$。

除此之外，桨尖速度大了，会使旋翼产生很大的噪声，这对隐身有很高要求的武装直升机来说是个很严重的问题。

6．旋翼迎角（Rotor AoA）

直升机的相对气流同桨毂旋转平面之间的夹角，称为旋翼迎角，用 α_R 表示，如图 2-51 所示。飞行状态不同，旋翼迎角的正负和大小也不同，其范围为 $-180° \sim +180°$。如果气流自下而上吹向桨毂旋转平面，旋翼迎角为正。如果气流自上而下吹向桨毂旋转平面，则旋翼迎角为负。

图 2-51　旋翼迎角

桨毂旋转时与桨轴垂直的旋转平面，叫桨毂旋转平面。桨毂旋转平面是研究旋翼和桨叶的重要基准面。

7．旋翼锥角（Coning Angle）

旋翼锥角是桨叶与桨尖轨迹平面之间的夹角，用 a_0 来表示。锥角的产生是由于桨叶承受大载荷而引起的，实际上锥角并不大，仅有 $3° \sim 5°$。旋翼锥角对桨盘面积有影响，旋翼锥角小，桨盘面积大；反之，旋翼锥角大，桨盘面积小。大型直升机起飞时旋翼锥角最为显著。

旋翼不旋转时，桨叶受到自身重力的作用而下垂，如图 2-52（a）所示。旋翼旋转时，每片桨叶上的作用力除自身重力外，还受到空气动力和惯性离心力的综合作用，使得桨叶保持在与桨毂旋转平面成某一角度的位置上，旋翼形成一个倒立的锥体，如图 2-52（b）所示。直升机悬停状态时，桨叶从桨毂旋转平面扬起的角度也是旋翼锥角。

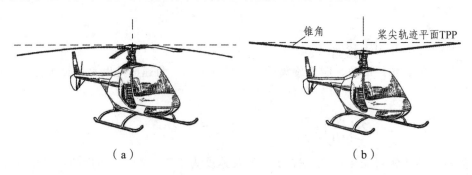

（a）　　　　　　　　　　　　　　（b）

图 2-52　旋翼的锥角

旋翼旋转时，桨尖划过的圆面叫桨尖轨迹平面（Tip Pach Plane，TPP），也称为桨盘，如图 2-52（b）所示的锥体底面。桨尖轨迹平面也是研究旋翼和桨叶的重要基准面。

8. 前进比（Advanced Ratio）

沿桨毂旋转平面的气流分速同桨尖切向速度之比，叫作前进比，也称旋翼工作状态特性系数，用 μ 表示，即

$$\mu = \frac{V \cos \alpha_R}{\Omega R} \tag{2.26}$$

水平飞行中，旋翼迎角较小，其余弦值接近于 1，可近似地把飞行速度同桨尖切向速度的比值当做为 μ，即

$$\mu = \frac{V}{\Omega R} \tag{2.27}$$

前进比 μ 表示流过旋翼的气流不对称的程度，所以是确定旋翼工作条件的一个重要的特征参数，也是空气动力计算的一个基本参数。

前进比 μ 的大小，随飞行速度大小的改变而改变。在垂直飞行或悬停状态中，$\mu = 0$。以最大速度平飞时，μ 可达 $0.35 \sim 0.4$。μ 值增大，就意味着飞行速度增大，或者旋翼转速减小。μ 值过大会引起旋翼拉力降低，这对旋翼的工作是不利的。

9. 旋翼入流系数 λ

沿旋转轴方向的气流分速与桨尖切向速度的比值，叫入流系数，也称流入比，用 λ 表示。

$$\lambda = \frac{V \sin \alpha_R - \overline{V_i}}{\Omega R} \tag{2.28}$$

式中　$\overline{V_i}$——桨毂旋转平面的平均诱导速度。

入流系数 λ 也是表示直升机飞行状态的一个重要的特性参数。

直升机在平飞和上升状态，旋翼迎角是负值，故 λ 总为负值。此时，轴向气流自上往下流入旋翼。如果直升机在下降状态，旋翼迎角为正，λ 可能为正，也可能为负。

2.3.4　旋翼的作用

旋翼不仅是直升机的升力面，产生使直升机升空的升力，旋翼又是直升机的操纵面，提供使直升机升降、俯仰和滚转的操作力和力矩，旋翼还是直升机的推进器，拉动直升机向任何方向飞行，如图 2-53 所示。

旋翼拉力的垂直分量平衡直升机的重力，而水平分量成为直升机前飞的动力。TPP 往哪里倾斜，直升机就往哪个方向飞行。如果直升机发动机状态设置一定，空速保持一致，TPP 倾斜越厉害，则水平分力越大，而垂直分力越小。当然，水平分力与直升机阻力方向相反，水平分力大于阻力时，直升机水平加速；阻力增加到大于水平分力时，直升机就减速，最终直升机在水平分力和阻力相等的情况下保持匀速飞行。同样道理，如果直升机保持高度飞行，

此时需要垂直分力与直升机重力相等,否则就会使直升机爬升或下降。

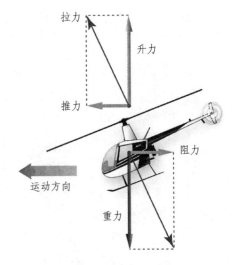

　　总之,旋翼肩负着直升机飞行时所需推进、负重和可控性这 3 种功能,所以旋翼的作用可以概括为以下 3 点:

　　(1)旋翼总空气动力矢量分力产生向上的升力,用以克服直升机的重力,类似固定翼飞机机翼的作用。直升机不仅可以飞得很慢,而且可以在空中悬停和垂直起降。即使直升机的发动机空中停车,驾驶员可通过操纵旋翼使其自转,仍可产生一定升力,减缓直升机下降趋势,保证安全着陆。

　　(2)另一分力产生向前的水平分力克服空气阻力,类似固定翼飞机上推进器的作用(例如螺旋桨或喷气发动机)。

图 2-53　直升机受力分解

　　(3)产生其他分力及力矩对直升机进行控制或机动飞行,类似飞机上各操纵面的作用。

2.4　旋翼的气动力特性

　　旋翼的运动方式与固定翼飞机的机翼不同,区别在于旋翼的桨叶除了随机体一起作直线或曲线运动外,还绕旋翼轴不断旋转,因此桨叶的空气动力现象比机翼的复杂得多,虽然有共同点,但也有许多不同的特点。

　　从理论上分析旋翼的工作情况时,可以采用滑流理论。滑流就是流过旋翼的气流,旋翼滑流理论是牛顿定律在旋翼上的应用。直升机虽然没有机翼,但把旋翼看作作用盘,它旋转后迫使空气向下加速流动,给空气施加一个向下的作用力,与此同时,空气也给旋翼一个向上的反作用力,这就是旋翼产生的拉力。

　　旋翼的桨叶类似普通固定翼飞机的机翼,旋翼产生拉力与机翼产生升力的道理大致相同。旋翼旋转时,旋翼上面的空气压力小,下面的空气压力大,旋翼拉力 T 可以认为是压力差的总和。由于旋翼的桨叶不论转到哪个方位,都是向上倾斜的,所以桨叶的拉力也向内侧倾斜。可以将桨叶拉力分解为与桨盘平行和垂直的两个分力。水平分力相等,方向相反,而垂直分力与旋翼锥体轴方向一致。把每片桨叶产生的升力合成为一个力,这个力作用在桨叶桨尖旋转平面的中心,且垂直于这个平面,这个力叫作旋翼拉力。

　　旋翼拉力的方向近似地垂直于桨盘。在悬停时,桨盘与桨毂旋转平面相平行,锥体轴和旋转轴相一致。在其他情况出现旋翼锥体向一侧倾斜,桨盘不再与桨毂旋转平面平行,但是旋翼拉力的方向与锥体轴的方向总是大致相同。图 2-54 所示为悬停状态的受力情况。

　　旋翼拉力 T 的大小与桨叶数量和各桨叶的拉力 T_b 有关,而桨叶的拉力是各段微元桨叶拉力之和。从设计角度上讲,直升机的起飞重量越大所需的桨叶数量越多,从最少的两片到重型直升机的 6 片或 7、8 片。为了获得足够的拉力,桨叶设计得很长,旋翼直径从小型直升机的 5 ~ 10 m 到大型直升机的二三十米,最大的有 32 m。

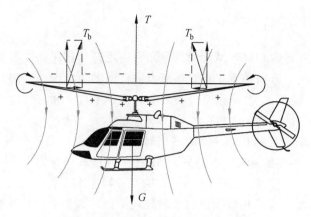

图 2-54　直升机旋翼产生的拉力

2.4.1　旋翼拉力

旋翼桨叶旋转会产生所谓的旋转相对气流，其特点是平行于桨盘，与旋翼旋转方向相反。要分析旋翼拉力，必须分析桨叶的受力情况。空气在旋翼作用下向下排压，引起气流下洗而产生诱导气流，作用在桨叶上的合成气流就是旋转相对气流和诱导气流的合成。桨叶升力的大小与合成相对气流的大小和方向有关，这直接影响着旋翼拉力。这里从垂直飞行状态和前飞状态两个层面分析旋翼拉力，进而研究旋翼拉力的变化规律。

1. 直升机垂直飞行状态

从旋翼上截取一小段长度为 Δr 的桨叶（叶素）来研究桨叶上的气动特性。如果直升机以速度 V 垂直上升，桨叶以角速度 Ω 旋转，桨叶不同半径处的圆周速度为 Ωr，旋转轴处 $r=0$，则无圆周速度，桨尖处的圆周速度为 ΩR。由图 2-55 可知，在某段处桨叶剖面的相对合成气流 W 为 $V+V_i$（上升速度 V 和诱导速度 V_i 之和）与 Ωr 的矢量和，由此可见，不同 r 处合成速度 W 的大小和方向都是变化的。

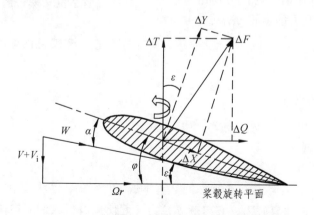

图 2-55　垂直上升时的叶素空气动力

类似机翼或翼型升力公式（2.29），则作用在叶素上的升力为

71

$$\Delta Y = \frac{1}{2} C_{\mathrm{L}} \rho W^2 c \Delta r \qquad (2.29)$$

可以看出，当空气密度和桨叶微元的投影面积一定时，作用在叶素上的升力大小与相对气流速度的平方成正比，方向垂直于相对气流方向；同时与该段桨叶的迎角成正比（在临界迎角范围内，C_{L} 与 α 成正比）。根据空气动力学特点，平行于相对气流方向，且作用方向相反的气动力，就是叶素的气动阻力 ΔX。

对于旋翼具有实际意义的是空气动力在旋转轴方向的作用力，叶素的升力 ΔY 和叶素的阻力 ΔX 的合力为 ΔF，其在旋转轴上的分力 ΔT 叫桨叶微元的拉力，即叶素拉力。而各段桨叶微元的拉力方向一致，与旋转轴平行。由图 2-55 可知，各段桨叶微元的升力和拉力是不同的两个概念，各段桨叶微元的相对气流与桨毂旋转平面的夹角 ε 一般是不同的。则叶素升力和拉力的关系表示为

$$\Delta T = \Delta Y \cos \varepsilon - \Delta X \sin \varepsilon \qquad (2.30)$$

通常，入流角 ε 较小时（一般 $\varepsilon < 10°$），可以近似认为 $\cos \varepsilon = 1$，即可以近似认为各翼型的拉力 $\Delta T = \Delta Y$。建立在叶素基础上的多段桨叶拉力的总和就是该桨叶的拉力 T_{b}。

必须说明，各桨叶微元所产生的拉力大小是不相等的。一般来说，越靠近桨尖，桨尖的相对气流速度越大，产生的拉力也越大。但对于带有一定扭转角的桨叶来说，因桨尖的安装角小，加之受桨尖涡流的影响，故有效迎角减小，造成桨尖产生的拉力并非最大，一般桨叶拉力的分布情况大致如图 2-56 所示。因此，桨叶拉力的着力点，通常位于距旋转轴约为旋转半径的 70% ~ 75% 处，可以认为旋翼拉力作用在桨叶的特征切面处。

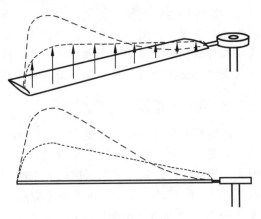

图 2-56　桨叶的拉力分布图

然后，可以将每片桨叶的拉力视作为桨叶半径由 $0 \sim R$ 的叶素升力的定积分，同时考虑损失系数 K，则 $T_{\mathrm{b}} = k \int_0^R \Delta Y = k \int_0^R \mathrm{d}Y$。旋翼所有桨叶拉力 T_{b} 之和就是该旋翼的总拉力 T，可用下式表示

$$T = k T_{\mathrm{b}} \qquad (2.31)$$

式中　T——旋翼拉力；

　　　k——桨叶片数；

　　　T_{b}——桨叶拉力。

直升机旋翼拉力 T 与桨尖轨迹平面 TPP 基本成 90°。在悬停状态中，旋翼还受到一个近似水平方向的力——惯性离心力，它与旋翼拉力一起使旋翼形成倒立锥体，如图 2-57 所示。如果直升机前飞或侧飞，桨尖轨迹平面 TPP 倾斜，旋翼拉力 T 也随之倾斜。

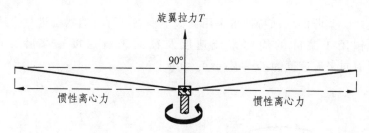

图 2-57　悬停状态下的旋翼形态

如果直升机重量轻，就需要小的旋翼拉力来平衡重力，在旋翼转速一定的情况下，惯性离心力也保持固定，此时旋翼的锥角小，如图 2-58（a）所示；相反，如果重量大，锥角大，如图 2-58（b）所示。

（a）　　　　　　　　　　　　　（b）

图 2-58　重量对旋翼锥角的影响

2．直升机前飞状态

当直升机前飞时，相对气流与旋转轴不平行，出现斜流。为了进一步分析，这里采用旋翼构造轴系 $O_S X_S Y_S Z_S$，如图 2-59 所示。斜流的方向可在旋翼构造轴系中表示，构造轴系的 O_S 取桨毂中心，Y_S 取旋转轴方向，向上为正，X_S 在旋转平面内，其方向与直升机纵轴 OX 平行，Z_S 轴垂直 $X_S O_S Y_S$ 面，其方向当旋翼左旋时由左手定则决定，右旋时用右手定则决定，旋转平面用 $S-S$ 表示。

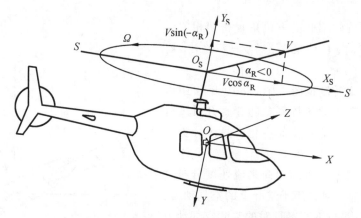

图 2-59　直升机旋翼上的外力及其分解

相对气流 V 与构造平面之间的夹角即为旋翼迎角 α_R。直升机垂直上升时 $\alpha_R = -90°$，垂直下降时 $\alpha_R = 90°$，平飞时一般 $\alpha_R = -5° \sim -10°$，即低头平飞。将 V 分解后可得沿 X_S 轴的速度分量为 $V\cos\alpha_R$，沿转轴方向在 Y_S 上的分量为 $V\sin(-\alpha_R)$。

直升机前飞时，桨叶的气动特性可采用类似于垂直飞行时的状态进行描述。图 2-60（a）描述了前飞时作用于桨叶的周向来流速度及径向来流速度。桨叶径向来流速度为 $V\cos\alpha_R\cos\psi$；周向来流速度为 $\Omega r + V\cos\alpha_R\sin\psi$。

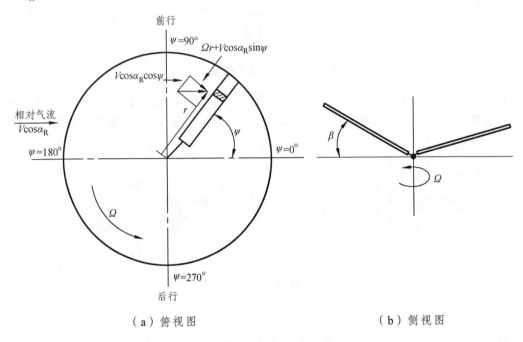

（a）俯视图　　　　　　　（b）侧视图

图 2-60　桨叶的相对速度

沿旋转方向桨叶的周向来流速度是直升机空气动力的重要因素之一，这里将周向来流速度 V_x 用以下公式来表示

$$V_x = \Omega r + V\cos\alpha_R\sin\psi \qquad (2.32)$$

其中，V_x 与旋转桨叶的方位角 ψ 密切相关。当方位角 $\psi = 90°$ 时，V_x 值最大；当 $\psi = 270°$ 时，V_x 值最小。

从旋转中的旋翼侧视图［图 2-60（b）］中可以确定桨叶的挥舞角 β，挥舞角随着直升机飞行状态以及桨叶方位角的变化而变化，具体分析见下一章。

在理解直升机前飞时的周向来流速度分布之后，就可以分析前飞时作用于桨叶上的空气动力，如图 2-61 所示，并与垂直飞行时的桨叶空气动力（见图 2-55）进行比较分析。

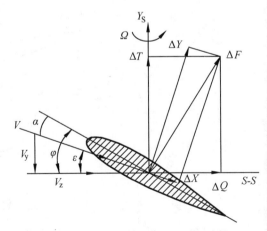

图 2-61　前飞中的叶素空气动力

与 Y_S 方向相反的速度称桨叶轴向来流速度，采用 V_y 来表示，如图 2-61 所示，即

$$V_y = V\sin(-\alpha_R) + V_i + V_\beta \qquad (2.33)$$

74

式中，$V\sin(-\alpha_R)$ 为前飞速度引起的轴向来流速度，如图 2-59 所示；V_i 为构造旋转平面的诱导速度；V_β 为挥舞时相对气流速度。

可以看出，前飞时的旋翼拉力与垂直飞行状态的旋翼拉力表达式一致，只是叶素升力和阻力在旋转轴上的分量不一样而已。

前飞时桨叶的入流角可以表示为

$$\varepsilon = \arctan\left(\frac{V_y}{V_x}\right) \tag{2.34}$$

现代直升机所选定的桨尖速度大小，是前飞时前行桨叶不会遇到压缩性效应。所以，为了便于进行旋翼空气动力学研究，通常采用桨尖速度而不是"转/分"作为参数来衡量旋翼速度。

3．旋翼拉力公式及影响因素

由于旋翼拉力与飞机机翼产生升力的道理相似，所以根据机翼升力公式，这里也可以将旋翼拉力公式写成

$$T = \frac{1}{2}C_T\rho(\Omega R)^2(\pi R^2) \tag{2.35}$$

式中　C_T——拉力系数；

　　　ΩR——桨尖速度；

　　　πR^2——桨盘面积。

飞机机翼升力系数只与机翼的翼型和迎角有关，而旋翼的拉力系数 C_T 不仅与桨叶的翼型和迎角有关，而且还与旋翼的实度成正比。对于一般的旋翼而言，其拉力系数可用下式近似计算

$$C_T = 0.3\sigma C_{y7} \tag{2.36}$$

式中　C_{y7}——各桨叶的特征切面（$r=0.7R$）处的升力系数平均值，其取决于桨叶翼型和该切面平均迎角的大小；

　　　σ——旋翼实度。

固定翼飞机在平飞中，为了保持足够的升力来平衡其重力，在其他飞行条件不变的情况下，飞行速度和机翼迎角成一一对应关系，迎角大升力系数大，平飞所需速度小；迎角小升力系数小，平飞所需速度大。对于直升机来说，飞行速度不论是增大还是减小，旋翼的拉力系数 C_T 应保持基本不变，才能保持旋翼的拉力与直升机的重力基本相等。由于同型直升机的旋翼实度、半径一定，旋翼转速不变时，要保持旋翼拉力，必须使拉力系数 C_T 不变，这就要求桨叶的平均迎角不随飞行速度变化。如果外界因素导致桨叶迎角发生改变时，必须改变旋翼总距，促使桨叶的平均迎角基本保持不变。

旋翼拉力的大小也由许多因素决定，主要是旋翼转速、空气密度、旋翼半径和桨叶迎角。下面逐一分析影响旋翼拉力的各个因素。

（1）旋翼转速对拉力的影响。旋翼转速 Ω 增加，桨叶微元的相对气流就加快，桨叶升力 Y_b 就增大，桨叶拉力 T_b 也增大。旋翼拉力与旋翼转速的平方成正比，即转速增大 1 倍，拉力

增大到原来的 4 倍。

（2）空气密度对拉力的影响。空气密度增大，桨叶升力 Y_b 就增大，桨叶拉力 T_b 也增大。所以旋翼拉力与空气密度成正比。

（3）桨叶迎角对拉力的影响。桨叶微元升力与其迎角成正比，因此桨叶拉力与桨叶迎角成正比。应该指出，当桨叶迎角超过临界迎角以后，桨叶拉力随迎角的增大反而减小。

（4）旋翼实度对拉力的影响。当旋翼的半径一定时，旋翼实度 σ 与桨叶的片数 k 和桨弦 c 成正比。显然，桨弦越长，各段桨叶的升力越大，整个桨叶的拉力也就越大；桨叶片数增多，旋翼拉力也增大。因此，旋翼拉力与旋翼的实度成正比。

（5）旋翼半径对拉力的影响。旋翼半径增大，一方面桨叶的投影面积增大，旋翼实度也增大，使桨叶的拉力增大；另一方面，桨尖的周向速度增大，桨叶的拉力又有所增大。旋翼拉力与旋翼半径的三次方成正比，即旋翼半径增大 1 倍，旋翼拉力增大到原来的 8 倍。

以上分析了 5 个影响旋翼拉力的因素，对于某型直升机而言，旋翼实度和旋翼半径是不变的，旋翼转速一般变化也很小，要增大旋翼转速，就必须增大发动机功率。空气密度随着气温和高度而变化，空气密度的变化也会引起发动机功率的变化。桨叶迎角取决于入流角和桨叶角的大小。桨叶角增大，桨叶迎角也增大，所需发动机的功率也增大。可见，旋翼拉力的大小，归根结底取决于发动机功率。

总而言之，旋翼转速、桨叶迎角、桨叶半径和旋翼实度等各影响因素数值增大，拉力就增大。必须指出，在实际飞行中，各个影响因素由于受到空气动力特性、结构强度和发动机功率等条件的限制，其数值不可能很大，更不能认为其数值越大越好，要综合考虑。

2.4.2　旋翼阻力

当旋翼转动时，不仅产生拉力，而且还会产生阻止旋翼旋转的阻力。为了保证旋翼作稳定旋转，必然要消耗一定的功率。因此，了解旋翼旋转阻力和所需功率产生的原因、影响因素和不同情况下旋翼所需功率的变化，对正确选择旋翼工作状态是很重要的。

阻止旋翼旋转的空气动力，叫旋翼旋转阻力，简称旋翼阻力，以 Q 表示。旋翼阻力与桨毂旋转平面平行，而方向与旋转方向相反。按产生原因的不同，旋翼阻力可分为翼型旋转阻力 Q_b、诱导旋转阻力 Q_i、上升旋转阻力 Q_c、废阻旋转阻力 Q_p。总阻力和各阻力与空速之间的关系见图 2-62 中的阻力曲线。

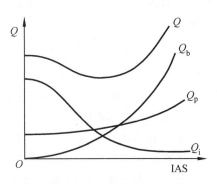

图 2-62　某飞行状态下的旋翼阻力曲线

1. 翼型旋转阻力

旋翼旋转时，空气沿着相对气流合速度的方向流过桨叶。在气流流过桨叶表面时，由于空气具有黏性，贴近桨叶表面受到挤压，而形成一层很薄的流动层，叫作附面层（或叫边界层）。附面层中气流速度由外层主流速度向内层逐渐降低为零。附面层分为层流层和紊流层，如图 2-63 所示。层流层与紊流层的过渡区域称为转捩点。

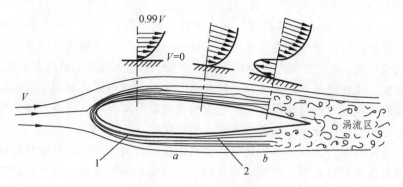

图 2-63　附面层和涡流区

1—层流层；2—紊流层；a—转捩点；b—分离点

在附面层内，气流速度之所以越贴近翼面越慢，原因是流动的空气受到桨叶表面沿旋转方向给它作用力的结果。根据作用力与反作用力定律，这些被减慢的空气必然要给桨叶一个沿旋转方向相反的反作用力。这个反作用力就是桨叶表面产生的摩擦阻力，等于附面层中流体动量的损失。桨叶表面越不光滑，摩擦阻力越大。可见，摩擦阻力是在附面层内产生，附面层的性质不同，摩擦阻力的大小也不同。紊流层的摩擦阻力要比层流层的摩擦阻力大得多。因此，注意保持旋翼桨叶表面的光滑程度，有利于延迟紊流附面层的扩大和减小摩擦阻力。

为什么桨叶后缘会出现气流分离呢？内因是空气具有黏性，在桨叶表面产生了附面层。附面层中气流速度不仅受到空气的黏性作用，还要受到附面层外主流压力变化的影响，所以外因是桨叶表面出现逆压梯度。

在附面层中，沿垂直于桨叶表面方向的压力变化很小，可以认为是相等的，且等于紧贴附面层外主流的压力。这是因为空气黏性使其动能转化的热能逸散到周围去了，尽管越接近桨叶表面速度越小，而压力却基本不变。例如 P_1 和 P_2 点的压力相等，如图 2-64 所示。

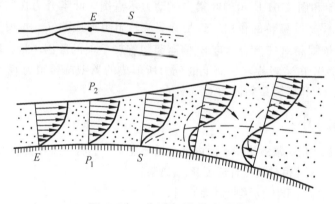

图 2-64　桨叶气流分离现象

在最低压力点 E 之前，附面层外主流是从高压区流向低压区，沿途压力逐渐降低，即形成顺压梯度，气流速度是不断增大的。附面层内的气流虽受空气黏性作用，沿途不断减速，但在顺压梯度范围内气流仍能加速向后流动，但流速增加不多。在最低压力点 E 之后，主流从低压区流向高压区，沿途压力越来越大，即形成了逆压梯度，主流速度不断减小，附面层内的气流除了克服空气的黏性作用外，还要克服逆压作用，因此气流速度迅速减小，到达某一位置（图中的 S 点），附面层底层空气完全停止，速度降低为零，这个点被称为分离点。在分离点之后附面层底层空气在逆压作用下开始向前倒流。于是附面层中逆流而上的空气与顺流而下的空气相遇，就使附面层气流脱离桨叶表面，而卷入主流，这时就产生附面层分离，即气流分离现象。这些回流和旋涡不断地被吹离，就在分离点之后形成了涡流区。

桨叶表面的气流从顺流过渡到逆流，对应的点就是分离点。分离点可能发生在层流层，也有可能发生在紊流层。分离点与转捩点有本质的区别。

为什么涡流区内压力会减小呢？这里指的涡流区压力的大小，是与桨叶前缘处的气流比较而言。因涡流区中存在旋涡，空气迅速转动，一部分动能因摩擦而消耗，即使流速可以迅速恢复到桨叶前缘处的流速，而压力却不能恢复到原来大小，而比桨叶前缘处的压力小。实验结果表明，涡流区内各处压力几乎相等，等于分离点处的压力。如高速行驶的汽车，车尾后面的尘土之所以被吸起，主要是因为车身后面的涡流区内空气压力小而产生吸力的缘故。

此外，相对气流在桨叶前缘会受到阻滞，流速减慢，压力增大；在桨叶后缘，产生气流分离。由于气流分离会形成涡流区（见图 2-63），压力减小，桨叶前后便产生压差阻力。压差阻力的大小与分离点位置有关，分离点越靠桨叶前缘，表示压差阻力越大；反之，越靠后缘，压差阻力越小。

例如，麻脸的高尔夫球飞行时，自身凹坑周围产生一些小的漩涡，由于这些小漩涡的吸力，高尔夫球表面附近的流体分子被旋涡吸引，附面层的分离点就后退许多。高尔夫球后面所形成的旋涡区便比光滑的球所形成的旋涡区小很多，从而使得前后压差所形成的阻力大大减小。飞行数据表明：光滑的高尔夫球，一杆最多飞行数十米，麻脸的高尔夫球一杆可以飞行 200 多米。

摩擦阻力和气流压差阻力所构成的桨叶空气阻力（ X_b ），就是各段翼型阻力之和，其方向与相对气流合速度平行。桨叶空气阻力 X_b 在桨毂旋转平面上的分力，叫翼型旋转阻力，以 Q_b 表示，如图 2-55 和图 2-61 所示的叶素空气动力示意图。叶素升力在桨毂旋转平面上的分力，通常也起到阻碍桨叶旋转的作用，这是旋翼旋转阻力形成的又一重要原因。

进一步理解，依据相对气流合速度 W 偏离桨毂旋转平面的原因不同，即入流角的形成原因不同，将桨叶升力 Y_b 在桨毂旋转平面上的分力所形成的翼型旋转阻力 Q_b 分为诱导旋转阻力 Q_i 、上升旋转阻力 Q_c 和废阻旋转阻力 Q_p 3 种。

2. 诱导旋转阻力

旋翼旋转产生拉力时，桨毂旋转平面内就有诱导速度 V_i ，诱导速度会使入流角 ε 增大一角度 ε_i ，如图 2-65 所示。这时相对气流合速度 W 偏离桨毂旋转平面，会引起桨叶升力向桨叶后缘倾斜，由此产生的旋转阻力称为诱导旋转阻力，用 Q_i 表示。

如果桨叶的相对气流越快，入流角变化值越小，诱导旋转阻力越小，但是由于旋翼旋转速度为恒速，所以相对气流变化造成的影响可以忽略。在固定转速下，桨叶下洗程度受到桨叶迎角的影响，桨叶迎角越大，下洗程度越强，产生更大的诱导旋转阻力。

同机翼翼尖处一样，在桨叶桨尖部位同样会

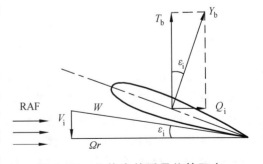

图 2-65　悬停中的诱导旋转阻力

产生翼尖涡，如图 2-66 所示。桨叶产生拉力时，桨叶下翼面压力高于上翼面压力，气流从下翼面绕过桨尖流向上翼面，故而在桨尖处形成翼尖涡。翼尖涡的上行气流部分不会形成下洗气流，而翼尖涡的下行气流部分形成下洗气流，会增加诱导旋转阻力的大小。

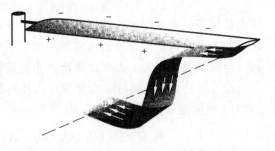

图 2-66　桨尖产生的翼尖涡

每片桨叶的翼尖涡流（尾涡）大致是一条螺旋线。翼尖涡流的偏流角是桨叶周向速度与桨尖切面气流合速度之间的夹角，悬停时较大，但也只有 3°~ 4°。某一桨叶的尾涡对其后随桨叶的干涉作用叫桨涡干扰。桨涡干扰的瞬间会引起桨叶升力突变。

在不同飞行状态下，旋翼的翼尖涡流轨迹如图 2-67 所示。当涡流与桨叶相交或强涡从桨叶附近通过时，由于涡流作用，将改变流过桨叶上、下表面气流的流速。若涡流的旋转方向如图 2-67 所示，在桨叶上表面涡流方向与原气流方向一致时，涡流作用使流速增加，压力减小；桨叶下表面涡流方向与原气流方向相反时，涡流作用使流速减小，压力增加。涡流作用使上、下压力差增大，该桨叶切面升力增大，从而使桨叶的拉力在桨涡干涉瞬间增大。

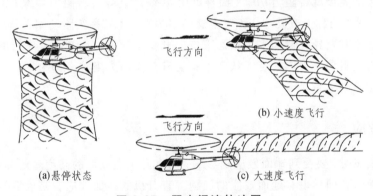

(a)悬停状态　　(b) 小速度飞行　　(c) 大速度飞行

图 2-67　翼尖涡流轨迹图

桨尖的翼尖涡强度与桨叶产生的拉力大小有关，拉力越大，翼尖涡强度越大，下洗速度越大，引起的诱导旋转阻力越大。翼尖涡引起的诱导旋转阻力占的比例最大。

要想减小诱导旋转阻力大小，可以通过减小桨尖迎角来实现，桨叶扭转可以达到这个目的。在给定转速情况下，桨叶迎角越小，产生的升力系数小，翼尖涡强度越弱，诱导旋转阻力越小。扭转后的桨叶从桨根到桨尖的桨叶迎角减小，在桨尖处迎角最小，所以可以降低诱导旋转阻力。

3. 上升旋转阻力

直升机垂直上升时，其上升引起的相对气流与诱导速度相同，引起桨叶切面相对气流 W 更加偏离桨毂旋转平面，使桨叶升力 L_b 向后的倾斜角增大，旋转阻力增加。由此原因所增加的旋转阻力称为上升旋转阻力，用 Q_c 表示。

4. 废阻旋转阻力

以直升机平飞为例，为了克服机身、起落架等装置所产生的空气阻力，旋翼锥体必须相应向前倾斜一个角度。这时，相对气流 V 在旋翼锥体轴线方向的分速，其方向与旋翼的诱导速度的方向一致，使桨叶的入流角增大，桨叶的相对气流合速度 W 更加偏离桨毂旋转平面，而引起旋转阻力增大。由此原因所产生的旋转阻力，叫废阻旋转阻力，用 Q_p 表示。

综上所述，旋翼旋转阻力为所有桨叶的翼型旋转阻力 Q_b、诱导旋转阻力 Q_i、上升旋转阻力 Q_c、废阻旋转阻力 Q_p 之和，可用下式表示

$$Q = Q_b + Q_i + Q_c + Q_p \qquad (2.37)$$

显然，式（2.37）中的第一项 Q_b 是由桨叶空气阻力 X_b 在桨毂旋转平面上的分力形成，后 3 项是由桨叶升力 Y_b 在桨毂旋转平面上的分力形成。

由旋转桨叶产生的旋转阻力所形成的力矩称为旋转阻力矩，其大小与旋转阻力着力点到旋翼轴的距离大小有关，其方向与桨叶旋转方向相反。旋翼的旋转阻力矩是所有桨叶的旋转阻力矩之和，用 M_D 表示。这个力矩通常由发动机曲轴产生的旋转力矩（M_T）来平衡。当 $M_D < M_T$ 时，旋翼转速有增加趋势；当 $M_D > M_T$ 时，旋翼转速有减小趋势；当 $M_D = M_T$ 时，旋翼转速保持不变。

直升机的各种飞行状态中，旋翼为了克服旋转阻力矩所消耗的功率，叫旋翼所需功率。旋翼所需功率包括翼型旋转阻力功率（简称型阻功率）、诱导旋转阻力功率（简称诱阻功率）、上升旋转阻力功率（简称上升功率）和废阻旋转阻力功率（简称废阻功率）。对某些飞行状态，旋翼所需功率组成有差异，例如平飞状态下，上升功率为零；而在垂直飞行时，因飞行速度不大，可以认为废阻功率为零；悬停状态下，上升功率和废阻功率都为零。各个阻力功率定义和影响因素详见第 5 章。

2.4.3　地面效应

飞机贴地低飞时，要受到地面效应的影响；而直升机在较低的高度悬停和邻近地面飞行，即非常接近地面时，同样也有地面效应的问题。直升机的地面效应，是旋翼排向下方的气流受到地面阻挡而影响旋翼空气动力的一种现象，也叫地面气垫。

对固定翼飞机而言，相对气流流过机翼之后，虽具有一定的下洗速度，但下洗角不大，所受到的地面阻挡作用也不强，如图 2-68（a）所示，地面效应的影响也就有限。直升机则不然，被旋翼排向下方的气流，直接向地面流去，如图 2-68（b）所示，受到地面的阻挡作用大得多，所以直升机的地面效应也就比飞机的强烈得多。

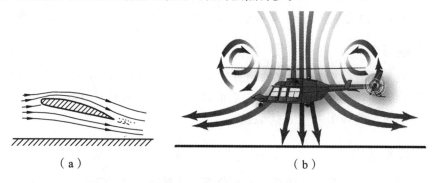

（a）　　　　　　　　　　　　　（b）

图 2-68　地面对流过机翼和旋翼的气流的影响

地面效应产生的原因为，由于旋翼桨尖处的空气速度较大，形成一道从桨尖至地面的气帘，旋翼转动带来的下洗气流将被挤压在桨盘和机身下方，相对增大了旋翼下部空气的密度。由旋翼拉力公式可知，密度增加，拉力增大，产生地面效应。由于地面效应的作用，旋翼拉力增大，进而保持悬停所需的功率也就减小。

另一个原因是，地面效应造成桨尖处诱导气流减弱，入流角变小，诱导旋转阻力减小，从而每片桨叶升力增加，直升机旋翼拉力变大。同时，受到地面效应的影响，穿过旋翼的气流往下和往外的模式，会抑制翼尖涡生成，这促使靠近桨尖侧的桨叶部分更为有效，旋翼有效面积增加，桨叶损失面积减小。

地面效应的强弱与以下影响因素有关，分别为：

1. 直升机距离地面高度的影响

离地高度越低，气流受到地面的阻挡作用越强，地面效应也就越显著。从图 2-69 中可以看出，横坐标为旋翼离地高度 H 与其半径 R 比值，纵坐标为在相同功率的条件下，地面效应引起的旋翼拉力与无地面效应下旋翼拉力之比，图中曲线表示地面效应引起旋翼拉力变化规律。

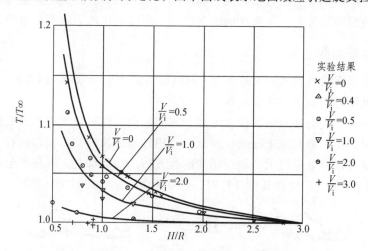

图 2-69　地面效应对旋翼拉力的影响

不管直升机在悬停状态（$V/V_i = 0$）还是前飞状态（$V/V_i > 0$），地面效应会引起旋翼拉力增加。当旋翼离地高度为其半径高度时，拉力约增加 5% 以上；当旋翼离地的高度超过旋翼直径的长度以后，地面效应迅速消失。所以，地面效应的最大有效高度大约等于旋翼直径的一半，随着高度逐渐增大至旋翼直径，地面效应逐渐减小直至完全消失。

直升机悬停状态比前飞状态下所受的地面效应要强，旋翼拉力会增加 5%~15%。在旋翼离地高度 H 为其直径 D 时，前飞状态下的地面效应几乎为零。

2. 直升机飞行速度的影响

从图 2-69 可以看出，飞行速度越大，则地面效应越弱。因为直升机从悬停转为前飞状态时，空气不单纯是自上而下通过旋翼，而是从前上方吹来，向后下方流去。就旋翼离地同样高度而言，此时气流受到地面的阻挡作用比悬停时弱，故地面效应也就减小，如图 2-70 所示。在受地面效应影响的高度范围内，同一高度上，悬停飞行状态受地面效应影响最明显。

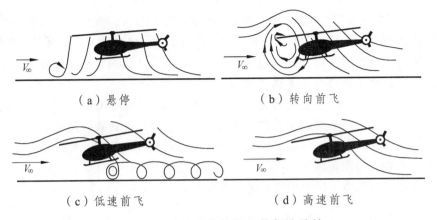

（a）悬停 　　　　　　　　　　　（b）转向前飞

（c）低速前飞 　　　　　　　　　（d）高速前飞

图 2-70　地面效应作用下的气流特性

当直升机前飞时，直升机近地飞行的需用功率比远离地面飞行时要小，直升机必须增加功率以补偿因地面效应减少而带来的升力的降低。例如，某型直升机在离地两米的高度上悬停时，旋翼拉力约增加 30%。而该机在同一高度上，以 60 km/h 的速度向前飞行，则旋翼拉力不受地面效应的影响。可见，在贴近地面飞行时，地面效应的影响不容忽视。

3. 地面粗糙程度的影响

当直升机在光滑有铺筑的表面上悬停时，可以获得最大地面效应，而在草地、起伏地形、障碍物或水面上悬停时，地面效应会减弱。

总而言之，地面效应会导致旋翼拉力增加，利用地面效应可以改善直升机的飞行性能。直升机贴地飞行时，适当地利用地面效应，就可以用较小的油门获得同样的拉力。此时直升机的剩余功率比没有地面效应时大，故可用来超载飞行，即增加起飞重量。但在起伏不平的地带（山谷、徒崖、洼地）上空作低空飞行时，必须考虑地面效应对飞行的影响（见图 2-71）。

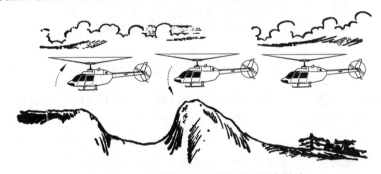

图 2-71　地面效应对直升机飞行的影响

地面效应对悬停也有影响。直升机在标准大气状态下，能够悬停的最大高度，称作直升机的静升限。直升机在超过其静升限的高度以后就不能作悬停飞行了，然而在地面效应影响下直升机仍可悬停。

2.4.4　瞬态升力效应

由于受到外界风的影响或直升机飞行状态发生改变等情况，诱导气流变化引发旋翼姿态和飞行性能改变的现象称为瞬态升力效应。如果直升机在静风中悬停时，诱导气流垂直吹过桨盘。当悬停状态遇到风吹来，或从悬停过渡到前飞状态等情况，旋翼就会遇到水平方向的相对气流吹来，将影响流过桨盘的诱导气流，如图 2-72 所示。

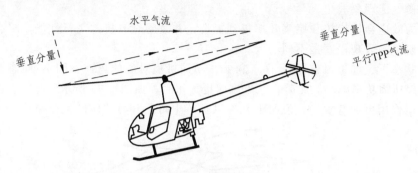

图 2-72　桨盘倾斜

　　直升机的瞬态升力效应发生在除无风悬停以外的任何飞行状态，前提是只要存在流过桨盘的水平气流。瞬态升力效应与直升机空速、桨盘的倾斜程度和桨盘位置有关，这些因素将影响诱导气流的垂直分速和平行桨盘气流速度的大小。当直升机在低速飞行时，在旋翼功率的作用下，诱导气流的垂直分速大，而在高速时水平分速大。如果只倾斜桨盘，则平行桨盘的气流速度会减小，而垂直流过桨盘的诱导气流增多。

　　由于靠近桨盘的迎风侧部位，诱导气流垂直分量小，而靠近桨盘的顺风侧部位，诱导气流垂直分量大，如图 2-73 所示，前者的桨叶迎角大于后者，则前者产生的旋翼拉力大于后者。如果桨盘前后两侧产生不同大小的拉力，前侧大于后侧，结果会使桨盘后侧下沉，在旋翼陀螺效应的作用下，右旋旋翼[①]直升机就会往右滚转，这种现象称为横侧气流作用或入流滚转。横侧气流作用一般发生在低速飞行情况下。

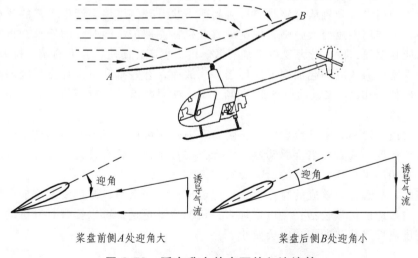

图 2-73　瞬态升力效应下的入流滚转

[①] 各型直升机的旋翼为左旋还是右旋旋翼，可以用右手定则判断。右手拇指垂直于弯曲四指，拇指指向为旋翼拉力（或机体立轴）方向，如果四指弯曲方向与旋翼旋转方向一致，为右旋旋翼；否者，如果弯曲方向与旋翼旋转方向相反，则为左旋旋翼。

由于发生横侧气流作用的同时伴随着拉力不对称现象，飞行员必须加速越过瞬态升力速度范围，才能保持直升机飞行高度。为了抵消横侧气流作用，需要操纵驾驶杆。同时，横侧气流作用也会使桨盘不同部位产生不相等的阻力，引起旋翼振动，可以利用旋翼振动增强现象来识别横侧气流现象。

瞬态升力效应会使旋翼和尾桨效率得到提高，并改善直升机的飞行性能。瞬态升力效应在不同飞行阶段的表现程度是不同的。

在悬停状态下，如果风速超过 16 ~ 24 kt（不同机型对应的风速不同），瞬态升力效应开始显现，悬停所需功率减小。此时，气流流向更加水平，如图 2-74 所示。此时，旋翼桨涡干扰减弱，尾桨作用更加有效，这说明强外界风是产生瞬态升力效应的主要原因。

相对气流

图 2-74　流过尾桨的诱导气流

瞬态升力效应在起飞过程中最明显，在着陆消速中也比较明显，但程度稍微小些。当直升机在近地面飞行，并处在地面效应的作用下，这时如果加速前飞会削弱地面效应的影响，造成旋翼拉力减小，但瞬态升力效应会弥补地面效应削弱造成的性能损失。在爬升过程中，瞬态升力效应也会使直升机爬升更快。

在巡航状态中，当直升机低速飞行时，桨盘倾斜程度较小，瞬态升力效应不明显。如增加直升机空速，就需要更大的桨盘倾斜度，就会获得更多的诱导气流，例如某型直升机在 12 ~ 14 kt 加速巡航，瞬态升力效应就比较显著，此速度被称为瞬态升力速度，或过渡速度，过渡速度在 50 kt 左右会达到最大值。

当单旋翼带尾桨直升机从悬停状态过渡到前飞状态时，尾桨会产生更多的气动效率，产生更大侧力，反作用力矩变大，则右旋翼直升机往左侧偏。同时，随着直升机速度增加，瞬态升力效应越明显，瞬态升力变得更加有效，机头更高，促使机身向右滚。拉力不平衡性、陀螺进动和瞬态升力效应一起加剧了这种趋势。故而，有些直升机设计将桨轴前倾和左倾一定的角度，例如 Bell206 桨轴前倾 5.5° 左倾 1.5°，必要时需要飞行员将驾驶杆向前和向左动作，以维持桨盘姿态。

当旋翼转速一定和总距杆位置固定，瞬态升力效应可以理解为不增加功率的情况下，会使直升机增加高度；或者，当旋翼转速一定和下放总距杆，瞬态升力效应可以理解为用小功率就可以获得相同飞行高度飞行的所需旋翼拉力。

总而言之，瞬态升力效应的特点为：使气流流向更加水平；桨盘姿态增加；诱导阻力减小。瞬态升力效应的优点包括：可以增加直升机的携带重量；可以提升直升机的飞行高度；可以在高密度高度飞行；所需功率会减小。

2.5　旋翼的气动理论

直升机空气动力学的发展，实质上是指它的旋翼气动力理论的发展。旋翼气动力理论就是研究旋翼与周围空气相互作用的空气动力现象及机理。旋翼的气动性分析理论包括：滑流定理、叶素理论、动量和叶素的联合理论、涡流理论等。旋翼的动力学基础为旋翼组合动量理论与叶素理论，以及旋翼涡流理论。

2.5.1 滑流理论（动量理论）

旋翼滑流理论或动量理论的起源可追溯到 19 世纪,将空气动力学的动量和动量矩定理直接应用到旋翼所排挤的气流上而形成动量理论（The Momentum Theory）。动量理论可以使我们更多地了解旋翼和尾流的工作情况。动量理论是由 Rankine 和 R.E. Froude 提出的，是以气流通过桨盘的动量和能量变化为依据的。

动量理论采用均匀滑流的假设，把旋翼看成一个无限薄的桨盘，应用流体流动的基本定律来研究旋翼桨盘对气流的作用。受到旋翼作用的气流叫滑流，用 V_h 表示，形成的区域就是滑流区，或称为尾流区。在动量理论中，空气流过桨盘的示意如图 2-75 所示。

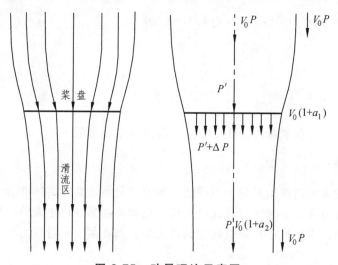

图 2-75 动量理论示意图

气流连续地通过桨盘，在桨盘上产生的拉力分布是均匀的，桨盘的上下存在压力差。前提是假设桨盘上下的气流轴向速度是相等的（不考虑桨盘的厚度），在桨盘上无扭矩，且通过桨盘的气流无旋转，并且将空气视为无黏不可压缩的理想气流。

如果假设来流气体密度为 ρ，未受旋翼影响的轴向速度和压强分别为 V_0 和 P；当气流接近旋翼时速度增加、压强减小，在桨盘前压强为 P'，气流通过桨盘后压强增加 ΔP，轴向速度增加为 $V_0(1+a_1)$；当气流远离桨盘向下流动，其速度进一步增加为 $V_0(1+a_2)$，但压强降到原来流压强 P。则根据理想气流的势流理论，在桨盘上下的伯努利方程可写为：

桨盘上（能量方程）

$$P_1 = P' + \frac{1}{2}\rho V_0^2 (1+a_1)^2 = P + \frac{1}{2}\rho V_0^2 \tag{2.38}$$

桨盘下（能量方程）

$$P_1^* = P' + \Delta P = P_1 - \frac{1}{2}\rho V_0^2 (1+a_1)^2 + \Delta P = P + \frac{1}{2}\rho V_0^2 (1+a_2)^2 \tag{2.39}$$

因 $V_0 = 0$，桨盘前后的压力差为

$$\Delta P = P_1^* - P_1 = \left[P + \frac{1}{2}\rho V_0^2 (1+a_2)^2 \right] - \left(P + \frac{1}{2}\rho V_0^2 \right) = \rho V_0^2 a_2 \left(1 + \frac{a_2}{2} \right) \quad （2.40）$$

假设桨盘面积为 A，则旋翼拉力为

$$T = A\Delta P = A\rho V_0^2 a_2 \left(1 + \frac{a_2}{2} \right) \quad （2.41）$$

再由动量定理可知，旋翼对气流的作用力等于单位时间通过桨盘动量的增量。这里桨盘对气流的作用力方向与气流方向相同，而旋翼的拉力 T 与气流方向相反，即

$$T = \rho A V_0 (1+a_1) \left[V_0 (1+a_2) - V_0 \right] = A\rho V_0^2 (1+a_1) a_2 \quad （2.42）$$

由式（2.41）和式（2.42）相等，得到

$$A\rho V_0^2 a_2 \left(1 + \frac{a_2}{2} \right) = A\rho V_0^2 (1+a_1) a_2 \quad （2.43）$$

进一步得到

$$a_1 = \frac{a_2}{2} \quad （2.44）$$

由动量理论得到，在桨盘处的速度增量是滑流速度增量的一半。

1．诱导速度

根据动量理论也可以推出桨盘上下的压力和流速分布，如图 2-76 所示，为直升机垂直飞行时的压力和流速分布。空气经过桨盘自上而下流动，在桨盘以上大约两倍桨盘直径处流速基本为零，在桨盘以下相同距离处流速达到最大值；而在桨盘位置压力突变，故桨盘处形成一个压力差。

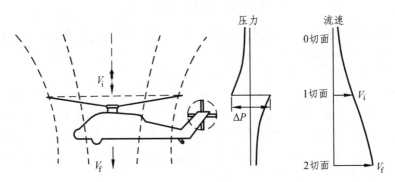

图 2-76　桨盘上下压力和流速分布

空气向下流动所增加的速度，叫诱导速度，用 V_i 表示。滑流速度为直升机的相对气流速度与诱导速度的矢量和。在桨盘处的诱导气流速度等于滑流速度，即 $V_i = V_h$。滑流里各切面的诱导速度各不相同（见图 2-76），在桨盘上方，诱导速度小；在桨盘下方的一定范围内，

86

诱导速度较大。即使是同一平面内，例如在桨盘平面内，诱导速度也不均匀。在垂直飞行状态，包括垂直上升、垂直下降和悬停状态，诱导速度沿桨叶的分布接近三角形，如图 2-77 所示。

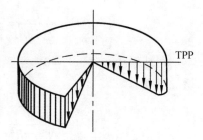

在前飞时，特别是大速度飞行，诱导速度不仅沿桨叶展向产生显著变化，而且还随方位角变化。旋翼桨盘上的诱导速度分布不均匀，将严重地影响桨叶的入流角，进而影响桨叶迎角的大小。因此，在桨盘平面内，诱导速度的大小及其分布，对桨叶的空气动力性能有很大的影响。在研究旋翼总空气动力特性时，通常以桨盘平面内的诱导速度的平均值来作为旋翼的诱导速度。

图 2-77　诱导速度分布

根据实际测量和理论计算结果可知，直升机在悬停和轴向飞行状态下，在桨盘下方适当远的地方（2 切面）的诱导速度约为桨盘处（1 切面）诱导速度的两倍，如图 2-76 和图 2-78 所示。或者进一步说，桨盘平面处的诱导速度是桨盘上下适当远的诱导速度的平均值。直升机前飞时，滑流处在斜流状态，旋翼桨盘处的诱导速度在数值上也等于下游很远处的诱导速度的一半。

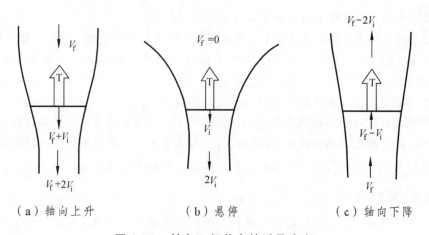

（a）轴向上升　　　　　（b）悬停　　　　　（c）轴向下降

图 2-78　轴向飞行状态的诱导速度

因为，$P_1 + \dfrac{1}{2}\rho V_i^2 = P + \dfrac{1}{2}\rho V_0^2$，因 $V_0 = 0$，则

$$P_1 - P = -\frac{1}{2}\rho V_i^2 \tag{2.45}$$

又因为，$P_1^* + \dfrac{1}{2}\rho V_i^2 = P_2 + \dfrac{1}{2}\rho V_2^2$，$P_2 = P$，$V_2 = 2V_i$，则

$$P_1^* - P = \frac{3}{2}\rho V_i^2 \tag{2.46}$$

公式（2.45）和（2.46）表明，旋翼上面为吸压，下面为增压，且增压值为吸压的 3 倍。

再者，根据连续性原理和动量定理，可以推导出旋翼拉力与桨盘平面的诱导速度的关系，即

$$T = 2\rho V_h A V_i \tag{2.47}$$

或者写成

$$V_i = \frac{T}{2\rho V_h A} = \frac{T}{2\rho V_h \pi R^2} \quad (2.48)$$

在悬停状态时，$V = 0$，桨盘平面内的滑流速度等于该平面的诱导速度，即 $V_h = V_i$。这时诱导速度为

$$V_i = \sqrt{\frac{T}{2\rho \pi R^2}} \quad (2.49)$$

直升机悬停时，单位时间内流过桨盘平面的空气质量较少，故诱导速度较大。例如 Bell206III 型直升机的飞行重量为 13 000 kg，在标准大气 ISA 条件下的海平面高度悬停，此时的诱导速度大约为 8.1 m/s。

同理，直升机前飞时的平均诱导速度公式为

$$V_i = \frac{T}{2\rho V \pi R^2} \quad (2.50)$$

从公式（2.50）可以看出影响平均诱导速度的因素有：

（1）旋翼拉力越大，诱导速度越大。因为在空气密度和飞行速度一定时，旋翼拉力越大，表明旋翼对空气的作用力越大，空气通过桨盘平面向下增加的速度越大，故诱导速度也就越大。

（2）空气密度越小，诱导速度越大。在速度一定的条件下，空气密度小，单位时间内流过桨盘的空气质量少。如若保持旋翼拉力不变，即旋翼对空气的作用力不变的情况下，诱导速度必然增大。由此可见，在其他条件相同的情况下，飞行高度升高，诱导速度增大。

（3）飞行速度越大，诱导速度越小。因为飞行速度越大，单位时间内流过桨盘的空气质量增多，在旋翼拉力和空气密度不变时，诱导速度必然减小。

2. 旋翼的理想效率

旋翼的理想效率 η 表示单位时间旋翼拉力所做的有用功与桨盘对气流所做的总功之比。单位时间内桨盘对气流所做的总功可用气流通过桨盘的动能增量来表示，即

$$\Delta E = \frac{1}{2}\rho A V_0 (1+a_1)\left[V_0\left(1+a_2\right)^2 - V_0^2 \right] = \rho A V_0^3 a_2 (1+a_1)^2 \quad (2.51)$$

由旋翼拉力 T 所做的有用功为

$$\Delta E_1 = TV_0 = \rho A V_0^3 a_2 (1+a_1) \quad (2.52)$$

则旋翼理想效率为

$$\eta = \frac{TV_0}{\Delta E} = \frac{\Delta E_1}{\Delta E} = \frac{1}{1+a_1} \quad (2.53)$$

旋翼的理想效率是由旋翼的滑流损失所造成的。所谓滑流损失是指被旋翼滑流区气流所带走的、不可能再被利用的部分能量。旋翼的理想效率是旋翼效率的极限值，而实际旋翼效率总是低于理想效率。

动量理论是一种基于牛顿定律上的宏观分析，不仅可以分析直升机悬停状态，而且还可以应用于其他飞行状态分析。它的特点是计算模型简单，主要用于旋翼诱导气流及旋翼性能的初步估算，在直升机性能计算、总体参数选择等分析中使用。动量理论的缺点是采用了诱导速度均匀的假设，且不能涉及旋翼桨叶的几何特性，因此涉及桨叶几何特性的旋翼气动分析需考虑到桨叶叶素的气动特性。

2.5.2 叶素理论

1878 年，W. Froude 首先提出叶素理论概念。1885 年 Drzewiecki 对叶素气动力进行积分，首次引进了翼型气动数据，是机翼升力线理论在旋翼桨叶中的应用，它把桨叶看成由无限多的桨叶微段或叶素构成。1907 年 Lanchester 提出叶素理论的改进形式，将绕过每个叶素的气流认为是二维的，在各桨叶微段上，可应用二维翼型特性确定桨叶剖面的气动力和力矩，沿桨叶径向积分就可得到一片桨叶进而整个旋翼的气动力和力矩。

翼型升力机理也恰好适用于旋翼桨叶叶素的分析。把旋翼的桨叶当作旋转的机翼建立的理论也称为孤立桨叶理论（叶素理论）。叶素理论将桨叶分为有限个微小段（称为叶素），叶素的几何形状如图 2-79（a）所示，然后计算每一个叶素上的气动力，如图 2-79（b）所示，最后沿径向求和得到桨叶的总气动力。

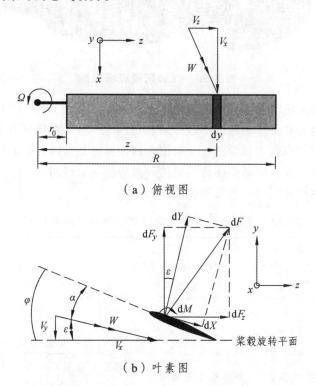

（a）俯视图

（b）叶素图

图 2-79 叶素几何形状和叶素图

桨叶叶素理论为旋翼空气动力学奠定了基础。动量定理仅考虑旋翼的轴向效应，未考虑旋翼的旋转效应，而叶素理论可以处理作用在桨叶上的气动力。叶素理论的缺陷是没有考虑旋翼桨叶产生的下洗效应，以及桨叶之间的干扰。

2.5.3 涡流理论

这种理论主要依据儒可夫斯基的涡流理论和 Prandlt 的有限翼展理论，把绕过旋翼的气流看作由各个单独桨叶所激起的涡流场和相应的诱导速度场来组成，通过利用涡流理论和有限翼展理论，建立起桨叶几何特性与气动力之间的关系，在旋翼气动设计中得到广泛应用，也是升力线和升力面数值模拟的理论基础。

涡流理论是运用决定旋涡作用和影响的流体动力学定理来计算旋翼尾迹流场的，如图 2-80 所示尾迹流场模拟，尤其是旋翼桨盘处诱导速度的一种旋翼分析方法。其最简单的形式是采用作用盘模型，忽略了由于桨叶片数而在旋翼和尾迹内产生的不连续，并将旋涡分布于整个尾迹体内。

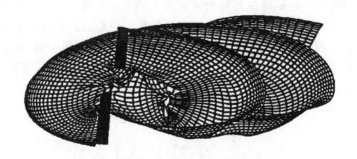

图 2-80　旋翼尾迹流场模拟

旋翼气动力学的非定常动力模型分析是建立在这样一个假设上，即叶素上的升力系数仅仅与马赫数和瞬时迎角有关。但风洞试验结果表明，这一假设在低拉力水平时是合理的，但在高拉力水平时，拉力值低于试验值。一般认为这种偏差是由两种影响引起的，偏流对最大升力系数的有利影响，以及失速期间边界层的分离需要一定时间。

旋翼理论分析和桨叶气动外形发展阶段见表 2-2。

表 2-2　旋翼理论分析和桨叶气动外形发展阶段划分

划代 项目	第一代 （20世纪50年代前后， 钢木混合式桨叶）	第二代 （20世纪60~70年代， 金属桨叶）	第三代 （20世纪80~90年代， 复合材料桨叶）	第四代 （发展中，先进 复合材料桨叶）
理论分析	滑流理论+ 叶素理论	升力线理论+ 经典涡流理论	升力面理论+ 自由尾迹涡流理论； 预定尾迹涡流理论	先进涡流理论； CFD 方法
翼型	对称翼型， 如 NACA 0012	非对称（前缘下垂） 翼型，如 NACA23012	修形（超临界）翼型， 如波音 VR-7； 西科斯基 SC-1095	先进翼型， 如法 OA-4； 俄 TsA G1-4
桨尖形状	矩形	简单尖削或/ 和后掠	曲线桨尖， 如 BERP	"三维"下反桨尖， 后缘锯齿桨尖

· 复习思考题 ·

1. 写出大气状态的状态方程，并指出各参数之间的关系。

2. 什么是气体的黏性？

3. 什么是气体的压缩性？

4. 理解相对运动原理和相对气流。

5. 试述表速、真速和地速之间的关系。

6. 流动气流的基本规律包括哪些？

7. 如何采用气流的基本规律解释船吸现象？

8. 举例说明连续性定理和伯努利定理在大自然中的表现和在日常生活中的应用。

9. 写出理想流体的伯努利方程。

10. 低速气流和高速气流的流动特性各是什么？

11. 什么是激波？膨胀波产生的物理原因是什么？

12. 简述局部激波的发展特点。

13. 什么是临界马赫数？采取什么措施可以提高临界马赫数？

14. 为什么风洞成为空气动力学研究的试验工具？

15. 桨叶一般都做成具有负的几何扭转的目的是_____。

    A. 保证空气动力沿桨叶展向变化均匀

    B. 增大桨叶尖部的拉力

    C. 使制造工艺简单

16. 直升机诱导旋转阻力产生的原因是_____。

    A. 空气与旋翼产生摩擦

    B. 旋翼向下排压空气使空气加速向下流动

    C. 桨叶前缘阻挡空气和后缘涡流区的影响

17. 旋翼工作状态特性系数（前进比）能表明_____。

    A. 飞行高度的变化

    B. 流过桨叶周向气流速度不对称的程度

    C. 旋翼拉力的大小

18. 旋翼桨叶的桨距是指_____。

    A. 桨叶弦线与桨毂旋转面间的夹角

    B. 桨叶弦线与相对气流面的夹角

    C. 桨毂旋转面与相对气流面的夹角

19. 单旋翼直升机旋翼锥角的大小决定_____。

    A. 直升机的起飞重量

    B. 乘客的多少

    C. 旋翼桨叶角的安装

20. 地面效应可以改善直升机的性能，下述_____是错误的。

    A. 提高最大飞行速度

    B. 提高最大载重量

C. 悬停高度可以更高

21. 为了飞行安全，_____环境可以利用地面效应悬停。

    A. 丛林地带

    B. 平坦地带

    C. 凹凸不平地带

22. 如何区分对称翼型和非对称翼型？

23. 说明升力和阻力产生的原因。

24. 说明阻力的分类及其各自产生的原因。

25. 翼型的升力系数随迎角的变化规律是什么？

26. 理解翼型的极曲线及其功能。

27. 掌握压力中心和焦点的知识点，说明两者之间的区别。

28. 桨叶工作状态参数和旋翼工作状态参数包括哪些？

29. 详述旋翼拉力公式及其影响因素

30. 旋翼阻力可以分为哪几种？

31. 描述地面效应对直升机飞行的影响。

32. 理解瞬态升力效应知识点。

33. 简述滑流速度和诱导速度之间的关系。

第3章　旋翼挥舞

旋翼的挥舞运动对直升机的稳定性和操纵性起着关键作用，是直升机稳定性和操纵性分析的主要技术特点和难点，也是区别于固定翼飞机稳定性和操纵性的主要根源，因而在分析直升机的平衡和运动特性之前，应先了解旋翼结构和旋翼的挥舞运动。通过分析挥舞运动，可以进一步了解旋翼挥舞特性，并给出旋翼的挥舞运动规律，本章也分析了桨叶的摆振运动和桨叶的变距运动，最后简单介绍了直升机的振动和噪声。

3.1　旋翼和铰链

3.1.1　旋翼的形式

直升机上有各种形式的旋翼，旋翼的形式由桨毂形式决定，它随着材料、工艺和旋翼理论的发展而变化。旋翼桨毂用于向旋翼桨叶传递主减速器的旋转力矩，同时承受旋翼桨叶产生的空气动力，并将旋翼的气动合力传给机身。最早的旋翼桨毂根据它的结构设计，主要分为全铰式旋翼桨毂、半刚性跷跷板式旋翼桨毂和刚性旋翼桨毂 3 类。现在见到最多的旋翼是全铰式旋翼和半刚性跷跷板式旋翼。到目前为止，已在实践中应用的旋翼形式大致分为全铰式、半铰式、无铰式和无轴承式 4 种，如图 3-1 所示。

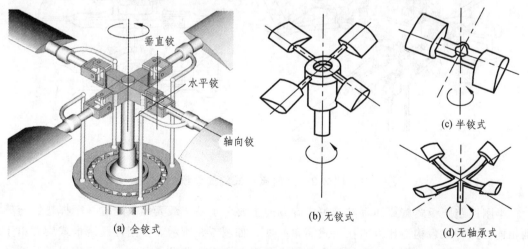

图 3-1　旋翼的形式

全铰式旋翼是目前应用在中型和重型直升机上最普遍的类型，如图 3-1（a）所示，全铰式旋翼桨毂包含有轴向铰、垂直铰和水平铰。轴向铰的作用是当操纵旋翼桨叶绕轴向铰转动时，旋翼的桨距发生变化，从而改变旋翼的拉力，因此轴向铰又称变距铰。垂直铰的功用是消除桨叶在旋转面内的摆动（摆振）引起的旋翼桨叶根部弯曲，垂直铰又称摆振铰。为了防止旋翼桨叶摆振，一般在垂直铰处设置减摆器而起阻尼作用，因此垂直铰又称阻尼铰。设置垂直铰的另外一个作用就是减小旋翼结构尺寸。水平铰的作用是让旋翼桨叶上下挥舞，消除或减小飞行中在旋翼上出现的左右倾覆力矩，因此水平铰又称挥舞铰。

全铰式旋翼的特点是，挥舞铰的使用可以使旋翼倾斜而不需要使旋翼主轴倾斜；挥舞铰可以减小因阵风引起的反应，通过单独的桨叶挥舞，而不会将影响传递到机身上；挥舞铰和摆振铰可以释放旋翼安装处的弯曲应力和载荷，尤其在中速到高速前飞过程中，挥舞铰和摆振铰提高了直升机稳定性。单独的桨叶挥舞会产生科里奥利斯效应，故需要安装摆振铰。

半刚性跷跷板式和万向接头式都属于半铰式旋翼，最普遍的是跷跷板式，其特点是没有摆振铰。与全铰式旋翼相比，其优点是桨毂结构简单，去掉了垂直铰和减摆器，两片桨叶相连共用一个挥舞铰，此挥舞铰不承受离心力而只传递拉力及旋翼力矩，轴承负荷比较小。

20世纪40年代中期，在全铰式旋翼得到广泛应用的同时，贝尔公司发展了万向接头式旋翼，并将其成功地应用在轻型直升机 Bell-47 上。20世纪50年代中期又把万向接头式进一步发展为跷跷板式，并将其运用于 Bell-214 上。图 3-2（a）所示为 Bell-47 型直升机万向接头式旋翼桨毂的构造，图 3-2（b）为其原理图。两片桨叶通过各自的轴向铰和桨毂壳体相连接，而桨毂壳体又通过万向接头与旋翼轴相连。挥舞运动通过万向接头 β-β 铰实现。改变总距是通过轴向铰来实现，而周期变距是通过万向接头绕 α-α 铰的转动来实现。

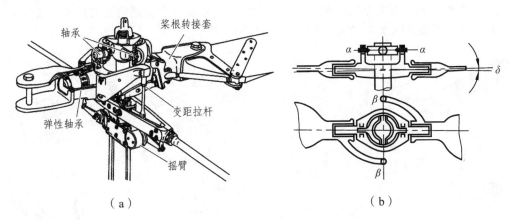

图 3-2　万向接头式旋翼桨毂

半刚性跷跷板式旋翼和万向接头式旋翼的主要区别是桨毂壳体只通过一个挥舞铰与旋翼轴相连，这种桨毂构造比万向接头式简单一些，如图 3-3 所示。半刚性跷跷板式旋翼由于缺少挥舞铰和摆振铰，会在旋翼根部产生更大的弯曲应力，桨叶必须有足够强度以承受这种应力，因此重量增加。由于单独桨叶挥舞的限制，阵风会引起不稳定性。跷跷板式桨毂需要悬挂式设计以减少科里奥利斯效应的影响，例如 R22、R44 和 Bell-206 直升机。

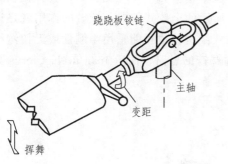

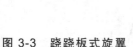

图 3-3　跷跷板式旋翼

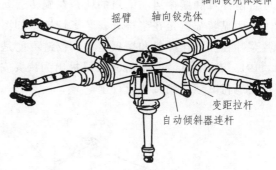

图 3-4　"山猫"直升机桨毂

无铰式旋翼的桨叶与桨毂连接取消了水平铰及垂直铰而只保留轴向铰。桨叶的挥舞及摆振运动完全通过根部的弹性变形来实现。采用无铰式旋翼的直升机有德国的 BO-105，英国的"山猫"（WG-13）等，如图 3-4 所示，它们都取得了成功，并投入批量生产。

无轴承式旋翼又称为刚性旋翼，取消了轴向铰、水平铰和垂直铰，除了周期变距，这种桨毂不提供旋翼任何的活动。桨叶的挥舞、摆振和变距运动都是由桨叶根部的柔性元件来完成，与一般无铰式旋翼相比，质量可减轻 50%。这种设计使操纵反应非常快速且准确，通常只应用在小型直升机上。图 3-5 所示是西科斯基公司研制出的一种"交叉梁"式无轴承旋翼。图 3-6 所示为新一代武装直升机 RAH-66 的无轴承旋翼。

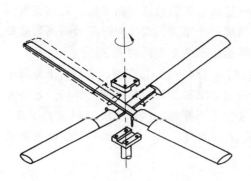

图 3-5　"交叉梁"式无轴承旋翼

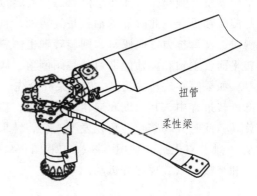

图 3-6　RAH-66 直升机的无轴承旋翼

刚性旋翼常容易受阵风或侧风的影响，需要更复杂的操纵系统来保证直升机的稳定性，尤其在前飞时，由于旋翼不能通过挥舞产生平衡的拉力，而只能通过使桨叶扭转来实现。其旋翼桨叶的设计必须有足够强度来承受各种状态下所产生的载荷。

3.1.2　铰链和铰外伸量

直升机至少有一个旋翼，旋翼不同于机翼，机翼与飞机机体的连接可以说是刚性的，而直升机随着飞行状态的变化和飞行员的操纵，桨尖轨迹平面 TPP（桨盘）相对于机体就要发生倾斜，从而促使旋翼产生力和力矩的变化，旋翼桨叶发生挥舞运动、桨距改变和摆振运动。

桨叶自由挥舞和摆振运动的目的就是在旋转运动中寻找平衡。为了实现此目的，直升机在结构上的明显特征就是在桨根处安装了铰链，如图 3-7 所示的全铰式旋翼。铰链的作用就是让每片桨叶独立地作挥舞和摆振运动。铰链可能是机械式结构，也可能采用半刚性或无铰链结构。1913 年 Bartha 和 Madzer 最早提出为旋翼安装挥舞铰的思路，而后 Juan de la Cierva 真正成功地将其运用到旋翼设计上。

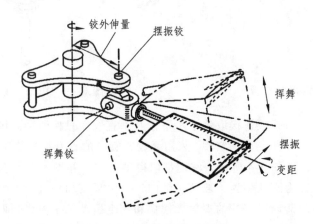

图 3-7　铰链和铰外伸量

图 3-8 和图 3-9 中显示了桨轴（主轴、桨毂轴、旋翼轴）和旋转轴（虚轴、锥体轴）。如果旋翼没有倾斜，例如在悬停状态，旋翼拉力方向与旋翼轴重合，与桨尖轨迹平面垂直，也与旋转轴重合，此时旋翼轴就是旋转轴，且桨毂旋转平面与桨尖轨迹平面平行。如果旋翼倾斜时，旋翼拉力方向倾斜，则旋转轴也倾斜，但仍然垂直于桨盘，桨尖轨迹平面偏离桨毂旋转平面。主轴和虚轴的夹角就是倾倒角，倾倒角和圆锥角是两个不同的概念。

如果倾斜旋转的旋翼，旋翼桨叶会先经低点，再旋转 180° 后到达高点。这是由于旋翼桨叶旋转过程中，其速度和迎角交替变化，造成桨叶拉力也交替变化。如果旋翼保持一定转速旋转，此时只有桨叶迎角在发生改变，结果会造成桨叶上下挥舞，即桨叶从 B 到 A 点下挥，从 A 到 B 点上挥，如图 3-8（b）和图 3-9（b）中所示。此时，桨叶就需要一个铰链连接桨叶和桨毂，以实现挥舞运动。

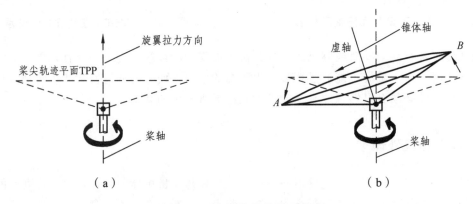

（a）　　　　　　　　　　　　　　（b）

图 3-8　无铰外伸量的旋翼挥舞

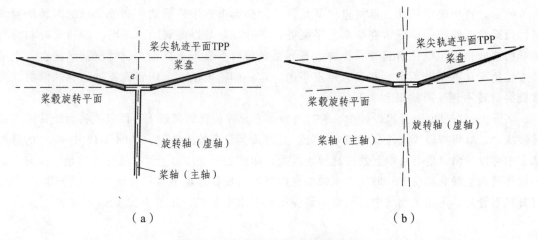

图 3-9　有铰外伸量的旋翼挥舞

挥舞铰可以实现桨叶挥舞运动，桨叶绕挥舞铰的起伏动作叫作挥舞，挥舞包括上挥和下挥，如图 3-10 所示。挥舞铰的作用就是使桨叶绕挥舞铰产生的力矩无法传递到机身上，从而消除横侧不平衡力矩。

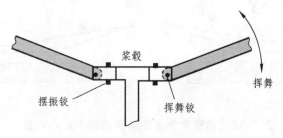

图 3-10　挥舞铰（侧视图）

摆振铰除了叫垂直铰，也可以称之为阻力铰。摆振铰的作用是消除旋转过程中科氏力矩对桨叶的影响。在桨叶挥舞过程中，其旋转半径发生改变就会产生科氏力，这个大小和方向经常变化的科氏力对桨叶强度极为不利，加之桨叶旋转时又产生惯性离心力，桨叶受到的惯性力很大，特别是桨根部位，所以很有可能使旋翼结构因材料疲劳而被破坏。为了解决这个问题就在桨毂上安装摆振铰，如图 3-11 所示。

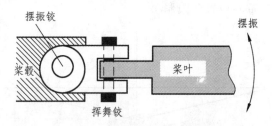

图 3-11　摆振铰（俯视图）

旋翼桨叶分为无铰外伸量（见图 3-8）和有铰外伸量（见图 3-9）两种形式，现代旋翼桨叶几乎没有不带铰外伸量的。当旋翼在空气中旋转，如果倾斜旋翼轴，无论旋翼挥舞铰是否有外伸量，产生的空气动力都将迫使桨盘自身调整到垂直于旋翼轴。如果先让旋翼轴单独倾斜，而桨盘像陀螺一样停留在原来的平面处，桨叶变距是以旋翼轴为基准，前行桨叶和后行桨叶的桨叶角发生变化引起旋翼挥舞，直到桨盘最后垂直于旋翼轴，这时重新平衡在一个不随方位角变化的桨叶角上，并且力矩也平衡。这一调整很迅速，随着旋翼轴的突然倾斜，通常旋翼旋转不到一周就跟上来了。

实际上，在早期直升机设计中，所有力矩都不允许传递到桨毂上，即只能将力矩传递到旋转轴线上，故将挥舞铰设计在桨毂中心处，此时旋翼没有铰外伸量。从图 3-12 中（a）的悬停状态中可以看出，重心基本上处在旋转轴线处，即重心中立。由于没有铰链外伸量，任何力矩不能传递到桨毂和机身上，即使操纵周期变距杆倾斜旋翼，也不容易使机身发生转动。所以，直升机不管是前飞还是倒飞中，机身始终保持相对水平状态，如图 3-12（b）和（c）所示。

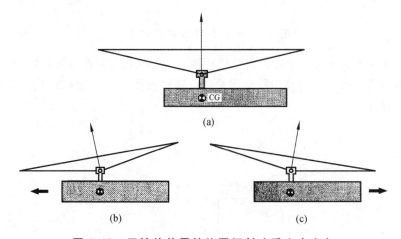

图 3-12　无铰外伸量的旋翼倾斜（重心中立）

飞行员带杆使直升机脱离地面，想让直升机进入空中悬停状态。带杆的目的就是使旋翼拉力矢量向后倾斜，由于空气动力迫使旋翼轴和旋转轴重合，直升机后倾而倒飞，如果重心处在正常范围的后侧，直升机就会立刻加速倒飞，如图 3-13 旋翼虚线所示。如要终止直升机倒飞，就要向前推驾驶杆，使桨尖轨迹平面 TPP 保持在水平位置，如图 3-13 中旋翼实线所示。此时旋翼拉力矢量为垂直方向，这样才能使直升机在某个位置上悬停。重心后移量决定着驾驶杆的前推量，也就是说，这种旋翼限制了重心的移动范围。因此，无铰链外伸量旋翼的可操纵性会变差（受到重心位置的限制）。

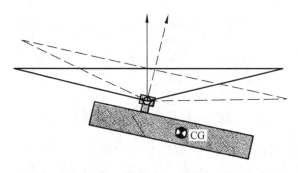

图 3-13　无铰外伸量的旋翼倾斜（重心后移）

为了降低重心位置的限制，并获得更好的可操纵性和较快的操纵响应，将旋翼铰链设计成带有铰外伸量，即旋翼轴线和挥舞铰存在一定的距离，如图 3-14 所示。

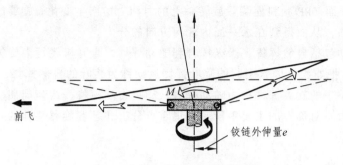

图 3-14　有铰外伸量的旋翼（倾斜中）

如果前推周期变距杆，直升机处在前飞状态，桨叶在旋翼后侧挥舞得最高，而在旋翼前侧挥舞到最低位置，此刻旋翼锥体向前倾斜，旋翼虚轴也往前倾斜。正是由于铰链外伸量的存在，桨叶上挥和下挥时，其惯性离心力会产生力矩，如图 3-14 中的阴影箭头所示，离心力促使桨叶旋转平面力图对准桨毂头平面，如图 3-15 所示。其实，不管直升机前飞、倒飞还是侧飞，桨叶的离心力都会在桨毂上产生这样的力矩。

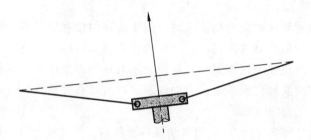

图 3-15　有铰外伸量的旋翼（倾斜结束）

进一步分析，如果无铰外伸量的旋翼在真空中旋转，不会产生空气动力，只有作用在旋转平面内的离心力，这样就不会产生绕挥舞铰的力矩。即使倾斜旋翼轴，也不会产生力矩变化，所以旋翼桨盘仍留在原来的位置上。但如果旋翼有铰外伸量，作用在旋转平面内的离心力就会产生绕铰的力矩，迫使桨叶自身调整到桨盘垂直于旋翼轴。

3.2　桨叶挥舞运动

旋翼桨叶一边旋转一边随着直升机机体一起运动，这两种运动的合成，使桨叶的相对气流速度在旋转平面中左右两侧不对称，这就是旋翼运动的突出特点。为了避免由于气流不对称造成直升机倾覆，桨叶在旋转中自由地上下运动，化解左右不对称气流对旋翼拉力的影响，即挥舞运动。所以，桨叶挥舞是消除桨叶拉力不对称性的主要方式。

直升机在前飞时，旋翼所有桨叶旋转到相同方位所对应的挥舞角相同。此时，桨叶拉力变化的角频率恰好与桨叶挥舞的自然频率相等，即等于旋翼的旋转角速度 Ω。因而，桨叶的挥舞运动也就是在气流不对称激励下的共振，故也符合相位滞后 90° 原则。

旋翼挥舞运动除了由于桨叶升力变化引起之外，驾驶杆的周期变距也会引起桨叶挥舞。此时，桨尖轨迹平面 TPP 倾斜使桨毂旋转轴上的力和力矩产生变化，旋翼的空气动力合力也就向前后左右倾斜，从而得到在水平面内任何方向的分力。

桨叶挥舞运动包括自然挥舞、操纵挥舞和随动挥舞，直升机飞行中旋翼姿态是各种挥舞运动的综合体现。把非操纵因素引起的桨叶挥舞运动称为桨叶的自然挥舞，也称为吹风挥舞。随直升机运动而发生的旋翼挥舞称为随动挥舞。旋翼自然挥舞，或与周期变距的操纵挥舞一起是抵消旋翼拉力不对称性的主要手段。这里重点分析和掌握旋翼桨叶的自然挥舞运动及其特性。

3.2.1　自然挥舞

自然挥舞是由于相对气流速度引起桨叶的上下挥舞运动，与前飞速度有直接关系，是前进比 μ 的函数。当然，直升机在无风中垂直升降或悬停飞行时，旋翼流场轴对称，每片桨叶所受到的气动力相同，此时桨尖轨迹平面 TPP 垂直于旋翼轴，桨叶不会产生自然挥舞运动。针对无铰旋翼而言，虽然其没有水平铰，但桨叶根部的柔性件也起铰的作用，桨叶仍然有挥舞运动。

在早期没有安装挥舞铰的直升机前飞时，由于旋翼的相对气流不对称，前行桨叶的相对气流速度大于后行桨叶的相对气流速度，产生的拉力就不一样，最终产生的拉力差形成横侧不平衡力矩，促使直升机往一侧倾斜。虽然拉力不对称会产生横侧不平衡力矩，但在飞行员的操纵下，仍可以使旋翼轴向所需要的方向倾斜，以实现直升机飞行方向的改变，这种方法被称为"直接控制"的操纵方法。

第二种方法称为"间接控制"。采用自动倾斜器机构，在旋翼上安装挥舞铰，桨叶在旋转的同时，又绕其作上下挥舞。如果桨叶升力大处会造成桨叶绕挥舞轴上挥；相反，桨叶升力小处会使桨叶绕挥舞轴下挥，如图 3-16 所示。由于旋翼的挥舞促使桨叶绕挥舞铰产生的力矩就无法传递到机身上，从而消除了横侧不平衡力矩。这种操纵方式被现代直升机普遍采用。

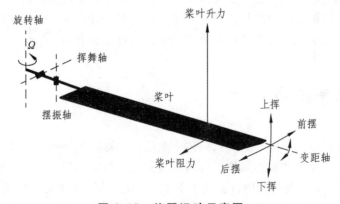

图 3-16　旋翼运动示意图

假设单位长度的刚性桨叶质量为 m，桨叶微元（叶素）长度为 dy，则桨叶微元质量为 $m\mathrm{d}y$，则作用在桨叶微元的作用力如图 3-17 所示，包括气动力和离心力。由于桨叶受到的重力很小，所以可以忽略。桨叶的离心力远大于所受的气动力，故挥舞角很小，一般为 $3° \sim 6°$。桨叶与桨毂旋转平面的夹角，称为挥舞角，用 β 表示。图 3-17 中显示为桨叶在气动力和离心力作用下的平衡位置，其中挥舞铰的铰外伸量为 e。

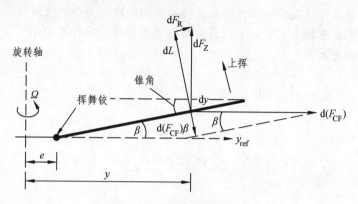

图 3-17 挥舞运动的受力状态

水平旋转面内的桨叶叶素离心力为

$$d(F_{CF}) = (m\mathrm{d}y)y\Omega^2 = m\Omega^2 y\mathrm{d}y \tag{3.1}$$

如果没有铰外伸量，桨叶的总离心力为：

$$F_{CF} = \int_0^R m\Omega^2 y\mathrm{d}y = \frac{m\Omega^2 R^2}{2} = \frac{m_b \Omega^2 R}{2} \tag{3.2}$$

式中 m_b——桨叶质量。离心力大小与桨叶质量、长度以及转速平方成正比。

离心力在垂直桨叶方向的作用力为

$$d(F_{CF})\sin\beta = (m\mathrm{d}y)y\Omega^2 \sin\beta \approx my\Omega^2\beta\mathrm{d}y \tag{3.3}$$

则，桨叶绕挥舞铰的上挥力矩为

$$M_{CF} = \int_0^R m\Omega^2 y^2 \beta\mathrm{d}y = m\Omega^2\beta\int_0^R y^2\mathrm{d}y$$

$$= \frac{m\Omega^2\beta R^3}{3} = \frac{m_b\Omega^2\beta R^2}{3} = \frac{2}{3}F_{CF}R\beta \tag{3.4}$$

气动力对挥舞铰链的力矩为

$$M_\alpha = -\int_0^R Ly\mathrm{d}y \tag{3.5}$$

其中，负号代表气动力矩与离心力矩方向相反，旋转桨叶挥舞运动达到平衡，则气动力矩和离心力矩之和为零，即 $M_{CF} + M_\alpha = 0$，整理得

$$\beta = \frac{3\int_0^R Ly\mathrm{d}y}{m_b\Omega^2 R^2} \tag{3.6}$$

可以看出，桨叶质量或转速增加，挥舞角减小，同时旋翼锥角也减小。挥舞角大小随着旋翼拉力的增加而增加，随着离心力的增加而减小。理想扭转的桨叶受到定常来流的作用时，产生的气动中心位于 2/3 桨叶半径位置，则挥舞角等于桨叶拉力与桨叶离心力之比。

有铰外伸量的桨叶在旋转时，作用在旋转平面内的离心力会产生绕铰的力矩，迫使桨叶自身调整到垂直于旋翼轴上。实际上，旋翼带有铰外伸量，外伸量很小，一般小于 15%R。则绕挥舞铰的气动力矩为

$$M_\alpha = -\int_e^R Ly\mathrm{d}y \qquad (3.7)$$

离心力矩为

$$M_{CF} = \int_e^R m\Omega^2 y^2 \beta \mathrm{d}y \approx \frac{m_b \Omega^2 \beta R(R+e)}{3} \qquad (3.8)$$

此时，$m_b = m(R-e)$，则挥舞角变为

$$\beta = \frac{3\int_e^R Ly\mathrm{d}y}{m_b \Omega^2 R(R+e)} \qquad (3.9)$$

为了避免桨叶向上或向下挥舞角超过规定值，一般通过弹簧机构或旋转离心力防止桨叶下垂过大。所以，直升机旋翼上一般会安装挥舞限动器和下垂限动器。

挥舞限动就是使桨叶挥舞角受到限制，特别是在阵风中不至于使桨叶挥舞角度过大。图 3-18 所示为某旋翼的挥舞限动值，上挥角度不超过 35°，下挥角度不超过 5°，挥舞角最大为 35°。全铰式旋翼的挥舞铰使桨叶挥舞角最大限度为 30° ~ 40°。

在静止或缓慢旋转时，例如直升机启动、停车或慢车转动时，由于作用在桨叶上的离心力非常小，在重力作用下桨叶会下垂。在旋翼

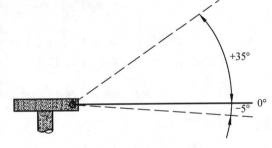

图 3-18 挥舞限动值

旋转时会不受控制地上下活动，当有阵风时尤其严重，严重时会危及飞行安全，例如在某些情况下可能会拍击尾梁，损坏机身结构。所以，为了防止旋转桨叶低于一定值而下垂，要安装一个下垂限动器。

目前，世界上绝大多数直升机通过安装如图 3-19 所示的自动倾斜器，实现间接控制的操纵方式。自动倾斜器的发明突破了当时认为飞行器必须利用辅助升力面进行操纵的思想束缚，是一种大胆而巧妙的创新。自动倾斜器的关键组件为一对不旋转环和旋转环。不旋转环与驾驶杆相连，旋转环和桨叶同步旋转；旋转环上的每根拉杆分别与各片桨叶的变距摇臂相连接。桨叶根部有轴向铰（变距铰），桨叶可以绕轴向铰转动以改变桨距。当操纵自动倾斜器偏转时，不旋转环向某一方向倾斜时，旋转环也向同一方向倾斜，拉杆带动桨叶变距，旋翼旋转时拉杆周期性地上下运动，因此各片桨叶的桨距也周期性地变化。

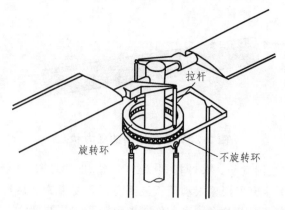

图 3-19　自动倾斜器示意图

随着这种操纵系统的广泛应用，自动倾斜器本身所固有的一些缺陷逐步显现出来。结构本身复杂、重量较大，再加上相应的操作杆系、液压作动器及其他辅助设备，使得直升机本来就不高的重量效率更为低下。其次，这种操纵方式利用桨根处的变距拉杆直接改变整片桨叶的桨距，需要足够大的操作力，2 t 级以上的直升机几乎无一例外地采用了液压助力系统，而液压系统本身就存在重量大、结构复杂、可靠性不佳等缺点。

目前，正在研制一种无自动倾斜器的电控旋翼的新概念旋翼技术，不仅可以取消自动倾斜器、操纵杆系及其液压助力系统，从而大幅简化结构、减轻重量，同时，由于解除了自动倾斜器对各片桨叶的变距运动，能够通过伺服襟翼予以独立控制，这是一条有效的技术途径。

3.2.2　桨叶的摆振

直升机启动和停车，会使桨叶旋转角速度发生变化。当直升机前飞时，旋翼桨叶绕挥舞铰上下挥舞，桨叶挥舞会引起桨叶重心相对旋翼轴的距离发生周期性变化，桨叶旋转角速度也会发生变化。桨叶向上挥舞时，桨叶旋转角速度增大，桨叶加速旋转；桨叶向下挥舞时，桨叶旋转角速度减小，桨叶减速旋转。

这表明桨叶挥舞时，在旋转面内有一个促使转速变化的力作用在桨叶上，这个力称为科氏力。桨叶上下挥舞都会产生科氏力，科氏力的大小与桨叶挥舞运动速度成正比，开始时上挥速度较小，科氏力也较小；随着上挥速度增加，科氏力也增大。科氏力对旋翼轴形成的力矩，称为科氏力矩。

由于桨叶的挥舞运动是周期变化的，桨叶加速或减速旋转时，受到的科氏力大小和方向也周期变化，这对桨叶的强度极为不利。同时桨叶旋转时也会产生惯性离心力，且惯性力很大，特别是在桨根部位，结构有可能因材料疲劳而被破坏，为解决这个问题就在桨毂上安装摆振铰（垂直铰）。采用摆振铰可以使桨叶受到科氏力作用后，在旋转平面内绕垂直铰前后摆动一定角度，消除了桨根受到的科氏力矩的影响，以减小桨叶的受载。

桨叶上挥，科氏力使桨叶向前摆动；桨叶下挥，科氏力使桨叶向后摆动。桨叶绕摆振铰的摆动角度称为前摆角或后摆角，用 ζ 表示，如图 3-20 所示。桨叶前后摆动角度受到惯性离心力的影响，在最大摆动角上，科氏力和惯性离心力分力相等。由于桨叶惯性离心力很大，所以桨叶在挥舞中，科氏力使桨叶前后摆动的角度很小。

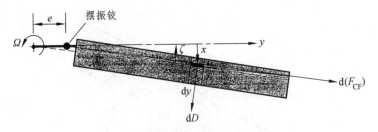

图 3-20　摆振运动的受力状态

　　如果在垂直铰上安装限动块，桨叶摆振受到限制，即摆振限动，桨叶摆动最大角度受到限动块的限制。图 3-21 给出了摆振限动值，包括前摆角度为 3°，后摆角度为 30°。桨叶展向与 0° 基准线之间的夹角就是摆振角，这个角度受到摆振铰外伸量的影响，也取决于在基准线后侧桨叶的动力平衡位置。经过桨叶受力状态的分析可知，桨叶绕摆振铰的摆振角分别与桨叶质量和转速成反比，转速越大，摆振角越小；桨叶质量越大，摆振角越小。

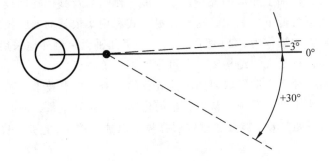

图 3-21　摆振限动值

　　目前，在旋翼垂直铰处也可以安装减摆器，如图 3-22 所示，目的是阻尼桨叶的摆振运动，控制旋翼的摆振速率。旋翼加速旋转时，桨叶可以后退一定角度，并利用减摆器吸收加速的冲击力，因而减小了桨叶结构受载。反之，旋翼突然减速时，桨叶可以向前摆动一个角度，也能减轻桨叶结构受载。如果每片桨叶摆振器的工作时间不一致，超出规定范围，会增加直升机的水平振动。桨叶如在低转速时，甚至会造成地面共振。

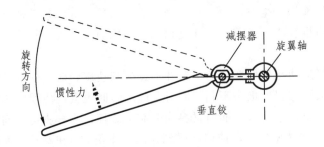

图 3-22　加速旋转时的摆振运动

　　在气动力和离心力的作用下桨叶上挥或后摆一起运动，形成圆锥形的运动曲面。由于圆锥角大小与离心力大小有关，当离心力较大时圆锥角较小；而又由于气动阻力使桨叶后摆，且气动阻力大于离心力，所以后摆角比圆锥角小。

3.2.3 桨叶的变距

桨叶绕轴向铰转动来改变安装角或桨叶角，称为桨叶变距，如图 3-23 所示。一般通过操纵总距杆可以一起改变所有桨叶的桨距，通过周期变距杆可以周期性地改变桨叶的桨距。桨叶的变距也可以通过操纵自动倾斜器来实施。当自动倾斜器运动时，可使桨叶的桨叶角既可周期变化，也可同步变化。

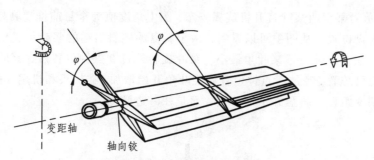

图 3-23　桨叶的变距

如果由于非操纵产生旋翼挥舞运动，桨叶上挥和下挥会受到拉杆的限制，在一定条件下，造成桨叶角发生变化，具体内容见"3.4.1 挥舞调节作用"。此时桨叶的变距运动是由桨叶挥舞运动被动产生的，这主要与桨叶的气动特性、旋翼形式、桨叶翼型和挥舞特性有关。

3.2.4 操纵挥舞

在周期变距作用下，旋翼也会发生挥舞运动。由周期变距引起旋翼的挥舞作用称之为操纵挥舞。周期变距杆操纵旋翼时，变距拉杆上下运动引起旋翼斜盘倾斜，桨叶旋转时其桨叶角就会周期性发生改变，桨尖轨迹平面 TPP 也随之发生倾斜。

例如，周期变距 $\theta_c = 2°$ 时，斜盘向右倾斜 2°，则桨毂旋转平面各处变化角度如图 3-24（b）所示，其中在 A-C 倾斜轴处的角度不改变，而在 B 和 D 处的角度改变量分别为 –2° 和 2°。此时，旋转环带动变距拉杆也以相同的角度改变量上下移动，如图 3-24（a）所示，从而带动桨叶改变相同的桨叶角。

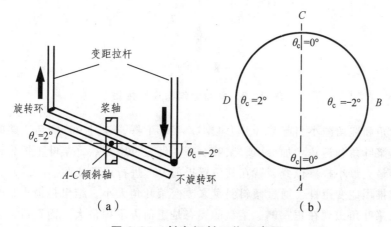

（a）　　　　　　　　　　（b）

图 3-24　斜盘倾斜工作示意图

在典型的周期变距过程中，对于两片桨叶的旋翼而言，根据陀螺进动效应，变距拉杆应该比桨叶所处的相位角提前90°，这种变距机制使斜盘倾斜而引起 TPP 倾斜，此时斜盘与 TPP 基本平行。这种大相位角的变距机制需要更强大的变距装置来实现。而对于三四片或更多桨叶的旋翼，倾斜后的斜盘与 TPP 不平行，例如45°相位角的变距机制，引起TPP 倾斜的方位角与斜盘倾斜的方位角相差45°，即 TPP 前倾，而此时斜盘往机身侧前方倾斜。

图 3-25 所示为某型四桨叶直升机旋翼姿态，图中角度值为全量前推驾驶杆后，桨叶旋转一周所对应的斜盘位置。从图中可以看到，由于斜盘的倾斜引起的桨叶角变化，在 9 点钟位置桨叶角最大，在 3 点钟位置桨叶角最小。桨叶旋转经过 9 点钟位置后，桨叶角开始减小，直到旋转到 3 点钟位置，经过 3 点钟位置后桨叶角开始增加。在机头和机尾处的桨叶角相等。所以，前推周期变距杆，斜盘并不是前倾，而是往一边倾倒。

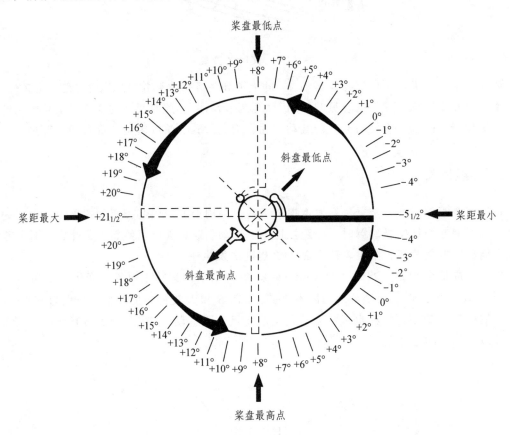

图 3-25　斜盘倾斜与操纵挥舞

由于桨叶角和迎角减小引起桨叶升力减小，桨叶下挥，经过 90° 滞后，桨叶下挥到最大位置。相反，桨叶角和迎角增加会引起桨叶上挥，经过 90° 滞后，桨叶上挥到最大位置。所以，要想获得最大最小挥舞位置，就在其位置提前 90° 进行周期变距。

例如，前推周期变距杆，通过倾斜斜盘来改变桨叶角大小，结果是最小桨叶角出现在正右侧，而最大桨叶角出现在正左侧。桨盘的姿态是正前方下挥最大，而正后方上挥最大，如

图 3-25 所示。

周期变距造成同等的桨叶迎角变化，引起同等的操纵挥舞，这就是所谓变距与挥舞等效。在前飞时，由于不同方位角处的桨叶速度不同，因而同等的桨距改变量引起的迎角变化和升力变化都不同。虽然前行桨叶和后行桨叶都改变相同迎角，但是前行桨叶因为其动压较大，所以比后行桨叶产生更多的附加升力。左右侧桨叶在旋转四分之一周后向上挥舞，而前行桨叶更向上挥舞，导致锥度角增大，同时又使桨尖轨迹平面更向后倾斜。所以，前飞速度对操纵挥舞的后倒有放大作用。

3.2.5　随动挥舞

当直升机作曲线机动飞行时，例如盘旋或有俯仰及滚动的机动飞行，旋翼轴同样随机身一起运动，具有 ω_z 或 ω_x 角速度。由于桨叶与旋转轴不是固联在一起，因而不会同步倾转，出现的角度差产生桨叶挥舞。

当直升机的俯仰或滚转等角运动终止时，旋翼在空气动力的作用下会很快跟随过来，稳定在仅由自然挥舞和操纵挥舞的合成位置上。因此，这种伴随直升机角运动而发生的旋翼挥舞称为随动挥舞。

如果某一直升机以恒定的俯仰角速度 ω_z 进行机动飞行，俯仰角速度会造成桨叶产生附加的运动速度和附加的科氏力。这意味着当旋翼旋转轴作俯仰运动时，旋翼锥体作低头倾转（迟滞倾转），并有附加的向 $\psi = 270°$ 方位一侧倾转。

应该注意，直升机滚转或俯仰引起的旋翼锥体偏斜量，总是与直升机的角速度成正比，与旋翼旋转角速度成反比。与固定翼飞机相比，会有滚转和俯仰的纵横运动交叉耦合，这对直升机的操纵性和稳定性有不良影响。然而，由于旋翼能作挥舞运动，当飞行过程中遇到不稳定气流时，变化的气动载荷不至于像飞机机翼那样传递到机身上。因此，乘坐直升机时感到的颠簸较小，舒适性较好。

3.3　旋翼挥舞特性

直升机在悬停时，旋翼流场轴对称，所以每片桨叶受到的气动力也是相同的，与桨叶方位无关。而在前飞状态下，旋翼流场轴不对称，出现旋翼周向相对气流不对称现象，桨盘产生的气动力与各桨叶方位有关。在交变气动载荷作用下，挥舞铰让每片桨叶上下挥舞运动，这就是旋翼运动的特点，下面重点分析桨叶的自然挥舞特性。

3.3.1　方位角和相位滞后

为了说明桨叶方位角，图 3-26 给出了转速为 Ω 的旋翼俯视图，沿着旋翼旋转方向按递增方式确定方位角，正后方 0° 方位表示为方位角 $\psi = 0°$，或表示为 $\psi = 360°$，正右方的方位角为 $\psi = 90°$，正前方的方位角为 $\psi = 180°$，正左方的方位角为 $\psi = 270°$。桨叶从正后方方位

角 $\psi = 0°$ 为起点，将 $\psi = 0°$ 至 $180°$ 的半圆区域称为前行桨叶区，将 $\psi = 180°$ 至 $360°$（即 $0°$ 方位）的半圆区域称为后行桨叶区。

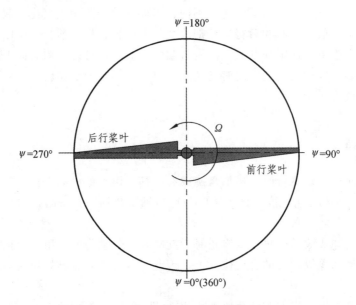

图 3-26　旋翼的方位角

由于作用在桨叶上各个力的影响，安装水平铰的旋翼桨叶并不在桨毂旋转面上旋转，而是形成一个倒锥体，桨尖的运动轨迹便是倒锥体的底部。桨叶展向中心线与桨毂旋转平面之间的夹角就是锥度角 a_0。悬停时，锥度角也是桨叶展向中心线与桨尖轨迹平面之间的夹角。

直升机在稳定飞行中，各片桨叶的运动规律相同，运动形式可以用锥形轨迹表示，公式可以近似表示为

$$\beta = a_0 - a_1 \cos\psi - b_1 \sin\psi \tag{3.10}$$

式中　β——挥舞角（上挥为正）；

　　　ψ——桨叶方位角；

　　　a_0, a_1, b_1——挥舞运动系数，其中 a_0 为锥度角，a_1 为后倒角，b_1 为侧倾角。后倒角和侧倾角都属于倾倒角。

一般情况下，旋翼的挥舞角不大于 $10°$。公式（3.10）表明，桨叶上挥使旋翼产生一个锥度角 a_0，旋翼系统以此为中立位置作简谐运动。在悬停状态下，$\beta = a_0$，挥舞角就是锥度角，与旋转时间和方位角无关。$-a_1 \cos\psi$ 代表桨叶挥舞角的简单余弦运动部分，这一分量表明旋翼向后倾倒 a_1 角。$-b_1 \sin\psi$ 代表桨叶挥舞角的简单正弦运动部分，它的作用使旋翼锥体向 $\psi = 90°$ 方位倾斜了 b_1 角，如图 3-27 所示。

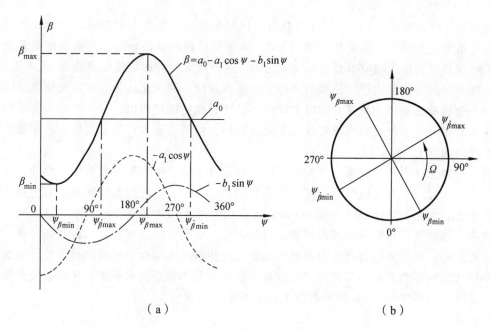

（a）   （b）

图 3-27　相位角滞后

在任意方位上，桨尖轨迹平面 TPP 相对桨毂旋转平面的变化为

$$\Delta\beta = \beta - \alpha_0 = -a_1 \cos\psi - b_1 \sin\psi \qquad (3.11)$$

如要寻找挥舞角最大值和最小值对应的方位，则

$$\frac{\mathrm{d}\beta}{\mathrm{d}\psi} = a_1 \sin\psi - b_1 \cos\psi = 0 \qquad (3.12)$$

于是得到

$$\psi(\beta_{\min}, \beta_{\max}) = \arctan\frac{b_1}{a_1} \qquad (3.13)$$

　　根据直升机桨叶的挥舞特性，挥舞角 β 最小时对应的方位角在 $\psi = 0° \sim 90°$ 象限内，而最大时对应的方位角在 $\psi = 180° \sim 270°$ 象限内，即挥舞角沿旋翼的转动方向相位角滞后 90°。挥舞运动的旋翼姿态就是桨尖轨迹平面 TPP 相对桨毂旋转平面向后倾斜，后倒角为 a_1，同时又向 90° 方位倾斜，侧倒角为 b_1。典型的旋翼挥舞运动结果如图 3-27 所示。

　　挥舞运动的角速度为

$$\dot{\beta} = \frac{\mathrm{d}\beta}{\mathrm{d}t} = \frac{\mathrm{d}\beta}{\mathrm{d}\psi} \cdot \frac{\mathrm{d}\psi}{\mathrm{d}t} = (a_1 \sin\psi - b_1 \cos\psi)\Omega \qquad (3.14)$$

则，挥舞角速度最大值和最小值的方位角为

$$\frac{\mathrm{d}\dot{\beta}}{\mathrm{d}\psi} = (a_1 \cos\psi + b_1 \sin\psi)\Omega = 0 \qquad (3.15)$$

于是得到

$$\psi(\dot{\beta}_{\min}, \dot{\beta}_{\max}) = \arctan\left(-\frac{a_1}{b_1}\right) \qquad (3.16)$$

从式（3.13）和式（3.16）中可以看出，挥舞角最大（最小）对应的方位角比挥舞角速度最大（最小）对应的方位角恰好滞后 90°。旋翼系统做简谐共振时，突出特征就是旋翼最大输出响应比最大输入响应恰好滞后 1/4 周期，这种现象也被称为相位滞后。

解释相位滞后现象的理论还有很多种，但最普遍的一种理论认为，直升机旋翼桨叶在飞行中是一个转动的物体，则具有陀螺进动性。陀螺进动性原理指出，当一个外力沿轴线方向作用在转动中的陀螺上，则陀螺的旋转平面将倾斜，倾斜的最大位移量发生在沿陀螺转动方向 90° 滞后的点上。

另一种理论称为惯性原理。当变距力作用到桨叶上时，由于桨叶的惯性，桨叶不会马上对作用力做出反应，而先使桨叶挥舞，也就是说，产生的升力在使桨叶挥舞前首先必须克服桨叶的惯性，此时桨叶已经转动了 1/4 圆周，所以力的作用效果将沿转动方向滞后 90°。

现在大多数直升机旋翼的挥舞铰不在旋转中心，而是有一段偏置量，即铰外伸量。当铰外伸量增加时，由于离心力产生的恢复力矩要比绕挥舞铰的惯性力矩增加得更快，从而挥舞固有频率比旋转频率要高。简言之，有铰外伸量的旋翼不再是共振系统。所以有铰外伸量的旋翼，相位滞后小于 90°，挥舞在数值上不完全等于周期变距。

3.3.2 返流区

前面讲过，桨叶各剖面因旋转而产生的相对气流速度大小，与该剖面至旋转轴的距离有关。越靠近桨叶根部，由旋转所引起的相对气流速度越小。如果直升机处在前飞状态时，在桨叶从 $\psi=180°$ 方位转向 $\psi=360°$ 方位过程中，在桨叶根部某个区域内，由前飞所引起的相对气流速度，将会大于因旋转所引起的相对速度。在这个区域内，桨叶各切面的相对气流不是从桨叶前缘流向后缘，而是从桨叶后缘流向前缘。这种由桨叶后缘流向前缘的气流，叫返流，或反流，如图 3-28 所示。桨叶上存在返流的区域称为返流区，或反流区。

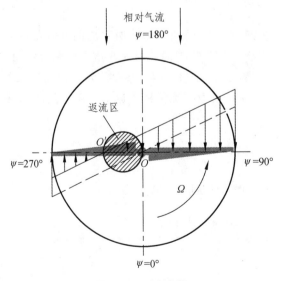

图 3-28　返流区

返流区与正流区的交界处 O'，桨叶的相对气流速度为零，该点叫桨叶返流区的边界点。返流区就是在 180° 至 360° 方位上，桨叶返流区的所有边界点的连线所形成的圆形区域，如图 3-28 所示。桨叶自方位角 180° 转向 270° 方位的过程中，前飞所引起的相对气流对桨叶相对气流的影响不断增大，故桨叶上的返流区逐渐扩大；桨叶自 270° 方位角转向 360° 方位，前飞速度对桨叶相对气流的影响不断减小，故桨叶上的返流区逐渐减小。

　　返流区的大小与飞行速度和旋翼转速有关。前飞速度一定时，旋翼转速增大，由旋转所引起的相对气流速度增大，使旋翼工作状态特性系数（前进比）μ 值减小，于是旋翼的返流区缩小；反之，旋翼转速减小，μ 值增大，则旋翼返流区扩大，如图 3-29 所示。

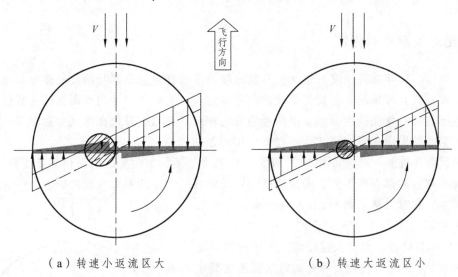

（a）转速小返流区大　　　　　　（b）转速大返流区小

图 3-29　转速对返流区的影响

　　旋翼转速一定时，前飞速度增加，前进比 μ 值变大，旋翼的返流区扩大；反之，减小前飞速度，前进比 μ 值变小，旋翼的返流区缩小，如图 3-30 所示。

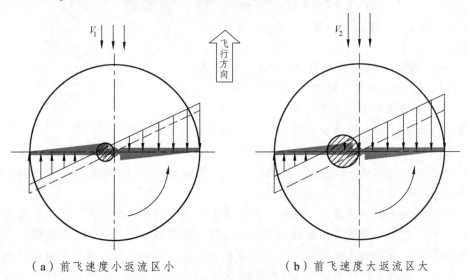

（a）前飞速度小返流区小　　　　　　（b）前飞速度大返流区大

图 3-30　前飞速度对返流区的影响

总之，前进比 μ 值越小，返流区越小；μ 值越大，返流区越大。旋翼的返流区越大，表明旋翼相对气流的不对称性越大，旋翼拉力不对称性越强。

在旋翼返流区内，由于桨叶周向速度是反向的，会产生向下的拉力。当速度不超过最大允许速度飞行时，旋翼返流区处在允许范围之内，甚至处在没有桨叶翼面的桨毂部分，这对飞行影响不大。否则，不仅会使旋翼拉力降低，桨叶在 270° 方位处产生的拉力将更小，而且由于每片桨叶的空气动力产生显著的周期变化，造成操纵困难。如果出现这种情况，应立即减小飞行速度或增加转速，降低返流区的影响，恢复正常飞行。所以，前进比 μ 要有一定的限制。

3.3.3　相对气流不对称性

前面讲过，桨叶旋转速度矢量与直升机速度矢量的合成就是桨叶的合成速度。直升机在无风悬停或垂直升降情况下，旋翼桨叶转到不同方位，桨叶各切面的周向速度在数值上保持一致，等于其相对气流速度大小，但两者的方向相反。只有直升机在前飞、后退飞行或侧飞中，旋翼桨叶的周向相对气流才会出现不对称现象。

例如，直升机前飞时，如图 3-28 和图 3-31 所示，不同方位处的周向相对速度有所不同，即速度大小和方向都有所不同，因为桨叶除了受旋转所产生的相对气流的影响之外，还要受前飞所产生的相对气流的影响，这两种气流的合成气流将随桨叶转到不同方位时而不同。在 0° 至 180° 方位内，桨叶各处的相对气流速度都比无风悬停时要大；在 180° 至 360° 方位内，各处相对气流速度都比无风悬停时要小。

假设直升机前飞速度为 45 m/s，桨尖切面旋转所产生的相对气流速度 ΩR 为 200 m/s，则在 90° 方位的相对气流速度为：$W = \Omega R + V = 200 + 45 = 245\ \text{m/s}$，在 270° 方位的相对气流速度为：$W = \Omega R - V = 200 - 45 = 155\ \text{m/s}$。

从图 3-28 和图 3-31 中可以看出，由于旋翼旋转所产生的相对气流与因直升机前飞所产生的相对气流方向一致，所以桨叶在方位角 $\psi = 90°$ 处的相对气流速度最大；反之，在方位角 $\psi = 270°$ 处，桨叶的相

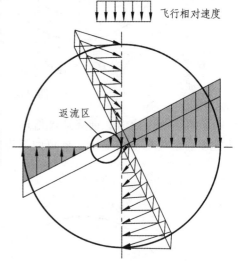

图 3-31　前飞中气流不对称性

对气流速度为最小。在旋翼旋转方向上的 180° ~ 0° 方位内，桨叶各切面的周向相对气流速度都比 0° ~ 180° 的周向相对气流速度小。旋翼桨叶的周向相对气流不对称的现象，叫作相对气流不对称性。

旋翼相对气流不对称的情况，还可以用旋翼工作状态特性系数（前进比）μ 来表示。即 μ 值越大，旋翼相对气流的不对称性越大；μ 值越小，旋翼相对气流的不对称性越小。

旋翼的相对气流不对称性，会使前行桨叶相对气流速度大，不考虑其他影响因素，根据空气动力特性，则产生的拉力就大，且在方位角 $\psi = 90°$ 处拉力最大；后行桨叶的相对气流速

度小，则产生的拉力小，且在方位角 $\psi = 270°$ 处拉力最小。

由于旋翼相对气流的不对称性和返流区的存在，造成的旋翼两侧拉力不对称现象，就形成了横侧不平衡力矩，如图 3-32 所示。此时如果不消除这个力矩的作用，直升机势必会倾覆过去。所以，现在多片桨叶的旋翼都安装挥舞铰，有了挥舞铰后，桨叶一边旋转，一边绕挥舞铰上下挥舞。这样，桨叶绕挥舞铰产生的拉力力矩以及在挥舞方向的其他力矩也传递不到桨轴上，从而消除了横侧不平衡力矩的影响。

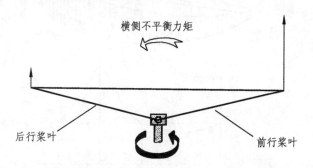

图 3-32　前飞中旋翼产生的不对称拉力

装有自动倾斜器的直升机可以通过间接控制旋翼挥舞运动，只要飞行员向横侧不平衡力矩反方向压杆可以消除横侧不平衡力矩。直升机的横侧不平衡力矩是否能够完全被克服，还与水平铰安装位置有关。由于一般直升机的水平铰并不直接安装在旋翼旋转轴上，而是安装在桨毂上，即水平铰与旋转轴之间有一定距离的挥舞铰外伸量。如果铰外伸量很短，所产生的横侧不平衡力矩也很小，飞行员只要稍微向反方向压杆就能保持横侧平衡。

有些装有两片桨叶的直升机，虽然没有挥舞铰，也能消除横侧不平衡力矩。这是因为直升机桨毂和桨轴是通过万向接头相连接的，与桨根相连的万向接头外环可以向任意方向倾斜。直升机在前飞中，两片桨叶就像跷跷板一样，一个桨叶前行，则另一个桨叶后行；一个向上，则另一个就向下。由于前行桨叶拉力大而上挥，后行桨叶拉力小而下挥。这样在相对气流不对称性和迎角不对称性的共同作用下，旋翼也可以自动调整本身的拉力基本保持不变，从而消除横侧不平衡力矩。

3.3.4　迎角不对称性

安装挥舞铰的直升机前飞中，在桨叶相对气流不对称性的影响下，因挥舞速度不同也会引起桨叶迎角变化，如图 3-33 所示。

在前飞的前行桨叶区，由于流经桨叶的相对气流速度增大，桨叶拉力也增大。桨叶绕水平铰向上挥舞，产生自上而下相对气流，使桨叶迎角减小，于是桨叶拉力也减小。桨叶向上挥舞速度越大，桨叶迎角减小越多。可见，桨叶在上挥的过程中，可以自动调整自身的拉力，结果使拉力大致保持不变。

同理，在后行桨叶区中，旋翼桨叶绕旋转轴旋转时，由于相对气流速度和拉力减小，桨叶向下挥舞。桨叶向下挥舞所形成的自下而上的相对气流，又会使桨叶迎角增大。这样，桨叶下挥过程中，也能使桨叶本身的拉力大致保持不变。

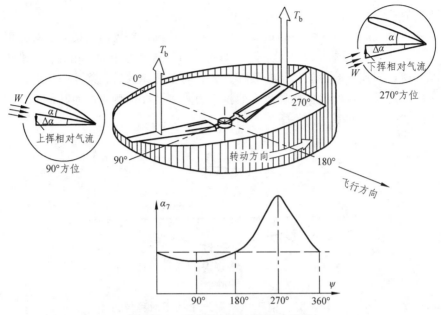

图 3-33　桨叶挥舞时的迎角变化

　　由以上分析可知，在桨叶相对气流不对称性的影响下，因挥舞速度不同所引起的桨叶迎角不对称性，前行桨叶区内的迎角小，而后行桨叶区内的迎角大。相对气流不对称性和迎角不对称性促使桨叶在各个方位的拉力大致保持不变。所以，旋翼装有挥舞铰后，不仅消除了横侧不平衡力矩，就连拉力的不对称也基本消除了。

　　直升机飞行时，由于旋翼姿态的影响，相对气流与桨毂旋转平面之间存在夹角，即旋翼迎角。前面章节讲过，旋翼桨叶的旋转速度矢量 ΩR 与直升机速度矢量 $V_0 \cos \alpha_R$ 的合成就是旋翼桨叶的合成速度。当相对合成气流吹过带有 a_0 锥度角的旋翼，就像相对气流吹过具有上反角机翼的固定翼飞机。旋翼的前半部（桨叶处于 $90° \to 180° \to 270°$ 方位）的相对气流速度对桨叶产生垂直分量 $V \sin a_0$ 形成上冲气流，使入流角减小，桨叶迎角增大，如图 3-34 所示。反之，在旋翼后半部（桨叶处在 $270° \to 0° \to 90°$ 方位）的相对气流速度垂直分量 $V \sin a_0$ 形成下冲气流，使入流角增大，桨叶迎角减小，如图 3-34 所示。

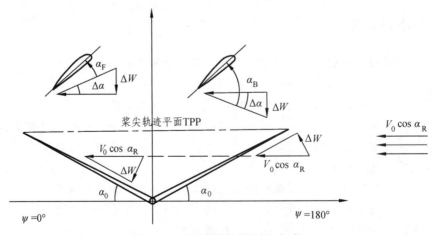

图 3-34　旋翼锥体的侧向倾斜

桨叶挥舞运动会进一步影响迎角不对称性。由于旋翼挥舞运动，在旋翼前行桨叶区的桨叶上挥，桨叶迎角减少，而旋翼在后行桨叶区的桨叶下挥，桨叶迎角增加；由于锥度角的存在，在旋翼前半部区域的桨叶迎角增加；而在旋翼后半部分区域的桨叶迎角减少。两者综合起来，经过 $0° \rightarrow 90°$ 区域的桨叶迎角减少，经过 $180° \rightarrow 270°$ 区域的桨叶迎角增加。旋翼桨叶出现迎角变化的现象称为迎角不对称性。

3.3.5　自然挥舞特性

直升机速度变化会使旋翼桨叶旋转的同时，伴随有周期性的自然挥舞运动，周向气流速度左、右不对称，使左、右拉力不对称，桨叶拉力按正弦规律变化使桨叶上下挥舞。下面从旋翼锥体后倒和侧倾两个方面分析旋翼自然挥舞特性，并给出自然挥舞规律。

1．旋翼锥体后倒

当直升机在前飞时，旋转旋翼的桨叶拉力按 $\sin \psi$ 规律变化。在一个周期中，从 $0°$ 方位到 $90°$ 方位，由于相对气流的不对称性，前行桨叶随着相对气流速度增大而向上加速挥舞，在 $90°$ 方位处，桨叶相对气流速度增加最多，上挥速度最快。从 $90°$ 到 $180°$ 方位，相对气流速度增量减小，桨叶继续上挥，上挥速度减慢（减速上挥），在 $180°$ 方位处，相对气流速度增量为零，桨叶不再继续上挥，但在该处桨叶挥舞的位置最高，桨叶上挥距离最长。总之，在相对气流速度（或桨叶迎角）增大最多的方位，桨叶上挥速度最快。

桨叶上挥速度最大和挥舞最高位置（上挥距离最大）不在同一方位，它们之间相差 $90°$ 方位角。挥舞最高的方位滞后于挥舞最快的方位，即从桨叶挥舞速度最大的方位，再继续旋转 $90°$，便是桨叶挥舞最高的方位。

然后，前行桨叶在 $180°$ 方位处变为后行桨叶，这时从 $180°$ 到 $270°$ 方位，相对气流速度逐渐减小，桨叶开始向下加速挥舞；在 $270°$ 方位处的相对气流减到最小，下挥速度最快。从 $270°$ 到 $360°$ 方位（即 $0°$ 方位），下挥速度逐渐减慢，但仍继续减速下挥。转到 $0°$ 方位角，桨叶下挥速度为零，其挥舞位置最低，桨叶下挥距离最短。总之，在相对气流速度（或桨叶迎角）减小最多的方位，桨叶下挥速度最大。

桨叶下挥速度最大和挥舞最低位置（下挥距离最大）也不在同一方位，它们之间方位相差 $90°$。挥舞最低的方位也滞后于挥舞最快的方位，即从桨叶挥舞速度最大的方位，再继续旋转 $90°$，便是桨叶挥舞最低的方位。

由此可见，由于桨叶的周向气流速度不对称引起的自然挥舞运动，产生的挥舞响应使桨叶在 $\psi = 180°$ 处挥得最高，而在 $\psi = 360°$ 或 $0°$ 处挥得最低。相对于桨毂旋转平面，轨迹前高后低，旋翼呈现为倒锥体向后倾斜，旋翼产生后倒姿态，如图 3-35 所示。前飞速度越大，旋翼相对气流速度不对称性越大，旋翼锥体向后倾斜也越多，后倒程度就越快。

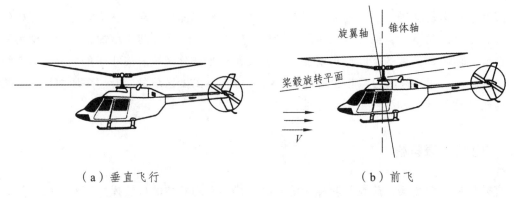

（a）垂直飞行 （b）前飞

图 3-35 前飞时倒锥体向后倾斜

2. 旋翼锥体侧倾

由于旋翼锥度角的存在，经过旋翼前半部分区域的桨叶会产生额外的上冲气流 Δu_p，如图 3-36 所示，导致桨叶迎角增加，则桨叶升力趋于增大，桨叶上挥。桨叶向上挥舞时，会促使桨叶迎角趋于减小，桨叶升力减小，最终促使桨叶挥舞恢复到平衡值。在 180° 方位迎角增大最多，上挥速度最快，但到 270° 方位时桨叶才到达最高点。经过旋翼后半部分区域的桨叶会产生额外的下沉气流 Δu_p，如图 3-36 所示，导致桨叶迎角减少，桨叶升力趋于减小，桨叶产生向下挥舞。但桨叶下挥促使桨叶迎角趋于增大，桨叶升力增大，最终使桨叶挥舞恢复到平衡值。在 0° 方位迎角减小最多，下挥速度最快，到 90° 方位时桨叶才下挥到最低点。

由此可见，桨叶在 $\psi = 180°$ 处迎角最大，桨叶拉力也最大，而在 $\psi = 0°$ 处迎角最小，桨叶拉力最小，但根据陀螺进动性原则，旋翼锥体向 90° 方位倾斜，旋翼产生侧倾姿态。如果旋翼是右旋的，则锥体右倾，左旋旋翼则左倾。

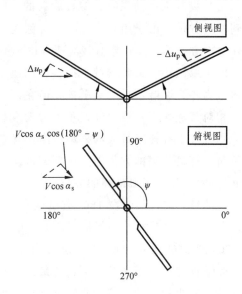

图 3-36 锥度角的影响

桨叶自然挥舞造成桨叶锥体侧向倾斜，主要是由于存在锥度角 a_0，它引起旋翼前后桨叶迎角不对称性和相应的不对称气动载荷分布。不仅在前飞状态，在任何给定状态下，锥体倾斜程度取决于锥度角，而锥度角的大小受到以下因素影响：

（1）拉力：拉力越大，锥度角越大。

（2）机体重量：重量越大，桨叶必须产生越大的拉力，因此重量的增加将增加锥度角。

（3）离心力：桨叶转动速度越大，桨叶产生的离心力越大，桨叶将越远离桨毂，因此锥度角越小。

实际上，在飞行中，直升机的重量在短时间里不会有明显的改变，因此对锥度角的影响不会明显。由于旋翼是一个巨大的旋转质量体，在实际飞行中，其转动速度基本保持不变。桨叶产生的离心力在整个飞行中也基本保持不变。因此，在飞行中只有拉力是一个可变因素，最终影响锥度角的大小。

总之，旋翼自然挥舞中，一方面，由于旋翼桨叶的相对气流不对称性，造成前飞中旋翼锥体向 0° 方位倾斜；另一方面，由于旋翼桨叶的迎角不对称性，造成前飞中旋翼锥体向 90° 方位倾斜。换句话说，由于桨叶本身的拉力自动调整作用，气流不对称性引起桨尖轨迹平面 TPP 后倒，迎角不对称性引起桨尖轨迹平面 TPP 侧倒，如图 3-37 的侧视图和后视图所示。

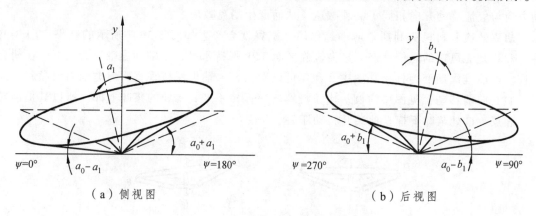

（a）侧视图　　　　　　　　　　　（b）后视图

图 3-37　前飞时桨叶的挥舞运动

3.3.6　胡克效应

桨叶挥舞会产生科里奥利斯效应（Coriolis Effect）。科里奥利斯效应又会产生科里奥利斯力，简称科氏力，它是对旋转体系中进行直线运动的质点由于惯性相对于旋转体系产生的直线运动的偏移的一种描述。

1835 年，法国气象学家科里奥利斯（Gaspard-Gustave Coriolis）提出科里奥利斯效应。根据动量守恒定律，当物体转动时，物体将保持匀速转动状态直到有外力改变其转动速度。当转动中物体的重心相对于转动轴的位置改变时，物体转动的角速度将改变。如果重心向着转动轴移动，转动的角速度增大，反之角速度减小。科里奥利斯效应的例子很多，如花样滑冰、傅科摆、地球信风与季风、热带气旋、陀螺仪等。

同理，当桨叶向下挥舞时，桨叶的重心远离旋转轴线，向外移动，则桨叶减速旋转；而桨叶上挥时，桨叶重心向旋转轴线靠拢，则桨叶加速旋转。科里奥利斯效应造成的桨叶加减速效果，可以通过安装在摆振铰上的阻尼器来缓解。

科里奥利斯效应在直升机处于过渡飞行状态时最大，悬停时则不存在，如图 3-38 所示。

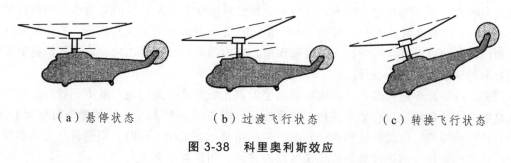

（a）悬停状态　　　　（b）过渡飞行状态　　　　（c）转换飞行状态

图 3-38　科里奥利斯效应

直升机在悬停状态时，主轴和虚轴两轴互相重合，当操纵周期变距杆时，直升机处在过渡飞行状态，桨叶旋转形成的锥体轴与旋翼轴不再重合，此时旋翼桨叶会重新定位，从而会产生胡克效应（Hooker Joint Effect），也叫万向节效应（Universal Joint Effect）。

这是由于进入过渡飞行状态时，桨尖轨迹平面 TPP 相对于旋翼轴线产生倾斜，为保证旋翼转速不变，前进桨叶（桨叶运动方向与气流流动方向相反）必须加速，后退桨叶（桨叶运动方向与气流流动方向相同）必须减速，从而产生胡克效应。

胡克效应和科里奥利斯效应一起作用，旋翼就会产生如图 3-39 中所示的结果。图 3-39 中 I 和 III 是无风中的悬停状态，桨尖轨迹平面 TPP 保持水平，主轴和虚轴重合，不存在胡克效应。如前推周期变距杆，从图中 II 和 IV 可以看出，主轴仍保持垂直，但虚轴向前倾斜。而且，TPP 向前移动，见图中虚圆。由于旋翼转速保持不变，A 处的桨叶上挥，所以其提前转动；相反，C 处桨叶下挥，此桨叶转动滞后。

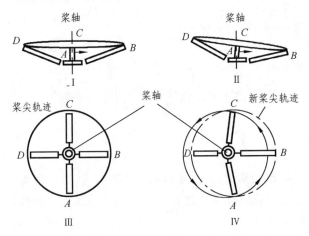

图 3-39　胡克效应

3.4　旋翼挥舞规律

3.4.1　挥舞调节作用

由于相对气流不对称性和返流区的存在，旋翼产生横侧不对称力矩。为了保持旋翼两侧拉力相等而让旋翼桨叶保持平衡，以消除横侧不平衡力矩，就要保证 90° 和 270° 方位角处的桨叶升力相等。为了达到这个目的，迎角不对称性可以使前行桨叶区的迎角小，而后行桨叶区的迎角大，根据桨叶升力公式可知，90° 和 270° 方位的桨叶升力大致相等。利用桨叶周期变距和挥舞铰就可以消除桨叶拉力不对称现象，其中挥舞铰是最基本的。旋翼挥舞是消除旋翼拉力不对称现象的先决条件。

但是，这就需要前行桨叶上挥速度要足够大，才能使前行桨叶迎角减小；后行桨叶下挥速度足够大，才能增加后行桨叶迎角。如果旋翼形式如图 3-40 所示，旋翼挥舞时桨叶上挥，变距拉杆带动摇臂，使桨叶绕轴向铰转动，桨叶角减小；桨叶下挥时，变距拉杆上顶摇臂，使桨叶角增加。这种由于挥舞而改变桨叶角的作用，叫作挥舞调节作用。

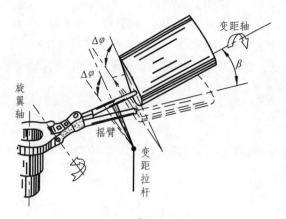

图 3-40　挥舞调节作用

挥舞调节作用就是使桨叶在各个方位保持拉力大致不变，进一步消除旋翼两边拉力不等的现象。通常用挥舞调节系数来表示挥舞调节作用的大小，用 $\bar{k}$ 表示。它取决于桨叶的挥舞角和这时因挥舞调节作用使桨叶角改变量 $\Delta\varphi$ 的大小，即

$$\bar{k} = \frac{\Delta\varphi}{\beta} \qquad\qquad (3.17)$$

目前，直升机挥舞调节系数的数值范围为 0～1.0。

桨叶的挥舞调节作用改变了桨叶的挥舞情况。在旋翼挥舞的基础上，由于挥舞调节作用会使桨叶角周期性变化，从而引起旋翼桨叶的附加挥舞运动。这里指的附加挥舞运动，就是在旋翼锥体姿态改变基础上的挥舞运动。

相对气流不对称性引起旋翼锥体往 0° 方位后倒时，在旋翼前半部 90°→180°→270° 方位内，桨叶因挥舞调节作用，使桨叶角有所减小。在旋翼后半部 270°→0°→90° 方位内下挥，桨叶因挥舞调节作用，使桨叶角有所增大。在 180° 方位，桨叶上挥到最高点，桨叶角减小最多。在 0° 方位，桨叶下挥到最低点，桨叶角增加最多。在 90° 和 270° 两个方位，桨叶角保持不变。

在桨叶角变化最大的方位，附加挥舞速度最快；而在桨叶角没有变化的方位，附加挥舞速度为零，但此处附加挥舞位置最高或最低。这种附加挥舞在 0° 方位上挥速度最快，在 90° 方位挥舞到最高位置；在 180° 方位下挥速度最快，在 270° 方位挥舞到最低位置。这样旋翼锥体在后倾的基础上，又向 270° 方位倾斜。

同理，迎角不对称性引起的旋翼锥体往 90° 方位侧倾，桨叶在 270° 方位上挥到最高位置，在 90° 方位下挥到最低位置。这时，由于桨叶挥舞调节作用，将使 270° 方位的桨叶角减小最多；90° 方位的桨叶角增加最多；0° 和 180° 方位的桨叶角保持不变。桨叶角的这种周期性变化，也要引起桨叶产生附加挥舞运动。这种附加挥舞运动，将使桨叶在 270° 方位下挥速度最快；在 0° 方位下挥到最低位置；在 90° 方位上挥速度最快；在 180° 方位上挥到最高位置。这样，旋翼锥体在侧倾的基础上又向 0° 方位倾斜。

总之，直升机在前飞时，在自然挥舞的作用下，旋翼锥体后倾和侧倾的同时，因挥舞调节作用，造成旋翼前后桨叶角不对称，使旋翼锥体分别向 270° 和 0° 方位倾斜。

如果发动机在空中停车，挥舞调节作用也可以帮助旋翼进入稳定自转。发动机空中停车后，

旋翼转速减小，桨叶的惯性离心力减小。同时，直升机下降率增大，桨叶迎角增大，拉力增大，桨叶便上挥。由于挥舞调节作用，在桨叶上挥的过程中桨叶角减小，从而防止桨叶上挥过高和旋翼转速减小过多。可见，发动机在停车后，挥舞调节作用对保证旋翼进入自转是有利的。

3.4.2 旋翼挥舞规律

根据前面挥舞特性分析，将旋翼挥舞规律分为 3 种挥舞规律，再加上操纵挥舞，将旋翼挥舞规律总结如下：

1. 自然挥舞规律

由于相对气流不对称性，在旋翼前行侧，桨叶速度先增加后减小，桨叶拉力也是先变大后变小，桨叶上挥，速度和拉力在 90° 方位角处都达到最大值，由于陀螺进动性原理的相位滞后特性，在 180° 方位角处上挥到最高位置。在旋翼后行侧，同样是由于相对气流不对称性，桨叶速度先减小后增加，桨叶拉力也先减小后增加，桨叶下挥，速度和拉力在 270° 方位角处达到最小值，同样，由于科里奥利斯效应，在 0° 方位角处下挥到最低位置。总之，旋翼锥体向 0° 方位倾斜，轨迹前高后低，如图 3-37 和图 3-41 所示。这种自然挥舞规律称为第一挥舞规律。

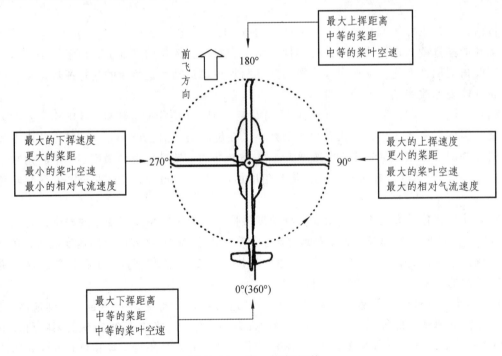

图 3-41　第一挥舞规律

同时，由于锥度角的存在，相对气流在旋翼前半部的垂直分量，使桨叶在 180° 方位迎角增大最多，上挥速度最快，由于旋翼陀螺进动作用，而在 270° 方位上挥到最高点。相对气流在旋翼后半部的垂直分量，使桨叶 0° 方位迎角减小最多，下挥速度最快，同样由于旋翼进动作用，而在 90° 方位下挥到最低点。总之，旋翼锥体向 90° 方位倾斜，轨迹左高右低。这种自然挥舞规律称为第二挥舞规律。

2．附加挥舞规律

在旋翼自然挥舞的基础上，由于挥舞调节作用而产生附加挥舞运动。首先，由于第一挥舞规律会引起锥体后倾，0°方位桨叶角增加最多，由于相位滞后，在90°方位角处上挥最高，促使旋翼锥体向270°倾斜。其次，第二挥舞规律使锥体向90°方位侧倾，90°方位桨叶角增加最多，引起的附加挥舞造成旋翼锥体向0°倾斜。这种挥舞规律称为第三挥舞规律。

第三挥舞规律造成侧倾方向与第二挥舞规律引起的侧倾方向不一致，旋翼锥体最终的倾侧方向，取决于挥舞调节系数 $\bar{k}$ 的大小。当挥舞调节系数 $\bar{k}=0$ 时，也就是没有挥舞调节作用，旋翼锥体向90°方位倾斜，随着 $\bar{k}$ 值的增大，旋翼锥体向90°方位的倾斜量减小，甚至向270°方位倾斜。但是，不管自然挥舞还是附加挥舞，旋翼锥体都向0°方位倾斜，最终增加了旋翼的后倾量。

综上所述，直升机在前飞中，旋翼挥舞规律有以下4个主要方面：

（1）在桨叶迎角（或相对气流）增大最多的方位，桨叶上挥速度最大。桨叶上挥速度最大和挥舞最高不在同一方位，它们之间存在相位差90°。即从桨叶上挥速度最大的方位，再继续转过90°，便是桨叶挥舞最高的方位。

（2）旋翼相对气流速度不对称性，桨叶的挥舞响应使旋翼锥体向后倾斜，即第一挥舞规律。

（3）旋翼迎角不对称性，旋翼前后位置上的拉力差别激起的挥舞响应（也是简谐共振）会在左右两侧达最大值，形成旋翼自然挥舞的侧倾角，使旋翼锥体向90°方位倾斜，即第二挥舞规律。

（4）旋翼向后倾斜时，在桨叶挥舞调节作用下，会使旋翼锥体向270°方位倾斜。如果旋翼向90°方位倾斜时，因桨叶挥舞调节作用，又会使旋翼向后倾斜，即第三挥舞规律。

总的来说，前飞状态下旋翼锥体相对桨毂旋转平面向侧后方倾斜，而且后倾量大于侧倾量。前飞速度越大，旋翼向侧后方倾斜量越大。随着前飞速度的增大，飞行员必须相应地向侧前方推杆，以保持飞行状态。

3．操纵挥舞规律

如果操纵周期变距杆，就会产生操纵挥舞。只要设法让桨叶产生拉力不对称的因素，利用周期变距，桨叶才能通过挥舞运动，形成相应的桨尖轨迹平面 TPP 向预定方位倾斜，从而形成气动合力方向的倾斜。根据旋翼陀螺进动原理，该倾斜方向与桨叶拉力不对称的方位相差90°。只要提前90°方位改变桨叶迎角，桨盘就向所需要的方位倾斜。

例如，前推周期变距杆，实现旋翼桨盘前倾，桨叶必然绕铰链上下挥舞。从最低挥舞点 A 点到最高挥舞点 B 点，桨叶角和迎角增加，桨叶上挥，当桨叶角达到最大值方位再旋转90°，桨叶上挥达到最大值；而从 B 点到 A 点，桨叶角和迎角减小，桨叶下挥，当桨叶角达到最小值方位再旋转90°，桨叶下挥达到最大值。所以，利用周期变距使桨叶产生操纵挥舞运动，这种变距行为必须比最大挥舞位置提前90°进行，可以通过斜盘倾斜来实现这个功能。例如，右旋旋翼的最小桨叶角出现在正右侧，而最大桨叶角出现在正左侧，桨盘姿态为前低后高，如图3-25所示。

总之，直升机就是根据旋翼挥舞特性和挥舞规律，周期性地改变桨叶角，使旋翼向预定方向倾斜，旋翼桨盘的最终姿态也是各种挥舞运动合成的结果。

　　尾桨也面临同样问题，如图 3-42 所示，但尾桨不能周期变距，必须单独依靠其挥舞铰来消除两侧拉力不对称性问题。拉力不对称性在双叶尾桨中得到消除。

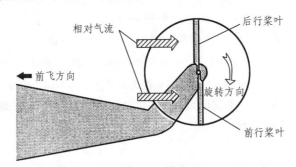

图 3-42　尾桨的拉力不对称性

3.5　直升机振动与噪声

　　由于直升机是一个复杂的动力系统，其转动部件很多。只要发动机和旋翼在工作，不管在空中还是地面，都不可避免地存在振动，产生噪声。直升机的振动和噪声对机组人员、乘客及机载设备都会产生一系列不利的影响，不仅会影响直升机的舒适程度，严重时将影响和破坏其结构强度，危及安全，如地面共振、桨叶颤振等。如果振动轻微，对飞行影响不大；振动过大，不仅促使飞行员疲劳，还影响飞行操纵。特别是直升机在居民区运行时，其噪声会干扰居民的工作和生活。

　　随着军用直升机对隐身要求的提高和适航条例对民用直升机噪声的严格限制，旋翼噪声机理及其降噪技术已经成为直升机技术研究的热点之一。直升机飞行员和维修人员都必须掌握直升机振动和噪声的类型，了解引起共振的原因，并从振动频率、振动的幅度、共振出现的方式和对直升机的影响等方面入手，尽可能地将振动和噪声水平限制在一个规定的标准内。

3.5.1　振源及噪声源

　　振源就是作用于结构、系统的激振力的来源。直升机的振源较多，主要有旋翼、尾桨和发动机等旋转部件。振动频率是识别振动来源的一个主要指标，即单位时间内振动发生的次数，单位为赫兹（Hz），一赫兹等于每秒钟循环一次。除此以外，还可以采用振动频率与旋翼旋转速率的比较来描述，旋翼旋转一周发生 2 个振动循环，称为 2R 或 2∶1。一般每片桨叶会产生一个固有的 1∶1 的振动，2 片就是 2∶1，3 片就是 3∶1。

　　根据振源的振动频率，直升机振动一般分为低频振动、中频振动和高频振动 3 类。其中，低频振动主要来源于旋翼系统，是最常见的振动。低频振动分为垂直振动和横向振动两种形式。垂直振动主要是每片桨叶在桨盘上同一点上的升力不相等引起的。飞行速度越大，振动越大。横向振动主要是旋翼系统不平衡引起的，这主要是由于桨叶展向方向重量不平衡或桨叶弦向重量不平衡。中频振动主要来源于尾桨系统，也是直升机的固有振动。例如，中频振动可能来自于滑橇的松动等。高频振动主要由高速旋转部件产生，例如发动机和高速传动轴等。

　　直升机的振动通过结构自振源传至座舱，同时，当这些噪声作用在座舱壁板上时，形成壁板结构振动，进而产生结构性噪声，形成具有周期振动的性质。由直升机噪声引起的振动通常具有随机性，所以振动和噪声相互耦合发生。如果在海上平台飞行降落过程中，振动产生时会在脚蹬上感觉到大幅度的抖动。飞行员这时应该减小尾桨叶的桨距来克服这种振动，否则，振动越来越严重，会造成尾桨桨叶故障。尾桨桨叶不平衡或者尾桨轴承故障会使这种振动迅速加剧。

　　换言之，旋翼噪声包括旋转噪声和宽带噪声。旋翼旋转噪声是由桨叶上的载荷周期性扰动以及桨叶厚度引起的。当作用在桨叶上的升力和阻力随桨叶位置的不同而周期性变化时，周围空气的力场随桨叶一起旋转而呈现周期性扰动。载荷的这种周期性扰动产生于流场与叶片的作用、桨叶振动以及桨距的周期性控制等。其中，流场与叶片的作用显得尤为突出，会辐射高效的高频离散噪声和宽带噪声。宽带噪声则是由桨叶厚度引起的。

　　或者，可将旋翼噪声分为厚度噪声、载荷噪声、BVI 噪声等，如图 3-43 和图 3-44 所示。在直升机旋翼的噪声源中，脉冲噪声尤为突出。脉冲噪声可分为两类：① 高速脉冲噪声，简称 HSI（High-Speed Impulsive）噪声；② 桨涡干扰噪声，简称 BVI（Blade-Vortex Interaction）噪声。桨涡干扰噪声是直升机噪声谱里最主要的噪声源，它主要是由于在桨叶之间产生相互干扰，即由前一片桨叶的尾迹产生的涡流和后一片桨叶的相互作用。桨涡干涉的瞬间会引起桨叶升力突变，这是一种非常强的脉冲式噪声，一旦出现，就成为直升机的主要噪声。

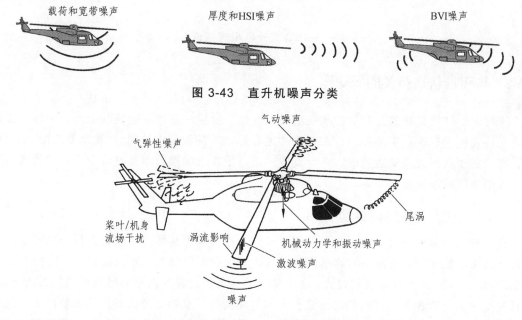

图 3-43　直升机噪声分类

图 3-44　直升机振源和噪声源

　　直升机的振动和噪声还来自尾桨的气动力、发动机振动、减速器和传动轴以及作用在机身上的气动力。尾桨噪声也包括旋转噪声和漩涡噪声。旋转噪声发生在尾桨桨叶的谐振频率上，桨尖速度增加，旋转噪声强度增加。漩涡噪声具有宽频带的随机特性，从 100 Hz 左右到 800 Hz 或更高一些。

旋翼的噪声起源于旋翼非定常运动而引起其周围流体快速的非定常变化。从噪声起源上，则直升机噪声主要包括：旋翼噪声、尾桨噪声和发动机噪声。直升机旋翼是直升机的主要噪声源。

现代直升机广泛采用涡轮轴发动机作为动力，旋翼的空气动力噪声对远场噪声的贡献最大，是直升机最主要的噪声源。主要由两部分组成：进气部分的压缩机噪声和排气部分的排气噪声。进气噪声因为压缩机的缘故，具有一系列简谐分量，排气噪声具有随机的性质。发动机噪声是一宽带高频噪声，在远场空气中衰减较快。减速器噪声主要是由齿轮啮合误差引起高频的啮合激振力，进一步引起其他结构振动，产生结构性噪声。另外，直升机飞行中绕流流过机体时还会产生气动噪声。

各部件噪声如图 3-45 所示的直升机噪声频谱。

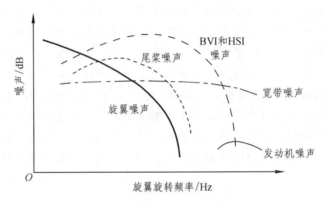

图 3-45　直升机噪声频谱

3.5.2　与飞行状态有关的振动

飞行中，性能良好的直升机在某些情况下，也会发生一些比较明显的振动。例如，接近最大允许速度飞行所产生的振动，在起飞增速和着陆消速阶段中达到"过渡速度"时产生的抖动，都是由于激振力增加造成的。飞行员按照飞行手册正确操纵或及时改变不正常的飞行状态，就能减轻或消除振动。

1. 飞行速度过大时的振动

直升机飞行速度过大，会引起从旋翼传来的激振力和力矩增大，使直升机强烈振动。飞行速度越大，旋翼相对气流不对称越严重，其挥舞和摆振运动就会相应地加大。处在 270° 方位角附近的桨叶，由于下挥速度过大，桨尖部位的迎角超过临界迎角而出现严重的气流分离。飞行速度过大，这种气流分离的区域会扩大。与此同时，桨根部分的返流区也要增大，这样不但会引起桨叶升力降低，而且由于每片桨叶的气动力有周期性的剧烈变化，将引起直升机强烈振动和倾斜，造成操纵困难。

此外，以过大的速度飞行，前行桨叶的桨尖部位，会因速度过大而接近音速，在桨尖部位的上表面出现超音速区和激波，也将导致气流分离和气动性能恶化，引起直升机振动，甚至操纵失效。

2. "过渡速度"的振动

直升机在起飞增速和着陆消速阶段，在某一飞行速度范围内，会出现明显的抖动现象，这个出现抖动的飞行速度范围，习惯上称之为"过渡速度"。"过渡速度"的抖动是直升机所特有的一种现象，各型号直升机的过渡速度不同。

直升机在过渡速度的抖动，实质上是一种强迫振动，是由于旋翼的激振力增大所引起的。旋翼桨叶与机翼类似，桨叶产生升力时，在桨叶的桨尖和桨根部位存在尾涡，其中桨尖部位的尾涡对旋翼的气动力影响最大。每片桨叶的尾涡与其后随桨叶的干涉形成桨涡干扰（BVI），桨涡干扰的瞬间引起桨叶的升力突变，特别是在下滑消速对应的过渡速度范围内。每当桨叶与尾涡的干涉瞬间，桨叶的升力就发生一次突变。

直升机在起飞增速过程中，旋翼的整个涡系越来越向桨盘平面倾斜。加之距离地面较近，地面效应的作用使整个涡系向上抬，有时也会形成桨涡干涉。地面效应越大，涡系上抬越高，桨涡干涉可能性越大，振动越明显。因此，直升机在起飞增速中，在过渡速度范围内会出现抖动现象。

影响过渡速度振动强烈的程度，有以下几方面因素：

（1）悬停剩余功率的大小。直升机的起飞重量越大或起飞场地标高、气温越高，悬停的诱阻功率就越大，这时涡流强度大，利用地效起飞增速，容易形成桨涡干涉，起飞过渡速度的振动越明显；反之，振动不明显。

（2）起飞时风速的大小。逆风风速越大，振动越不明显。第一，逆风起飞所需功率小，特别是诱阻功率小，且风速越大地面效应作用越弱，不易形成桨涡干涉。第二，风速越大，直升机稍有前飞速度就已超过过渡速度范围。因此，振动就越不明显，甚至感觉不到有振动。

（3）与飞行员的操纵有关。如果飞行员操纵得当，能迅速而柔和地通过过渡速度范围，或能削弱形成桨涡干涉的条件，振动就越不明显；反之，操纵不当，处在过渡速度的时间较长，或者陷入严重的桨涡干涉的飞行状态，振动就越强烈。

例如，下滑消速时，飞行员上提油门总距杆不及时，由于下降率过大，相应地抬高涡系，如又粗猛上提油门总距杆，这时旋翼转速增加，拉力增大，也容易形成桨涡干涉，处于过渡速度的直升机振动就越强烈。所以，要求飞行员在下滑消速过程中，应及时、柔和上提油门总距杆，避免在过渡速度范围粗猛地操纵。如果已进入此种状态，应柔和带杆迅速通过这一速度范围。

3.5.3 降噪方法

根据 FAA 公布的数据，列出包括部分直升机的航空器噪声认证数据，见表 3-1。

降低直升机噪声可以从两种方法入手，第一种是通过优化直升机运行程序；第二种是从设计或机型改装来降低噪声。在优化飞行运行程序上，例如，改变着陆速度和下降率可以减低脉冲噪声达 5 dB。在设计或改装方面，要考虑旋翼旋转速度、阻力发散点和桨尖形状。减小桨叶载荷会降低涡旋噪声。

表 3-1　部分航空器的噪声认证数据

	Take-off	Approach	Sideline
Utility civil helicopters			
Bell 212	93.3	98.5	
Bell 412	93.2	95.4	
Bell 430	92.4	93.8	91.6
Boeing MD 520N	85.4	89.9	
Boeing MD Explorer	84.1	89.9	83.1
Commercial aircraft			
MD-81	90.4	93.3	94.6
Boeing 767-300	90.4	102	96.6
Boeing 757-200	82.2	95.0	93.3
Airbus A300-600	91.1	99.8	98.6
Airbus A310-300	89.6	98.6	94.3
Airbus A320-300	88.0	96.2	94.4
Airbus A340-300	95.0	97.2	94.7

目前，降低直升机噪声的主要方法有：减低桨叶速度、改变桨尖形状、桨叶主动控制、转速多样性等，其中，降低桨叶速度是重要的降噪方法。

3.5.4　地面共振

直升机如果在地面开车时，处在特定的转速和桨距下，直升机持续地从右后方到左前方晃动（地面越硬，晃动越厉害），就可能发展成危险的地面共振（Ground Resonance，GR），几秒钟之内会引起机体或旋翼破坏，甚至机毁人亡。米-4、米-6、直五、延安-2 号、阿古斯特 A109K2、S-76、斯瓦泽 269C-1 等机型都发生过地面共振引发的航空事故。

直升机地面共振是一种旋翼和机体耦合的动不稳定性运动——自激振动，不是强迫振动引起的共振。早在 20 世纪 30 年代采用铰接式旋翼的旋翼机在地面运行时就出现过这种自激振动，其后在直升机地面试车时也曾多次出现过，引发严重后果，开始时认为这是一种旋翼不平衡激振力作用下的强迫振动，只简单归因于旋翼桨叶颤振，因而称之为"地面共振"，在40 年代通过深入的研究才弄清楚这是一种激振振动。

美国 JHSAT 将地面共振分为两类，第一类发生在轮式起落架的直升机上；第二类是发生在滑橇式起落架的直升机上。在 FAR27.241 条和 FAR29.241 条中都对地面共振提出了要求，即"在地面旋翼转动时，旋翼航空器不得发生危险的振荡趋势"，所以，在直升机所规定的使用状态下，都不允许发生地面共振。下面从地面共振机理和处置两方面进行分析。

1．地面共振机理

直升机在地面工作时都有可能发生地面共振，包括地面开车、起飞和着陆中的滑行、滑跑等工作状态。判断直升机进入地面共振状态的依据是，直升机在起落架上左右摇晃；振动（摆动）的幅值越来越大；而且旋翼锥体混乱；转速下降。

直升机在地面运转时，受到外界初始扰动，例如突风、操纵过猛、粗猛着陆、滑跑颠簸等，在干扰力的作用下，当各桨叶摆动不均匀时（如三片桨叶的旋翼，任意相邻两片桨叶间不成120°时；四片桨叶对应的是 90°），各桨叶的离心力不能互相平衡，则出现不平衡回转离心力，这种旋翼离心激振力激起机体在起落架上振动。例如，三片桨叶摆动相位如图3-46所示。

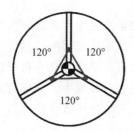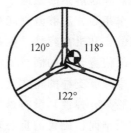

图 3-46　三片桨叶摆动相位分布

此时，桨毂中心作为机体上的一点，跟着在起落架上的机体一起振动，并以基础振动的方式，反过来又对桨叶在旋转平面里实行激振，影响（加剧或削弱）各片桨叶原有的摆动。由于外界初始扰动激起旋翼在旋转平面内振动，以及直升机在起落架上的振动，这两种振动相互激励，在一定条件下振幅会猛烈扩大，几秒钟内就会把整个直升机振坏，造成严重事故。

在这种状态中，存在两个振动系统，这是直升机地面共振的先决条件，分别是由各片旋转桨叶绕垂直铰摆振组成的旋翼振动系统和机体在起落架上的机体振动系统，这两个振动系统是通过桨毂中心结合起来的。

在地面共振中，旋翼运动会激起桨毂中心在水平面内的运动，带动机体振动，例如全铰式旋翼随垂直铰的振动；桨毂中心作为机体的一点，以基础振动的形式，反馈给旋翼，激起旋翼运动，形成闭环，如果这两个振动系统之间存在着一定关系时，就会发生地面共振，出现地面共振不稳定区。这种特定关系是，当旋翼在某一转速上的摆振频率接近或等于机体在起落架的某阶固有频率时，就使桨叶在旋转平面内的振动与桨轴的纵向或横向振动之间发生共振。直升机地面共振的实质就是出现地面共振不稳定区。

其中，在旋翼振动系统中，外界扰动引起桨叶过分的摆振运动，即旋翼桨叶绕垂直铰产生周期性后退型摆振运动，频率为ω_ξ，主要是基阶模态的后退型摆振运动。周期型摆振使旋翼的重心偏离桨毂中心，旋翼旋转时，形成不平衡回转离心激振力，激振力频率分别为：$\Omega+\omega_\xi$和$\Omega+\omega_\xi$，会诱发桨毂中心运动，最终通过旋翼轴引起机体的晃动。在机体振动系统中，起落架系统提供弹性刚度、阻尼，机体的振动是指旋翼桨毂中心有水平方向位移的振型，机体在起落架上有 6 个自由度，有意义的主要是侧移和横滚两个模态。

地面共振的能量来源于发动机和旋翼的旋转动能。在发生地面共振时，随着振幅的扩大，旋翼转速下降（在不操纵发动机的情况下），发动机的部分功率被用来扩大振幅，加剧旋翼-

机体耦合振动的发散，产生巨大的破坏作用。

地面共振属于低频振动，由于摆振运动气动阻尼很小，一般不考虑空气动力的作用。如果安装桨叶摆振阻尼器和起落架减震器的直升机，其阻尼在振动周期内消耗的功比上述激振力对系统做的功小，则桨叶的摆振和全机在起落架上的振动就会加剧，直升机作纵向或横向摇摆，恶性循环（振幅越大，激振力越大；激振力越大，振幅更大……），几秒钟就可以达到损坏直升机的程度。

所以，直升机发生地面共振还要具备以下 3 个条件：

（1）旋翼不平衡的离心激振力频率与直升机在起落架上的固有频率接近。

（2）有足够的外界干扰力，这种激励能量来源于旋翼的旋转动能。

（3）旋翼减摆器和起落架的阻尼不足。

简而言之，频率相等、足够激励能量和阻尼不足是发生地面共振的 3 个基本条件。

并非所有类型的直升机都容易发生地面共振。安装轮式起落架的直升机容易发生地面共振，由于轮式起落架使直升机的固有振动（大部分发生在横向）具有较低的频率，所以，地面共振现象在装有带减震支柱的轮式起落架的直升机上容易发生。如果轮式直升机发生地面共振时，由于其轮胎具有弹性且没有离地，此时，直升机机体就像在弹簧上一样产生振动，旋翼轴运动轨迹成圆锥面，旋翼的重心轨迹成闭合曲面，如图 3-47 所示。

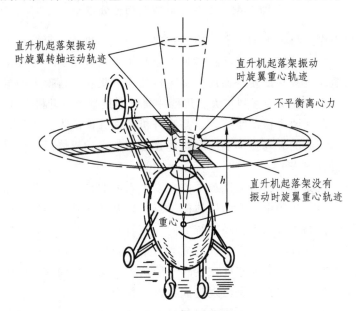

图 3-47　地面共振

对于安装滑橇式起落架的直升机而言，容易产生地面共振的直升机是那些具有 3 片或更多的桨叶的旋翼，桨叶数量越多越容易发生地面共振，因为此类旋翼安装了摆振铰，会使桨叶产生摆振运动，例如斯瓦泽（Schweizer）型直升机——Schweizer 300C。美国罗宾逊直升机（例如 R22 和 R44 直升机）和 Bell206 直升机都具有两片桨叶的跷跷板式旋翼，不容易发生地面共振；德国刚性旋翼直升机 BO-105 对地面共振也不敏感。

滑橇式直升机发生地面共振的话，如果滑橇可以吸收绝大部分振动能量，旋翼重心路径会往旋翼轴靠拢，则其破坏性小，旋翼重心路径是稳定路径；相反，如果远离旋翼轴，则直升机会发生严重破坏，旋翼重心路径是不稳定路径，如图 3-48 所示。

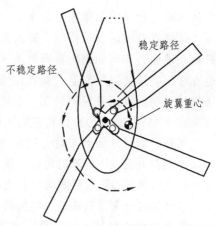

图 3-48 旋翼重心运动轨迹

综上所述，直升机发生地面共振的外因是接触地面的直升机受到足够大的外界初始扰动，发生地面共振的内因是存在两个机械振动系统，即旋翼振动系统和机体振动系统。发生地面共振的条件和本质是：当旋翼系统产生的离心激振力的频率和全机在起落架上振动的某阶固有频率相同或接近。

2．地面共振的预防及处置

地面共振的危害性非常大，在强度规范和适航性条例中均规定了在直升机研制中必须对地面共振进行分析和试验，达到预防的目的。在地面试车、滑行、垂直起落和滑跑时，由于地面共振使直升机突然发生摇晃，振幅迅速增大，如不及时处置，振动将逐渐加剧恶化，损坏直升机桨叶，折断尾梁，甚至发生直升机翻倒、旋翼打地等事故，所以，对地面共振必须及时进行处置。

预防地面共振主要从设计和维护运行两个角度来考虑。在设计上防止地面共振，一是满足频率要求的设计，从地面共振机理中可知，即调整旋翼系统产生的激振力频率和全机在起落架上振动的固有频率，使两者尽量分开，并分开得足够远，此时频率重合点及相应的不稳定区移出工作转速范围，才能从根本上有效地防止地面共振；二是满足阻尼要求的设计，即在某一旋翼工作状态（旋翼转速和桨距）下，旋翼/机体动力系统能提供的可用阻尼应不小于该动力系统为维持其临界稳定状态所需用的阻尼。

如果桨叶减震器和起落架缓冲支柱的阻尼足够大，或者旋翼系统产生的离心激振力的频率和全机在起落架上的摆动频率相差足够大，那么上述两个振动系统因外界干扰而激起的振动就会彼此削弱直至消失，即不会发生地面共振。所以，现代直升机的结构设计上，一般在垂直铰上安装减摆阻尼器，起到阻止桨叶前后摆动的作用。这里给出两种方法：

（1）消除地面共振不稳定区，让不稳定区落在旋翼最大转速之外，并具有一定的转速储备量。

（2）加大垂直铰减摆器和起落架的阻尼，使振动一周内，阻尼力消耗的功比惯性激振力对系统做的功大，并有一定阻尼储备量。

直升机的结构参数也会影响地面共振。只要摆振阻尼和机体（起落架）阻尼同时存在，才可能消除地面共振。桨叶总质量与直升机总质量之比越大，消除地面共振所需的阻尼越大。垂直铰铰外伸量越小，就需要增加起落架阻尼来缩小地面共振不稳定区。增加摆振阻尼器阻尼，增加摆振力矩，可以缩小地面共振不稳定区，甚至消除不稳定区。另外，起落架的横向轮距、机体重心距离轮轴的距离、起落架的结构形式、缓冲器阻尼都有影响。

所以，从维护角度上讲，直升机飞行前应保证：

（1）起落架缓冲器的充填量符合规定要求。

（2）旋翼减摆器的减摆力调整到规定数值。

（3）轮胎充气压力不超过规定的范围。

（4）机轮与地面间的摩擦力正常。如果外胎过于陈旧或直升机停在积有冰霜的地面上，会使机轮与地面间的摩擦力减小。

依据直升机动力学特性，地面共振通过机敏的操纵是可以避免的。从操纵方面上讲，直升机在地面开车时如判明直升机进入地面共振后，必须采取果断措施进行处置。地面共振不会在任何转速情况下发生，旋翼在低转速时动能小，可以加速通过低频共振，而不会产生较大振幅运动。地面共振不只在一个转速上，而是存在一个转速范围。通常，地面共振的设计要求在 40% ~ 120% 的旋翼转速范围内不出现地面共振。

当直升机在地面开车时，如判明直升机进入地面共振后，必须采取果断措施进行处置。例如多数直升机在刚启动时可能会出现"摆动"（PADDINC），飞行员通常可以尽快增大旋翼转速越过此区域，如果这种摆动发展成地面共振，要想摆脱此局面飞行员应马上将直升机提起升空，也就是说让起落架离地，当振动降低到一定水平后飞行员再将直升机落地，尽快停车。

在直升机旋翼转速较低的情况下发生了地面共振，首先要改变（大多数情况下是减小）旋翼转速，具体处置方法如下：

（1）切断能源：减小油门环，同时把总距杆放到底。

（2）操纵：蹬舵，防止直升机猛烈转动。

（3）刹车：如果实施前述两项措施后，振动还没有明显减弱，则应立即关闭发动机，并柔和地使用旋翼刹车。

（4）在滑行或滑跑情况下，当减小油门、把总距杆下放到底的同时，要向后带杆、点刹机轮，以减小和最后消除滑行或滑跑速度。

当直升机旋翼转速在正常范围的情况下，发生了地面共振，具体处置方法是：飞行员应马上将直升机提起升空，也就是说让起落架离地，摆动振动消退，桨叶相位对正，再将直升机落地，尽快停车。在滑跑情况下，若已处于高距、高速度状态，在考虑起飞重量、标高、温度、湿度诸因素后，确认发动机有足够的剩余功率，同时净空条件允许，则可以采取迅速提距离地的办法改出地面共振状态。如果没有上述有利因素，却想采用离地的办法改出地面共振状态，反而会使直升机受更大的损失。

3.5.5 空中共振

空中共振是一种只发生在直升机飞行中的动不稳定性运动，与地面共振都是旋翼和机体耦合的自激振动。空中共振是无铰式及其他新型旋翼出现后，带有这种旋翼的直升机在飞行中遇到的与地面共振类似的自激振动问题。由于是在空中发生的，所以称为空中共振。

空中共振属于旋翼周期型振型与机体运动相耦合的气弹/机械动不稳定性的问题，主要的自激振动源是旋翼后退型摆振运动与旋翼桨毂中心有水平运动的机体模态的耦合。除了摆振运动外，挥舞运动也在其中起了很大的作用，因而空气动力对其有显著影响。所以，空中共振是直升机动力学分析中最复杂的问题，与地面共振相比，空中共振的分析要复杂得多。它是随着具有无铰式、无轴承式等新型旋翼的直升机的发展而出现的，新型无铰式旋翼需要阻尼器防止出现空中共振。

在地面共振中，当 $\Omega - \omega_\xi$ 等于或接近机体在起落架上的固有频率，系统就会出现这种不稳定运动，图 3-49 给出了 $\Omega - \omega_\xi$ 随转速 Ω 的变化，可以看出：对于铰接式旋翼，在工作转速范围内可能存在地面共振，而空中共振只可能在转速很低时发生，没有意义。摆振柔软的无铰式旋翼地面共振、空中共振都可能存在。对于摆振刚硬的无铰式旋翼，在工作转速附近及其以内 $\omega_\xi > \Omega$，不存在这个问题。

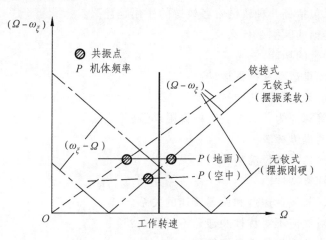

图 3-49　地面共振和空中共振

　　直升机在空中的振动形态是直升机旋翼挥舞运动与机体系统耦合运动的振型，促使直升机在空中产生不稳定振动。旋翼的后退型挥舞模态和机体模态的耦合就是产生空中共振的一个很大的因素，气动力在此有重要的影响，故不可忽略，而且必须计入桨叶的挥舞摆振，甚至扭转（变距），还必须计入机体的运动，而这些运动自由度之间又存在着复杂的耦合关系。受到旋翼桨叶各自由度之间耦合的影响，例如挥舞/摆振、变距/挥舞和变距/摆振耦合，空中共振不稳定中心就不像地面共振那样明显。

　　桨叶颤振属于自激振动，桨叶颤振是指桨叶在受外界的初始干扰后，引起桨叶在原来平衡位置附近的挥舞、扭转振动。在一定条件下，这种振动的振幅变得越来越大，致使旋翼锥体混乱，机身摇摆，全机和操纵系统振动加剧。如果飞行中发生颤振，应立即减小旋翼总距和转速，并带杆减小飞行速度，寻找合适的场地降落。

　　研究表明，空中共振主要发生在摆振柔软的无铰式和无轴承式旋翼直升机上，而不会发生在铰接式直升机上。所以，横列式、单桨起重机式、带有细长机身的纵列式、倾转旋翼机，特别是带有无铰式（无轴承式）旋翼的直升机容易发生空中共振。

·复习思考题·

1. 桨叶绕垂直铰前后摆动，称桨叶_____。
　　A. 变距　　　　　　　　　B. 挥舞　　　　　　　　C. 摆振
2. 桨叶半径一般很长，其主要目的是为了_____。
　　A. 减小诱导功率损失　　　B. 产生足够的旋翼拉力　　C. 减小旋翼桨叶的片数
3. 直升机前飞时，_____方位内的桨叶称前行桨叶。
　　A. 90°~180°~270°　　　　B. 0°~90°~180°　　　　C. 180°~270°~360
4. 操纵自动倾斜器的直接作用是_____。
　　A. 改变飞行速度　　　　　B. 改变桨叶安装角　　　　C. 改变旋翼拉力大小

5. 直升机前飞时，可能在_____方位内出现返流区。
   A. 90°～180°～270°　　　　B. 180°～270°～360°　　　　C. 0°～90°～180°
6. 旋翼的形式包括哪些？
7. 全铰式旋翼包括哪几种铰链？各铰链的作用是什么？
8. 桨轴和旋转轴的区别是什么？
9. 理解铰外伸量的功能。
10. 简述桨叶挥舞运动和摆振运动。
11. 桨叶挥舞运动包括哪几种？
12. 在直升机旋翼上为什么要安装挥舞限动器？
13. 试述旋翼的操纵挥舞。
14. 什么是方位角和相位滞后？
15. 详述旋翼挥舞特性。
16. 简述返流区与飞行速度和旋翼转速的关系。
17. 什么是相对气流不对称性和迎角不对称性？
18. 简述旋翼自然挥舞特性和挥舞规律。
19. 旋翼在自然挥舞中，为什么会产生旋翼锥体后倒和侧倾？
20. 试述直升机振动源和噪声源。
21. 简述地面共振机理及其处置方法。
22. 掌握直升机发生地面共振的内因和外因。
23. 直升机发生地面共振的条件是什么？
24. 直升机防止地面共振的途径_____。
    A. 提高机体与起落装置的固有频率，增大减震器的阻尼
    B. 限制发动机的最大转速
    C. 提高油气式减震器的充气压力
25. 飞行速度过大使直升机产生振动的主要原因是_____。
    A. 向前推杆量大
    B. 旋翼拉力大
    C. 旋翼空气动力不平衡
26. _____不是发生"地面共振"的条件。
    A. 重量重
    B. 有足够外界初始干扰
    C. 桨叶绕垂直铰前后摆振所产生的不平衡的惯性离心力、激振力的频率与起落架的某个振型固有频率相同或接近
27. 如果确认"地面共振"已经发生，下列不正确的处置方法是_____。
    A. 放桨距杆到底，减小旋翼转速
    B. 必要时关闭发动机，切断共振能源
    C. 增大滑行速度

第 4 章　平衡、稳定性和操纵性

作用在直升机上的空气动力会改变直升机的飞行状态，这主要取决于绕直升机重心形成的气动力矩大小和方向。直升机的平衡、稳定性和操纵性，是研究直升机在力和力矩的作用下飞行状态的保持和改变的客观规律，稳定性和操纵性总称为稳操性。飞行员要正确地使用和操纵直升机，也必须研究有关直升机的平衡、稳定性和操纵性。

4.1　直升机的重心

直升机的平衡、稳定性和操纵性，同直升机的重心位置有着密切的关系。直升机装载后，其重心位置是否恰当，将直接影响飞行状态的保持和性能的发挥。装货的位置，燃油的消耗，人员的搭乘等，都会改变其重心位置。因此，必须懂得直升机的重心位置和其变化规律。

直升机各部件、燃油、货物、乘员等重力的合力，叫作直升机的重力。直升机的重力的着力点，叫作直升机的重心。重力着力点的所在位置，叫重心位置。

直升机的空间运动也和固定翼飞机的运动一样，可以看成是 6 个自由度的刚体运动，也就是说它包含绕 3 个轴转动（滚动、俯仰和偏航）和沿 3 个轴的线运动（进退、升降和左右侧飞）。反映重心线运动的量有 3 个线位移、3 个线速度和 3 个线加速度；反映角运动的量有 3 个角位移、3 个角速度和 3 个角加速度。所以，直升机在空中的运动可分解为：随着重心的移动和绕重心的转动。飞行员通过操纵机构来改变直升机的空气动力和力矩，以保持或改变直升机重心的移动速度和绕重心的转动角速度。所以，直升机的重心位置和直升机的稳定性和操纵性有密切的联系。

4.1.1　坐标系

为了准确地描述直升机的运动状态，必须选择适当的坐标系。常用的坐标系包括地面坐标系、机体坐标系、速度坐标系和旋翼构造坐标系等。除了地面坐标系外，其他坐标系都是活动坐标系，随着直升机运动，坐标系在空间的位置和方向都发生变化。要想确定直升机的位置，必须选用地面坐标系；要描述直升机的转动和移动，必须选用机体坐标系或速度坐标系。下面简单介绍几种常用的坐标系。

地面坐标系与地球固连，坐标原点在地面或海平面上的某定点，即在直升机起飞前所处的位置上；竖轴沿铅垂线，向上为正；纵轴过原点，与直升机航迹切线一致，指向飞行方向为正；横轴过原点与铅垂面相垂直，指向应飞航线的右方为正。

机体坐标系与机体固连，原点设在直升机重心上，即将旋翼构造轴系平行移动到直升机的重心上。为了便于研究直升机在空中的飞行状态，通常采取机体坐标系，按右手螺旋法则，通过直升机重心（O 点）假定 3 条互相垂直的轴线，定位直升机的三轴，即纵轴（Ox）立轴（Oy）和横轴（Oz），如图 4-1 所示。

纵轴（Ox）——位于直升机对称面内，通过直升机重心并与机身轴平行，向前为正。

立轴（Oy）——位于直升机对称面内，通过直升机重心而与纵轴垂直，向上为正。

横轴（Oz）——通过直升机的重心与纵轴、立轴垂直，向左为正。

直升机绕纵轴转动叫滚转，绕立轴转动叫偏转，绕横轴转动叫俯仰。绕各轴转动的角速度，分别称为滚转角速度、偏转角速度、俯仰角速度。在讨论直升机的运动时，必须将旋翼产生的力和力矩由旋翼轴系过渡到机体轴系，整个分析过程比较复杂。

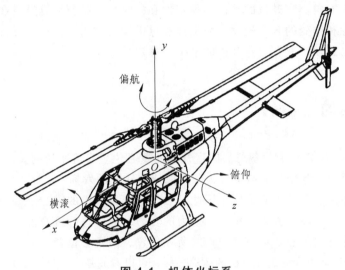

图 4-1　机体坐标系

4.1.2　重心位置

在确定直升机重心位置时，把直升机的机体坐标系平移到桨毂中心上。重心的前后位置，用重心到桨毂旋转轴的距离 x_T 来表示。重心在前表示正值，反之为负值。直升机重心的上下位置，以重心到桨叶旋转面的距离 y_T 表示。重心在下表示负值，反之为正值。直升机重心的左右位置，一般说来偏移不大，可以认为重心在对称面上，如图 4-2 所示。

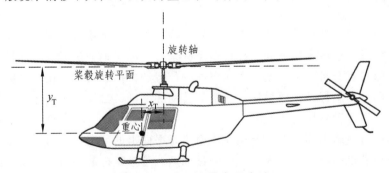

图 4-2　重心位置表示方法

为了保证直升机在飞行中的平衡和操纵，重心移动不允许超过极限位置。直升机重心移动所允许的最前位置，称为重心前限；直升机重心移动所允许的最后位置，称为重心后限。

4.2 直升机的平衡

直升机在定常飞行时，同其他飞行器一样，必定处于平衡状态。把所有作用在直升机上的包括气动力的外力和外力矩之和为零的状态，称之为平衡状态。直升机能否自动保持平衡状态，是属于稳定性问题；如何改变其既有的平衡状态，这属于操纵性问题。所以，研究直升机的平衡，是分析研究直升机稳定性和操纵性的基础。

本节分析不再将直升机看成质点，因为直升机的平衡包括作用力平衡和力矩平衡两方面，就是将直升机当做一个质点系来分析力和力矩的平衡。采用的坐标系为直升机机体轴系。机体轴系的坐标原点在直升机的重心，而旋翼构造轴系的坐标原点在旋翼的桨毂中心。采用机体轴系的好处是，绕机体轴的惯性矩和惯性积为常值，它们不随飞行状态的变化而改变；沿机体轴的速度、加速度同飞行员的感受一致。这里只分析有关力矩平衡的问题，认为力的平衡总能够得到保证。至于力的平衡，在以后章节中介绍。

4.2.1 直升机的俯仰平衡

直升机的俯仰平衡，是指直升机绕横轴转动的上仰力矩和下俯力矩相等，如图 4-3 所示。直升机保持俯仰平衡时，不绕横轴转动。直升机纵轴与水平面之间的夹角叫俯仰角，用 ϑ 表示。纵轴偏向水平面上方为上仰，其夹角为仰角；偏向水平面下方为下俯，其夹角为俯角。俯仰角 ϑ 和旋翼有效迎角 α_R 不是一回事，是有区别的。

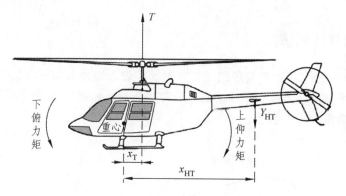

图 4-3　直升机的俯仰平衡

1. 直升机的俯仰力矩

作用于直升机的俯仰力矩包括旋翼力矩、水平安定面力矩、机身力矩和尾桨的反作用力矩等。尾桨力矩一般较小可以略去。下面着重分析旋翼力矩、水平安定面力矩、机身力矩的产生和变化，进而研究这些力矩对俯仰平衡的影响。

1）旋翼俯仰力矩 M_{zM}

旋翼产生的俯仰力矩，是旋翼拉力 T 绕直升机的重心所构成的俯仰力矩，用 M_{zM} 表示。其值等于旋翼拉力 T 与旋翼拉力作用线至重心的距离 x_T 的乘积。由于直升机重心经常处在旋翼拉力作用线之前，所以旋翼力矩通常为下俯力矩。下俯力矩为正，上仰力矩为负。旋翼拉力越大，以及 x_T 越大，则旋翼拉力产生的下俯力矩越大。

2）水平安定面力矩 M_{zHT}

水平安定面力矩，是由水平安定面升力 Y_{HT} 绕直升机重心所形成的俯仰力矩，用 M_{zHT} 表示。其值等于水平安定面升力 Y_{HT} 与水平安定面升力至重心的距离 x_{HT} 的乘积。由于水平安定面的迎角通常是负的并产生向下的升力，该升力绕重心所形成的力矩为上仰力矩。水平安定面向下的升力越大，形成的上仰力矩越大。

3）机身力矩 M_{zF}

机身力矩的大小和方向与机身的形状和飞行状态有关，用 M_{zF} 表示。通常在悬停和小速度飞行时为上仰力矩，大速度飞行时为下俯力矩。

2．保持俯仰平衡的条件

从上述分析可知，直升机能否保持俯仰平衡，主要是由旋翼俯仰力矩 M_{zM}、水平安定面力矩 M_{zHT} 和机身力矩 M_{zF} 的大小和方向所决定。直升机保持俯仰平衡时，必须是作用于直升机的俯仰力矩之和为 0。所以，直升机保持俯仰平衡的条件可用以下公式表示

$$\sum M_z = 0 \tag{4.1}$$

飞行员可根据飞行状态的变化，操纵旋翼改变其拉力作用线至重心的距离，以调整旋翼拉力绕重心形成的俯仰力矩，保持上仰力矩与下俯力矩相等，以获得俯仰平衡。如果上仰力矩大于下俯力矩，直升机上仰；反之，则直升机下俯。

4.2.2 直升机的方向平衡

直升机的方向平衡，是指直升机绕立轴转动的左偏力矩和右偏力矩相等，如图 4-4 所示。直升机保持方向平衡时，不绕立轴转动或只做等速转动。相对气流方向和直升机对称面之间的夹角，叫作侧滑角，用 β 表示。

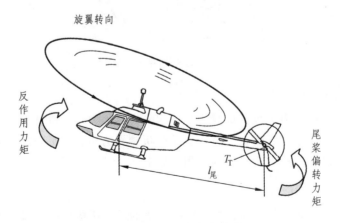

图 4-4 直升机的方向平衡

1．直升机的偏转力矩

1）旋翼的反作用力矩 M_{kM}

发动机带动旋翼旋转，不断地拨动空气，空气也以大小相同、方向相反的力矩作用于旋翼上，这个力矩就是旋翼的反作用力矩，用 M_{kM} 表示。旋翼的反作用力矩传送到机身上，就会使直升机向旋翼旋转的相反方向偏转。

2）尾桨偏转力矩 M_{kT}

尾桨所产生的拉力 T_T，绕直升机的重心形成的偏转力矩，称为尾桨偏转力矩，用 M_{kT} 表示。尾桨拉力越大，尾桨偏转力矩越大。只有带尾桨的直升机才产生尾桨偏转力矩，像双旋翼直升机就不产生尾桨偏转力矩。

2．保持方向平衡的条件

从上述分析可知，尾桨偏转力矩大于反作用力矩时，直升机就向尾桨偏转力矩方向偏转。反之，则向反作用力矩的方向偏转。直升机保持方向平衡的条件是

$$\sum M_y = 0 \qquad\qquad (4.2)$$

即，尾桨偏转力矩 = 旋翼反作用力矩。

4.2.3 直升机的横侧平衡

直升机的横侧平衡，是指直升机绕纵轴转动的左滚力矩和右滚力矩相等，如图 4-5 所示。直升机保持横侧平衡时，不绕纵轴滚转。直升机的对称面与纵轴所在的铅垂面之间的夹角叫坡度（或倾斜角），用 γ 表示。

1．直升机的滚转力矩

1）尾桨拉力所产生的滚转力矩 M_{xT}

对尾桨旋转轴高出重心位置的直升机来说，尾桨拉力对重心除产生偏转力矩外，还会产生绕纵轴的滚转力矩，用 M_{xT} 表示。只有带尾桨的直升机才会产生尾桨滚转力矩。

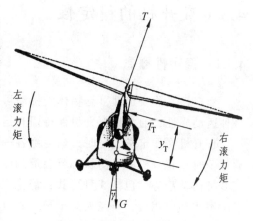

图 4-5　直升机的横侧平衡

2）压杆时产生的滚转力矩 M_{xM}

向左或向右压杆时，旋翼锥体随之向同一方向倾斜。旋翼锥体倾斜后，拉力作用线偏离重心，形成绕纵轴的滚转力矩。

2．保持横侧平衡的条件

从上述分析可知，直升机保持横侧平衡的条件是

$$\sum M_x = 0 \qquad\qquad (4.3)$$

即，左滚力矩 = 右滚力矩。

4.2.4 重心位置对平衡的影响

飞行中，人员、货物的移动，燃料的消耗等都会引起飞机重心位置的前后移动。直升机重心位置变化势必引起各俯仰力矩的改变。

如果重心后移，旋翼拉力作用线至重心的距离 x_T 缩短，同时水平安定面升力至重心的距离 x_{HT} 也缩短。虽然 x_T 和 x_{HT} 减小的数值相同，但由于 x_{HT} 比 x_T 大很多，x_T 减小的百分比也就大多了。因此，下俯力矩减小得多，上仰力矩减小得少，所以直升机上仰。同理，直升机重心前移时，直升机下俯。

一般而言，重心位置左右移动不致过大，如果搭乘人员或装载货物过于偏置一侧，重心位置也会明显偏向一侧，这对直升机的横侧平衡也会带来一定的影响。

如果重心位置超过重心后限，直升机难以保持悬停状态，而且在大逆风中起飞和着陆也比较危险。如果重心位置超过重心前限，在发动机失效和自转情况下，由于没有足够的驾驶杆操纵余度来拉平接地，所以比较危险。因此，在直升机正常运行过程中，重心位置必须处在前限和后限之间。

4.3　直升机的稳定性

4.3.1　稳定性概念

稳定性又称安定性，是物体受扰动后恢复到原来状态的趋势。直升机稳定性是直升机的一种运动属性，通常指直升机保持固有运动状态或抵制外界扰动的能力。

直升机在作定常飞行时，当遇到各种瞬态扰动（如阵风扰动、驾驶杆偶然摇动、重心移动等）时，直升机的平衡状态就会遭到破坏。直升机的静稳定性是指平衡状态被破坏瞬间的直升机运动趋势，包括 3 种形式：静稳定的、静不稳定的和中性稳定的。如果直升机受到外界瞬态扰动作用后，不经人为干预，具有自动恢复到原来平衡状态的趋势，则称为直升机是静稳定的；反之，在外界瞬态扰动后，直升机有扩大偏离平衡状态的趋势，称为直升机是静不稳定的。直升机受到瞬态扰动后，既无扩大偏离也无恢复原来平衡状态的趋势，称直升机为中性稳定的。

以常见的静态稳定性为例进行分析。在凹面底部的球是静稳定的，也叫正的静稳定性，如图 4-6（a）所示；在凸面顶部的球是静不稳定的，一旦受到扰动它就离开原来的平衡位置一直加速，也叫负的静稳定性，如图 4-6（b）所示；图 4-6（c）所示是介于上面两种状态之间的情况，就是将球放置在平面上，球既无返回又无离去的趋势，因此它是中性稳定的，也叫中立静稳定性。

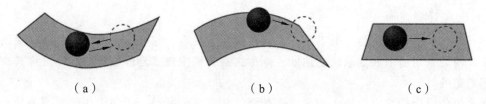

（a）　　　　　　　　　（b）　　　　　　　　　（c）

图 4-6　静稳定性的 3 种类型

直升机的动稳定性是指作定常飞行的直升机受到扰动而偏离其平衡状态后，在由此而产生的力和力矩作用下所发生的运动性质，也分为 3 种形式，第一种是动稳定的，直升机受扰而偏离原来平衡位置，当干扰因素消失后，其运动为单调衰减的减幅振荡，如图 4-7（a）、（b）所示；第二种是动不稳定的，直升机受扰而偏离原来平衡位置，当干扰因素消失后，其运动为单调发散的增幅振荡，如图 4-7（c）、（d）所示；第三种是中性动稳定的，直升机受扰而偏离原来平衡位置，当干扰因素消失后，其运动为等幅振荡（简谐振荡），如图 4-7（e）、（f）所示。

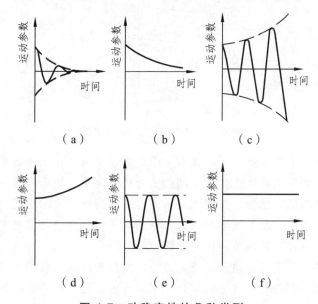

（a）　　　　　　　（b）　　　　　　（c）

（d）　　　　　　　（e）　　　　　　（f）

图 4-7　动稳定性的几种类型

动稳定以静稳定为前提，所以静不稳定的直升机不可能是动稳定的。动不稳定的直升机，当发散程度不是很剧烈时，仍可以飞行，但需要飞行员频繁地操纵修正直升机来抵制扰动的影响，从而增加飞行员的操纵负荷。而动稳定的直升机不需要如此。

4.3.2　直升机的静稳定性

如前所述，静稳定性是直升机受扰后的初始时刻是否具有自动恢复原来平衡状态的能力。这里从纵向、航向和横向 3 个方面进行分析。

1．纵向静稳定性

在纵向情况下，直升机受扰后的静稳定性包括速度静稳定性和迎角静稳定性。

1）速度静稳定性

直升机飞行中有效迎角保持不变，在偶然受到干扰后，速度发生改变，如能出现新的附加力矩，使之自动趋于恢复原来的速度，则称之直升机按速度是静稳定的；反之称其按速度是静不稳定的。

直升机的速度静稳定力矩主要来源于旋翼，如图 4-8 所示，图中虚线表示原来的平衡状态。直升机在前飞时，当飞行速度增加，桨叶周向来流左右不对称性增加，引起周期挥舞增大而使桨尖平面后倒，从而旋翼的气动合力由 F_0 后倾至 F_1 位置，对直升机重心产生附加抬头力矩。此抬头力矩的作用使前飞速度有减小趋势。同理，当直升机飞行速度减小时，旋翼产生附加低头力矩，有增加前飞速度的趋势。因此，直升机前飞时旋翼按速度是静稳定的。

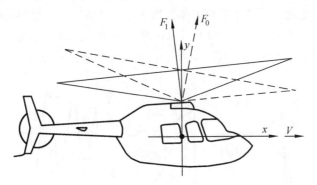

图 4-8　速度静稳定性原理图

在悬停状态，直升机在受扰后，如果有了向前的速度增量，出现周期挥舞，桨尖平面后倒，那么旋翼气动合力对直升机产生附加的抬头力矩，这个力矩力图减弱向前的速度增量。同理，如果有了向后的速度增量，旋翼气动合力对直升机会产生附加的低头力矩，这个力矩力图减弱向后的速度增量。水平铰上的铰外伸量的引入也有利于提高直升机悬停时的速度稳定性。因此，直升机悬停时旋翼按速度是静稳定的。

一般情况，在低速时平尾提供静不稳定力矩，尤其旋翼桨盘载荷大或平尾面积大的直升机，此作用尤为明显。但随着前飞速度增加，平尾升力也增大，当速度增大到旋翼尾流不影响平尾后，平尾提供静不稳定力矩，从而改善直升机的速度稳定性。

速度静稳定性可按下列方法判别：

$\dfrac{\Delta M_z}{\Delta V} > 0$ ，表示速度增大引起抬头力矩，是对速度静稳定的；

$\dfrac{\Delta M_z}{\Delta V} < 0$ ，表示速度增大引起低头力矩，是对速度静不稳定的。

2）迎角静稳定性

直升机飞行速度保持不变，在偶然受到干扰后，有效迎角发生了变化。例如受到干扰后机身抬头，如果出现新的附加低头力矩，使之自动趋于恢复原来迎角，则直升机按迎角是静稳定的；反之，如出现的附加力矩是抬头力矩，使机身进一步抬头，则按迎角是静不稳定的。

对前飞状态的直升机来说（见图 4-9），当有效迎角增加 $\Delta \alpha_R$ ，相对气流在垂直于旋翼旋转平面的分速度减小 $V\Delta\alpha_R$ 值,因为桨叶各个微元的迎角随之增加 $\Delta\alpha$ 值,且 $\Delta\alpha = \dfrac{V\Delta a_R}{W_x}$;由此引起的桨叶微元的升力增量与 $\Delta\alpha \cdot W_x^2$ 成正比,所有桨叶微元的升力增量与 $V \cdot \Delta\alpha_R \cdot W_x$ 成正比。

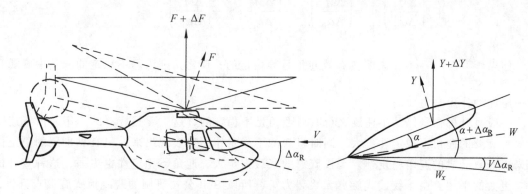

图 4-9 按迎角静稳定性原理图

因为前飞时旋翼平面内周向来流速度分布不均,当有效迎角增加 $\Delta\alpha_R$ 时,引起旋翼左右两边升力增加不等,即前行桨叶一侧升力增加得多些,而后行桨叶一侧升力增加得少些,从而桨叶的周期挥舞加强,桨尖旋转平面更加后倒,产生附加的抬头力矩。同时,有效迎角增加 $\Delta\alpha_R$,旋翼的气动合力本身也增加 ΔY,由于左右两侧的升力都增加,因此抬头力矩进一步加大。反之,当有效迎角减小时,桨尖旋转平面会相对于机身前倾,产生附加的低头力矩。不过,由于有效迎角减小,会使旋翼气动合力减小,所以旋翼产生的附加低头力矩,与迎角增加同样角度时旋翼产生的抬头力矩相比要小。因此,总的来说,前飞状态下,旋翼按迎角是不稳定的。

由于桨毂力矩与挥舞铰外伸量成正比,因而铰外伸量大的旋翼按迎角静不稳定性也更严重些。显然,无铰旋翼的迎角静不稳定程度要比铰接式旋翼更严重。

在悬停状态下,直升机没有飞行速度,严格地讲,不存在有效迎角。但是,机身姿态即俯仰角可以改变。类似地,在悬停状态下,可以讨论当直升机受扰后,如果机身俯仰角发生了变化,旋翼是否会产生附加力矩问题。当机身俯仰角改变一个 $\Delta\vartheta$ 时,自动倾斜器改变同样的值,旋翼桨叶所形成的新的桨尖旋转平面,也将随机身一起倾斜同样的 $\Delta\vartheta$ 角。于是,桨尖平面与机身的相互位置同机身俯仰角未改变前一样,故没有附加力矩产生。因此,悬停状态旋翼按俯仰角的变化是中性的。

迎角静稳定性可按下列方法判别:

$\dfrac{\Delta M_z}{\Delta\alpha_R} > 0$,表示迎角增大引起抬头力矩,是迎角静不稳定;

$\dfrac{\Delta M_z}{\Delta\alpha_R} < 0$,表示迎角增大引起低头力矩,是迎角静稳定。

例如,由于在前飞状态旋翼按迎角是静不稳定的,所以在直升机飞行速度不变的情况下,旋翼的 $\dfrac{\Delta M_z}{\Delta\alpha_R} > 0$。为此,通常在直升机上安装有水平尾面,以改善在前飞时直升机对迎角的静不稳定性。由于平尾安装在重心之后，通常是负安装角，产生向下的气动力以提供抬头力矩，用来在前飞中配平旋翼产生的低头力矩，使机身有较好的俯仰姿态。

至于直升机全机是否按迎角是静稳定的，需根据各部分的气动力矩偏导之和而定，即

$$\left(\frac{\Delta M_z}{\Delta \alpha_R}\right)_{全机} = \left(\frac{\Delta M_z}{\Delta \alpha_R}\right)_{旋翼} + \left(\frac{\Delta M_z}{\Delta \alpha_R}\right)_{机身} + \left(\frac{\Delta M_z}{\Delta \alpha_R}\right)_{平尾} \qquad (4.4)$$

如果 $\left(\dfrac{\Delta M_z}{\Delta \alpha_R}\right)_{全机} < 0$，表明按有效迎角是静稳定的；反之，则为静不稳定的。其中旋翼和水平尾面的作用是主要的。

一般直升机在悬停及小速度飞行时对迎角是不稳定的，这主要是旋翼的作用。前飞速度增大，旋翼的迎角不稳定性更大，同时机身的不稳定作用也表现出来，只有靠平尾的稳定作用来保证直升机的迎角稳定性。无铰旋翼的桨毂力矩大，迎角不稳定性也更强，这种直升机需要更大的平尾。由于铰接式旋翼无桨毂力矩，所以 Bell 公司研制的跷跷板式旋翼直升机，其平尾通常比较小。

2．航向静稳定性

与纵向情况类似，当直升机偶然受到干扰偏离原来航向后侧滑飞行，若在初始时产生恢复力矩，能自动恢复原来航向平衡状态，则直升机航向静稳定；反之，航向静不稳定。例如，很早人们就懂得雕翎箭，靠箭尾的羽毛来保证箭的方向稳定性；再如，风车带有箭尾，也是为了自动保持迎风或顺风方向。

对于单旋翼带尾桨式直升机来说，尾桨对航向稳定性起主要作用，航向稳定力矩主要由尾桨产生。在飞行速度较大时，垂尾也起到重要作用。下面以图4-10所示右旋旋翼直升机为例进行分析。

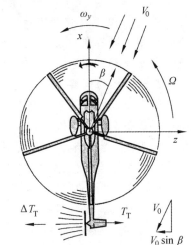

图 4-10　直升机航向静稳定性原理图

当直升机前飞时，如果受到扰动后机头左偏，直升机仍向原来方向运动而出现右侧滑。这时相对气流从直升机右前方吹来，与尾桨旋转面垂直的轴向气流分速度 $V_0 \sin \beta$ 从右方吹来，使尾桨的桨叶迎角减小，产生向左的附加拉力 ΔT_T，使向右的尾桨拉力减小，则绕直升机重心的右偏力矩减小，力图使机头向右偏转，有减小右侧滑的趋势；同理，当直升机受扰后机头右偏，出现左侧滑，则尾桨向右拉力增加，绕重心使机头左偏的力矩也增加，有消除左侧滑的趋势。当直升机发生侧滑时，尾桨或垂尾产生自动纠正侧滑的偏航力矩。因此，直升机按侧滑角是航向静稳定的。

有些直升机安装有垂尾，或把尾梁末端的上翘部分设计成尾面形状，其目的正是为了提供航向恢复力矩，改善航向静稳定性。

在悬停状态下，直升机的飞行速度为零，其水平安定面失去产生稳定力矩的条件，所以

不存在航向静稳定问题。但可以认为此时直升机是中立静稳定的。

在其他条件不变的情况下，考虑侧滑角以及偏航力矩的正负（右侧滑为正；绕垂直轴 y 左偏为正），则航向静稳定性的判断依据为：

$\dfrac{\Delta M_y}{\Delta \beta} < 0$，航向静稳定；

$\dfrac{\Delta M_y}{\Delta \beta} > 0$，航向静不稳定。

直升机在后退飞行或顺风悬停中，由于相对气流与前飞时方向相反，尾桨的作用是不稳定的。

3. 横向静稳定性

直升机在受到扰动后，横向平衡状态受到破坏，直升机发生侧倾，这时并不直接产生滚转力矩，而是出现侧滑。例如，当直升机向右侧倾时，旋翼气动合力随后也向右侧倾，旋翼气动合力和重力的合力形成向心力，使直升机向右侧方做曲线运动，而使直升机出现右侧滑。若在侧滑时，能出现新的左滚力矩，使之具有自动恢复原来横向平衡状态的趋势，则称直升机按侧滑角是横向静稳定的；反之，按侧滑角是静不稳定的。

直升机的横向静稳定性可按下列方法判别：

$\dfrac{\Delta M_x}{\Delta \beta} < 0$，表示左侧滑引起右滚力矩，右侧滑引起左滚力矩，横向静稳定；

$\dfrac{\Delta M_x}{\Delta \beta} > 0$，横向静不稳定。

由于横向平衡的破坏，导致侧滑运动出现，而通过侧滑运动又出现横向恢复力矩，这在固定机翼飞机称为"上反效应"，因为机翼的上反角提供横向稳定性。现代高速飞机因采用后掠机翼，上反效应很大，因而多采用下反角，以避免呈现荷兰滚不稳定性。

对于单旋翼带尾桨式直升机来说，横向的静稳定力矩主要来自旋翼和尾桨。以悬停为例（见图 4-11），当直升机向右侧倾时，出现右坡度，拉力的侧向分力导致直升机向右移动。在向右移动中，此时的右侧滑导致相对气流将使旋翼锥体和拉力方向相对机身向左倾斜，旋翼出现自然挥舞的"后倒角"，桨尖旋转平面向直升机的左侧倾斜，产生绕重心的左滚力矩。对于尾桨而言，直升机向右移动，相对气流使尾桨向左的拉力增大。由于尾桨高于直升机的重心，因而也形成附加的左滚力矩。在该力矩作用下，直升机克服右坡度之后又出现左坡度，拉力的侧向分力偏向左侧，阻止直升机继续向右移动。当直升机向右移动的速度降至零后，因这时还带有左坡度，又开始往左移动。这样，直升机将重复上述过程。所以，在受到扰动后而形成坡度，直升机将相对原来的横向平衡状态出现不断地往返左右的滚动和摆动现象。因此，悬停时直升机按侧滑角是横向静稳定的。其物理解释如下：

右侧滑→旋翼左倾挥舞→直升机左滚→向左偏移→右侧滑减小。

在前飞状态，右侧倾导致右侧滑，旋翼和尾桨出现左滚力矩的物理实质与悬停时的一样。

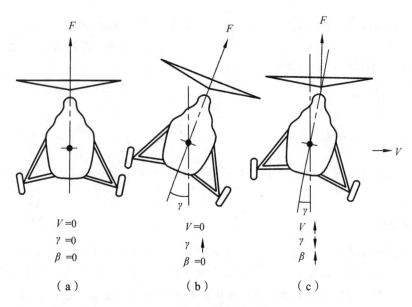

$V=0$
$\gamma=0$
$\beta=0$

（a）

$V=0$
γ ↑
$\beta=0$

（b）

V ↕
γ ↕
β ↕

（c）

图 4-11　横向静稳定原理图

4.3.3　直升机的阻尼

直升机在受到扰转动之后还可能出现一种阻滞转动的力矩，通常称为阻尼。直升机的阻尼主要来自旋翼和尾桨。

如果直升机垂直运动，阻尼主要来源于旋翼的作用。其物理解释为：如直升机向下运动→剖面迎角增加→旋翼拉力增加→阻滞向下运动；反之，如直升机向上运动→剖面迎角减小→旋翼拉力减小→阻滞向上运动。

直升机的阻尼包括纵向阻尼、航向阻尼和横向阻尼等 3 种。

1．纵向阻尼

直升机的纵向阻尼主要来自旋翼。当直升机以俯仰角速度 ω_z 绕横轴抬头转动时，对于铰接式旋翼，由于桨叶与桨毂是铰接的，机身的抬头转动不能立刻将此转动直接传给旋翼。由于桨叶惯性的缘故，桨尖平面的转动滞后于机身的转动。此时气动合力 F 对重心产生低头力矩，阻止机身的抬头转动。同理，在机身低头转动时，会出现一个抬头力矩，阻止机身的低头转动。

平尾也提供纵向运动阻尼。当直升机以俯仰角速度作抬头转动时，在平尾处产生向上的相对气流，相对气流速度使平尾的迎角减小，因而升力减小，即减小了平尾产生的抬头力矩，相当于产生附加的低头力矩，阻止机身的抬头运动。同理，在机身低头转动时，平尾提供的抬头力矩增大，同样阻止机身运动。

由此可知，平尾的面积越大，位置越往后，则阻尼越大，而且平尾的纵向阻尼与飞行速度成正比。

直升机的纵向运动阻尼表示为：$\dfrac{\Delta M_z}{\Delta \omega_z} < 0$，即俯仰角速度与所引起的俯仰力矩的符号相

反。需要说明的是：阻尼与角速度有关，但与角度无关，因而可以称为"动稳定力矩"；而静稳定性（如迎角静稳定性）是位移改变所引起的力矩变化。

纵向阻尼是在发生俯仰运动时，伴随运动速度而产生的俯仰力矩。运动一旦停止，阻尼同时消失，尽管此时机身姿态已经改变；此时对平尾来说，阻尼因迎角停止变化而消失。

2．航向阻尼

对于单旋翼带尾桨式直升机来说，航向阻尼主要来自尾桨和垂尾。

尾桨的阻尼作用是由于偏航角速度引起尾桨轴向气流的变化，引起尾面的迎角变化，从而使尾桨拉力变化。当机头以角速度 ω_y 向左偏转时，如图 4-10 所示，相对尾桨有轴向来流从尾桨右方吹来，减小尾桨的迎角，使尾桨向右的拉力减小，从而出现一个使机头右偏的附加力矩，阻止机头左偏。同理，若机头以 $-\omega_y$ 角速度向右偏转，则会出现一个使机头左偏的附加力矩，阻止机头右偏。一旦机头偏转运动停止，阻尼随即消失。

垂尾提供航向阻尼的机理与平尾提供纵向阻尼的机理类似，都是源于机身角速度引起尾面的迎角变化。

3．横向阻尼

直升机在滚转时，也将会出现阻尼。对于单旋翼带尾桨式直升机来说，横向阻尼除了与纵向阻尼一样与旋翼有关之外，还与尾桨有关。对尾桨来说，由于直升机的滚转运动，在尾桨处产生附加来流，改变了尾桨的拉力大小，增加了横向阻尼。对气动中心高于重心的垂尾来说，不仅提供航向阻尼，也提供横向阻尼。

总而言之，阻尼对直升机的受扰运动起着重大作用，若阻尼过小，直升机受扰后可能长时间摆动。可以在构造上增加阻尼，方法如下：

（1）增加桨叶上绕挥舞铰的惯性矩，例如增加桨叶尖部重量。

（2）降低直升机重心。因为可以增加气动合力作用线距离直升机重心的距离，即增加了阻尼力矩的力臂。

（3）旋翼的铰外伸量要设计得大些，这样可使桨毂力矩较大，当机身姿态改变时，桨尖平面滞后而产生的阻尼也增强。

（4）增加平尾面积或平尾距离直升机重心的距离，即增加平尾的阻尼力矩。

4.3.4 直升机的动稳定性

静稳定性是指直升机受扰后的初始反应，而直升机受扰后的运动全过程则是动稳定性问题。动稳定性研究直升机受扰后飞行状态的动态过程，是一个非定常问题。

具有静稳定性的直升机不一定就是动稳定的，但静不稳定的直升机必是动不稳定的。原因是直升机若无恢复力矩，受扰后不可能恢复原平衡状态。

分析直升机的动稳定性，不仅要判断它是否稳定，而且要了解受扰后运动的具体特征，如运动的周期、频率、收敛或发散的快慢等。衡量直升机动稳定性好坏的主要指标为（见图4-12）：

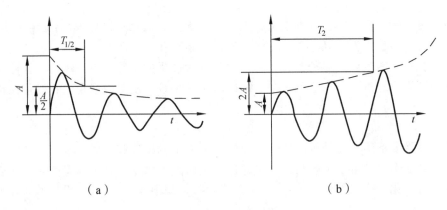

（a）　　　　　　　　　　　　　　　（b）

图 4-12　动稳定性指标

1．半衰期 $T_{1/2}$ 和倍幅 T_2

$T_{1/2}$ 为阻尼振荡的振幅包线或非周期衰减运动的幅度减至初始扰动值一半所经历的时间。T_2 为发散振动包线或非周期发散运动幅度增至初始扰动值一倍所经历时间。

2．周期 T 或频率 N

只有振荡模态才有此参数，分别为直升机受扰后一次全振荡所需时间和单位时间振荡次数。它们之间的关系为

$$T = \frac{2\pi}{\omega}, \quad N = \frac{1}{T} \tag{4.5}$$

4.3.5　影响稳定性的因素

综上所述，直升机稳定性包括静稳定性和动稳定性，影响直升机稳定性的影响因素很多，下面给出几点：

（1）飞行速度。在低速前飞时平尾提供静不稳定力矩，但随着前飞速度增加，当旋翼尾流不影响到平尾时，平尾能改善直升机的速度稳定性；同时在较大速度下，平尾也能改善直升机的迎角稳定性。

（2）重心位置。直升机重心对迎角稳定性有明显的影响，后重心时的迎角不稳定性要比正常重心时严重，这是由于旋翼拉力增量对重心产生的力矩是不稳定的抬头力矩。为了使旋翼对迎角的不稳定程度不是太严重，要严格限制直升机的后重心。

许多现代直升机都使用了增稳系统（SAS）保持直升机稳定，使直升机不受外界（如阵风等）的干扰影响，保持已定的高度、已定的航向和速度，不需要飞行员始终在杆上不停地修正就能自动补偿姿态和航向的非人为改变，从而减轻了飞行员的工作负荷。

4.4　直升机的操纵性

飞机之所以能在空中作各种复杂运动，关键在于飞行员可以利用杆、舵和油门任意调节

升力、拉力的大小和任意改变升力的方向。飞行员能够改变直升机的运动状态是基于同一道理。本节首先介绍直升机的操纵性概念，然后详细介绍直升机的操纵原理和操纵特点。

4.4.1 操纵性概念

直升机操纵性是在人为操纵改变飞行状态后，直升机仍保持原有的定常飞行状态，或完成所希望的机动能力。在分析操纵性之前，先介绍 3 个与操纵性有关的概念：一是操纵功效；二是操纵灵敏度；三是响应时差。

1. 操纵功效

操纵功效是指一定的操纵量（自动倾斜器的倾斜角或驾驶杆的位移）所能产生的操纵力矩。直升机的纵向和横向操纵力矩是通过驾驶杆的纵向和横向位移，即改变自动倾斜器的倾角来获得的。

例如，向后拉驾驶杆，使自动倾斜器相应地倾斜 χ_1 角，旋翼锥体轴线后倾 α_1，若直升机的重心到桨毂旋转平面的距离为 y_T，拉力倾斜以后绕重心形成一个上仰的操纵力矩（M_z），如图 4-13 所示，其数值可以表示为

$$M_z = T \cdot y_T \sin \alpha_1 \tag{4.6}$$

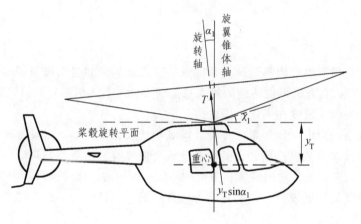

图 4-13　纵向操纵力矩

该直升机的操纵功效为

$$纵向操纵功效 = \frac{M_z}{\chi_1} = \frac{T \cdot y_T \sin \alpha_1}{\chi_1} \tag{4.7}$$

通常把旋翼锥体的倾斜角与相应的自动倾斜器的倾斜角的比值，叫作自动倾斜器的传动比，用 i_A 表示。即

$$i_A = \frac{\alpha_1}{\chi_1} \tag{4.8}$$

因此，纵向操纵功效又可以写成

$$纵向操纵功效 = \frac{M_z}{\chi_1} = y_{\mathrm{T}} i_{\mathrm{A}} T \qquad\qquad (4.9)$$

根据公式（4.9），直升机的操纵功效取决于下面几个因素：

（1）重心位置。重心位置越低，旋翼离直升机重心的垂直距离越大，操纵力矩的力臂增长，操纵力矩增大，所以操纵功效越大。

（2）自动倾斜器的传动比。传动比 i_{A} 越大，操纵功效越大。当自动倾斜器的倾斜角一定时，随着传动比 i_{A} 的增大，旋翼锥体的倾斜角也增大，操纵力矩的力臂增长，操纵力矩增大。

（3）旋翼拉力。旋翼拉力越大，操纵功效越大。因为旋翼拉力增大了，操纵力矩也增大。因此，随着起飞重量的增加，直升机的操纵功效也增大。

（4）铰外伸量。通过适当增大旋翼桨叶的铰外伸量也可增大操纵功效。显然，无铰旋翼有很大的操纵功效。

应当指出，对于一定重量级别的直升机，操纵功效必须在某一范围内，过大或过小都是不利的。因为直升机的重量级别一定，T 和 y_{T} 的数值变化不大，操纵功效的大小与自动倾斜器的传动比（i_{A}）成正比。传动比过大，只需要很小的杆位移，就会使旋翼锥体有很大的倾斜，形成很大的操纵力矩，这样稍有不慎都会使引起直升机出现较大的转动，以致难以保持预定的飞行状态；传动比（i_{A}）过小，需要很大的杆位移才能使锥体有一定的倾斜量得以产生一定的操纵力矩，有时甚至由于操纵力矩过小，无法保持或改变直升机的飞行状态，这当然也是不行的。

2．操纵灵敏度

操纵灵敏度是指操纵机构移动一个角度或一段行程后，如自动倾斜器偏转一个角度或驾驶杆移动一段行程，直升机可能达到的最大稳态转动角速度（例如直升机稳定的俯仰角 ω_z）。一般要求直升机操纵灵敏度在一定范围之内。

灵敏度的大小与操纵功效和阻尼有关。操纵功效大，阻尼小，则灵敏度高，但过高会使飞行员难以精确控制直升机；反之，灵敏度过低会使飞行员感觉直升机反应太迟钝。轻型直升机有较高的灵敏度，因为它的惯量和阻尼较小。一般而言，相对于同量级普通直升机来说，轻型直升机的操纵灵敏度较高，这不是因为直升机的操纵功效大，而主要是由于直升机旋翼的阻尼小，所以阻尼值也有要求。

3．响应时差

响应时差也是衡量直升机操纵性的另一个重要参数，表明直升机对操纵反应的快慢。灵敏度说明的是直升机达到稳态时的响应大小，但操纵后直升机不会立刻达到稳态值，而是经过一个响应过程，花一段时间后才能达到稳态，这就是直升机的反应快慢问题，即响应时差。

当操纵机构倾斜某个角度或移动某一段行程后，直升机开始转动至达到某一稳定的旋转角速度的时间，叫响应时差，或操纵反应时间，用 τ 表示。τ 越小，操纵反应越迅速；τ 越大，操纵反应越缓慢。人的感觉器官对动作的反应时间为 $0.5 \sim 1.0 \mathrm{~s}$ 最合适。然而，直升机对各个方向的操纵反应时间均大于 $1 \mathrm{~s}$。

实践和理论证明，直升机操纵反应时间主要取决于下列几个参数。

（1）直升机绕重心旋转的转动惯量。直升机的转动惯量越大，在一定的操纵力矩作用下，直升机达到稳定旋转的时间就越长；反之，转动惯量越小，时间就越短。

（2）直升机的阻尼。阻尼越小，操纵反应时间越长；阻尼越大，反应时间越短。与一般飞机相比较，由于阻尼太小，操纵反应时间比较长。据统计，轻型直升机悬停的操纵反应时间：俯仰操纵反应时间为 2 ~ 7.5 s；偏转操纵反应时间为 2.5 ~ 5.5 s；滚转操纵反应时间为 1 ~ 1.5 s。

但应指出，直升机对操纵反应的时间不是飞行员从操纵到感觉到直升机开始转动这一段时间。由于直升机构造上的特点，飞行员操纵自动倾斜器后，到旋翼锥体改变方向，产生操纵力矩，使直升机开始转动，要有一段时间。因此，飞行员常常感到经操纵后的直升机反应要比一般飞机反应迟缓一些。

灵敏度和响应时差是 20 世纪 80 年代前评价直升机操纵性好坏的两个重要指标。而 2000 年颁布的美国军用直升机飞行品质规范 ADS-33E-PRF 用宽带、相位滞后和快捷性来评价直升机的操纵性。

4.4.2 直升机的操纵原理

1. 直升机的操纵方式

为了改变航空器飞行状态，需要使用座舱操纵机构来改变直升机操纵面上的空气动力，即实现飞行操纵。任何航空器在空中运动都具有 6 个自由度。飞行员为了控制飞行器的运动和姿态，就需要 6 个独立的操纵机构来控制 3 个力和 3 个力矩。直升机的纵向移动与俯仰转动、横侧移动与滚转是不能独立分开的，所以飞行员不能对 6 个自由度全部实施单独或彼此完全独立的控制。因此直升机的 6 个自由度只需要以下 4 个操纵：

（1）垂直运动操纵。通过总距杆改变旋翼桨叶角而改变旋翼拉力，操纵直升机升降改变升力的大小来实现。

（2）纵向运动操纵。通过驾驶杆的前后移动，改变旋翼纵向倾斜角而改变拉力方向，产生附加纵向力来操纵直升机前进或后退。

（3）横侧运动操纵。通过驾驶杆的左右移动，改变旋翼横向倾斜角而改变拉力方向，产生附加横侧力来实现。

（4）航向运动操纵。通过脚蹬动作以改变尾桨拉力大小，改变尾桨桨距而改变尾桨拉力，来保证原定航向或进行左右转弯。

以上 4 种运动操纵是通过 3 种操纵系统来实现的，即总距操纵、周期变距操纵和脚蹬操纵。总变距杆移动可以同时等量地改变所有旋翼桨叶的桨叶角，从而改变旋翼拉力。周期变距杆是用来倾斜旋转的旋翼，即使旋翼向前、向后、向左或向右以及这些方向的合成倾斜。这样就会在这个桨尖旋转面的倾斜方向产生一个作用力，使直升机沿该方向移动。当飞行员操纵周期变距杆，就会引起旋翼各个桨叶的桨叶角在转动过程中发生不同的变化，通过改变相应桨叶的桨距来使该桨叶向上或向下运动，从而使旋翼按照操纵要求发生偏转。

在现代直升机设计上，旋翼在飞行中的转速是基本不变的，这是由燃油调节器或计算机控制的全权数字发动机控制系统（FADEC）来实现的。而在一些老式的直升机或一些最大起飞重量在 5 700 kg 以下的直升机上，则可能是由一个安装在总距杆上的油门操纵手柄来控制的。燃油调节器或 FADEC 系统是通过自动调节油量来满足功率的变化，而油门操纵手柄则是由飞行员根据操纵需要来改变发动机的转速。

脚蹬用于操纵和改变尾桨的桨叶角，但只能改变各桨叶的总距，而不能够进行周期变距输入。直升机的飞行操纵是相互影响的，旋翼总距的增加会相应增加旋翼扭矩，则需要操纵尾桨来抵消因旋翼转动而产生的扭矩。尾桨除了用来抵消扭矩作用外，通过脚蹬还可以实现对直升机航向的控制，即机头转左或转右。当直升机要沿扭矩相反方向偏航时，则需要尾桨产生更多的力来抵消它；当直升机要沿扭矩相同方向偏航时，则需要减小尾桨力而只靠该扭转作用使直升机转向。

单旋翼带尾桨直升机主要靠操纵旋翼和尾桨，双旋翼直升机或多旋翼直升机主要靠操纵所有旋翼，每一副旋翼都有一套自动倾斜器，都可以进行周期变距，以改变每一副旋翼的拉力大小和倾斜方向。操纵旋翼和尾桨主要是改变桨叶角——变距。不同形式直升机的操纵方式见表 4-1。

表 4-1　直升机操纵方式

操纵	布局形式			
	单旋翼式	纵列式	共轴式	横列式
垂直	L.R总距	L.R总距	L.R总距	L.R总距
纵向	L.R周期变距	F.R不同的总距和周期变距	L.R周期变距	L.R周期变距
横向	L.R周期变距	L.R周期变距	L.R周期变距	F.RI不同的总距和周期变距
航向	T.R总距	F.R不同的周期变距	$Q_U \neq Q_{LO}$	L.RI不同的周期变距
旋翼扭矩平衡	$Q_{L.R}=lT_{T.R}$	$Q_H=Q_F$	$Q_U=Q_{LO}$	$Q_{RI}=Q_L$

符号标记：L.R.—旋翼；T.R—尾桨；F—前；R—后；L—左；RI—右；LO—下；U—上；
　　　　　T—拉力；Q—扭矩

单旋翼直升机纵向、横向及总距操纵系统又称为手操纵系统，是通过飞行员手操纵总距杆改变旋翼总桨距，手操纵周期变距杆使旋翼周期性变距而实现。方向操纵系统又称为脚操纵系统，通过飞行员蹬脚蹬改变尾桨桨距而实现。驾驶舱操纵机构如图 4-14 所示。操纵机构的操纵方向及直升机姿态改变和人体的习惯动作一致。

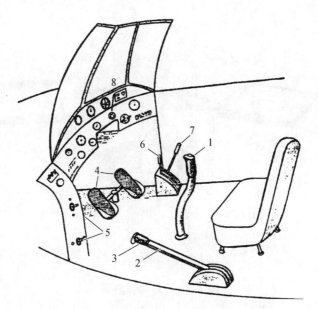

图 4-14 直升机座舱操纵机构的配置

1—驾驶杆；2—油门总距杆；3—油门调节环；4—脚蹬；
5—直升机操纵调整片开关；6—摩擦离合器操纵杆；
7—旋翼刹车手柄；8—仪表板

现在许多大型直升机使用自动飞行控制系统（AFCS），即安装全套自驾系统，直升机可以按照预先输入的飞行计划飞行，只需要飞行员最少量的操作，从而减轻飞行员的工作负荷。

2. 自动倾斜器

从分析桨叶的挥舞运动可知，旋翼装有水平铰以后，任何造成桨叶拉力周期变化的因素都会使桨叶绕水平铰挥舞，而桨叶的挥舞会自动调整本身拉力以保持均衡。桨叶挥舞运动的结果是旋翼锥体倾斜，旋翼拉力也就跟随旋翼锥体向同一方向倾斜。

旋翼锥体的倾斜方向就是挥舞的最低方位，而这个方位与桨叶拉力调整最多的方位有一定关系，即从桨叶挥舞的最低方位，沿旋转方向转 90°，桨叶上挥速度最快，由于某种因素桨叶拉力将增加最多，而自动调整也将使之减小最多。而如果逆旋转方向转 90°，该处桨叶下挥速度最快，由于某种因素桨叶拉力将减小最多，而自动调整也将使之增加最多。自动倾斜器可以实现以上功能。

自动倾斜器是直升机的主要操纵机构，其结构复杂而精密，如图 4-15 所示。操纵它可以改变旋翼各桨叶的总距，还可以改变桨叶安装角，产生周期性的变化，用以改变旋翼拉力的大小和方向。下面介绍自动倾斜器的工作原理。

自动倾斜器有内环和外环，两环之间有轴承相连。外环与旋翼桨毂之间用拨杆相连，在桨毂旋转时，外环在拨杆的带动下，可随桨毂同步旋转。在外环上安装有变距拉杆，分别与各片桨叶摇臂相连接，变距拉杆随外环的倾斜而周期性地改变各桨叶的安装角。

旋翼旋转轴外有一滑筒，自动倾斜器的内环是用万向接头固定在滑筒的外面。旋翼旋转时，滑筒与内环都不旋转，滑筒随油门总距杆的上提而向上滑动，它带着变距拉杆一起向上移动，同时增大各片桨叶的安装角，即增大旋翼总距；下放油门总距杆则减小旋翼总距。

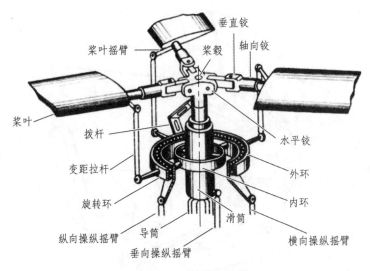

图 4-15　自动倾斜器

　　直升机上的驾驶杆（周期变距杆）和油门总距杆就是通过许多传动杆、摇臂分别与自动倾斜器的内环和套筒相联接。与油门总距杆相联接的还有发动机油门调节环。操纵油门总距杆时，不仅自动倾斜器的滑筒上下移动，改变旋翼总距。同时还相应地改变油门的开度，以满足旋翼在不同总距工作时所需的发动机功率。所以，桨距的改变，不仅改变了旋翼拉力，也要求发动机的功率相应改变，使旋翼转速近于常数。

3．直升机操纵原理和方法

　　直升机的飞行主操纵是指油门总距杆、驾驶杆、脚蹬 3 种基本操纵，这 3 种操纵主要改变直升机拉力的大小、拉力方向以及方向转动，其他辅助操纵还有油门调节环、直升机配平调整片开关及其他手柄，下面逐一介绍。

1）改变直升机拉力的大小

　　为了改变直升机拉力的大小，需要改变旋翼的转速和桨叶角。因为直升机是由旋翼旋转而产生拉力的，只要增加旋翼的转速或加大桨叶角就可以增大拉力。为了让发动机能在最有利的转速附近工作，现代直升机都采用改变桨叶角的方法来控制拉力的大小。

　　操纵油门总距杆以改变旋翼拉力的大小，是保持直升机的高度和改变直升机的升降率的主要方法。总距杆分别安装在机长和副驾驶座位的左侧。向上提总距杆则同时增加所有旋翼桨叶的桨叶角，从而增加了旋翼拉力；向下放总距杆则同时减小所有旋翼桨叶的桨叶角，从而减小了旋翼拉力。

　　当飞行员逐渐上提油门总距杆，自动倾斜器的滑筒和内外环向上移动，外环上的拉杆一起上推，使所有桨叶的桨叶角都增大，旋翼总距变大。同时，发动机的油门也相应开大。使旋翼转速和旋翼拉力也随着油门总距杆的上提而增大。反之，飞行员逐渐下放油门总距杆，旋翼转速和总距减小，拉力也随之减小。因此，飞行中飞行员上提或下放油门总距杆，就能改变旋翼拉力的大小，从而改变直升机的升降率。

　　例如，飞行员主要操纵油门总距杆来控制直升机的升降。下压油门总距杆，直升机下降，如图 4-16（a）所示；上提油门总距杆，直升机上升，如图 4-16（b）所示。

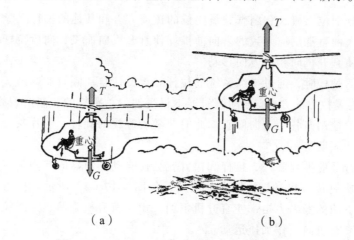

（a）　　　　　　　　　　（b）

图 4-16　操纵油门总距杆控制直升机升降

为了让飞行员在某些情况下不改变旋翼总距，而单独调节发动机和旋翼转速，就在油门总距杆的顶部装有油门环，它只与发动机的油门相连。转动油门环可单独改变发动机的功率和转速，在一定范围内改变发动机转速和旋翼的转速和拉力，调节发动机的功率。如直 5 型飞机，右旋油门环，进气压力和发动机转速增大，旋翼的转速和拉力增大；左旋油门环，进气压力和发动机转速减小，旋翼转速和拉力减小。

应该指出：总距增大，旋翼拉力增大；总距减小，旋翼拉力减小，这只是在操纵油门总距杆使直升机改变飞行状态时才如此。一旦直升机完成从一种稳定状态过渡到另一种稳定状态后，尽管这两种稳定飞行状态中旋翼总距可能相差很大，但这两种稳定飞行状态的旋翼总拉力仍然是基本相等的。

例如，直升机由悬停转入垂直上升时，飞行员上提油门总距杆，最初由于旋翼总距增大桨叶迎角增大，旋翼拉力增大，旋翼拉力大于直升机的重力，如图 4-16（b）所示，升力与重力之差为 ΔT，在 ΔT 作用下直升机向上做加速运动，上升率不断增加。但是，当直升机具有一定的上升率之后，这时与悬停状态相比，旋翼的入流系数增大，桨叶来流角增大，桨叶迎角减小，ΔT 变小，使直升机向上的加速度减小。随着上升率的增大，桨叶来流角越来越大，桨叶迎角越来越小，ΔT 也越来越小，当 $\Delta T = 0$ 时，使直升机向上加速运动的力就消失，直升机就以某一固定上升率做稳定上升。显然，这时旋翼拉力基本上等于重力。这就是说，上述这种稳定飞行状态的桨叶迎角基本相等，此时旋翼总距之差实际上是它们的桨叶来流角之差。因此，不能笼统地说，旋翼总距增大，拉力就大。

飞行中，为了有助于保持直升机的平衡，某些直升机装有活动的水平安定面。通过操纵油门总距杆还可改变水平安定面的安装角。水平安定面的安装角随同旋翼总距一起改变。如上提油门总距杆，旋翼总距和水平安定面的安装角都增大；下放油门总距杆，旋翼总距和水平安定面的安装角都减小。在多数飞行状态下，水平安定面的安装角为负值。

综上所述，上提总桨距杆，旋翼桨距增大而拉力增大，直升机上升，与此同时发动机油门增大，保证直升机上升所需功率；下放总桨距杆，则旋翼桨距减小而拉力减小，直升机下降，同时发动机油门减小，直升机功率下降。

2）改变直升机拉力的方向

周期变距杆分别位于机长和副驾驶员座位的正前方。和其他的飞行操纵一样，周期变距杆的操纵也是和人的直觉反应一致的。向前推杆使直升机向前飞，向后拉杆使直升机后移，向左或向右移杆使直升机向相应方向移动。

飞行员操纵驾驶杆时，通过操纵系统的拉杆和摇臂使自动倾斜器的内、外环向相应的方向倾斜，以改变旋翼拉力的方向。自动倾斜器不仅受油门总距杆的控制沿着旋翼轴上下滑动，而且还受驾驶杆的控制向各个方向倾斜。此时，随着旋翼的旋转，各片桨叶的安装角呈现周期性的变化（桨叶周期变距）。

如悬停中飞行员前推驾驶杆，拉杆和摇臂就会使自动倾斜器向前倾斜一个角度，由于桨叶周期变距促使旋翼拉力相对旋转轴向前倾斜，如图 4-17（a）所示。拉力偏离重心之后，绕重心形成一个下俯的操纵力矩，使直升机下俯。由于直升机下俯，这时拉力在水平面的第二分力增大，使直升机向前作加速运动。

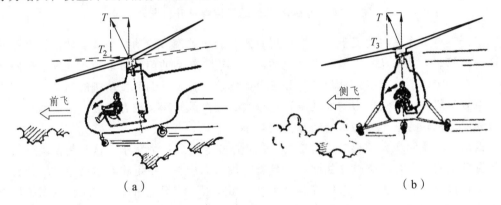

（a）　　　　　　　　　　　　　　（b）

图 4-17　操纵驾驶杆改变飞行方向

此过程由于每片旋翼桨叶都通过拉杆和摇臂与自动倾斜器外环相连，当桨叶转到后面时，拉杆上升，使桨叶角变大；而转到前面时，拉杆下沉，使桨叶角减小。即桨叶每转一周要从大距到小距和小距到大距地完成一次周期变化，这就是桨叶的周期变距。

同理，如悬停中飞行员向左压杆时，旋翼拉力相对旋转轴向左倾斜，拉力偏离重心形成一个向左滚转的操纵力矩，直升机向左滚转。由于向左滚转，左坡度增大，拉力在水平面的第三分力增大，使直升机向左加速运动。图 4-17（b）所示就是向侧方压杆的情形。

综上所述，飞行员向某一方向移动驾驶杆，旋翼拉力向同一方向倾斜，拉力绕重心形成一个操纵力矩使直升机向驾驶杆移动的方向转动。拉力在水平面的分力增大，使直升机向驾驶杆移动方向做加速运动。移动驾驶杆的量越多，拉力绕重心形成的操纵力矩越大，直升机的转动角速度也越大。同时，在驾驶杆移动方向的操纵力也越大，直升机向操纵方向运动的加速度也越大。

3）操纵直升机方向的偏转

直升机在向前飞行时，如果机身纵轴方向与相对气流方向不一致，会出现侧滑。为了消除侧滑，需要有操纵机构使直升机机身绕旋翼旋转轴转动，以改变机身的方向。这个操纵机构中的脚蹬机构与尾桨变距机构相连，通过脚蹬来控制。

飞行中，可以利用脚蹬操纵机构改变尾桨的桨叶安装角来调整尾桨拉力的大小，从而改变尾桨所产生的方向偏转力矩。同固定翼飞行一样，蹬左脚蹬，机头向左偏转；蹬右脚蹬，机头向右偏转。

飞行员操纵脚蹬后，通过操纵系统的拉杆、摇臂、钢索等中间构件，可使尾桨各片桨叶的安装角同时改变，以改变尾桨拉力的大小。图 4-18 中左旋旋翼直升机的两个脚蹬控制着尾桨桨叶安装角大小，桨叶安装角增大，尾桨拉力增大；安装角减小，拉力减小。通过改变尾桨拉力的大小，来保持或改变直升机的方向。

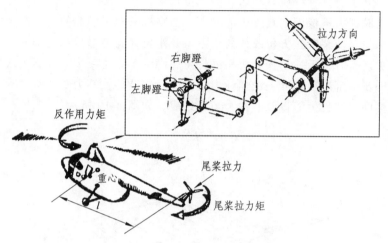

图 4-18 直升机方向转动的操纵

当尾桨拉力绕重心形成的偏转力矩与旋翼反作用力矩相等时，直升机无偏转。这时，如果飞行员蹬右舵，尾桨的桨距增大，拉力增大，尾桨拉力绕重心形成的偏转力矩大于旋翼的反作用力距，机头向右偏转，如图 4-18 所示。反之，如果飞行员蹬左舵，尾桨拉力绕重心形成的偏转力矩小于旋翼的反作用力矩，机头向左偏转。

操纵脚蹬除了能使直升机改变方向外，还经常用来调整尾桨偏转力矩的大小，以适应旋翼反作用力矩的变化，保持直升机的方向平衡。例如右旋旋翼直升机大马力飞行，飞行员需要蹬右脚蹬；而转入下滑，则随着下放油门总距杆的动作，要蹬左脚蹬。

旋翼所需功率由发动机来提供，在旋翼转速一定时，旋翼反作用力矩的大小，与发动机输送给旋翼的功率有关。发动机带动旋翼旋转所消耗的功率越大，旋翼的反作用力矩越大。上提油门总距杆或右转油门环时，发动机的功率增大，故旋翼的反作用力矩增大；反之，反作用力矩则减小。通常在直升机尾部装一垂直安定面，并且使其略为偏离对称面，以减小前飞时尾桨所消耗的功率。例如涵道风扇尾桨作为另一形式的尾桨，其外壳是气动力面，它有助于产生拉力而减小对发动机功率的消耗。

根据上述操纵原理，可以解释左旋旋翼直升机在空中悬停时，机头向右偏转会掉高度，向左偏转会上升高度的原因。因为尾桨和旋翼都是由同一发动机带动旋转的，飞行员蹬右蹬，尾桨变大距，消耗更多的发动机功率，使旋翼获得的功率减小，所以引起直升机掉高度；反之，蹬左蹬，尾桨消耗功率减小，直升机就会上升高度。这个特点在邻近地面悬停时，尤其明显。为了保持高度不变，飞行员在蹬脚蹬的同时，应相应地移动总距杆。由于直升机各种飞行状态的旋翼反作用力矩以及尾桨桨叶的来流角变化很大，再加上其他原因，所以要求尾桨桨距有较大的变化范围。

4）驾驶杆力

直升机的飞行状态要靠飞行员目视和仪表指示进行判断，为了便于对飞行状态的改变进行直接判断，通常把直升机操纵机构的位移和杆力所对应的飞行状态，设计得符合人的生理习惯反应。例如，增速时，飞行员需向前推杆，同时感到驾驶杆有向后的力；减速时需向后推杆，同时感到驾驶杆有向前的力。这样，飞行员在改变飞行状态时，通过驾驶杆就有了更直接的判断。放开手后驾驶杆应自动回到中立位置。

直升机的驾驶杆力不像固定翼飞机的杆力，是直接来源于舵面的偏斜产生的铰链力矩。直升机驾驶杆的位移使桨叶按方位改变其桨距。变距拉杆的力与桨叶绕轴向轴的力矩（亦称铰链力矩）有关。直升机上一切操纵机构的杆（或脚蹬）力主要来自旋翼（或尾桨桨叶）的变距拉杆，进一步讲都应由桨叶上的惯性力矩产生。桨叶的铰链力矩由空气动力力矩、桨叶的重力力矩、桨叶的惯性力矩以及其他力矩所组成，如图 4-19 所示。

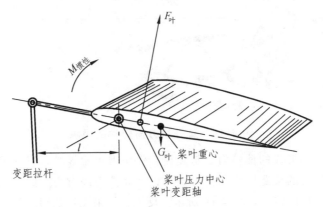

图 4-19　桨叶的铰链力矩

一般桨叶多采用压力中心变化很小的翼型，并使轴向轴线通过翼型的焦点，这样空气动力力矩很小。通常桨叶的重力力矩是一个常数（与桨叶方位的变化无关），而且数值也比较小，这两个力矩均可略去不计。故可认为铰链力矩基本上是桨叶的惯性力矩（桨叶挥舞所产生的惯性力矩绕轴向轴形成的力矩）。所以，变距拉杆的力随惯性力矩而变化，它再通过自动倾斜器的滑筒及纵、横向操纵摇臂等将力分别传给油门总距杆和驾驶杆。

驾驶杆力通常分为周期杆力和恒定杆力。如果三片桨叶旋翼的一片桨叶出现铰链力矩，那么力矩将经自动倾斜器和操纵系统传到驾驶杆上，并将引起驾驶杆做圆周运动，其值与不平衡力矩的大小有关。周期杆力的频率等于转速，或者转速乘以桨叶数。每片桨叶上的力矩周期变化会产生较高频率的振动，从而使驾驶杆抖动。

飞行员在操纵时，驾驶杆或脚蹬上所感觉的杆力基本上是弹簧机构的力，所以在直升机的操纵系统中装有弹簧机构和阻尼器，或采用不可逆的操纵系统。如果直升机旋翼使用可逆式操纵系统，那么驾驶杆要受到周期（每一转）的可变载荷，而且此载荷又随着飞行状态的改变而产生某些变化。为了减小驾驶杆的载荷，大多直升机操纵系统中都安装有液压助力器，它可进行不可逆式操纵，即除了操纵的摩擦之外，旋翼不再向驾驶杆传送任何力。

例如，前飞时三片桨叶旋翼传到驾驶杆上的振动频率等于转速的 3 倍时，作用在驾驶杆上的周期杆力是不利的。飞行员在操纵时，依靠弹簧机构产生所希望的杆力，并依靠阻尼器吸收交变载荷，减弱杆的抖动。在中型和重型直升机的操纵系统中，装有液压助力器，它将全部或部分地吸收变距拉杆的力。

驾驶杆上的恒定杆力只是在由于频率等于转速的桨叶上的力矩变化时才发生。这些变化也是由于空气动力的周期改变、桨叶弯曲，或者是两者同时变化而产生。有时也用固定在桨叶后面的调整片产生力矩。调整片产生的力矩随桨叶气流速度的变化而周期地改变，结果在驾驶杆上产生恒定作用力。

5）配平操纵

为了使飞行员能够修正不合乎要求的飞行姿态，但又不必一直把住操纵杆来修正，直升机也和其他固定翼飞机一样需要配平系统。

直升机的配平系统和正常飞行操纵系统在一起，任何的操纵输入都会从驾驶舱操纵装置传递到旋翼，以改变其中立基准。所以，在驾驶舱中除了驾驶杆、油门总距杆、脚蹬等主要操纵机构以外，还有总距杆上的油门调节环、驾驶杆上的配平调整片开关及其他手柄，如图4-20所示。除此以外，有些开关还可以进行操纵微调、自驾或增稳、货物释放和通信等。

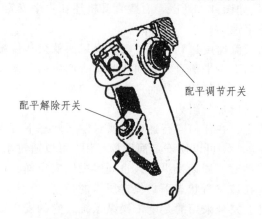

配平调节开关

配平解除开关

图 4-20　驾驶杆上的配平开关

通常可以通过电磁制动器和电动配平作动器来完成配平操纵。有些直升机采用其中一种方法，而有些会两种都采用。无论采取哪种方式，它的反馈回路都要经过飞行员，并由飞行员在获得所要求的飞行姿态后来终止配平输入。

配平系统被设计成能够满足任何的配平输入，不只是将操纵系统移到新的中立位，使感力系统也同样移到零位，以保证无论进行了多少的配平调整，感觉力都是均衡的。

6）固定和可调安定面

在前飞过程中，固定翼飞机是通过尾翼或水平安定面进行俯仰稳定操纵，直升机也需要这种稳定操纵。有些直升机在尾梁安装了固定的安定面，如图4-21所示。在早期直升机的发展过程中也设计了可调安定面，以适应飞行速度和操纵输入的要求。通常来说，安装多桨叶的直升机采用固定安定面，安装两片桨叶、半刚性跷跷板式旋翼采用的是可调安定面，以适应较大的姿态变化以及机身结构的影响。安定面可以应用在所有传统的、单桨叶系统的直升机上，而在双旋翼的直升机上则不需要安定面。

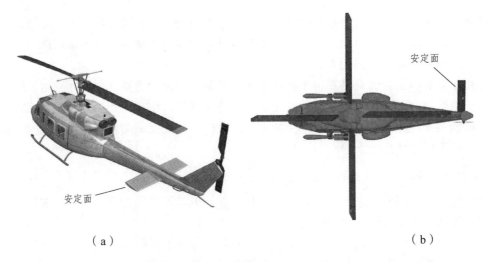

安定面

安定面

（a）　　　　　　　　　　　　　　　　（b）

图 4-21　直升机的固定安定面

固定安定面有几种形式，包括安装在尾梁后部的单一翼型水平安定面，或在尾梁两侧各安装一个的双水平安定面，如图 4-21 所示。有些直升机还在水平安定面的外缘安装了侧垂尾，以增加直升机绕立轴的稳定性。

在前飞的过程中，当气流速度达到一定值时，安定面就会和传统翼型一样产生一定的空气动力。这种气动力作用向下以平衡直升机前飞时机头产生的下俯力矩。这种机头下俯姿态会导致更大面积的上部机身面对气流，从而产生更大的型阻力，影响直升机的前飞速度，因此需要更多的功率来克服所增加的阻力。

可调安定面的优点就是，在任何飞行速度和操纵输入状态下可以提供最佳的角度。当直升机在前飞中达到一定速度后，可以使安定面发挥作用，可以通过水平安定面获得最大好处。当操纵周期变距杆前后移动时，周期操纵输入也同时操纵安定面，以确保它可以提供正确的恢复力矩，使直升机机身在该飞行状态下仍保持所需的角度。

在 Bell214ST 直升机上完全采用的是电传操纵系统，它的安定面可以做向上 10° 和向下 15° 的活动，对直升机姿态有明显的影响，它的功能与固定翼飞机的升降舵很相似，而不只是单单作为安定面那么简单。

4.4.3　直升机的操纵特点

同固定翼飞机一样，改变飞行状态，直升机上的各力和各力矩的平衡关系也都要改变，对此飞行员必须进行相应的操纵动作。但是，由于直升机飞行原理及构造上的特殊性，它的操纵性与固定翼飞机相比有很大的不同，这是因为直升机的操纵规律具有下列特点：

1．操纵的滞后性

飞机与直升机在操纵原理上的重要区别是：飞机上的操纵面距重心的力臂相当长，单旋翼直升机的纵向和横向操纵是靠旋翼桨尖旋转平面的倾斜，则其拉力矢量相对重心的力臂很短。所以，操纵驾驶杆使直升机转动所需的力很大，而对飞机来说相对较小。这说明，在飞机上操纵驾驶杆时，会立即引起飞机姿态的改变；而在直升机上操纵驾驶杆时，需要经过一定的时间后，旋翼才会改变到新的位置。

由于桨叶旋转时具有很大的惯性，所以桨尖旋转平面也不能立即倾斜。桨尖旋转平面总是力求保持自己的状态，此时旋翼的气流，也不能随着桨尖旋转平面的倾斜立即改变自己的方向。桨尖旋转平面倾斜时，旋翼排压出的气流还产生附加涡流，这在一定程度上阻碍新的拉力方向的建立。由此可见，直升机对驾驶杆的反应总带有一定的延迟。

综上所述，飞行员在操纵直升机，特别是改变其飞行状态时，要用更多的"提前量"操纵驾驶杆倾斜。

2. 操纵的反复性

由前述得知，从操纵驾驶杆使自动倾斜器倾斜，到旋翼锥体改变方向，再到直升机的状态开始改变，要经过一段时间。当飞行员操纵驾驶杆产生位移时，开始感到飞行状态没有立即反应或直升机姿态没有改变，误认为操纵量不够，或者为较快地改变飞行状态，而加大了操纵量。但飞行状态发生变化后，由于直升机的角速度阻尼小，操纵灵敏度较高，使直升机姿态变化量很大，往往超过预定的飞行状态，在悬停时这种现象更为明显。为保持或改变直升机的飞行状态，就要求在操纵驾驶杆时，要有往返的反复动作。

例如，直升机做稳定悬停时，旋翼拉力通过直升机的重心，拉力等于重力，如图 4-22（a）所示。如飞行员推杆使旋翼向前倾斜一个角度［见图 4-22（b）］，这时旋翼拉力也就随着向前倾斜。一方面，拉力的水平分力使直升机前飞；另一方面，拉力通过重心后面形成低头力矩，将使直升机不断低头下俯，从而使拉力更加倾斜。当直升机下俯到一定程度时，飞行员应及时将杆回到接近中立位置［见图 4-22（c）］，以确定俯仰平衡，从而直升机就能保持在一定的下俯姿态不再转动。向横向压杆的情况与此类似。这种杆的往返动作就是操纵的反复性，是直升机操纵动作的一个重要特点。

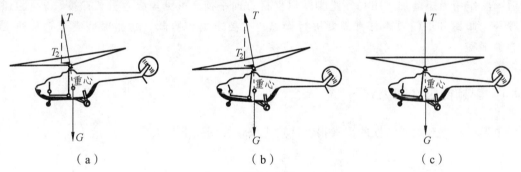

（a）　　　　　　　　　　（b）　　　　　　　　　　（c）

图 4-22　前进中操纵的反复性

直升机向前飞行，机身向前倾斜，这会加大前飞时的阻力。为了减小大速度飞行时的阻力，并保持机舱地板基本水平，一般在设计时就使直升机旋翼的旋转轴对机身具有一个向前倾斜的角度（一般约为 5°）。这样，直升机大速度飞行时，机身近乎水平，在悬停状态时，机头仰起而机尾稍低，如图 4-22（c）所示。

通过驾驶杆往返一次就能达到预定姿态的操纵，很有经验的飞行员才能做到。而在大多数情况下，特别是对驾驶技术不熟练的飞行员，很不容易掌握其准确的操纵量。此外，由于直升机的角速度阻尼比一般飞机的小，因此它的稳定性较差，特别是在小速度范围内，受到干扰后，其平衡状态容易被破坏。所以，在飞行中，飞行员应根据力和力矩或飞行状态的变化情况，及时、适量地进行修正，以保持直升机的预定飞行状态。

3. 操纵的复杂性

一般来说，直升机的驾驶技术比较复杂，特别是机动飞行操纵，不仅协调动作多，而且直升机稳定性较差。这是因为，在直升机上一个力或者力矩的改变，能显著地影响直升机在空中的姿态。以悬停状态进入平飞状态为例，飞行员向前顶杆，产生纵向分力，由此必然伴随产生相对重心的纵向力矩，机身随之低头；当直升机获得了平飞速度，需用功率减小。同时要保证不改变飞行高度，所以桨距就得相应减小，因此油门总距杆应当适当放低；随着功率减小，扭矩也相应减小，但为了保证航向，必须移动脚蹬以调节尾桨拉力。尾桨拉力的改变又必然伴随产生横向力矩，因此就得实施侧向偏斜驾驶杆，使旋翼侧倾以产生横向力。旋翼的横向分力对重心的力矩平衡了尾桨所产生的力矩，但旋翼的横向分力并不刚好克服尾桨拉力。最后，力的平衡就靠机身侧倾，产生重力的横向分力来实现新的平衡。

4. 操纵的协调性

直升机运动状态的变化同驾驶杆、脚蹬和油门总距杆是相互联系和相互影响的。例如，上提油门总距杆后，旋翼拉力和反作用力矩都增大，在直升机增加高度的同时又要向一边偏转，因此，必须相应地蹬舵，才能保持航向平衡。加大蹬舵量后，尾桨拉力所形成的滚转力矩增大，为了保持侧向平衡，还必须向另一侧压杆。而且上提油门总距杆越猛，力和力矩的变化越突然，驾驶杆和脚蹬配合保持平衡就越困难。反之，操纵得越柔和，保持平衡就越容易。

再如，平飞中向前推杆，旋翼拉力向前倾斜，为使拉力的升力分力不小于直升机的重量，保持飞行高度，所以在向前推杆的同时，还必须上提油门总距杆。由于上提油门总距杆后，反作用力矩增加，还必须蹬脚蹬以保持方向平衡。可见操纵直升机改变飞行状态时，驾驶杆、脚蹬和油门总距杆都需要进行操纵，并要求柔和协调，才能保持或建立某种飞行状态的平衡。

4.4.4 影响操纵性的因素

由于影响直升机操纵性的因素很多，这里仅仅介绍以下几点。

1. 重心的影响

直升机的重心和重心移动范围都有严格的限制，否则会给操纵性带来困难。例如，直升机悬停时，旋翼拉力应该通过重心，并与重力平衡。图 4-23（a）所示为正常重心位置时的悬停状态，驾驶杆中立。如直升机重心后移 [见图 4-23（b）]，旋翼拉力对重心形成上仰力矩，机尾就要下垂，同时旋翼的拉力也向后倾，要迫使直升机向后移动。为了保持悬停状态，飞行员就不得不向前顶杆 [见图 4-23（c）]，使自动倾斜器前倾，以保持旋翼锥体仍然向上，从而使拉力通过重心垂直向上，与重力取得平衡。但这样处理就限制了直升机在前进飞行中，飞行员向前推杆的活动范围。所以直升机在装载货物和人员时，为了保证正常的操纵性，必须保持规定的重心位置。

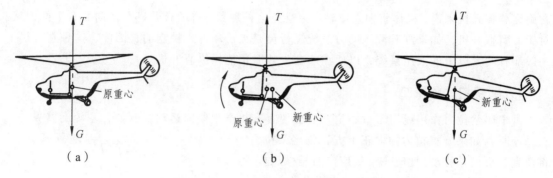

图 4-23　重心移动对操纵性的影响

2. 陀螺效应的影响

操纵还必须考虑到旋翼的陀螺效应对飞行状态的影响，当操纵驾驶杆时，旋翼的陀螺效应使直升机产生进动作用，可以采用图 4-24 所示的方法判断方向。圆弧箭头表示旋翼旋转方向，圆内的空心箭头表示飞行操纵驾驶杆的方向，圆上的虚粗箭头表示进动作用对直升机状态的影响情况。

例如，左旋旋翼直升机加速飞行时，由于旋翼拉力不对称所产生的向右的倾斜力矩，随着速度增大而不断加剧直升机向右倾斜；反之，减速时直升机向左倾斜。因此，飞行员向前顶杆使直升机增速的同时，还需相应地向左压杆。向后带杆减速的同时，则要相应地向右压杆。

进动大小取决于操纵驾驶杆动作的粗猛程度。柔和协调地操纵驾驶杆，直升机转动慢，还可以减小旋翼进动所带来的不利影响，有利于直升机从一种飞行状态转换到另一种飞行状态。因此，操纵驾驶杆的动作一定要柔和。

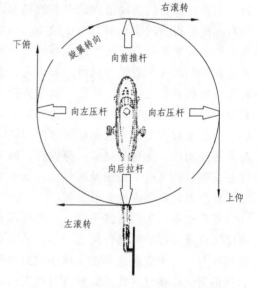

图 4-24　旋翼进动方向的判断方法

3. 前飞速度的影响

在前飞速度很小时，旋翼桨叶是非常不稳定和非常危险的，这时如果有阵风影响引起桨尖旋转平面向后倾斜，旋翼有效拉力水平分力的作用方向会变成与直升机飞行方向相反，直升机向前飞行时向后作用的分力形成一俯仰力矩而造成直升机抬头，导致旋翼桨叶进一步向后倾斜，继续增大向后作用的水平分力，从而使情况进一步恶化，甚至引起严重的后果。消除此影响的方法是飞行员将周期变距杆迅速前推。

前飞时另一个影响操纵性的重要因素是横向杆力，如果不修正这个杆力，将引起直升机的滚转，这个力来自于变距拉杆对飞行载荷的反作用力。在向前飞行时，整个操纵机构均向前倾斜，变距拉杆在直升机纵轴上位于最低点和最高点时，由于相位滞后现象的存在，在变距拉杆最大飞行载荷力的作用下将发生横向位移，前行桨叶上力的作用方向向下，后行桨叶上力的作用方向向上，其反作用力将使直升机的整个操纵机构朝着后行桨叶方向倾斜。对于右旋旋翼直升机来说，机体将向左滚转。为避免这种现象，有的直升机在横向装有平衡弹簧。对于大型直升机，如果没有液压助力系统飞行员是无法用杆来控制的，因此，这种直升机上一般都有两套以上的液压系统，以便在一套失效时仍能操纵直升机。

4. 尾桨拉力的影响

由于尾桨拉力作用线高于重心位置，会使直升机产生侧向运动。例如，左旋旋翼直升机在悬停时，如果旋翼拉力指向正上方，则尾桨拉力将使直升机向左移动。此时飞行员应向右稍微压杆，如图 4-25 所示，使旋翼产生向右的水平分力（T_3）与尾桨拉力平衡。又如，一般直升机在垂直起飞刚离地的瞬间，容易向左移动，也就是尾桨拉力作用的结果。

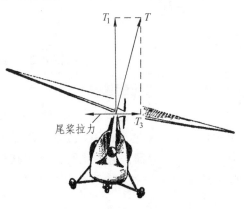

图 4-25　尾桨对操纵性的影响

因为尾桨拉力对操纵性产生影响，所以有的直升机驾驶杆向右的活动范围比向左的稍大。飞行员向右压杆取得力的平衡后，由于拉力向右倾斜，对重心形成力矩，使直升机也向右倾斜。注意观察这种直升机的起飞和着陆，就可以看出它通常都是左轮先离地和右轮先接地。还有，如果货舱内载重不能完全放在中心线上时，可以靠左侧安放载重；空降兵跳伞时，应先从右边开始。

几乎所有类型的飞机都存在这样的情况：增加飞机的稳定性将导致其操纵性降低。通常，与稳定性相比，飞行员更重视操纵性，因为可操纵性使飞行员有可能从困境中解脱出来，即使是很稳定的飞机，由于操纵性差，也可能陷入困境。新的航空器设计要求，都向放宽静稳定性要求而向高操纵性要求发展。

直升机不同于固定翼飞机，一般都没有在飞行中供操纵的专用活动舵面。这是由于在小速度飞行或悬停中，其作用也很小，因为只有当气流速度很大时舵面或副翼才会产生足够的空气动力。由于旋翼还起着飞机的舵面和副翼的作用，所以单旋翼带尾桨的直升机主要靠旋翼和尾桨进行操纵，而双旋翼直升机靠两副旋翼来操纵。

直升机操纵系统的特点主要是桨距与油门联动和桨叶的周期变距。改变旋翼桨距的同时必须调节油门和尾桨桨距，才能保证直升机按所需要状态飞行。周期变距就是在改变直升机纵向与横向姿态时，通过联动装置使旋翼桨盘相对旋翼轴倾斜，从而使旋翼各桨叶的桨距在每一转动周期中改变，导致旋翼锥体倾斜，由总拉力的分力实现直升机的纵向与横向操纵。

理论上，直升机旋翼系统本身是不稳定的，也就是说，桨盘的姿态必须随时由周期变距杆控制和操纵，任何非人为的旋翼桨盘姿态的改变必须通过物理操纵才能恢复到原姿态。全铰式旋翼系统正是如此，而有的旋翼系统加装了其他增加稳定性的方法，如平衡杆等。即使如此，桨盘的姿态仍然由周期变距杆来决定，要想保证桨盘保持在一个所需的姿态，周期变距杆不能松开，必须始终保持在一个选定的位置。

总之，在飞行中，具有一定稳定性的直升机能帮助飞行员保持其平衡状态。但是飞行员应正确对待直升机的稳定性，不能完全依赖它，还应当审时度势，积极主动地实施操纵，保持好既定的飞行状态，主要原因如下：

（1）直升机的稳定性比一般的飞机差，特别是在悬停状态，稳定性更差。直升机受扰动后以致俯仰和横侧平衡状态发生变化，此时将会偏离原来的平衡状态而出现往返摆动。飞行员必须在摆动尚未扩大时，及时加以修正，以免直升机偏离原来的状态过多。

（2）直升机以较大的速度飞行时，虽然稳定性比悬停时好些，但应该知道，直升机受扰动后呈现摆动（钟摆现象），这种摆动的消失需要一段时间，为了能迅速及时恢复直升机的飞行状态，飞行员也必须及时进行修正。

（3）直升机在不稳定气流中飞行，经常会受扰动作用，往往是一波未平，一波又起。为了保持好既定的飞行状态，飞行员绝不应单纯依靠直升机的稳定性，应积极准确地实施操纵。

·复习思考题·

1. 规定直升机重心的前后极限位置是因为_____。

    A. 受最大载重的限制

    B. 结构强度的限制

    C. 受俯仰安定性和俯仰操纵性的限制

2. 具有俯仰安定性的直升机，当俯仰状态变化时，必须_____。

    A. 重心位置前后移动

    B. 产生俯仰安定力矩和俯仰阻转力矩

    C. 产生操纵力矩

3. 直升机飞行中_____。

    A. 需要 3 个操纵就可以改变俯仰、横侧与航向姿态

    B. 需要 4 个操纵才能改变与保持所需姿态

    C. 需要 6 个操纵，因为直升机空中有 6 个自由度

4. 飞行中，俯仰安定性强弱变化主要取决于_____。

    A. 飞行速度的大小

    B. 水平安定面的位置

    C. 重心位置的前后移动

5. 飞行员通过对旋翼的操纵，可控制直升机_____。

    A. 升降和悬停以及前进或后退飞行

    B. 左或右横侧飞行

    C. 以上都对

6. 方向安定力矩产生的条件是_____。

    A. 直升机发生偏转

    B. 出现侧滑

    C. 直升机发生滚转

7. 直升机活动水平安定面_____。

    A. 飞行中可操纵偏转改变直升机的俯仰姿态实现俯仰操纵

    B. 在起飞或巡航时调整俯仰姿态增大升力或减小阻力

    C. 飞行中可自动偏转调平飞机

8. 直升机垂直安定面的主要作用是_____。

    A. 增强方向安定性和有时平衡部分反扭矩

    B. 有时平衡部分反扭矩

    C. 增强方向安定性

9. 保持直升机俯仰、方向和横侧平衡的条件分别是什么？

10. 简述静平衡和动平衡的区别。

11. 直升机静稳定性包括什么？

12. 试述直升机阻尼的作用。

13. 影响直升机稳定性的因素分别是什么？

14. 简述直升机的操纵原理。

15. 如何理解直升机的配平操纵。

16. 简述直升机的操纵特点。

17. 影响直升机操纵性的因素分别是什么？

第 5 章 平飞、上升和下滑

直升机飞行状态包括平飞、上升、下滑、悬停、垂直飞行、侧滑、盘旋、侧飞、后飞和机动飞行等。除垂直飞行外的其他飞行状态就是转换飞行，从悬停状态转变为转换飞行状态的过程就是过渡飞行。直升机除了这些飞行状态，还要考虑涡环状态、自转和转弯飞行。可见，直升机飞行状态比固定翼飞机飞行状态复杂。

为了完成好既定飞行任务，飞行员就应理解和掌握直升机飞行性能及其变化规律。直升机平飞、上升和下滑规律是分析与认识更复杂运动形式的基础，平飞最大速度、平飞速度范围、最大上升率、上升限度、最大下滑距离、最远航程和最久航时等是直升机重要的飞行性能，也是进一步分析其他直升机飞行性能的基础。本章首先从直升机的平飞、上升、下滑等飞行状态来研究直升机的主要飞行性能及其变化规律，讨论飞行条件对飞行性能的影响，同时介绍平飞、上升、下滑等飞行状态的基本操纵原理。

5.1 功率曲线

直升机会产生影响其飞行的各种阻力，这需要发动机输出功率予以克服。直升机性能的优劣是由可用功率和所需功率两方面决定的。可用功率取决于所安装的发动机的性能，所需功率与直升机飞行产生的阻力息息相关，所以可用功率和所需功率是研究和判断直升机平飞等飞行性能的依据。这里主要采用功率曲线进行性能分析，功率曲线就是可用功率和所需功率随着飞行速度的变化曲线，包括可用功率曲线和所需功率曲线。下面一一分析。

5.1.1 可用功率曲线

1. 可用功率

旋翼实际可以利用的功率叫可用功率。直升机的可用功率来自发动机。发动机输出的功率除了转动通风器、舵桨和克服减速器的摩擦以外，主要就是带动旋翼转动。由于发动机输出的功率不能全部被旋翼利用，会有一定的损失，故不等于旋翼的可用功率。可用功率的计算公式可以表示为

$$N_A = \zeta \cdot N_{额定} \tag{5.1}$$

式中　　N_A —— 旋翼的可用功率；

$N_{额定}$ —— 发动机的额定功率；

ζ —— 功率传递系数。

2．可用功率随飞行速度的变化

目前，单旋翼带尾桨直升机的功率传递系数基本不随飞行速度变化，而且飞行中的旋翼转速变化很小，故可认为装有活塞式发动机的直升机，在固定的高度上飞行，其最大可用功率基本上不随飞行速度变化，图 5-1 所示为可用功率曲线。

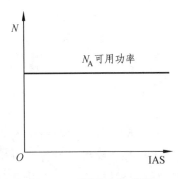

图 5-1　可用功率曲线

只有具有足够动力的直升机，才能存在充足的可用功率保证直升机悬停和爬升。从图 5-1 中的可用功率曲线还不能看出直升机性能特征，只有了解此时飞行状态的所需功率，通过可用功率和所需功率之间的关系，才可以很明显地了解直升机的性能特征。

3．可用功率随高度的变化

由于功率传递系数随高度变化也不大，因此功率随高度的变化与发动机输出功率随高度的变化相似。发动机输出功率随高度的变化关系，称为发动机的高度特性。此特性与发动机的型式有关。直升机上常用的发动机有两种类型：活塞式发动机和涡轴式发动机。

目前，大多数直升机采用涡轴式发动机，其优点是重量与功率之比小，缺点是耗油率大。而且输出功率随高度的增加一直减小，但比空气密度随高度的变化要缓慢一些，发动机的高度特性如图 5-2 所示，图中点画线为密度随高度的变化，虚线表示无增压器的活塞式发动机的高度特性。Bell206BⅢ型直升机采用 Allison 250 涡轴发动机，其输出的可用功率随高度的增加一直减小。

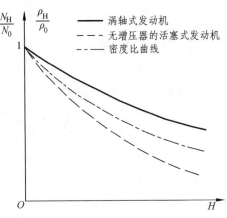

图 5-2　发动机的高度特性

早期的无增压器的活塞式发动机的可用功率也随着高度增加而减小，如图 5-2 所示，这表明其高度特性较差，它比空气密度随高度的变化更剧烈。因此，一般活塞式发动机作为直升机的动力装置都需附加增压器，例如直 5 型直升机装有一台二速增压的活塞式发动机。这种活塞式发动机的高度特性呈锯齿形状。在额定高度以下，输出功率随高度的升高而增大；在额定高度以上，输出功率又随高度的升高而减小。

5.1.2　所需功率曲线

根据直升机产生的阻力类型，旋翼所需功率除了包括诱阻功率 N_i、型阻功率 N_0 和废阻功率 N_p 以外，还需要上升中直升机势能增加所需的功率 N_c。可以表示为

$$N_R = N_i + N_0 + N_p + N_c \tag{5.2}$$

对某些飞行状态，式（5.2）中有些项可能为零，因此旋翼所需功率的表达式具有不同形

式。在平飞时，直升机旋翼需要消耗的功率，叫作平飞所需功率，用 N_{LR} 表示，因 $N_c = 0$，故

$$N_{LR} = N_i + N_0 + N_p \qquad (5.3)$$

垂直飞行时，所需功率用 N_{CR} 表示，因飞行速度不大，可以认为 $N_p = 0$，故

$$N_{CR} = N_i + N_0 \pm N_c \qquad (5.4)$$

式（5.4）中，上升时取正，下降时取负。

直升机悬停时，所需功率用 N_{HR} 表示，由于此时 $N_c = 0$ 和 $N_p = 0$，所以

$$N_{HR} = N_i + N_0 \qquad (5.5)$$

由于上升的诱导速度比平飞的要小，则诱阻功率也要小，所以直升机上升总功率要小，如图 5-3 所示。其中，在高速上升中，由于诱阻功率随上升率的变化不大，所以所需的诱阻功率与平飞相近。剩余功率是指在同一速度下，可用功率与所需功率之差。

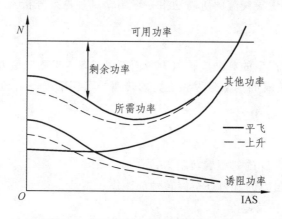

图 5-3　平飞和上升所需功率曲线

必须指出，旋翼所需功率的大小，不能依据包含的功率项数来决定，必须根据不同飞行状态的各项功率的总和来定，在研究旋翼所需功率变化时，应该注意这一点。旋翼所需功率在旋转速度不变情况下，只取决于桨叶的旋转阻力。桨叶旋转阻力越大，保持旋翼旋转所需功率就越大。下面分别讨论功率的各组成部分。

1. 诱阻功率 N_i

为克服旋翼旋转时产生的诱导旋转阻力所消耗的功率，叫诱导旋转阻力功率，简称诱阻功率，用 N_i 表示。由于诱阻功率是为了产生拉力而向下排除空气所消耗的功率，所以可以表示为旋翼拉力 T 与桨盘平面内的诱导速度 V_i 的乘积，即

$$N_i = TV_i \qquad (5.6)$$

从公式（5.6）中可以看出，当旋翼拉力一定时，诱阻功率随诱导速度的减小而减小。

从第 2 章可知，旋翼产生拉力就会产生诱导速度，如果没有诱导速度，就没有旋翼拉力。由于诱导速度的产生，桨叶相对气流来流角的变化而产生诱导旋转阻力，因此需要消耗一部分功率。事实上，诱阻功率是旋翼产生拉力所必须付出的代价，只要旋翼产生拉力，就必须

消耗诱阻功率。

直升机在平飞中，因为诱导速度随飞行速度的增加而减小，故诱阻功率也随着飞行速度的增加而减小。直升机在悬停状态下，由于下洗速度处于最大，所以悬停状态下所需诱阻功率最大，占旋翼所需功率的 60% ~ 70%。其实，下洗速度随着前飞速度的增加而减小，所需诱导功率也随着速度的增加而减小，当处于中速飞行时所需功率为最小值，如图 5-3 所示。随着空速增加，诱阻功率曲线出现一个急剧下降的陡坡，表明即使不能垂直飞行或悬停，但有可能过载或低动力飞行。

可见，尽可能地降低诱阻功率的消耗是十分重要的。在旋翼拉力、飞行高度和飞行状态不变的条件下，如果增大桨盘面积可以使诱导速度减小，这就是直升机的旋翼半径总是做得比较大的主要原因。但增大旋翼半径还要受到其他条件的限制，因此旋翼半径不可能无限制地增大。

除了旋翼旋转产生诱阻功率外，如果直升机有尾桨也会产生诱阻功率。诱阻功率会影响旋翼和尾桨工作，产生诱导气流的所需功率一般用动量理论来分析。

2. 型阻功率 N_0

为克服旋翼旋转时产生的翼型旋转阻力所消耗的功率，叫翼型阻力功率，简称型阻功率，用 N_0 表示。它取决于旋翼的翼型阻力和旋翼的转速，可用下式表示

$$N_0 = kQL\Omega \qquad (5.7)$$

式中　k——桨叶片数；

　　　Q——每片旋翼桨叶的翼型旋转阻力；

　　　L——翼型旋转阻力的着力点至旋转轴的距离；

　　　Ω——旋翼的旋转角速度。

直升机悬停时，型阻功率占全部所需功率的 25% ~ 30%。随着平飞速度增加，在旋翼转速不变的情况下，相对气流不对称性加剧，前行桨叶率先进入激波失速。此时型阻增加较快，一旦桨叶进入失速，失速区中仅仅 3° ~ 4° 的桨叶迎角增量会导致差不多两倍的型阻增加。前行桨叶型阻功率增加量比后行桨叶型阻功率减小量要多一些。因此，型阻功率随着平飞速度的增加略有增加，如图 5-3 所示。

除了旋翼旋转产生型阻功率外，如果直升机有尾桨也会产生型阻功率。型阻功率会影响旋翼和尾桨工作，阻碍桨叶通过黏性流的所需功率一般用叶素理论来分析。

3. 废阻功率 N_p

为克服直升机平飞时机身产生的空气阻力所消耗的功率，叫废阻力功率，简称废阻功率，用 N_p 表示。采用直升机在飞行中产生的空气阻力 X 和飞行速度 V 的乘积来表示

$$N_p = XV \qquad (5.8)$$

机身的废阻力包括蒙皮摩擦阻力和压差阻力。摩擦阻力通常是可以忽略不计的（<1%）；然而压差阻力是不能忽略的，它是由于机身前后的压力差产生的。机身各部分（起落装置、旋翼减速器罩、垂直尾翼等）都会分别产生废阻力。

由于机身的废阻力与飞行速度的平方成正比，所以废阻功率与飞行速度的三次方成正比，即废阻功率随飞行速度的增大而显著增加，在高速下增加更快。由于废阻力也与直升机当量迎风平面面积有关，直升机外形越良好，废阻越小，桨叶流线型与废阻也有同样关系。所以，废阻功率也受当量迎风平面面积的影响，阻碍机身通过黏性流的所需功率，可用简单的空气动力学理论来分析。

4．全机所需功率

全机所需功率包括旋翼所需功率、尾桨所需功率以及传动系统损失的功率等。实际上旋翼所需功率占全机所需功率的主要部分，其中一小部分用于尾桨和其他功率的消耗。旋翼所需功率大小主要与总重、空气密度、前飞速度、旋翼转速有关。全机所需功率还与直升机机型、飞行环境、飞行状态等有关。对于单旋翼带尾桨的直升机，在平飞时，尾桨消耗的功率主要由型阻功率和诱导功率组成。

旋翼所需功率和全机所需功率之比，称为功率利用系数。

5．剩余功率

给出所需功率的概念之后，就可以定义直升机的剩余功率。直升机发动机所提供的可用功率减去相应飞行条件的所需功率就是剩余功率。剩余功率描述了发动机功率储蓄的大小，是直升机具备机动飞行能力的重要度量。从图 5-3 中可以看出，剩余功率随着空速增加而增加，在中速时达到最大值，然后开始减小，在最大速度处减为零。

5.1.3　影响所需功率的因素

旋翼所需功率取决于桨叶产生的升力和空气阻力，凡是影响桨叶升力和空气阻力大小、方向的各因素都会影响旋翼所需功率。下面着重分析几个与飞行有关的影响因素。

1．重量的影响

如果直升机重量增加，克服机重需要的旋翼拉力增大。所需拉力增大，诱导速度和来流角也会增大，使桨叶升力增大和向后更加倾斜，诱导旋转阻力和诱阻功率增加。额外功率的需求也让尾桨产生更多的反作用力矩，其型阻功率也会增加。因此，随着重量增加，所需功率曲线往右上侧移动；反之，往左下侧移动，如图 5-4 所示。

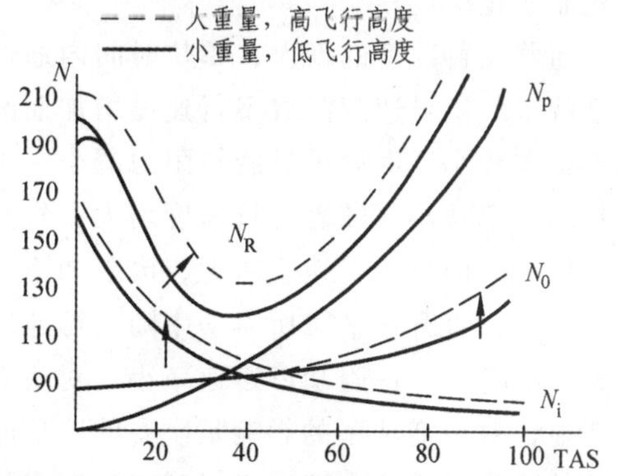

图 5-4　重量和飞行高度对所需功率的影响

2．飞行高度和空气密度的影响

空气密度增大，翼型旋转阻力和废阻旋转阻力增大，故型阻功率和废阻功率增大。但空气密度增大，单位时间内通过旋翼的空气质量增多，获得同样大的拉力，诱导速度减小，因而克服诱导旋转阻力所消耗的诱阻功率减小。反之，空气密度减小，型阻功率和废阻功率减小，诱阻功率增加。

随着飞行高度增加，空气密度减小，要保持相同的空速飞行，就需要增大诱导气流速度，这样桨叶角、桨叶迎角和入流角势必也会增加，所需诱阻功率曲线上移，如图 5-4 所示。同时，根据指示空速 IAS 和真空速 TAS 的关系：$\rho_0 V_I^2 = \rho_H V_T^2$，要增大旋翼转速才可以维持相同空速，故需要增加所需功率大小。同样道理适用于尾桨。

从图 5-4 中可以看出，在低速飞行中，以诱阻功率为主；而在高速飞行中，以型阻功率为主。随着飞行高度增加，所需功率曲线往右上侧移动；随着飞行高度降低，所需功率曲线往左下侧移动。

3．平飞速度的影响

将同一平飞速度的型阻功率、诱阻功率和废阻功率相加，就得到此空速下的直升机平飞所需功率。当平飞速度变化时，诱导旋转阻力、翼型旋转阻力和机身、起落架等的空气动力也随之变化。为了克服这些变化了的阻力，所需功率也要变化，如图 5-5 所示的平飞所需功率曲线。

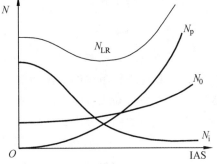

图 5-5　平飞所需功率曲线

平飞中，固定翼飞机的所需功率用于克服废阻力和诱导阻力；而直升机的平飞所需功率除了克服废阻旋转阻力的废阻功率和克服诱导旋转阻力的诱阻功率，还需要克服由于旋翼旋转造成的翼型旋转阻力的型阻功率。

旋翼旋转时，桨叶的翼型旋转阻力在不同方位上是不一样的，增大飞行速度，前行桨叶的相对气流合速度增大，翼型旋转阻力增大；后行桨叶的相对气流合速度减小，翼型旋转阻力减小。但对整个旋翼而言，翼型旋转阻力稍有增大，为克服翼型旋转阻力所消耗的功率也稍有增加。但型阻功率增加很小，可以认为型阻功率不随飞行速度变化而变化。

随着飞行速度的增大，单位时间内通过旋翼的空气质量增多，产生同样大的拉力，诱导速度就小。诱导速度随着飞行速度增加而减小。诱导速度减小，来流角减小，桨叶升力向后倾斜量也减小，因而诱导旋转阻力减小。可见，随着飞行速度的增大，克服诱导旋转阻力所消耗的功率减小。随着飞行速度增大，机身、起落架等所产生的空气阻力增大，废阻功率也相应增大，而且飞行速度越大，废阻功率增加得也越快。

由此，直升机平飞所需功率随飞行速度的变化规律可以归结为：小速度平飞时，随着平飞速度的增大，诱阻功率迅速减小，对所需功率的影响是主要的。废阻功率和型阻功率增加不明显，对所需功率的影响是次要的。这时所需功率随着平飞速度的增大而减小，在某一速度值处达到最低。大速度飞行时，随着飞行速度的增大，废阻功率的增加量超过了诱阻功率的减少量，成为影响所需功率变化的主要方面，而诱阻功率的减小降为次要方面，故此时所需功率随速度的增大而增大。

根据平飞条件估计所需功率，然后就可以确定最大平飞速度、有无地面效应的升限、最远航程和最久航时等性能。

4．垂直飞行的影响

直升机以一定的速度做垂直上升时，由于垂直上升所引起的相对速度和诱导速度方向一致，会使相对气流合速度更加偏离桨毂旋转平面，来流角增大，桨叶迎角减小，升力减小。来流角增大，使桨叶的升力更加向后倾斜，所需功率增大。为了仍保持旋翼拉力基本等于重力，使直升机能做等速垂直上升，必须增大桨叶角，以保持桨叶迎角不变。因此，在垂直上升中，来流角比悬停时大，上提总距杆的位置要比悬停时高。

垂直上升所增加的功率，在数值上等于直升机重力 G 与上升率 V_y 的乘积，即

$$N_{CR} = kGV_y \tag{5.9}$$

式（5.9）表明，直升机的重量越大，或垂直上升速度越快，则垂直上升所需功率越大。

直升机以一定的速度下降时（下降率不能过大），所需功率比悬停时小。这是因为在垂直下降中，相对气流速度和旋翼的诱导速度方向相反，使桨叶的相对气流合速度偏离桨毂旋转平面的程度减小，即来流角减小，桨叶迎角增大。因此，桨叶所产生的升力增大，而且向后的倾斜量减小，旋翼所需功率减小。

为了保持直升机具备一定的下降率，与悬停状态相比，应适当下放总距杆，减小桨叶角，保持垂直下降中的桨叶迎角大致与悬停时相等，使旋翼拉力与重力相等，才能达到匀速垂直下降的目的。

5．地面效应的影响

直升机在接近地面（旋翼半径之内）飞行中，地面效应会改善直升机性能。第2章中讲过，地面效应的强弱也与直升机的飞行速度有关。当直升机在地面效应中飞行时，悬停状态中所需功率减小，如图5-6所示。随着空速增加，地面效应影响开始减小，地面效应对所需功率的影响也逐渐减小。当距离地面高度超过旋翼直径后，地面效应对所需功率的影响微乎其微。

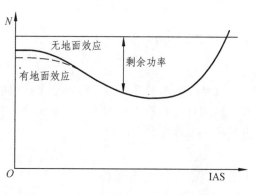

图 5-6　地面效应对所需功率的影响

6．风的影响

由于直升机飞行速度较慢，所以风对直升机航程会产生很大的影响。如果直升机以 30 kt 空速飞行，此时受到 30 kt 逆风作用，直升机地速为 0，即使此刻以推荐巡航速度飞行，见图 5-7 中 A 点，此点为无风条件下的巡航推荐速度，即从原点向所需功率曲线所作切线的切点，此点对应的也不是最大航程。

如果直升机受到顺逆风的影响，此时必须从地速为零点出发向所需功率曲线作切线。例如图中 B 点，就是顺风 30 kt 对应的最大航程速度，顺风飞行的最大航程真空速与无风情况相比略小，所需功率也略小；而图中 C 点，就是逆风 30 kt 对应的最大航程速度，逆风飞行的最大航程真空速比无风情况的大得多，所需功率就更大。

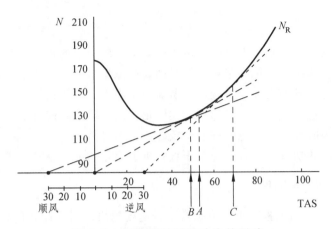

图 5-7 顺逆风对所需功率的影响

7. 桨叶外形、表面光洁度的影响

旋翼桨叶特别是桨尖部分，常以接近音速的速度作旋转运动，如果桨叶变形，表面有划伤、压痕、脱漆等，都会使旋翼的翼型旋转阻力和型阻功率增加，导致旋翼所需功率增大。此外，桨叶变形或严重碰伤，甚至还会引起振动。因此，要特别注意保持桨叶表明的光洁度和良好的外形，以免引起旋转阻力和所需功率增大，影响直升机性能。

5.2 平 飞

直升机做水平直线的飞行叫平飞。这里研究的是不带侧滑的等速平飞。平飞中，旋翼迎角一般为负。本节从平飞状态所受到的作用力出发，在阐明平飞功率曲线的基础上，分析直升机的平飞性能和操纵原理。

5.2.1 保持平飞的条件

平飞时，作用于直升机的力主要有旋翼拉力、重力、阻力和尾桨拉力。为保持飞行高度和速度不变，这些作用力必须取得平衡，如图 5-8 所示。因此，保持等速平飞的条件应为：

（1）为保持飞行高度不变，旋翼拉力 T 在铅垂方向的第一分力 T_1 应等于重力 G，即 $T_1 = G$。

（2）为保持飞行速度不变，旋翼拉力 T 的第二分力 T_2 应等于空气阻力 X，即 $T_2 = X$。

（3）为保持直升机无侧滑，旋翼拉力 T 的侧向分力 T_3 应等于尾桨拉力 $T_{尾}$，即 $T_3 = T_{尾}$。

由于直升机在前飞中一般均稍带坡度 γ，尾桨拉力在水平面内的分力为 $T_{尾}\cos\gamma$，因 $\cos\gamma \approx 1$，故 T_3 与 $T_{尾}$ 近似相等。

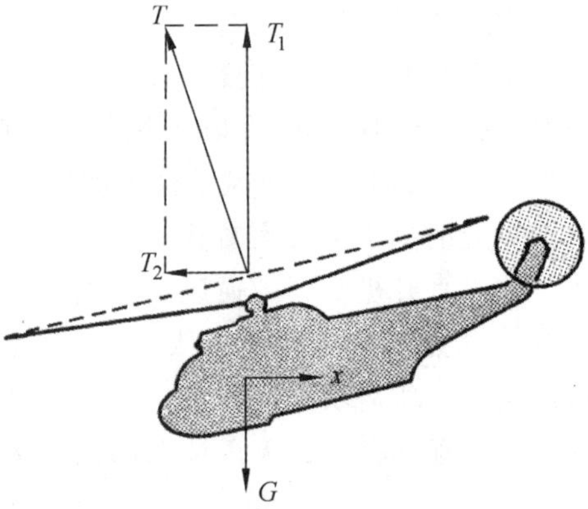

图 5-8 直升机受力状态

此外，作用于直升机的各力绕重心形成的力矩还必须取得平衡，即 $\sum M = 0$。

直升机要保持等速平飞，以上任一条件都要满足，只要其中一个条件遭到破坏，其他平衡关系就会发生变化，平飞就不能保持，使直升机飞行高度和速度发生变化。因此，飞行员应及时地用杆、舵进行修正，保持平飞平衡状态。平飞姿态如图 5-9 所示。

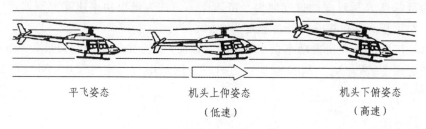

平飞姿态　　　　　机头上仰姿态　　　　　机头下俯姿态
　　　　　　　　　　（低速）　　　　　　　（高速）

图 5-9　直升机平飞姿态

5.2.2　平飞性能

直升机的平飞性能主要包括平飞最大速度、最小速度、有利速度、经济速度和平飞速度范围。平飞功率曲线包括可用功率曲线和平飞所需功率曲线，平飞功率曲线是判断和研究直升机平飞性能的主要依据，下面通过平飞功率曲线来分析平飞性能。

1．平飞最大速度

直升机使用发动机最大额定功率平飞所能达到的最大平飞速度，就是平飞最大速度，用 V_{MAX} 表示。由图 5-10 可看出，可用功率曲线与所需功率曲线在右边交点 C 所对应的速度，就是平飞最大速度。

如果直升机空速大于平飞最大速度，平飞所需功率将超过可用功率，直升机不能保持平飞状态。例如，Bell206BⅢ型直升机，在 900 m 以下，总重不超过 1 360 kg，其允许的平飞最大速度为 130 kt。

限制直升机最大速度的原因是旋翼空气动力性能的限制。此时桨叶升力不对称性加重，没有足够的周期变距操纵力来平衡升力；又如后行桨叶失速时，可能无法用周期变距操纵对其进行

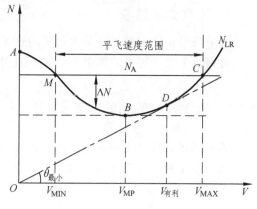

图 5-10　平飞功率曲线

补偿。另外，旋翼空气动力不平衡使直升机产生振动，也会限制飞行速度不能过大。

2．平飞最小速度

直升机的最大特点就是能在空中悬停，从这个角度讲，直升机的最小速度应该为零。但直升机并不是在所有高度上都能悬停，在某些高度（静升限以上）上直升机不能悬停，但此时仍可以平飞。在这种情况下，直升机使用发动机的额定功率所能保持的最小飞行速度，就是平飞最小速度，用 V_{MIN} 表示。在图 5-10 中，可用功率曲线与所需功率曲线在左边的交点 M

所对应的速度，就是平飞最小速度。

3．经济速度（最小功率速度）

所需功率最小的平飞速度叫经济速度，用 $V_{经济}$（或 V_{MP}）来表示。在图 5-10 中平飞所需功率曲线的最低点 B 所对应的速度即为经济速度，也称为最小功率速度。例如，Bell206BⅢ型直升机，在重量为 3 000 lb 时经济速度为 52 kt。

由于以经济速度平飞所需功率最小，因此最省油，在空中能持续时间最久。而保持 V_{MP} 平飞时，剩余功率（$\Delta N = N_A - N_R$）最大，直升机利用最小功率速度爬升，可以得到最大的上升率。

4．有利速度

平飞所需功率与平飞速度的比值最小所对应的速度，称为有利速度，用 $V_{有利}$ 表示。在图 5-10 中从原点对平飞所需功率曲线所引切线，切点 D 所对应的速度就是有利速度。平飞所需功率与平飞速度的比值为 $\dfrac{N_{LR}}{V_L} = \tan\theta$，这样切点 D 所对应的 θ 角最小，故 D 点所对应的 $\dfrac{N_{LR}}{V_L}$ 最小。例如，Bell206BⅢ型直升机，在重量为 3 000 lb 时经济速度为 69 kt。

当燃油储备量一定，功率与飞行速度之比最小时航程最大，所以以有利速度平飞可获得最远的航程，故该速度又称为远航速度。对于活塞式发动机的直升机而言，以有利速度平飞，航程最远。在以旋翼自转状态的下滑中，以有利速度下滑，直升机的下滑角最小，下滑距离最长。

5．平飞速度范围

从平飞最小速度到平飞最大速度的速度范围，称为平飞速度范围。在此范围中用任一速度均可保持平飞，平飞速度范围越大，表明直升机性能越好。

5.2.3　平飞性能的影响因素

如前所述，直升机的平飞性能是由可用功率和平飞所需功率两方面来确定的。当飞行高度、飞行重量和大气温度变化时，会引起可用功率和平飞所需功率的变化，平飞性能也就随之变化。

1．高度的影响

研究平飞性能随高度的变化，必须首先了解平飞所需功率随高度的变化规律。平飞所需功率是由型阻功率、诱阻功率和废阻功率组成的。弄清了所需功率各组成部分随高度的变化，就会了解整个所需功率随高度的变化规律。

1）平飞所需功率随高度的变化

根据图 5-4 可知，型阻功率随高度增加基本不变。一方面，高度增加，空气密度减小，要保持旋翼的转速和拉力不变，需增加总距以增大桨叶迎角，这时翼型阻力增大，型阻功率随高度增加而增加；另一方面，高度增加，空气密度减小，型阻功率又有所减小。故高度增加，型阻功率基本保持不变。

诱阻功率随高度增加而增加。因为高度增加，空气密度减小，将引起旋翼拉力减小，为保持所需拉力不变，诱导速度将增大，因此，诱阻功率随高度升高而增大。平飞速度不同，诱阻功率占整个所需功率的百分比也不同。小速度平飞时，诱阻功率所占的百分比大，因此随高度的增加，诱阻功率增加得多。反之，大速度平飞时，诱阻功率所占的百分比小，高度增加，诱阻功率增加得少。

废阻功率随高度的增加而减小。因为在飞行速度（真速）相同的条件下，空气阻力与空气密度成正比。平飞速度不同，废阻功率减小量也不一样。平飞速度小，高度增加，废阻功率略有减小；大速度平飞时，高度增加，废阻功率减小较多。

综上所述，当平飞速度不大时，高度增加，虽然型阻功率和废阻功率变化不大，但由于诱阻功率增大，故平飞所需功率将有所增大。而且，平飞速度越小，诱阻功率增加越多，因此所需功率曲线将向上移动越多。反之，当平飞速度较大时，高度增加，诱阻功率和型阻功率都变化不多，而废阻功率减小较多，所需功率曲线向上移动也将越少，甚至向下移动。平飞所需功率曲线随高度变化的这一特点，将造成平飞所需功率曲线的最低点向右上方移动，如图 5-11 所示。

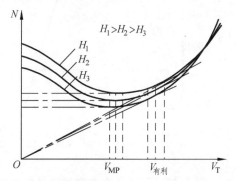

图 5-11　平飞所需功率随高度的变化

图 5-10 和图 5-11 结合起来分析可知，随高度的增加，平飞需用功率曲线的最低点（图 5-10 中 B 点）及过原点的直线与平飞需用功率曲线的切点（图 5-10 中 D 点）向大速度区偏移，所以直升机的经济速度和有利速度随高度的增加而加大。因此，平飞最小所需功率和经济速度将随高度增加而变大，有利速度也将随高度的升高而变大。

2）平飞最大速度随高度的变化

由于大速度情况下，平飞所需功率随高度增加变化不大（大体认为不变），因此，最大速度随高度的变化，则主要由可用功率随高度的变化来决定，即取决于发动机的高度特性。

对于装有增压器的活塞式发动机的直升机来说，在额定高度以下，可用功率随高度的增加而增大，因而平飞最大速度随高度增加而增大；超过额定高度以后，随着高度增加，由于可用功率减小，故平飞最大速度随高度增加而减小。

对于装有涡轮轴发动机的直升机而言，根据涡轮轴发动机的高度特性，随着飞行高度增加，直升机平飞最大速度则一直减小。原因是，直升机在高空中飞行时，由于空气密度减小，需要使用较大的总距（即较大的迎角）才能产生足够的拉力。这样，后行桨叶就更加容易超过临界迎角而产生气流分离，前行桨叶就有可能超过临界 M 数而产生激波。由上述两个原因所确定的最大飞行速度，将随高度升高而减小。

图 5-12 所示为某型直升机按功率条件的平飞最大速度、最小速度和平飞速度范围随高度的变化曲线，这表明：随飞行高度的增加，最小飞行速度变大；最大飞行速度减小；平飞速度范围变小，最后到达某一高度（图 5-12 的 E 点）时的最大平飞速度等于最小平飞速度。也

就是说，在这个高度直升机只能以一个速度平飞，就把这一高度称为该直升机的理论极限高度，即理论升限，用 $H_{动}$ 表示。

实际上，在接近理论升限这个高度时，几乎没有剩余功率，直升机的最大爬升率很小，要上升到这一高度的时间就很长，因此该点只能是理论上的性能指标。

直升机在高度较低时飞行，平飞最大速度是由可用功率与平飞所需功率之差确定，但也有直升机因处于 90° 方位的桨叶出现激波而使平飞最大速度减小；当高度升高后，平飞最大速度将受到处于 270° 方位的桨叶产生气流分离的限制，如图 5-13 所示。因此，飞行员应按机型飞行手册规定的平飞最大速度飞行。

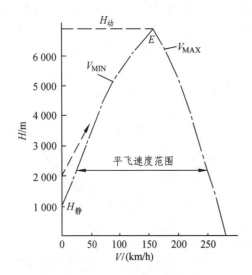

图 5-12　平飞最大速度随高度的变化

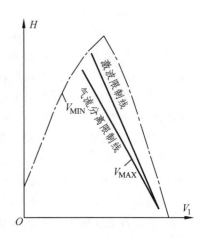

图 5-13　直升机最大速度限制曲线

3）平飞最小速度随高度的变化

由于高度增加，在小速度与大速度范围内平飞所需功率增加幅度不同，因此，平飞最小速度随高度的变化规律与平飞最大速度不同。

装有增压器的活塞式发动机的直升机，其最小速度随高度的变化特点是，在一定额定高度以下，高度升高，由于可用功率和所需功率都同样增大，故平飞最小速度基本不变。超过一定额定高度后，高度升高，可用功率降低，但平飞所需功率仍随高度升高而继续增大，故必须通过增大平飞最小速度来减小所需功率才能保持平飞，因而在此高度范围内，平飞最小速度随高度升高而增加，如图 5-14 所示实线。图中实线还表示，由于该型直升机装有二速传动增压器的活塞式发动机，其一速增压高度约为 1 500 m，在 3 000 m 高度换用二速增压，二速增压高度约为 4 500 m。

对装有涡轮轴发动机的直升机而言，其平飞最小速度随着高度增加而增大，如图 5-14 虚线所示。

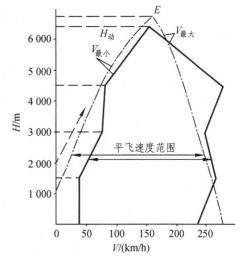

图 5-14　平飞速度范围随高度的变化

在静升限以下，高度升高，平飞最小速度增大。一方面，平飞所需曲线随着高度升高而上移，特别小速度所需功率曲线上移较多；另一方面，可用功率曲线随高度升高而下移，故使平飞最小速度随高度的升高而增大。

4）平飞速度范围随高度的变化

将平飞最大速度和平飞最小速度随高度的变化曲线画在同一坐标系上，就得到平飞速度范围随高度的变化规律，如图5-14所示。

一般来说，直升机的平飞状态不得超过平飞速度范围。可是，直升机在短时间内（10～15 min）可以超过这个范围限制。例如，某些直升机，当发动机为额定状态时，在任何高度都不能悬停（平飞最小速度都大于零），但在一定高度下仍可以短时间内悬停，如图5-14显示该型直升机在2 000 m以下可以短时间内悬停。正是由于这个特点，直升机可利用发动机最大功率（起飞工作状态）在短时间内完成垂直起飞和增速，转入上升后再利用发动机额定状态在平飞速度范围内飞行。同样，在下滑减速后，利用最大功率可做短时间的接近地面悬停和垂直着陆。短时间的利用发动机最大功率，在一定高度以内可以扩大平飞速度范围（如图5-14虚箭头所示），并可以保证直升机在较小的场地上进行起飞和着陆。

对于涡轴发动机直升机而言，从图5-14中还可以看出，由于高度升高，平飞最小速度增大，而平飞最大速度有减小，所以平飞速度范围随着高度增加而减小，当到达理论升限，直升机只能用一个速度平飞。

2．大气条件的影响

以上分析的是在标准大气条件和一定飞行重量情况下的直升机平飞性能与高度的变化规律。下面分析大气条件对平飞性能的影响。

1）大气温度对平飞性能的影响

温度升高，空气密度减小而使直升机的可用功率减小；同时因空气密度减小，诱阻功率增大，直升机的所需功率将增大，故使平飞最小速度增大。另外，温度升高，旋翼拉力将因空气密度减小而减小，为产生足够的拉力必须使用较大的总距，这将因气流分离和产生激波所确定的最大速度减小。故温度升高，平飞最大速度减小，平飞速度范围缩小。

2）空气湿度对平飞性能的影响

湿度增加，会使直升机的可用功率减小，因此平飞最小速度将增大。此外，湿度增加，空气密度减小，旋翼拉力也会减小，为保持足够的拉力，必须使用大总距。这样，在大速度飞行时，旋翼更易产生气流分离和激波，故平飞最大速度将减小，平飞速度范围缩小。

3．飞行重量的影响

随着重量的增加，为保持平飞必须增加旋翼拉力。在旋翼转速保持不变的条件下，必然增加桨叶安装角，使桨叶平均迎角增加，引起诱阻功率和型阻功率增加，使平飞所需功率增加。小速度飞行时，诱阻功率占的百分比大，速度越小，平飞所需功率增加得越多，故平飞最小速度增加，可以通过图5-10和图5-11进行分析。因此，飞行重量越重，直升机的平飞最小速度增大得越明显。大速度飞行时，虽然重量增加平飞所需功率增加很少，使平飞最大速度变化不大，但重量增加，桨叶平均迎角增加，造成后行桨叶气流分离加剧，将使平飞最大速度减小，平飞速度范围缩小。

4．直升机最大速度的限制

由于直升机的平飞最大速度是由平飞可用功率和平飞所需功率所确定的，在其他因素不变的情况下，只要增大发动机功率，提高平飞可用功率，才能增加平飞最大速度。目前，直升机的最大速度比固定翼飞机小得多，这并非由于发动机功率不足，而是因为在大速度飞行时旋翼空气动力性能变差所造成的。

直升机的最大平飞速度除了受功率条件的限制之外，还受到桨叶在270°方位附近气流分离的限制和90°方位附近空气压缩性的限制。下面详细分析最大速度受到限制的三大主要原因。

1）前飞速度过大，旋翼后行桨叶会产生气流分离

直升机前飞时，旋翼出现相对气流不对称性，影响到前行桨叶和后行桨叶的升力，从而产生旋翼挥舞运动。前行桨叶因向上挥舞而使迎角减小；后行桨叶因向下挥舞而使迎角增大，也引起前后行桨叶迎角的不对称性。其中，桨叶挥舞作用抵消了相对气流不对称性对其升力的影响，而使桨叶升力基本不变。

随着前飞速度的增加，旋翼前后行桨叶的相对气流不对称性加剧，左右两侧桨叶迎角变化量也随之增加，迎角不对称性也加剧，如图5-15所示。在一定范围内，后行桨叶的升力随桨叶迎角的增大而增大，当前行速度增大到一定数值后，不管是左旋还是右旋旋翼，处于270°方位的桨叶桨尖部位超过临界迎角而产生气流分离，并随着前飞速度增加，气流分离区将扩展，桨叶升力不增反而会下降。而且，处于分离区内的后行桨叶，不仅其升力显著下降，阻力也急剧增加，这将破坏桨叶的正常挥舞规律，从而引起直升机强烈振动和急剧向一侧倾斜（右旋旋翼向左倾斜）。因而，后行桨叶的气流分离限制了直升机平飞速度的进一步增加。

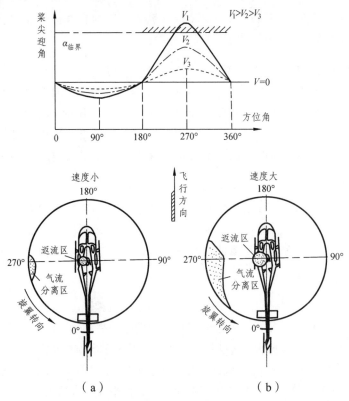

图 5-15　不同速度下桨叶的气流分离区

总而言之，随着前飞速度增加，后行桨叶的挥舞运动使迎角增大超过临界迎角，此时挥舞作用再也起不到保持桨叶升力基本稳定的功能。所以，后行桨叶产生气流分离是直升机最大速度受到限制的第一原因。

2）前飞速度过大，旋翼后行桨叶的返流区扩大

直升机前飞时，由于旋翼出现相对气流不对称性，在后行桨叶根部会出现返流区，返流区中相对气流吹向桨叶后缘。当旋翼转速一定时，前飞速度越大，旋翼前进比 μ 越大，即工作状态特性系数越大，返流区也越大，如图 5-16 所示，相对气流不对称性也越严重，从而引起直升机振动和操纵性变差。因此，后行桨叶出现返流区是直升机最大速度受到限制的第二原因。

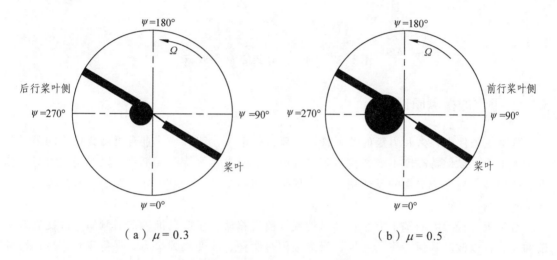

图 5-16　不同前进比的返流区比较

3）前飞速度过大，旋翼前行桨叶会产生激波

由第 2 章和第 3 章可知，直升机前飞时，桨叶各剖面处的周向相对气流，不但与其所处的半径有关，还与桨叶所处的方位有关。由图 5-17 可以看出，桨叶处在 90° 方位相对气流速度最大，270° 方位相对气流速度最小。由此可知，90° 方位附近的相对气流，随前飞速度的增加而增加，特别是桨尖处会增加更多。当前行桨叶的相对气流速度接近声速时，会产生强烈的跨音速效应，或被称为 M 数效应。此时，桨叶表面会出现超音速区和产生激波，造成前行桨叶的阻力急剧增加，空气动力性能恶化。因为激波的产生与音速有关，即与空气的密度有关，因此压缩性对直升机最大速度的限制随高度变化，参见图 5-13 所示的激波限制线。

桨叶越过 90° 方位旋转到其他方位时，由于相对气流速度减小，上述现象将会消失。每片桨叶进入这一区域都会再现上述现象，这种周期性的脉冲会造成直升机强烈的振动，引起直升机操纵性变差的现象。

随着前飞速度的增大，前行桨叶产生激波的区域会随之扩大，激波的强度也会有所增加，直升机的振动就更为强烈，从而限制了直升机前飞速度进一步提高。这就是直升机最大速度的激波限制，是直升机最大速度受到限制的第三个原因。

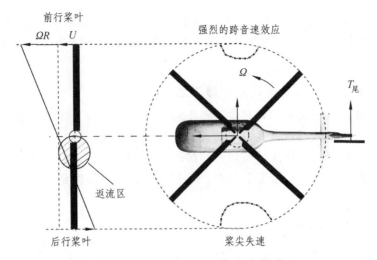

前行桨叶

ΩR U

强烈的跨音速效应

Ω

$T_{尾}$

返流区

后行桨叶

桨尖失速

图 5-17　前行桨叶侧的 M 数效应

5.2.4　平飞的操纵原理

从平飞条件中各力和力矩的关系来说，要保持平飞，就必须使直升机旋翼拉力的第一分力等于重力，以保持高度不变；拉力第二分力等于阻力，保持速度不变；以尾桨拉力对机体重心的偏转力矩等于旋翼的反作用力矩，保持方向不变；拉力第三分力等于尾桨拉力，使直升机不带侧滑飞行。

直升机飞行操纵的基本方法：操纵驾驶杆前后移动，使旋翼锥体前后倾斜，改变直升机俯仰姿态，以改变或保持飞行速度；操纵油门总距杆，改变旋翼拉力，保持飞行高度；蹬舵改变尾桨拉力，保持方向；操纵驾驶杆左右移动，改变旋翼锥体的倾斜量，改变直升机的坡度，保持直升机不致出现侧滑。

活塞式直升机与一般活塞式飞机相似，也以经济速度为界，分为两个平飞速度范围：小于经济速度为小速度范围（第二速度范围）；大于经济速度为大速度范围（第一速度范围）。但一般活塞式飞机的第二速度范围非常小，在此范围内，操纵性和稳定性都比较差。然而，直升机却常在这两个速度范围内飞行，尤其在第二速度范围内，完成一些特殊任务，这是直升机的特点，也是它的优点。但在这两个速度范围内飞行，作用在直升机上的力矩随平飞速度的变化规律有所不同，保持平衡的杆舵位置随速度的变化规律也有所不同。

操纵活塞式直升机平飞，要保持旋翼的固定转速。总距杆主要控制旋翼桨叶的桨距和发动机的进气压力。进气压力决定功率，而油门主要控制旋翼转速。如要增加桨距，必须上提总距杆，此时增加了进气压力。桨距变大增加了阻力，导致旋翼转速下降。为了阻止转速下降，增加油门位置，这个动作会重新造成进气压力增加，从而保持旋翼的转速。减小桨距的操纵方法相反。记住，如果不同时使用适合的脚蹬操纵来修正，功率的变化会引起直升机偏转。对北美系列直升机而言，功率的增加需要蹬左舵（左脚蹬被称为"动力脚蹬"），而功率减小需要蹬右舵。而大多数欧洲系列直升机，功率增加应蹬右舵。

在保持和改变平飞速度的过程中，操纵杆、舵的动作必须协调。为了便于研究其随速度的变化规律，现分别对单项操纵进行分析。

1. 操纵驾驶杆前后移动

平飞中，根据任务的不同，往往需要增大或减小速度。例如增大平飞速度，原来拉力第二分力等于阻力，为了增速，必须向前推杆，旋翼锥体相对机体前倾，机头随之下俯，这时拉力第二分力大于原来的阻力，直升机向前加速，阻力随之增大，直至与拉力第二分力相平衡，达到新的稳定状态。如果没有别的力矩增加，驾驶杆随后应回到原来位置，否则，直升机在操纵力矩的作用下将一直运动下去。

实际上，随着平飞速度的增大，由于桨叶的自然挥舞，旋翼锥体会越来越向后倾斜，并且在小速度范围内增速，水平安定面的上仰力矩的增加量大于机身的下俯力矩的增加量。因此，在小速度范围内随着速度的增加，上述两个因素使直升机的上仰力矩的增加量较多。为保持好直升机的俯仰平衡，这时飞行员应稍回杆。小速度范围内的平飞姿态如图 5-9 所示。在新的稳定状态较原状态前推驾驶杆量较多，如图 5-18 所示，这是因为在小速度范围内，曲线较陡。

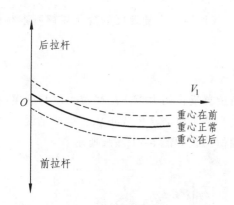

图 5-18　平飞中杆量与速度的关系

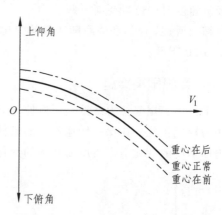

图 5-19　平飞中俯仰角与速度的关系

然而，在大速度范围内增速，水平安定面上的上仰力矩的增加量小于机身的下俯力矩的增加量。因此，随着速度的增大，直升机的上仰力矩增加较少，为保持好直升机俯仰平衡，飞行员前推驾驶杆的量较少。在高速度范围内的平飞姿态如图 5-9 所示。

综上所述，直升机随着平飞速度的增大，要求前推杆越多，这时下俯角也比较大；反之，平飞减速则向后拉杆，上仰角增大，如图 5-19 所示。这就是说，每一个速度都对应一个驾驶杆的前后位置，也对应着一个俯仰角。

上述情形是对某一固定重心位置来说的，但对同一平飞速度来说，直升机的重心位置越靠后，驾驶杆的位置越靠前，反之，驾驶杆越靠后。

第 4 章提到过，在直升机实际操纵中，驾驶杆是比较灵敏的，但驾驶杆操纵输入与旋翼桨盘的反应存在一个轻微的时间差，也就是说，驾驶杆的动作不能马上反应到机身的运动上，即所谓的操纵滞后性。

2. 操纵油门总距杆

直升机平飞中，要改变飞行速度时，应适时地操纵油门总距杆来保持高度。为了增速要前推驾驶杆，此时拉力的第一分力将小于直升机的重力，直升机会下降高度，为了保持高度不变，需适时地上提油门总距杆。

然而，从平飞所需功率曲线得知，在小速度范围内，随平飞速度的增大，平飞所需功率减小，要求减小油门；另外，因诱导速度减小，使桨叶来流角减小了，为保持桨叶迎角基本不变，必须减小总距。因此，在小速度范围内，为了保持高度不变，随速度的增大，就要下放油门总距杆。即在第二速度范围内的增速过程中，应先稍上提油门总距杆，而后再较多地下放油门总距杆；在到达新的稳定飞行状态时，油门总距杆位置较原来位置要低一些。

当飞行速度超过经济速度以后，一方面平飞所需功率随速度的增大而增大；另一方面由于直升机的下俯角增加，使旋翼入流系数（$-\lambda$）值增大（因这时旋翼迎角为负，所以 λ 为负值），桨叶来流角增大，桨叶迎角减小。要保持旋翼拉力不变，必须增大总距。因此，在大速度范围内，随速度的增大要上提油门总距杆，才能保持飞行高度。即在第一速度范围内的增速过程中，需要一直上提油门总距杆；在达到新的稳定飞行状态时，油门总距杆位置较原来在经济速度时的位置要高一些。

综上所述，油门和桨距随速度的变化规律，与平飞所需功率随速度的变化规律基本相似。如图 5-20 所示。

3. 操纵尾桨桨距

平飞中，尾桨拉力绕重心形成偏转力矩以平衡旋翼反作用力矩。尾桨拉力应与旋翼的反作用力矩成正比。在保持转速不变的条件下，它应与平飞所需功率成正比。也就是说，尾桨拉力随速度的变化与平飞所需功率的变化规律是相似的，如图 5-21 虚线所示。

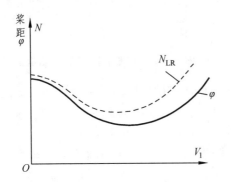

图 5-20　油门和桨距位置与速度的关系

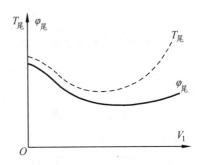

图 5-21　尾桨桨距与速度的关系

对于右旋旋翼直升机，上提油门总距杆时，要增大尾桨拉力应蹬左舵；下放油门总距杆时，要减小尾桨拉力应蹬右舵。在小速度范围内，平飞所需功率随速度增大而减小，因此，在下放油门总距杆时要蹬右舵。在大速度范围内则相反，因平飞所需功率随速度增大而增大，所以随上提油门总距杆应蹬左舵。

但必须指出，随着飞行速度的增大，尾桨的诱导速度不断减小，桨叶的来流角不断减小，这要影响到尾桨拉力的变化规律，变化规律如下：

在小速度范围内，随速度的增大，一方面诱导速度减小，使尾桨的桨叶迎角增大，需要减小桨距；另一方面所需尾桨拉力减小，还要减小桨叶迎角，也需减小桨距。所以随着速度的增大，尾桨桨距减小较多。

在大速度范围内，随速度的增大，尾桨的诱导速度继续减小，使桨叶迎角继续增大，尾桨拉力也随之增大，但为了平衡增大的旋翼反作用力矩，再需蹬少量左舵。因此，随着速度的增大，只需稍增大尾桨桨距。

4. 操纵驾驶杆左右移动

直升机的横侧平衡，主要是由尾桨拉力与旋翼拉力的第三分力来决定的。对于左旋旋翼直升机来说，其尾桨拉力是向左的，为平衡尾桨拉力必须向右压杆，使直升机右倾，旋翼产生相应的向右的拉力第三分力，以保持直升机不带侧滑飞行。

在小速度范围内，随着平飞速度的增大，一方面尾桨拉力不断减小，另一方面由于桨叶的自然挥舞，随平飞速度的增大，旋翼锥体的侧倾量增大。例如，直 5 型直升机的旋翼挥舞调节系数（$\overline{k}=0.5$）较大，随前飞速度的增大旋翼右倾量增大，拉力第三分力又会增大。这两方面都将使直升机出现向右滚转和向右侧滑的趋势。因此，飞行员应向左回杆，使机身的右倾角减小，如图 5-22 所示。

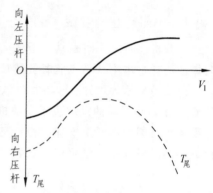

在大速度范围内，随平飞速度的增大，尾桨拉力也增大，它使直升机有向左滚转的趋势。但是桨叶的自然挥舞，使旋翼锥体的右倾斜继续加大，直升机又有向右滚转的趋势。在刚超过经济速度时的第一速度范围，随速度的增大，后者的作用大于前者，则要求飞行员向左压杆。随着平飞速度继续增大，两者作用基本上抵消，因此驾驶杆的左右位置基本不变。若再继续增加速度，前者作用大于后者，则要求向右回杆，杆的左右移动规律如图 5-22 所示，其中虚线表示尾桨拉力的变化。

图 5-22　平飞中驾驶杆的横向移动位置与速度的关系

前面分析的是无侧滑的平飞增速。若平飞减速，其操纵动作则是一个反过程。

综上所述，在平飞中，当用驾驶杆维持固定空速，上提总距杆会使直升机上升，下放总距杆会使直升机下降。总距的变化需要用蹬舵让直升机稳定平飞。如要增加前飞的空速，必须前推驾驶杆，同时上提总距杆阻止直升机下降。如要减小空速，后拉驾驶杆，同时下放总距杆阻止直升机上升。当总距上提或下放，飞行员必须用油门修正转速。因此，在操纵直升机进行平飞或改变飞行速度时，驾驶杆、油门总距杆、舵三者密切配合，使作用在直升机上的力和力矩不断取得平衡，才能保持好预定的飞行状态。同时要求操纵动作必须十分柔和，如果动作过猛，会使旋翼出现进动现象。

5.3　巡航性能

直升机的巡航性能包括航时和航程两方面。航时是指直升机在空中飞行所能够持续的时间。航程是指直升机在空中所能飞行的距离。

直升机巡航性能的好坏是由两方面因素决定的，一是可用于持续飞行的燃油量多少；二是在单位时间或单位距离内，所消耗燃油量的多少。如果携带的可用燃油量多，而燃油消耗量又少，航时就长，航程也远。

飞行条件（飞行高度、速度、发动机转速等）改变，燃油消耗量也发生变化，巡航性能也就随之改变。要充分发挥直升机的巡航性能，就必须了解航时和航程随飞行条件和飞行状态变化的规律。由于直升机的巡航高度比较低，平飞又是最基本的飞行状态，所以，本节重点研究直升机的平飞航时和平飞航程。

5.3.1 航　时

直升机的巡航高度一般都比较低，上升、下降的时间比较短，航时的长短主要取决于平飞航时。若平飞可用燃油量一定，则平飞航时仅取决于小时燃油消耗量。

1. 小时燃油消耗量

直升机飞行一小时发动机所消耗的燃油量，称为小时燃油消耗量，用 C_h 表示。显然，小时燃油消耗量越小，平飞航时就越长。

由发动机原理可知，每马力功率在每小时内所消耗的燃油量，称为发动机的燃油消耗率，用 C_e 表示。小时耗油量取决于发动机功率和燃油消耗率。发动机功率或燃油消耗率增大，都会引起小时燃油消耗量增加。稳定飞行中，发动机传递给旋翼的功率应等于平飞所需功率，因此，小时燃油消耗量可用下式表示

$$C_h = \frac{N_平}{\eta} C_e \qquad\qquad (5.10)$$

式中　　η——功率传递系数。

从式中可看出，平飞所需功率和发动机燃油消耗率越大，小时燃油消耗量越大。

2. 发动机转速

改变活塞式发动机的转速，将导致发动机燃油消耗率变化，从而引起小时燃油消耗量发生变化。针对于活塞式发动机，可以用不同的转速配合不同的进气压力获得相同的发动机有效功率，但其燃油消耗率却不一样。如果选用的转速越小，进气压力越大，燃油消耗率越小。发动机转速减小，为保持拉力不变，旋翼桨叶就处在大迎角状态工作。如果桨叶迎角过大，在不大的平飞速度下，旋翼桨叶 270° 方位附近就会出现气流分离。同时，旋翼转速过小，如果发动机出现故障后旋翼会进入稳定自转，因此，发动机转速不能过小。

直升机在不同高度上，以不同速度平飞，都有规定的转速供选择，目的是为了达到增大航时的目的。要取得最大的航时，就要使发动机在某个转速下工作。目前直升机安装的涡轴发动机有两种形式，一种是定轴涡轮发动机（如云雀Ⅲ型），其飞行中发动机的转速是恒定的；另一种是自由涡轮发动机（如超黄蜂），可以改变转速，从而减低小时燃油消耗量。

3. 平飞速度

直升机在同一高度上以不同的速度平飞，由于小时燃油消耗量不同，因而平飞航时也不同。如果用经济速度飞行，平飞所需功率最小，小时燃油耗油量最小，平飞航时最长。

4. 飞行高度

直升机在不同飞行高度飞行，小时燃油消耗量不同，平飞航时也不同。飞行高度增加，一方面，直升机上升和下滑所消耗的燃油增多，能供给平飞的可用燃油量减少；另一方面，空气密度减小，同样以经济速度飞行的所需功率增加，小时燃油消耗量增多。因此，高度升高平飞航时缩短。

5. 飞行重量和大气温度

飞行重量和大气温度变化将引起平飞所需功率的变化，使小时燃油消耗量发生变化，导致平飞航时变化。

若飞行重量增加或气温升高，都会使诱阻功率增加，而使平飞所需功率增大，造成小时燃油消耗量增加，平飞航时缩短。

若飞行重量的增大是因载油量的增大引起的，虽然由于平飞所需功率的增大使小时燃油消耗量增大，但由于燃油量的增加使平飞航时增长。

5.3.2 航 程

直升机的航程等于上升、平飞和下滑所经过的水平距离之和。由于上升和下滑阶段的水平距离较小，所以航程长短主要取决于平飞航程。若平飞可用燃油量一定，平飞航程取决于公里燃油消耗量。

1. 公里燃油消耗量

直升机每飞行 1 km 距离时发动机所消耗的燃油量，称为公里燃油消耗量，用 C_k 表示。公里燃油消耗量越小，平飞航程越长。在无风条件下，平飞速度 V_L 就是直升机飞行一小时相对地面的距离，所以公里燃油消耗量 C_k 可由小时燃油消耗量 C_h 与平飞速度 V_L 的比值来表示，即

$$C_k = \frac{C_h}{V_L} \tag{5.11}$$

将公式（5.10）代入式（5.11），整理得到

$$C_k = \frac{N_L}{V_L} \cdot \frac{C_e}{\eta} \tag{5.12}$$

式（5.12）表明，发动机燃油消耗率越小，公里燃油消耗量越小；平飞所需功率与平飞速度的比值越小，公里燃油消耗量越小。

2. 飞行条件对平飞航程的影响

发动机转速、飞行重量和飞行高度对航程的影响，与其对航时的影响基本相同，这里不再详细分析。下面着重分析飞行速度、风对航程的影响。

1）飞行速度的影响

装有活塞式发动机的直升机，例如直 5 型直升机，其发动机燃油消耗率 C_e 随功率的变化

很小，可近似认为 C_e 为常数，因此以有利速度平飞，可以获得最大航程。因为以有利速度平飞，平飞所需功率与飞行速度的比值最小，见图 5-23 中的 C 点，平飞的公里燃油消耗量 C_k 也最小。所以，以有利速度平飞，航程最远。

通常把航程最远所对应的飞行速度叫作远航速度。把航时最久所对应的飞行速度叫作久航速度。

例如，直 5 的平飞可用燃油量为 800 L，平飞速度为 155 km/h，最小 C_k 为 1.65 L/km，则平飞最大航程为 $800 \div 1.65 = 485$ km。如果把此时的平飞速度减小到 115 km/h 以后，C_k 从原来的 1.65 L/km 增加为 2.15 L/km，那么平飞航程变为 $800 \div 2.15 = 372$ km。平飞航程缩短了 113 km，减少了 20% 多。如果平飞速度减小到 80 km/h，C_k 大约为最小公里燃油消耗量的

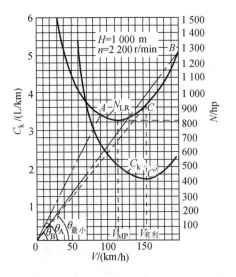

图 5-23 直 5 的公里燃油消耗量曲线

两倍，即以此速度平飞，平飞航程只有最大平飞航程的一半。由此可见，平飞速度对航程的影响很大。

一般，对装有活塞式发动机的直升机，其远航速度就是平飞有利速度。同理，久航速度就是经济速度。

对于装有涡轴发动机的直升机来讲，虽然平飞有利速度所对应的 N_L/V_L 最小，但发动机的耗油率 C_e 随功率的变化较大，如图 5-24 所示。随功率的减小，耗油率增大较多。因此，在平飞有利速度所对应的 C_k 数值并非最小。

随着平飞速度的增大，尽管 N_L/V_L 值略有增大，但因 C_e 减小量多，C_k 仍会减小。当平飞速度继续增大到远航速度时，公里燃油消耗量 C_k 的数值最小，平飞航程最远。可见，对于装有涡轴发动机的直升机而言，远航速度稍大于经济速度，同理，久航速度也稍大于经济速度。各型直升机的远航速度和久航速度可以根据理论计算和试飞来确定。

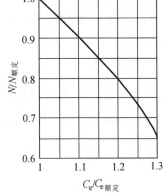

图 5-24 涡轴发动机的功率与耗油率的关系

2）风的影响

风向和风速的变化都会引起地速的变化，影响平飞航程的大小。在保持同一空速的条件下，顺风飞行，地速增大引起公里燃油消耗量减少，平飞航程增大；逆风飞行，地速减小，公里燃油消耗量增大，平飞航程缩短。风速越大，风对公里燃油消耗量和平飞航程的影响就越大。

顺、逆风飞行对航程的影响不仅决定于风速，还与空速有关。在风速相同的情况下，如果空速减小，则风所引起的地速变化量相对增加，对公里燃油消耗量的影响变大，平飞航程的变化也就显著；反之，如果空速增大，风对公里燃油耗油量的影响变小，平飞航程的变化也就减小。

在顺、逆风中往返飞行时，如果飞过相同的距离，顺风飞行的时间短，而逆风飞行的

时间长。在顺风中节省的燃油不足以弥补逆风飞行时多消耗的燃油。以小空速在大风速条件下飞行，顺逆风飞行时间相差得更多，风对平飞航程的影响就更为显著，航程就会更加缩短。

由于涡轴发动机直升机的远航速度，一般比活塞式发动机直升机的远航速度大一些，风对后者的影响比前者更大。

5.4 上　升

直升机沿向上倾斜或垂直的轨迹所做的飞行，称为上升，也叫爬升。上升是直升机超越障碍物取得高度的基本方法。直升机沿垂直的轨迹飞行，称为垂直飞行，包括垂直上升和垂直下降，在下一章分析。本节主要介绍直升机沿倾斜轨迹而不带侧滑的等速直线上升。

5.4.1　保持上升的条件

直升机上升与常规固定翼飞机上升有区别。常规固定翼飞机上升时机头上仰，而直升机上升时机头较平，有时甚至还稍低，此时旋翼迎角是负的，其负值比平飞时要大。

直升机上升所受到的作用力与平飞基本相同，主要有：旋翼拉力 T 、重力 G 、阻力 X 和尾桨拉力等。但上升时重力与飞行运动轨迹不垂直，为了便于分析问题，把重力分解为垂直于运动方向的重力第一分力 G_1 和平行于运动方向的重力第二分力 G_2 ，如图 5-25 所示。

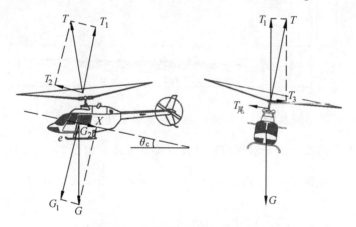

图 5-25　直升机上升时的作用力

根据不带侧滑的等速直线上升要求，则保持上升的条件为：

（1）为保持上升角 θ_c 不变，旋翼拉力第一分力 T_1 应等于重力第一分力 G_1 ，即 $T_1 = G_1$ 。

（2）为保持上升速度不变，旋翼拉力第二分力 T_2 应等于重力第二分力 G_2 ，即 $T_2 = G_2$ 。

（3）为保持直升机无侧滑，旋翼拉力第三分力 T_3 应近似等于尾桨拉力 $T_尾$ ，即 $T_3 = T_尾$ 。

（4）此外，各力绕重心的力矩还必须取得平衡，即 $\sum M = 0$ 。

5.4.2　上升性能

直升机的上升性能主要包括最大上升角、最大上升率、上升时间和升限等。

1．上升角和上升梯度

上升角是直升机上升轨迹与水平线之间的夹角，用 θ_c 表示，如图 5-26 所示。上升角越大，说明经过同样的水平距离所上升的高度越高，直升机的越障能力强。图 5-27 中上升角 $\theta_{c1} > \theta_{c2}$，所以上升高度 $H_1 > H_2$。

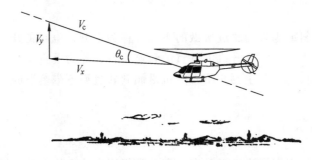

图 5-26　直升机的上升角和上升率

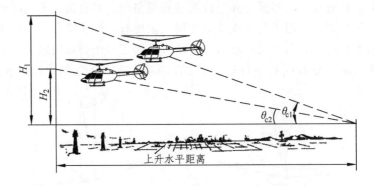

图 5-27　上升角、上升高度和上升水平距离

上升梯度是上升高度与上升水平距离之比，即高距比。由于 $T_2 = X + G_2$，$G_2 = G \sin \theta_c$，则 $\sin \theta_c = \dfrac{T_2 - X}{G}$，根据图 5-26 得到 $\cos \theta_c = \dfrac{V_x}{V_c}$，则得到上升梯度公式为

$$\tan \theta_c = \frac{(T_2 - X)}{G} \cdot \frac{V_c}{V_x} = \frac{\Delta N}{G V_x} \tag{5.13}$$

式中　　ΔN ——剩余功率；

　　　　V_x ——上升水平分速。

由公式（5.13）可知，在飞行重量一定的情况下，上升角和上升梯度的大小，取决于剩余功率和上升水平分速两个因素。如果采用经济速度上升时，虽然此时剩余功率最大，但此时的水平分速度也较大，则上升角并非最大。故以经济速度上升时上升角和上升梯度并不最大。

从功率曲线（参见图 5-3）可以看出，上升的剩余功率 ΔN 比平飞的大，这个差值在低速尤为明显。本节主要针对速度比较高的情况来分析上升性能，所以可以采用平飞所需功率曲线来进行分析。

在平飞功率曲线中，可用功率曲线与纵坐标的交点 A，如图 5-28 所示，自 A 点向平飞所需功率曲线作切线，切点 B 处所对应的 ΔN 与 V_x 比值最大，因此以切点所对应的速度上升，可得到最大上升角和上升梯度。可以表明，获得最大上升角的速度比经济速度要稍小一些。直升机在一定的飞行高度下，图 5-29 给出上升角与上升速度的关系。

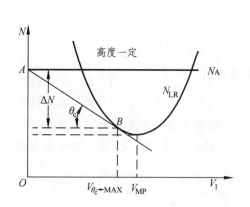

图 5-28　确定最大上升角的方法

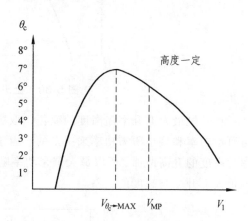

图 5-29　上升角与上升速度的关系

2. 上升率

上升率是指直升机上升中单位时间内所升高的高度，即上升垂直速度，用 V_y 表示。上升率大，代表直升机上升到预定高度所用的时间越短，这表明直升机能迅速取得高度。由此可见，上升率是衡量直升机上升性能好坏的一个重要标志。上升率越大，表示直升机的上升性能越好。

从图 5-26 中可知，$V_y = V_x \cdot \tan\theta_c$，将式（5.13）代入，整理得到

$$V_y = \frac{\Delta N}{G} \qquad\qquad (5.14)$$

式（5.14）表明，上升率的大小与剩余功率 ΔN 成正比，与直升机的重量成反比。当飞行重量一定时，剩余功率越大，则直升机的上升率越大。

由平飞功率曲线可知，直升机以不同速度平飞时，剩余功率是不相同的。因此，用不同速度上升时的上升率也不一样。在平飞最小速度处，由于剩余功率为零，故上升率为零，表明利用平飞最小速度只能平飞而不能上升。随着速度增大，剩余功率增大，故上升率逐渐增大。用经济速度上升，由于剩余功率最大，故上升率最大。最大上升率对应的速度就是经济速度。大于经济速度上升，因剩余功率减小，故上升率又随速度增大而减小。上升率随上升速度的变化如图 5-30 所示。

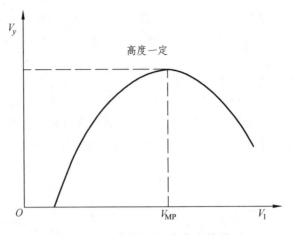

图 5-30　上升率与上升速度的关系

直升机最大上升率随高度的变化，取决于最大剩余功率随高度的变化。最大剩余功率是由可用功率和最小所需功率来决定的。由于可用功率随高度升高而减小，而上升最小所需功率随高度的升高增加，所以最大剩余功率随高度的升高而减小。如图 5-31 所示为某型直升机的最大上升率与高度的关系。

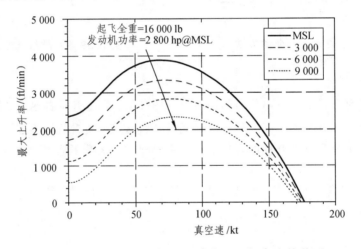

图 5-31　最大上升率与飞行速度、飞行高度的关系

3．上升时间和升限

直升机上升到一定高度处所需的最短时间，称为上升时间。上升时间也就是保持经济速度以最大上升率上升到一定高度的时间。如果上升到同样高度所需的时间越短，表明直升机的上升性能越好。

直升机的升限分为静升限和动升限。前面讲到，随着高度的升高最大上升率不断减小，上升到一定高度，上升率势必减小到零，这时直升机不可能再继续上升。上升率为零的高度就是理论动升限。因此，理论动升限就是直升机只能以唯一空速平飞的最高高度。

实际飞行中，当上升到最大上升率为 98 ft/min（0.5 m/s）的高度，一般不再继续做等速上升。因为到了这个高度，上升率已经很小，如再继续上升到理论动升限，势必时间长，耗油多，缩短发动机寿命，实际意义也不大。因此，直升机的实用动升限是指最大上升率为0.5 m/s 的高度。所以，实用动升限低于理论动升限。

由于直升机在一定高度以内能垂直升降和悬停，故把最大垂直上升率为零的悬停高度称为理论静升限，即理论静升限为直升机保持悬停的最高高度。把最大垂直上升率为 0.5 m/s 的高度，称为实用静升限。同理，实用静升限低于理论静升限。

在实用静升限以下，直升机可以做垂直上升。但因垂直上升中需要功率比较大，剩余功率较小，上升率较小，上升缓慢，上升到预定高度时间长；同时，垂直上升时稳定性和操纵性都比较差。所以，在实际飞行中，当利用垂直上升超过障碍物一定高度后，仍采用有前进速度的上升方法，以便尽快取得高度。

实用静升限受地面效应、风向风速、大气温度、飞行总重等影响。在其他条件相同的情况下，有地面效应的悬停高度要比无地面效应的悬停高度高。大气温度越高，悬停高度越低；反之，悬停高度越高。飞行总重越大，悬停高度越低。具体见下面分析。

5.4.3 上升性能的影响因素

根据上升总功率公式可知，旋翼所需的总功率是平飞总功率加上上升功率 N_c，所以，影响上升性能的因素实质上与影响平飞性能的因素相同，包括空气密度、外界风、总重等。下面一一分析。

1．高度的影响

高度对直升机性能的影响，是由于飞行高度升高后，可用功率和所需功率变化所引起的。

1）平飞功率曲线随高度升高而变化的情况

因为高度越高，空气密度越小，流过旋翼的空气质量也越小。为了保持相同的拉力，就需要使空气增加更多的速度，即桨叶对空气做更多的功。同时，高度越高，真速越大，废阻力所消耗的功率也就越大，因此，平飞所需功率随高度升高而加大。另外，直升机发动机如果没有安装增压器，则平飞可用功率随着高度增加将一直降低，平飞功率曲线中的所需功率 N_{LR} 与可用功率 N_A 曲线随高度升高而互相接近，如图 5-32 所示，其中，H_0、H_1 和 H_2 代表 3 个不同高度。

从图 5-32 中可以看出：

（1）高度升高，各个速度对应的剩余功率都要减小，平飞速度范围也随之缩小。

（2）高度较低，N_{LR} 与 N_A 两条曲线在左边互不

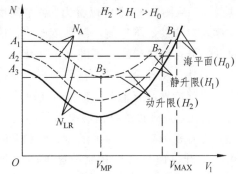

图 5-32　高度对平飞功率曲线的影响

相交，只与纵坐标轴相交（如图中海平面对应的 A_1、A_3 两点）。当高度升高至 H_1，这两条曲线相交于纵坐标轴上（如图中 A_2 点）；当高度升至 H_2，此两条曲线的交点从左向右移至中部（如图中的 B_3 点）。这表示直升机的平飞最小速度在高度很低时为零，从某一高度起，随着高度升高，最小速度逐渐增大，到最后平飞最小速度趋近于经济速度。

（3）所需功率 N_{LR} 与可用功率 N_A 两条曲线在右侧的交点，随着高度升高，从右向左移至中部（如图中 B_1、B_2 和 B_3，其中 B_1 是海平面高度）。这表示直升机的平飞最大速度（表速）随着高度升高而逐渐减小，当高度升至某个高度时，平飞最大速度也趋近于经济速度。

2）高度改变时，直升机性能的变化情况

根据平飞功率曲线随高度变化的情况可知，当高度改变时，直升机的性能有以下特点：

（1）在悬停时，直升机的所需功率很大。高度越高，悬停所需功率越大，而发动机随着高度的增高，可用功率逐渐降低。因此，直升机不是在任何高度上都能悬停。使用发动机全部功率才能维持悬停的高度就是直升机的静升限，即图 5-32 中的高度 H_1。超过这个高度，直升机就不能悬停。如某型直升机的静升限约为 2 000 m。

（2）从图 5-32 中可以看出，在静升限高度 H_1 上，虽然直升机悬停时无剩余功率，但若有前进速度，例如以经济速度飞行，仍然有相当大的剩余功率可供利用。就是说，在此高度上，直升机还可以用比较大的上升率上升。如某型直升机在其静升限 2 000 m 的高度上，以经济速度上升，上升率可达 4.5 m/s。

（3）从静升限开始，随着高度增加，可用功率继续降低，所需功率不断增大，用经济速度上升的上升率要逐渐减小。当到达一定高度时，即使用发动机的全部功率也仅能维持直升机以经济速度平飞，这个高度就是直升机的动升限，也是它所能达到的最大高度，即图 5-32 中所示的高度 H_2，其切点 B_3 就是动升限所对应的速度，即经济速度。如上述静升限为 2 000 m 的直升机，其动升限为 5 500 m。直升机在动升限高度只能用一个速度飞行，即只能用经济速度平飞。

（4）在静升限以下，直升机可以悬停，所以平飞最小速度为零；平飞最大速度（表速）则随着高度的增加而减小（真速不一定随高度的增加而减小）。在静升限以上，直升机已不能悬停，平飞最小速度将随着高度的升高而逐渐增加，即平飞速度范围不断缩小，如图 5-33 所示。

（5）高度越高，剩余功率越小，直升机的上升率也越小。从图 5-32 中可以看出，各个高度的最大剩余功率所对应的经济速度不随高度改变，因此直升机的最快上升速度（表速）不随高度变化。

另外，从理论上讲，在静升限以下的任何高度，直升机都能做垂直上升。但实际上，在距静升限尚远的高度上，直升机的剩余功率已很小，上升率也很小，垂直上升极为缓慢。为了迅速达到静升限，只有放弃垂直上升，而采用具有前进速度的上升办法。从图

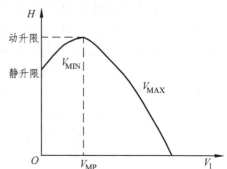

图 5-33 直升机的速度范围
随高度的变化

5-32 中可以看出，小于经济速度时，直升机的前进速度越大，所需功率越小。因此，如果需要直升机在静升限附近高度上悬停，可以先用经济速度上升到预定高度，然后再减速进入悬停状态。

如果直升机的发动机装有增压器，则可用功率随着高度变化的规律就不一样。在发动机的额定高度以下，高度增加时可用功率不仅不减小，反而有所增加，所以这种直升机在发动机的额定高度以下飞行时，最大表速可能不随高度的增加而减小。又因为高度升高，密度减

小，所以这时最大真速一般均随高度的增高而变大；同时，在额定高度以下的最大上升率也将随着高度的升高而增大，因而直升机的静升限和动升限均将明显地提高。

2．气温、风和重量的影响

1）风对上升性能的影响

直升机在有风情况下上升，除了与空气有相对运动外，还随空气一起移动，所以相对于地面的上升轨迹与无风时不同，直升机的实际上升轨迹，是由直升机的空速与风速的合速度决定的。例如逆风上升，如图 5-34 所示，风对直升机上升快慢并无影响，但在相同时间内与无风时相比，前飞的水平距离缩短，故上升角增大。反之，顺风上升，则上升角减小。

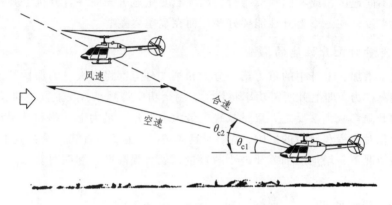

图 5-34　逆风对上升的影响

直升机在逆风情况下悬停，就相当于直升机以风的速度向前飞行，因此逆风中悬停所需的功率减小。直升机与固定翼飞机一样，在有风的情况下飞行，应该逆风起飞和着陆。

在逆风情况下，直升机虽然容易悬停，但此时如果飞行员蹬舵使直升机绕立轴偏转，由于风吹向直升机的角度不断变化，会使操纵复杂，因而不易准确保持直升机的悬停位置和状态。因此，在逆风情况下，直升机悬停转弯的角度有一定限制。

直升机在上升气流中飞行，如图 5-35 所示，由于直升机随空气向上移动，所以上升率和上升角都增大。反之，在下降气流中上升，上升率和上升角都减小。

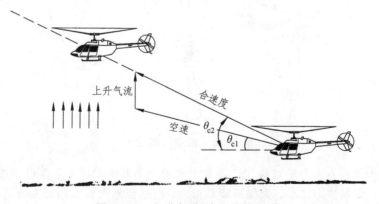

图 5-35　上升气流对上升的影响

与固定翼飞机情况一样，风对直升机的航时没有影响，而对航程有影响。尤其是当直升机的飞行速度很小时，这种影响就更大。

2）气温对上升性能的影响

空气温度增高，其作用相当于增加了飞行高度，会使直升机性能变差。例如某型直升机当外界空气温度升高 10 ℃ 时，其最大载重量减小 160 kg。

因为气温升高，除了容易使发动机过热以外，空气密度还要减小，一方面平飞所需功率增大，另一方面发动机输出功率减小而使可用功率降低，这样导致剩余功率减小，所以直升机的最大上升角和最大上升率都减小。各高度上的最大上升率减小，升限也随之而降低。反之，气温降低，最大上升角、最大上升率将增大，升限升高。

所以，在不同地区，或不同季节飞行，如气温变化显著，同一直升机上升性能也会有显著差别。一般来说，在冬季上升性能要好些，而在夏季要差些。

3）飞行重量对上升性能的影响

直升机重量增加，上升中的重力第一分力和第二分力都将增大，为保持等速上升，必须相应地增加旋翼拉力，即上升所需功率将增大，剩余功率将减小。故重量增加，最大上升角、最大上升率和升限都减小。反之，重量减轻，最大上升角、最大上升率和升限都增大。

重量的变化对航程和航时的影响，就要看具体情况，主要是看载油量在其中所占的比例。在总重不变的情况下，增加燃油就要减小载货量，就会提高航程和航时。

5.4.4 上升的操纵原理

1. 由平飞转入上升

由平飞转入上升，飞行员应向后带杆，减小旋翼锥体的前倾量，使拉力第二分力 T_2 减小，平飞速度也相应减小，同时，拉力第一分力 T_1 增加，当拉力第一分力大于重力时，产生向上的向心力，运动轨迹向上弯曲，这样才能逐渐增大上升角而转入上升，如图 5-36 所示。

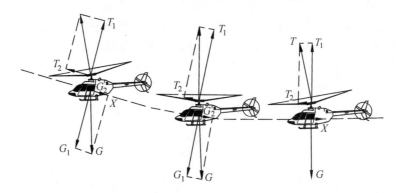

图 5-36　由平飞转上升

直升机由平飞转入上升的过程中，随着上升角和上升率的增大，桨叶来流角不断增大，桨叶迎角减小，旋翼拉力减小，为保持旋翼拉力，应适当地上提油门总距杆。在稳定上升中，拉力第二分力 T_2 等于阻力 X 与重力第二分力 G_2 之和（ $T_2 = X + G_2$ ），以保持规定的速度上升。上升速度和上升角越大，上提油门变距杆也应越多。

在直线上升中，拉力第一分力 T_1 应等于重力第一分力 G_1。所以，当接近预定的上升角（或上升率）时，应及时地向前稳杆，以便使直升机在达到预定的上升角时，各力保持平衡，使直升机稳定上升。

由于上升所需功率比平飞时大，旋翼的反作用力矩增大，右旋旋翼直升机向右偏转。同时，上升速度比平飞速度小，尾桨的拉力减小也使直升机向右偏转。因此，还要蹬左舵增大尾桨拉力力矩，以保持好上升方向。

综上所述，由平飞转入上升的操纵方法为：向后带杆→上提总距杆→向前稳杆；始终蹬舵修正偏转；用驾驶杆取得上升角，并通过修正来保持规定的空速。

2．由上升转入平飞

由上升转入平飞，飞行员应向前顶杆，增加旋翼锥体的前倾量，使拉力第二分力增大，拉力第一分力减小，拉力第一分力小于重力第一分力，产生向下的向心力，直升机的运动轨迹向下弯曲，这样才能从上升转入平飞，如图 5-37 所示。

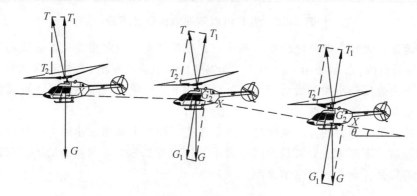

图 5-37　由上升转入平飞

由上升转入平飞的过程中，上升角和上升率不断减小，旋翼桨叶来流角减小，为保持旋翼拉力不变，要相应地下放油门总距杆，当上升角（或上升率）接近零时，为保持飞行高度，应稳杆，当速度达到规定值时，应适量向后带杆，以保持规定的速度平飞。

此外，在减小桨距时，旋翼反作用力矩随之减小，右旋旋翼直升机向左偏转；转入平飞后速度增大，尾桨拉力增大，直升机也向左偏转。因此，应蹬右舵减小尾桨拉力，使尾桨拉力力矩与旋翼反作用力矩平衡，保持方向不变。由于平飞速度比上升速度大，旋翼锥体向右后方的倾斜量增加，为保持平飞状态，必须相应地向左前方顶杆。

综上所述，由上升转入平飞的操纵方法为：向前顶杆→下放总距杆→向后带杆；始终蹬舵修正偏转；用驾驶杆保持规定平飞速度。

5.5　下　滑

为了与垂直下降（Axis Descent）飞行状态区别开来，直升机沿倾斜向下的轨迹所做的飞行叫下滑（Descent）。这里分析的是直升机不带侧滑的等速直线下滑，下滑是直升机降低飞行高度的基本方法。下滑角、下降率和下滑距离等是下滑的主要性能，是做好下滑和目测着陆必需的基础知识。

直升机下滑与平飞、上升相比，旋翼迎角是随着下降率改变的，如图 5-38 所示。

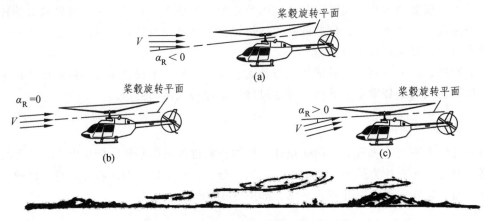

图 5-38　直升机以不同倾斜轨迹下滑

在下滑速度较大和下滑角比较小的条件下，相对气流以一定角度从上面流向桨毂旋转平面，旋翼迎角为负值，如图 5-38（a）所示。气流平行桨毂旋转平面，旋翼迎角为零，如图 5-38（b）所示。下滑速度较小和下滑角较大的下滑条件下，气流以一定角度从下面流向桨毂旋转平面，旋翼迎角为正值，如图 5-38（c）所示。

同样，旋翼第二分力的方向也随着下滑角改变，即在下滑角很小时方向朝前，在下滑角较大时方向朝后。下面重点分析带油门下滑中，拉力第二分力方向朝后的下滑状态。旋翼自转状态下滑的问题，会在后面章节介绍。

5.5.1　保持下滑的条件

在下滑中，作用于直升机的力只有旋翼拉力、空气阻力和重力。同分析上升的作用力一样，将重力和旋翼拉力分解为垂直于直升机运动方向的第一分力（G_1 和 T_1），平行于运动方向的第二分力（G_2 和 T_2），以及在水平面内的第三分力 T_3，如图 5-39 所示。

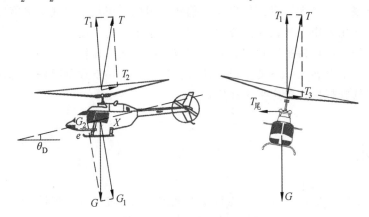

图 5-39　下滑时的作用力

同平飞或上升的平衡条件一样，下滑中垂直于运动方向的各力应相互平衡，平行于运动方向的各力也应平衡，以保持下滑角和下滑速度相等。则保持无侧滑等速直线下滑的条件为：

（1）为保持下滑角不变，旋翼拉力第一分力 T_1 应等于重力 G_1，即 $T_1 = G_1$。

（2）为保持下滑速度不变，重力第二分力 G_2 应与旋翼拉力的第二分力 T_2 同空气阻力 X 之和相等，即 $G_2 = T_2 + X$。

（3）为保持下滑中不出现侧滑，旋翼拉力第三分力 T_3 应与尾桨拉力 $T_尾$ 近似相等，即 $T_3 \approx T_尾$。

此外，作用于直升机的各力绕重心形成的力矩也应取得平衡，即 $\sum M = 0$。

5.5.2　下滑性能

1. 下滑角与下滑距离

下滑轨迹与水平线之间的夹角，叫下滑角 θ_D。下滑中所经过的水平距离，叫下滑距离，用 $L_{下滑}$ 表示。由图 5-40 给出以下关系

$$L_{下滑} = \frac{H}{\tan \theta_D} \tag{5.15}$$

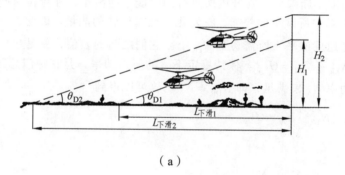

（a）

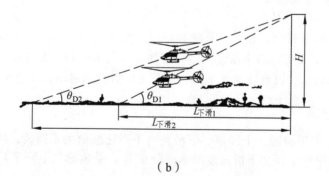

（b）

图 5-40　下滑和下滑距离的关系

从式（5.15）可知，若以同样的下滑角下滑，下降高度越多，下滑距离越长，如图 5-40（a）所示。若下降高度相等，则下滑角越小，下滑距离越长，如图 5-40（b）所示。

在发动机工作的条件下，直升机的下滑角可以在 0°～90° 的范围内变化，下滑角为 90° 的飞行，叫垂直下降。

2．下降率

直升机单位时间内所下降的高度，称为下降率，用 V_y 表示，也叫下降垂直速度。下降率越大，直升机降低高度越快。由图 5-41 给出以下关系

$$V_y = V_{下滑} \sin \theta_D \qquad (5.16)$$

由式（5.16）可知，下降率是随着下滑速度及下滑角的增大而增大的。

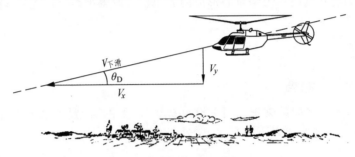

图 5-41　直升机的下降率

下滑中飞行高度不断降低，直升机所具有的势能不断减小，在单位时间内势能的减少量为：$\Delta E = GV_y$。下降中所减小的势能，将转化为旋翼旋转的能量。因此，下滑所需要的功率 N_{DR} 将比保持同样速度的平飞所需功率 N_{LR} 小。它们之间的差值，就是单位时间内直升机势能的减少量，即 $N_{LR} - N_{DR} = GV_y$。保持稳定下滑的所需功率，是在油门总距一定的条件下，由直升机的可用功率 N_A 来满足，即 $N_{DR} = N_A$。故可以得到

$$N_{LR} - N_A = GV_y \qquad (5.17)$$

整理，得到

$$V_y = \frac{N_{LR} - N_A}{G} \qquad (5.18)$$

从式（5.18）中可以看到，在飞行重量和油门总距一定的条件下，下降率的大小仅与平飞所需功率有关。从平飞所需功率曲线图 5-5 可知，以过大或过小的速度下滑，因平飞所需功率较大，故下降率较大。以经济速度下滑，因平飞所需功率最小，故能获得最小的下滑率。

3．下滑性能曲线

保持某一油门总距下滑时，下降率、下滑角与下滑速度的关系曲线，叫下滑性能曲线，如图 5-42 所示。图中横坐标为下滑速度的水平分速 V_x，纵坐标为下降率 V_y。如果两坐标轴是采用同一比例尺，那么从图中可以得到信息如下：

（1）从坐标原点向曲线上任一点的连线，其长度即为下滑速度 $V_{下滑}$。连线与横坐标轴的夹角，即为以该速度下滑的下滑角 θ_D。

（2）通过坐标原点作一直线与下滑性能曲线相切，即可得到最小下滑角 θ_{DMIN}，如图 5-42

所示。能获得最小下滑角的下滑速度，称为下滑有利速度 $V_{有利}$。

（3）作一水平线与下滑性能曲线相切，切点对应的速度为最小下降率所对应的速度，即经济速度 V_{MP}。

如果改变桨距位置，可用功率相应变化，下滑性能也随之变化。上提总距杆，可用功率增大，以不同速度下滑的下降率和下滑角都有所减小，下滑性能曲线向上平移；反之，下放总距杆，可用功率减小，以不同速度下滑的下降率和下滑角都有所增大，下滑性能曲线向下平移。不同桨距条件下的下滑曲线如图 5-43 所示。

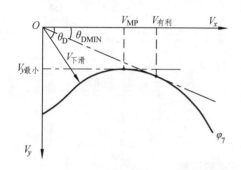

图 5-42　某一油门桨距的下滑性能曲线

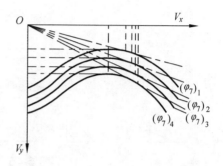

图 5-43　不同桨距的下滑性能曲线

从图 5-43 还可看出，以不同桨距下滑，其经济速度将保持不变（约等于平飞经济速度），但下滑有利速度却随桨距位置而改变。当上提总距杆时，下滑有利速度向经济速度靠近；下放桨距时，下滑有利速度向平飞有利速度靠近。当直升机以旋翼自转状态下降时，下滑有利速度增至约与平飞有利速度相等。

当油门为慢车，总距杆下放到最低位置时，可用功率趋近于零，单位时间内直升机所减小的位能，将全部用以满足旋翼旋转所需要的功率，即直升机处于自转下降。

综上所述，在同一桨距位置条件下，直升机以不同速度下滑会产生不同的下降率、下滑角和下滑距离。以经济速度下滑，下降率最小；以下滑有利速度下滑，下滑角最小，下滑距离也最长。在保持相同下滑速度条件下，上提总距杆，下降率和下滑角减小，下滑距离增长；反之，下放总距杆，则下降率和下滑角增大，下滑距离缩短。

5.5.3　下滑性能的影响因素

1．风的影响

风对下滑的影响和风对上升的影响是一样的。逆风使直升机在单位时间内前进的水平距离缩短，引起下滑角增大和下滑距离缩短，如图 5-44 所示。反之，顺风使下滑角减小，下滑距离增长。

在空速相同的情况下，顺风、逆风只改变直升机的实际水平速度，对下降率没有影响。直升机在上升气流中下滑，下降率减小，下滑角也减小，下滑距离增长。反之，下降气流则使下滑角和下降率增大，下滑距离缩短，如图 5-45 所示。

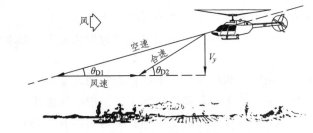

图 5-44　逆风对下滑的影响

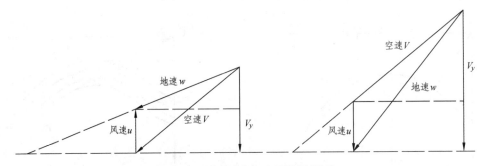

图 5-45　升降气流对下滑的影响

2．气温的影响

气温升高，空气密度减小，在油门总距一定的情况下，直升机的可用功率减小。此外，气温升高，平飞所需功率增大。这样，一定油门桨距的可用功率与平飞所需功率的差值将增大。如前所述，这一差值由直升机下滑中单位时间内势能的减少量来弥补。因此，如下滑速度和油门总距保持不变，气温升高，直升机的下降率和下滑角将增大，下滑距离缩短。反之，气温降低，下降率和下滑角将减小，下滑距离增长。

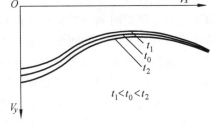

图 5-46　气温对下滑性能的影响

气温改变对下滑性能曲线的变化如图 5-46 所示。由图中可以看出，保持同一油门总距以较小的速度下滑，气温改变，下降率将有明显的变化，这是因为气温改变对小速度平飞所需功率的影响较大。以较大速度下滑，由于气温对平飞所需功率的影响不大，故下滑性能变化不明显。

3．飞行重量的影响

根据下降率公式（5.18）可知，一方面，飞行重量增大，直升机的下降率减小；另一方面，因重量增加平飞所需功率增大，将导致下降率增大。飞行实践表明，飞行重量增加后，由于平飞所需功率增大所引起的下降率增大占主要作用，所以以下降率将增大得更明显。

在保持桨距和下滑速度不变的条件下，飞行重量增加，由于下降率增大，下滑角也增大，下滑距离缩短。直升机以较小的速度下滑时，由于飞行重量增加使诱阻功率增加较多，下降率增大得更加明显；而在较大速度下滑时，所对应的下降率和下滑角增大得不明显，如图 5-47 所示。

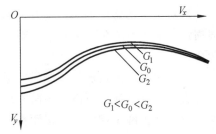

图 5-47　飞行重量对下滑性能的影响

5.5.4 下滑的操纵原理

1. 由平飞转入下滑

如果直升机由平飞转入下滑，飞行员应先下放油门总距杆，这时旋翼拉力减小，拉力第一分力小于重力，产生向下的向心力，使直升机运动轨迹向下弯曲，由平飞转入下滑，如图 5-48 所示。

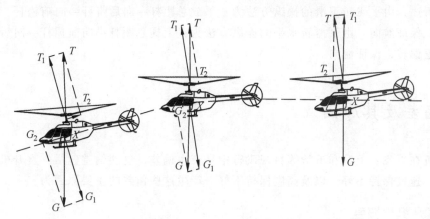

图 5-48　由平飞转入下滑

在一般情况下，下滑比平飞速度小，在下放油门总距杆的同时应带杆，使直升机减速，当速度减小到接近下滑速度时，再柔和地向前松杆，用油门总距杆和驾驶杆调整下降率和下滑速度，保持下滑角，使重力第二分力 G_2 与拉力第二分力 T_2 同空气阻力 X 之和相等，即 $G_2 = T_2 + X$；拉力第一分力 T_1 与重力第一分力 G_1 相等，即 $T_1 = G_1$，保持等速直线下滑。

由于下放油门总距杆，旋翼反作用力矩减小，右旋旋翼直升机将向左偏转。因此，要蹬右舵减小尾桨拉力力矩，以保持下滑方向。

2. 由下滑转入平飞

由下滑转入平飞，飞行员应上提油门总距杆，增大旋翼拉力，这时，拉力第一分力 T_1 大于重力第一分力 G_1，产生向上的向心力，使直升机的运动轨迹向上弯曲，而逐渐转入平飞，如图 5-49 所示。

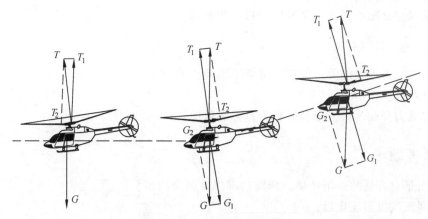

图 5-49　由下滑转入平飞

当下滑角减小时，重力第二分力 G_2 随之减小，会引起飞行速度减小，故应前推驾驶杆，增大旋翼向前的拉力第二分力，当达到预定的平飞速度时，要回杆，使旋翼拉力第二分力与空气阻力保持平衡。

由于上提油门变距杆，旋翼反作用力矩增大，会使右旋旋翼直升机向右偏转，所以要蹬左舵增大尾桨拉力力矩，以保持平飞方向。

综上所述，由平飞转下滑的操纵方法为：下放总距杆→向后带杆→向前松杆，始终蹬舵修正偏转，保证航向。由下滑转水平的操纵方法为：上提总距杆→向前顶杆→向后回杆，始终蹬舵修正偏转，保证航向。

5.6 偏差及其原因

直升机在平飞、上升和下滑等目视飞行中易产生偏差，这些偏差包括：直升机带坡度，方向不好，速度保持不好，以及高度保持不好。产生这些偏差的主要原因为：

1．直升机带坡度

（1）不注意检查风挡与天地线的关系位置和地平仪。
（2）坐姿不正或看天地线的方法不对。
（3）脚蹬使用不当，直升机带侧滑。

2．方向不好

（1）直升机带坡度未及时检查和修正。
（2）使用总距杆时未及时用舵。
（3）注意力分配不当，未及时检查目标和航向。

3．速度保持不好

（1）风挡与天地线的关系位置保持得不准确。
（2）总距杆使用不当。
（3）注意力分配不当，未及时检查目标和航向。

4．高度保持不好

（1）风挡与天地线的关系位置保持得不准确。
（2）总距杆使用不当。
（3）注意力分配不当，未及时检查目标和航向。

·复习思考题·

1. 什么是直升机的可用功率、所需功率以及剩余功率？
2. 提高压气机增压比后，＿＿＿＿＿＿＿＿。
    A. 发动机的加速性变差，但发动机不易喘振

B. 发动机的功率和经济性改善，但发动机易喘振

C. 发动机的加速性得到提高

3. 直升机所需功率包括哪些？

4. 简述影响直升机所需功率的因素。

5. 直升机水平等速飞行的拉力变化为＿＿＿＿＿＿＿＿＿。

A. 随旋翼迎角增大而增大

B. 随旋翼桨距增大而增大

C. 旋翼拉力与重力、阻力及力矩平衡

6. 目前一般直升机的最大平飞速度＿＿＿＿＿＿＿＿＿。

A. 超过 450 km/h　　　　B. 不超过 300 km/h　　　　C. 310 km/h 左右

7. 随着前飞速度的增大，诱导阻力功率的变化为＿＿＿＿＿＿＿＿＿。

A. 先增后减　　　　　　B. 逐渐减小　　　　　　C. 逐渐增大

8. 随着前飞速度的增大，废阻力功率的变化为＿＿＿＿＿＿＿＿＿。

A. 逐渐减小　　　　　　B. 逐渐增大　　　　　　C. 先增后减

9. 直升机的平飞性能包括哪些方面？各与哪些因素有关？

10. 如何操纵直升机保持平飞？

11. 平飞有利速度随高度的变化为＿＿＿＿＿＿＿＿＿。

A. 高度升高，有利速度不变

B. 高度升高，有利速度增大

C. 高度升高，有利速度减小

12. 详述直升机最小和最大速度的限制。

13. 详细分析直升机最大速度受到限制的三大主要原因。

14. 直升机平飞遇垂直向下突风的影响＿＿＿＿＿＿＿＿＿。

A. 使拉力减小，影响起飞着陆安全　　　B. 使阻力减小　　　　C. 使拉力增大

15. 直升机最大载重的限制原因一般是＿＿＿＿＿＿＿＿＿。

A. 发动机功率　　　　　　　　　B. 结构强度　　　　　　C. 操纵性

16. 直升机的实用动升限是指＿＿＿＿＿＿＿＿＿。

A. 最大上升率为零的高度

B. 最大上升率为 0.5 m/s（98 ft/min）的高度

C. 所能达到的最高高度

17. 直升机遇恶劣气象条件时总是＿＿＿＿＿＿＿＿＿。

A. 尽量避免过分剧烈地曲线飞行，控制拉力不能过大

B. 立即加大速度脱离

C. 立即加大高度避开

18. 在载重、大气温度和发动机功率等条件相同时，要使直升机上升快，应＿＿＿＿＿＿＿＿＿。

A. 逆风上升

B. 用经济速度上升

C. 用最大速度上升

19. 单旋翼直升机水平前飞中增大前进速度时需要操纵＿＿＿＿＿＿＿＿＿。

A. 驾驶杆与脚蹬

B. 驾驶杆、总距杆和脚蹬

C. 驾驶杆与总距杆

20. 功率不变，要获得最大上升率应保持_____。

    A. 经济速度上升

    B. 比较小的速度上升

    C. 有利速度上升

21. 单旋翼直升机水平状态飞行时，前行桨叶的迎角_____。

    A. 小于后行桨叶的迎角

    B. 大于后行桨叶的迎角

    C. 等于后行桨叶的迎角

22. 单旋翼直升机空中前飞的操纵_____。

    A. 向前推驾驶杆改变桨叶总距，使旋转锥体前倾

    B. 向前推驾驶杆同时下压总距杆，产生向前的拉力分量

    C. 向前推驾驶杆，使各桨叶周期变距旋转锥体前倾

23. 理解直升机巡航性能。

24. 简述直升机上升性能，以及影响上升性能的因素。

25. 什么是直升机的上升角和上升梯度？

26. 影响直升机上升角和上升梯度的因素主要有哪些？如何获得最大上升角和上升梯度？

27. 影响直升机上升率的因素主要有哪些？如何获得最大上升率？

28. 如何操纵直升机由平飞转为上升？如何操纵直升机由上升转为平飞？

29. 什么是直升机的下滑角和下滑距离？

30. 简述直升机下滑性能，以及影响下滑性能的因素。

31. 如何获得直升机最小下滑角和最小下滑率？

32. 如何操纵直升机由平飞转为下滑？如何操纵直升机由下滑转为平飞？

第 6 章　悬停及垂直飞行

垂直飞行状态包括悬停、悬停转弯、垂直上升和垂直下降等，是直升机特有的飞行状态，也是飞行员必须掌握的基本驾驶技术。悬停是直升机区别于其他一般固定翼飞机的一种特有的飞行状态。本章从作用于直升机的力和力矩的关系出发，着重分析垂直飞行状态的特点、影响因素及其操纵原理。

6.1　悬停和悬停转弯

在正常的起飞和着陆中，每次都需要在一定高度上悬停，用来检查直升机的重心位置是否恰当和判明着陆场地情况。利用悬停转弯技术保持逆风悬停、检查操纵性能、改变航向以及避开障碍物的起飞着陆等。因此，掌握其基本操纵原理和驾驶技术，对完成各项飞行任务和保证飞行安全具有重要意义。

美国西科斯基公司于 20 世纪 80 年代后期在 S70 的缩比桨叶上，进行了下反桨尖的旋翼台悬停对比试验，并于 90 年代初期应用于改型的"黑鹰"直升机上，提高了悬停效率，如图 6-1 所示，图中表明了后掠尖削加下反的组合桨尖在悬停时更为有利。

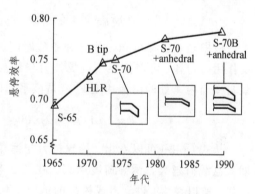

图 6-1　直升机的悬停效率

6.1.1　悬　停

当旋翼拉力大于直升机重力时，直升机将垂直上升，如果上升到一定高度，减小旋翼拉力使之与重力大小相等方向相反时，直升机将停止上升。直升机在一定高度上航向和位置都保持不变的飞行状态，叫作悬停。下面从悬停时的状态、旋翼拉力、所需功率、基本操作原理和影响悬停的因素等方面进行分析。

1. 悬停状态

悬停飞行是分析直升机垂直升降的基础，悬停时的直升机也和其他飞行状态一样都遵循物理基本规律，其作用力是产生与直升机总重 G 大小相等的旋翼拉力 T，而反作用力可用从旋翼上方远处静止状态的一团空气被排压到旋翼下方来描述，如图 6-2 所示。

旋翼旋转时，由于旋翼桨盘上面的空气压力小于大气压力，空气从上方被吸入桨盘内，空气通过桨盘受桨叶作用向下加速流动。第 2 章讲过，滑流的速度为直升机的相对气流速度与诱导速度 V_i 的矢量和。图 6-2 给出 3 个区编号：0 代表远离旋翼的上方区，气流是静止的，即 $V_0 = 0$；1 代表旋翼平面区，此处滑流速度等于诱导速度，即 $V_h = V_i$；2 代表远离旋翼下方充分发展的尾流区。

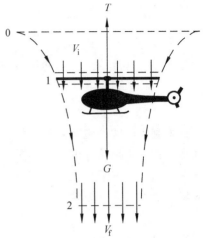

图 6-2　旋翼的滑流及诱导速度

滑流里诱导速度各不相同。在桨盘上方越远的地方，诱导速度越小；在桨盘下方的一定范围内，诱导速度较大。旋翼桨盘上的诱导速度严重地影响桨叶的来流角，从而影响桨叶迎角的大小。因此，在桨盘平面内，诱导速度的大小及其分布不均匀，对桨叶的空气动力性能有很大的影响。在研究旋翼总空气动力特性时，通常以桨盘平面内的诱导速度的平均值来作为旋翼的诱导速度。

流体的连续性定理、动量守恒定理和能量守恒定理都可以应用到悬停分析中。根据连续性原理，在单位时间内通过各切面的空气质量相等，即

$$\rho A_0 V_0 = \rho A_1 V_i = \rho A_2 V_f \tag{6.1}$$

根据动量定律可知，物体在单位时间内的动量变化等于作用在物体上的力。由作用力和反作用力定律，可以推导出旋翼拉力与桨盘平面的诱导速度的关系。在悬停状态（$V = 0$）时，桨盘平面内 1 处的滑流速度 V_h 就是该平面的诱导速度 V_i，则公式为

$$T = 2\rho A_1 V_h V_i = 2\rho A_1 V_i^2 \tag{6.2}$$

从式（6.2）可以看出，旋翼拉力与诱导速度平方成正比，旋翼拉力越大，诱导速度越大；即桨盘载荷越大，诱导速度越大。在第 2 章讲过，尾流远处诱导速度等于桨盘处诱导速度的两倍，所以在尘、沙、雪或松软的地面上悬停，直升机尾流大的诱导速度会将沙尘或雪掀起，遮挡飞行员的地面视野，不利于飞行安全。

在前飞时，诱导速度不仅沿桨叶展向产生显著变化，而且还随方位角变化。如果其他情况不变，飞行速度越大，诱导速度越小，因为飞行速度越大，滑流速度也增加，即在单位时间内流过桨盘的空气质量增多，故诱导速度减小。根据公式（6.2），则诱导速度转变为

$$V_i = \sqrt{\frac{T}{2\rho A_1}} = \sqrt{\frac{T}{A_1} \cdot \frac{1}{2\rho}} \tag{6.3}$$

从上式可以看出，在旋翼对空气作用力不变的情况下，空气密度越小，诱导速度越大，所以在其他条件不变的情况下，直升机飞行越高，空气密度越小，诱导速度越大。公式中 T/A_1 就是所谓的桨盘载荷，是一个很重要的参量，悬停状态下桨盘载荷为 G/A_1。

实际上，桨盘载荷受桨盘直径和直升机重量的影响，图 6-3 给出不同类型直升机的桨盘载荷，随着最大起飞重量的增加，直升机的桨盘载荷近似线性递增。例如，Kamov 的 Ka-32 桨盘载荷较大，这主要是采用高桨盘载荷的共轴式双旋翼，桨盘直径较大，且桨叶数量多（多

达 7 片）。相对而言，军用直升机的桨盘载荷更小。

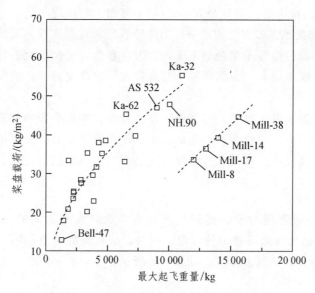

图 6-3　不同类型通用直升机的桨盘载荷

在悬停状态下，诱导速度公式还可以表示为

$$V_i = \sqrt{\frac{T}{2\rho\pi R^2}} = \sqrt{\frac{G}{2\rho\pi R^2}}$$　　　　　（6.4）

特别注意，在悬停状态下，由于诱导速度的存在，桨叶迎角 α 不等于安装角 φ。

2．旋翼拉力

如果直升机在无风情况下悬停，旋翼桨叶任一剖面的迎角和相对气流速度在各方位都是不变的。由升力公式可知，升力与迎角成正比，又与相对气流速度的平方成正比，相对气流速度与桨叶剖面的半径成正比，所以各桨叶剖面的升力是不同的。在桨根处相对气流速度小，升力不大，而越靠近桨尖的剖面离旋转轴越远，相对气流速度大，则升力也大，如图 6-4 所示的无几何扭转和有几何扭转两种桨叶的升力分布。图中虚线为桨叶无扭转角的升力分布，实线为具有扭转角的升力分布，桨叶的几何扭转角是为了改善桨叶的升力分布，越接近桨尖，桨叶角减小，迎角也越小，故桨叶剖面的升力也比没有几何扭转的要小。

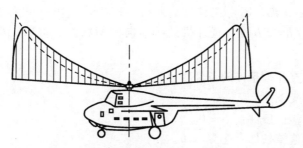

图 6-4　悬停时桨叶的升力分布

直升机在各种稳定飞行状态中，总可以认为旋翼的拉力（T）与直升机重力（G）基本相等，即 $T=G$。由旋翼拉力公式［见公式（2.34）］可知，如旋翼半径一定，拉力取决于拉力系数 C_T、桨尖圆周速度 ΩR 和空气密度 ρ。当桨叶翼型和旋翼实度一定时，旋翼的拉力系数与桨叶迎角成正比，而迎角等于桨距与来流角之差，显然，桨距增大，拉力系数也增大，旋翼转速增加，圆周速度也增大。由此可见，直升机在一定高度悬停，旋翼拉力是由旋翼总距和转速所确定的。

悬停高度或大气温度发生改变，空气密度发生变化，同样会影响旋翼的拉力。悬停高度升高，空气密度减小，为了使旋翼所产生的拉力等于直升机重力，就要增大总距或增加旋翼转速。所以，随悬停高度的升高或大气温度升高，必须上提油门总距杆。

3．保持悬停的条件

直升机无风悬停时速度为零，此刻旋翼拉力在纵向水平方向的第二分力应为零，即 $T_2=0$，否则，直升机出现前后移位的现象。同时，应使旋翼拉力的第一分力 T_1 与直升机的重力 G 相等，以保持直升机高度不变，如图 6-5 所示。

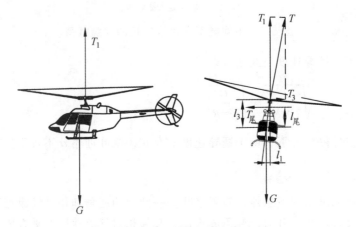

图 6-5　悬停时的作用力和力矩

为了克服旋翼的反作用力矩，尾桨必须产生尾桨拉力，绕其重心的偏转力矩与旋翼反作用力矩相平衡。同时，要保持直升机侧向平衡，必须使侧向力和力矩得到平衡，即左滚力矩 = 右滚力矩。针对于桨毂旋转平面高于尾桨轴的直升机而言，即 $l_3 > y_尾$，如果旋翼拉力的第三分力 T_3 绕纵轴形成的左滚力矩大于尾桨拉力 $T_尾$ 绕纵轴形成的右滚力矩，就会造成直升机向左滚转，产生左坡度，此时又产生拉力第一分力 T_1 绕纵轴形成的右滚力矩 $T_1 l_1$。当 $T_尾 y_尾 - T_1 l_1 = T_3 l_3$ 时，直升机处于横向平衡状态，可以近似认为 $T_尾 \approx T_3$，如图 6-5 所示。

归纳起来，保持直升机悬停的条件为：

（1）保持高度不变条件：$T_1 = G$。

（2）保持前后不移位条件：$T_2 = 0$。

（3）保持航向无偏转条件：$\sum M_y = 0$。

（4）保持侧向平衡条件：$T_尾 \approx T_3$。

悬停中的力和力矩的平衡，不是孤立的，而是相互联系、相互影响的，其中任何一个条件被破坏，都会引起直升机出现移位和绕重心转动。因此，飞行员要及时预判飞行状态的变动趋势，稳定协调地操纵驾驶杆、舵和油门总距杆。

4. 悬停所需功率

悬停状态无升降、无水平运动，所需功率只包括诱阻功率和型阻功率两部分。直升机在悬停时,诱导速度很大,旋翼用于克服诱导旋转阻力所需的功率很大,占总功率的 70% ~ 75%，而用于克服翼型旋转阻力的功率只占总功率的 25% ~ 30%。

理想情况下，悬停所需功率为旋翼拉力与诱导速度的乘积，即

$$N_{\mathrm{h}} = TV_{\mathrm{i}} = G\sqrt{\frac{G}{2\rho\pi R^2}} = \frac{G^{3/2}}{\sqrt{2\rho\pi R^2}} = \frac{G}{\sqrt{2\rho}}\sqrt{\frac{G}{\pi R^2}} \tag{6.5}$$

随着悬停高度升高，空气密度减小，型阻系数稍有增大，但型阻功率变化很小。可是为了产生同样大的拉力，诱导速度却增大了，用于克服诱导阻力的所需功率增大。因此，高度越高，悬停所需功率越大。直升机的重量增加，悬停所需功率也增加。发动机可用功率随着高度的升高减小，直升机不是在任何高度上都能悬停，飞行高度超过理论静升限，直升机就无法悬停。如果旋翼直径增加，悬停所需功率反而减小。

由于悬停受到许多因素的影响，例如下洗流的变化、滑流扭转以及桨尖涡等造成的桨尖损失等，所以引进一影响系数 k，则实际的悬停所需功率为

$$N_{\mathrm{h}} = \frac{kG^{3/2}}{\sqrt{2\rho\pi R^2}} = \frac{kG}{\sqrt{2\rho}}\sqrt{\frac{G}{\pi R^2}} \tag{6.6}$$

直升机悬停所需功率比较大，当然发动机的负荷与燃油消耗率比较大，而且，直升机悬停状态的安定性、操纵性也比较差，所以，直升机不宜长时间悬停。

5. 旋翼效率

旋翼效率是产生固定拉力的实际所用功率与产生此拉力可能的最小可用功率之比。桨盘面积、桨叶展弦比、翼型和桨尖速度等都会影响旋翼效率，理想旋翼的旋翼效率为 1。

第一个评价旋翼效率的参量是功率载荷，功率载荷就是在给定重量下需要最小功率来悬停，用 NL 来表示

$$\mathrm{NL} = \frac{T}{N} \tag{6.7}$$

功率载荷是有量纲的参数，它的英制单位为磅每马力（lb/hp），国际标准单位为千克每千瓦（kg/kW）。直升机在理想情况下悬停，根据公式（6.5）可知，功率载荷与桨盘的诱导速度成反比，即

$$V_{\mathrm{i}} = \frac{N}{T} = (\mathrm{NL})^{-1} \tag{6.8}$$

一般而言，功率载荷随着桨盘载荷的增加而减小。由于垂直起降飞机的桨盘载荷低，其具有高的功率载荷，即旋翼需要小功率来产生固定的拉力，燃油消耗小。与垂直起降飞机相

比，就这一点而言，直升机就是一种有效的飞行器。

另一种评价直升机旋翼效率的参量是品质因数（Figure of Merit，FM）。品质因数等于悬停理想所需功率与实际所需功率之比，是一个无量纲参量。理想旋翼的品质因数为 1。由于空气黏性使实际所需功率大于理想所需功率，所以 FM<1。当 FM 接近 1 时，表明单位轴功率的拉力就增加。实际中的 FM 如果在 0.7 到 0.8 之间，就表明直升机的悬停性能较好。最先进直升机的品质因数可以达到 0.82。

6．悬停的操纵原理

在悬停中，为了保持高度不变，应使拉力第一分力与重力相等，即 $T_1 = G$，此时油门总距杆保持在某一位置上。由于悬停所需功率大，油门总距杆上提位置较高，故旋翼反作用力矩较大。为了保持方向平衡，应加大蹬舵量，用以增大尾桨拉力，使尾桨拉力对重心形成的方向操纵力矩同旋翼反作用力矩相平衡。如果尾桨拉力高于直升机重心，此时尾桨拉力增大所引起的滚转力矩增大，故还应适当地压杆，以保证直升机不出现移位和滚转。注意，悬停中的驾驶杆操纵比前飞的要灵敏，非常小的驾驶杆动作会导致大的运动。

例如，右旋单旋翼直升机在空中悬停时，应加大蹬左舵量，机体会产生右滚，故应往左压杆。且旋翼旋转轴一般都有一定的前倾角，例如，Bell206BⅢ型直升机的前倾角为 5.5°。为了使旋翼拉力第二分力为零，就应适当向后带驾驶杆，才能保证直升机不出现前移位。当作用于直升机的力和力矩处于平衡状态时，直升机就能以稍抬头而又向左倾的姿态，较稳定地悬停在空中。

对于所有直升机而言，上提总距杆会增加悬停高度，下放总距杆会降低悬停高度。直升机稳定悬停中，如高度升高，下放油门总距杆进行修正时，由于旋翼反作用力矩减小，右旋旋翼直升机机头出现左偏，此时应蹬右舵保持方向。由于蹬右舵，尾桨拉力及其所产生的滚转力矩减小，为保持侧向力和侧向力矩，还应向右适量地回点杆；反之，若高度下降，在上提油门总距杆修正高度的同时，应向左压杆和蹬舵。

同时，如蹬右舵修正机头左偏时，由于尾桨所需功率增大而引起高度下降，应上提油门总距杆，并适量地向左压杆；反之，蹬左舵修正机头右偏时，应向右压杆，并适当下放油门总距杆。再如，操纵驾驶杆修正移位时，由于旋翼锥体和拉力方向倾斜，平衡重力的第一分力 T_1 减小，高度减小，在此情况下，适当地上提油门总距杆蹬左舵才能保持方向。

所以，右旋旋翼直升机稳定悬停的操纵方法是：上提总距杆修正高度时，需同时抵左舵防止方向偏离，并适量向左靠杆保持直升机的位置；反之，应抵右舵，适量向右靠杆；如向后带杆修正直升机前移，高度会上升，应适量下放总距杆，并稍抵右舵。

总而言之，悬停中应用油门总距杆保持高度，用驾驶杆的前、后、左、右保持直升机不移位，用舵保持好方向。但必须指出：驾驶杆、舵和油门总距杆三者的操纵不是孤立的，而是相互影响的，只有配合使用得当，才能做到稳定悬停。因此，操纵时要做到柔和、协调和相互配合。

6.1.2　影响悬停的因素

1．地面效应对悬停的影响

直升机的地面效应，是被旋翼排向下方的气流（即诱导气流）受到地面阻挡而影响旋翼空气动力的一种现象。当旋翼向下排压的诱导气流受到地面的阻挡作用，旋翼下方的静压增大，也相当于诱导速度减小了，在保持拉力相同条件下所需功率减小，或在保持功率不变的条件下拉力增加，如图 6-6 所示。当旋翼距离地面越近，地面效应引起的旋翼拉力越大，所需功率减小。当旋翼离地的高度超过旋翼直径长度，地面效应迅速消失。

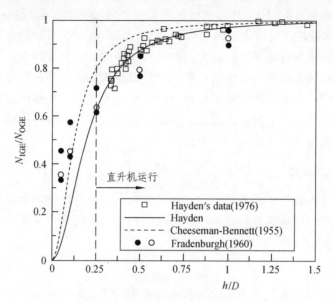

图 6-6　地面效应对拉力的影响

在固定的旋翼拉力下，直升机距离地面越近，悬停所需功率减小，变化趋势如图 6-6 所示。Hayden 给出一种简单实用的公式，即

$$\frac{N_{\text{IGE}}}{N_{\text{OGE}}} = \frac{1}{0.992\,6 + 0.037\,94\left(h/D\right)^{-2}} \tag{6.9}$$

式中　N_{IGE}——有地面效应下的所需功率；

　　　N_{OGE}——无地面效应下的所需功率；

　　　h——机轮距地面的高度；

　　　D——旋翼直径。

在发动机额定功率一定的情况下，机轮距离地面的高度小于旋翼直径，受地面效应的作用，直升机悬停时的旋翼拉力，随着直升机距离地面越近，旋翼拉力增加。可用下列经验公式近似计算

$$\frac{T_{\text{h}}}{T_{\infty}} = 1.3 - 0.3\sqrt[4]{h/D} \tag{6.10}$$

式中　T_{h}——悬停高度上的旋翼拉力；

　　　T_{∞}——无地面效应的旋翼拉力。

地面效应还与海拔高度有关。海拔高度高，空气密度减小，地面效应随之减弱。在标准大气状态下，直升机发动机在额定工作状态所能维持的悬停最大高度，就是直升机的静升限。在静升限以上，因悬停所需功率比可用功率大，旋翼产生的拉力不足以平衡重力，所以不能悬停。但在某些高原地区，其高度虽超过直升机的静升限，借助于地面效应的作用，直升机

仍有可能在离地一定高度（如 5~10 m）的范围内作悬停或垂直上升。所以，直升机在超过其静升限就不能作悬停飞行了，然而在地面效应影响下直升机仍可悬停。

如果能适当地利用地面效应，就可以用较小的油门，获得同样的拉力。因为此时直升机的剩余功率比没有地面效应时大，地面效应使旋翼拉力增大 30% 以上，故可以做超载飞行（在允许范围内，飞行重量超过正常重量的飞行）。通常，直升机超载飞行的各种状态下的所需功率都会增加，而且悬停所需功率本来就大，加之驾驶杆的备份量又减小，所以超载悬停就更为困难。但若利用地面效应做临近地面悬停，就可以超载悬停，并且较安全。

地面效应对悬停的影响，归结到一点就是使旋翼拉力增大，悬停所需功率减小，剩余功率增大。但应注意在凹凸不平的起伏地带、水面和丛林上空飞行时，不仅不能利用地面效应悬停，而且接近地面低速飞行也是不安全的。

2．风对悬停的影响

直升机风中悬停时，与无风悬停相比，所消耗的功率、稳定性和操纵性都会发生变化。如果直升机悬停高度超出地面效应范围，风的这种影响更为明显。下面分别对逆风、顺风、侧风对悬停的影响加以分析。

1）逆风悬停

逆风悬停所需功率比无风时小，因为风本身对所需功率的影响相当于直升机以风速相等的速度前飞。在逆风中悬停，旋翼的诱导速度减小，悬停所需功率减小。同时尾桨的方向稳定性增强，直升机也易于保持方向。因此，在有风的情况下，应尽量采取逆风悬停。逆风中悬停，直升机受风的作用，会以与风速相同的速度向后移位。为保持相对地面悬停不动，应向前推驾驶杆，使旋翼拉力向前倾斜，拉力的第二分力 T_2 使直升机产生与风速相等的前飞空速，此时，拉力第二分力与空气阻力相等。故此时直升机会比无风悬停时机头稍低。如果逆风风速增大，需更多的顶杆量，造成机头下俯更低。

2）顺风悬停

顺风中悬停，直升机受风的作用会向前移位。此时，应向后拉杆，使旋翼拉力后倾，拉力第二分力 T_2 克服空气阻力，产生与风速相等的后退空速。故此时直升机机头上仰比无风悬停时高。

顺风悬停机头上仰，这就会使尾部离地高度降低。为保证飞行安全，避免尾桨触地，顺风悬停时，高度要适当增高。悬停高度增高，地面效应减弱，加之顺风悬停的机身阻力比逆风悬停大，所以所需功率比无风或逆风悬停时增大。

顺风悬停，气流引起桨叶的自然挥舞使旋翼锥体前倾，力图使机头下俯，直升机出现向前移位的现象，因此要增加向后带杆量。同时顺风悬停，由于尾桨的作用是不稳定的，方向将变得不易保持，只要尾部稍偏离风向，直升机就更加偏离原来方向，所以操纵动作较复杂。鉴于上述原因，直升机应避免在大顺风中悬停。如果限于地形条件必须顺风悬停，为保证安全，悬停高度可适当高一些。

3）侧风悬停

侧风悬停，由于气流对尾桨的作用（右旋旋翼：左侧风使尾桨拉力增大，右侧风使尾桨拉力减小），直升机容易向来风方向转弯，故应注意用舵来保持方向。侧风的作用，还将使直升机沿风去的方向移位，而且由于旋翼桨叶的自然挥舞，还会使直升机俯仰姿态发生变化，向风去方向倾斜。因此，应向风来的方向压杆和稍带杆或顶杆。例如，左旋旋翼直升机悬停时，遇到左侧风，向左压杆并稍带杆；遇到右侧风，向右压杆和稍顶杆。

总之，风对悬停的影响具有以下规律：

（1）在有风的情况下悬停，为避免直升机移位，驾驶杆总应迎向风来的方向。风速越大，迎杆量越多，驾驶杆的备份量越少。

（2）由于尾桨的作用，机头总是力图对正风向，故应蹬反舵保持方向。

（3）逆风或逆侧风悬停，所需功率比无风悬停减小，机头上仰较少，操纵比较容易。反之，顺风或顺侧风悬停，所需功率增大，使直升机的载重量减小，而且机头上仰较多，方向不易保持。

（4）左旋旋翼直升机在右侧风悬停，由于向右压杆，将使右压杆的备份量减少，因此不宜在过大的右侧风中悬停。反之，左侧风悬停，由于向左压杆，使向右压杆的备份量增大，故左侧风悬停较为有利。

3．气温对悬停的影响

空气温度的高低也是影响悬停的一个因素。空气温度升高，除了容易使发动机过热、滑油温度升高、缩短悬停时间外，空气密度也要减小，其作用相当于增加了飞行高度，发动机的可用功率降低，加之所需功率增大，直升机的性能变差。空气温度降低，对悬停的影响则相反。

4．飞行重量对悬停的影响

直升机载重量的大小，将直接影响到悬停的高度。载重量越大，发动机剩余的可用功率和旋翼剩余拉力就越小，悬停高度也就越低，机动性也就越差。在这种情况下悬停，上提油门总距杆和杆、舵的操纵要特别谨慎柔和，严禁粗猛地操纵杆、舵和油门总距杆，否则，将会掉高度，甚至坠地。这是因为上提油门总距杆到某一位置时，发动机的进气压力达到最大值，发动机以最大功率带动旋翼旋转，如果再上提油门总距杆，桨距继续增大，桨叶旋转阻力增大，而进气压力调节器自动控制进气压力不再增加，发动机的功率不能再增加，旋翼转速反而减小，旋翼拉力也随之减小，直升机将下降高度。

6.1.3 悬停转弯

在悬停的基础上，仅作改变航向的飞行状态，叫作悬停转弯。悬停转弯是直升机在接近地面实施方向机动经常采用的飞行状态。在风速不大的条件下，直升机可向左、向右做任意角度的转弯。下面以右旋旋翼直升机为例，着重介绍做 360° 悬停转弯的操纵原理。

1．悬停转弯中作用力的特点

悬停转弯时的作用力基本上与悬停时相同，其不同点是蹬舵改变尾桨拉力的大小，使尾桨拉力力矩大于或小于旋翼反作用力矩，即 $T_T l_T > M_K$ 或 $T_T l_T < M_K$，如图 6-7 所示。从而形

成方向操纵力矩，使直升机向蹬舵方向转弯。当方向阻尼力矩与反向操纵力矩相等时，直升机以一定的偏转角速度转弯。

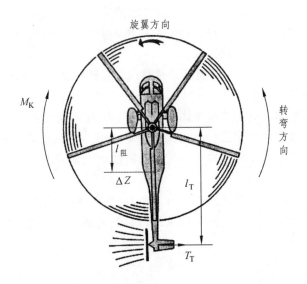

图 6-7　悬停转弯时的作用力

2. 悬停转弯的操纵原理

操纵直升机做悬停转弯，就是要向转弯方向蹬舵，增大或减小尾桨拉力。实施悬停转弯时，应柔和地向转弯方向蹬舵，通过改变尾桨桨距使尾桨拉力增大（或减小），形成方向操纵力矩，直升机即向蹬舵方向转弯。随着转弯角速度的增大，方向阻尼力矩也增大。当阻尼力矩增至与方向操纵力矩相等时，直升机即保持稳定的角速度做悬停转弯。

值得注意的是，由于蹬舵后尾桨所需功率得到改变，将使旋翼从发动机获取的功率发生变化而影响其拉力的大小。向旋翼旋转的反方向做悬停转弯，尾桨所消耗的功率减小，供给旋翼的功率增大，因此增加了旋翼的转速，使旋翼的拉力增大，直升机会上升高度；向旋翼旋转方向做悬停转弯，尾桨消耗的功率增大，使旋翼拉力相应减小，直升机会下降高度。因此，为保持高度不变，悬停转弯中应注意用油门总距杆进行修正。

蹬舵后，尾桨拉力的改变还会破坏直升机侧向力和滚转力矩的平衡，使直升机发生滚转和侧向移位现象。为保持侧向力和力矩平衡，还应及时地向悬停转弯的方向压杆。

悬停转弯中，尾桨轴方向不断在改变，如同旋翼一样，尾桨也会产生进动作用。此外，由转弯所引起的相对气流，还会使尾桨产生附加挥舞。因此，转弯中尾桨的受力是复杂的。为使尾桨不因受力过大而导致损坏，转弯角速度不应超过规定值。

总之，飞行员操纵直升机进行悬停转弯中，可根据机头与地面的相对运动，用蹬舵—回舵—再抵舵的方法，来保持转弯的角速度，即用舵保持旋转角速度，用油门总距杆保持高度，用驾驶杆保持不侧移。在退出悬停转弯时，应根据转弯角速度的大小，适当提前蹬反舵来制止旋转，并注意操纵油门总距杆保持高度，操纵驾驶杆保持无移位，使直升机保持在原位置并用舵保持原航向做稳定悬停。

3．悬停左、右转弯的特点

直升机悬停左、右转弯的特点，通过悬停转弯操纵原理的分析，可归纳为两点：

（1）悬停转弯时，由于旋翼和尾桨功率要重新分配，直升机将随转弯方向的不同出现上升或下降高度的趋势，这就造成在左、右转弯中，操纵油门总距杆有着不同的特点。以右旋旋翼直升机为例，做悬停左转弯时，由于蹬左舵，尾桨桨距增大，尾桨拉力增大，尾桨旋转消耗的功率增大，在发动机功率不变的情况下，会使旋翼拉力减小，此时直升机有下降高度的趋势，应适当地上提油门总距杆；做右转弯时则相反，蹬右舵后，应适当下放油门总距杆。

（2）悬停左、右转弯时，驾驶杆的修正方向不同，例如，做悬停左转弯时，在蹬左舵后，由于尾桨拉力及其右滚转力矩增大，直升机将出现右坡度和向右移动的现象，此时，应向左压杆，以保持直升机不移位；右转弯时，应向右压杆以修正左坡度和向左移位现象。

6.1.4　风中悬停转弯

有风条件下做悬停转弯的操纵与无风时有很大的不同。飞行员必须了解风对悬停转弯的影响，才能正确地操纵直升机做好风中悬停转弯。现以逆风悬停中，右旋旋翼直升机做360°右转弯为例说明风对悬停转弯的影响。

1．风对悬停转弯的影响

直升机从悬停进入右转弯，逆风变为左逆侧风，转到90°变为左正侧风；转过90°后变为左顺侧风，到180°变为顺风；转过180°后变为右顺侧风，到270°变为右正侧风；转过270°变为右逆侧风，到360°又回到逆风位置。可见，在悬停转弯中，风的影响是不断变化的。飞行员必须根据随时变化的情况正确地实施操纵，才能做好悬停转弯。

相对气流从左前方吹来叫左侧滑；从右前方吹来叫右侧滑。相对气流方向和直升机对称面之间的夹角，叫作侧滑角。侧滑在第7章会详细分析。

2．风中悬停转弯的操纵原理

逆风悬停中做360°右转弯时，飞行员蹬右舵使直升机向右偏转后，气流即从直升机对称面左侧吹来，如图6-8（a）所示。此时，除阻尼力矩外，机身产生的侧力绕重心形成的方向稳定力矩也力图阻止直升机转弯，图中作用力Z'就是形成的方向稳定力矩。为了保持一定的转弯角速度，应逐渐增加右舵量。右舵量增大，尾桨消耗的功率减小，直升机出现上升高度的趋势，为保持高度不变，还应适当下放油门总距杆。此外，随着左侧滑角加大，直升机出现右移位，为保持直升机不移位，应逐渐增加向左压杆量进行修正。

随着继续转弯，左侧滑角不断增加，杆、舵、油门总距杆的操作量要相应增大，转弯至来流方向成90°时，操纵量增至最大，如图6-8（b）所示。

转弯超过90°后，变为左顺侧风，如图6-9（a）所示。随着转弯角度的增加，一方面，方向稳定力矩减小，为保持一定的转弯角速度，应逐渐减少右舵量；另一方面，直升机自90°转向180°过程中，风迫使直升机向右移位的作用逐渐减弱，而向前移位的作用逐渐增强，为保持不移位，应逐渐减小左压杆量而增加后带杆量，即驾驶杆应始终向来风方向倾斜。

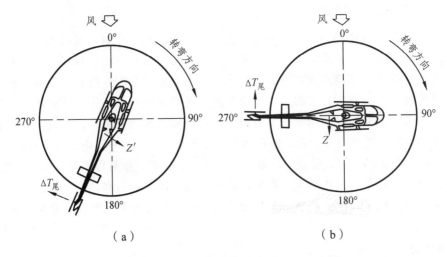

图 6-8　有风时的悬停转弯（0°~90°）

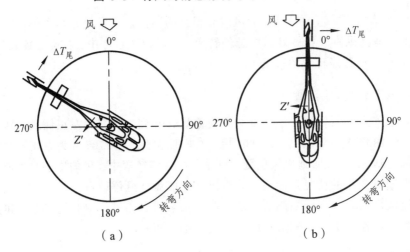

图 6-9　有风时的悬停转弯（90°~180°）

　　当直升机转至 180° 时，相当于顺风悬停状态，此时，两舵接近逆风悬停所对应的位置，向后带杆量最多，如图 6-9（b）所示。

　　从 180° 转向 270° 时，直升机处于右顺侧风转弯状态，如图 6-10（a）所示，侧力 Z' 对重心形成的方向不稳定力矩，起到促使机头加速偏转的作用。为保持等角速度转动，应逐渐增加左舵量。在此转弯范围内，应逐渐减少带杆量并增加向右压杆量，操纵驾驶杆始终向来风方向倾斜，才能克服风的影响，使直升机不出现移位现象。当转弯至 270° 时，左舵量和右压杆量增至最大，驾驶杆压向来风方向的量最多。

　　从 270° 转向 360° 时，直升机处于右逆侧风转弯状态，如图 6-11（a）所示。方向不稳定力矩随着转弯接近 360° 而逐渐减弱，见图 6-11（a）中作用力 Z' 形成的力矩，故应减少左舵量。驾驶杆也应由向右压杆逐渐转为向前迎杆，使直升机不出现移位。接近 360° 时，应根据转弯角速度的大小，提前 5°~10° 蹬反舵改出转弯，使直升机又处于逆风稳定悬停状态。

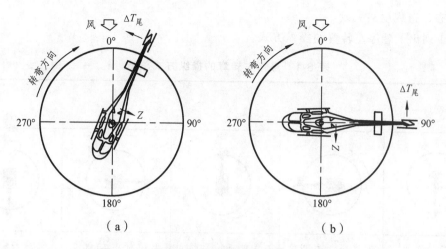

图 6-10　有风时的悬停转弯（180°～270°）

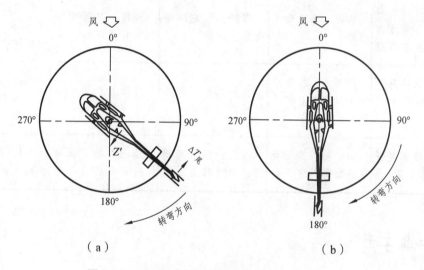

图 6-11　有风时的悬停转弯（270°～360°）

　　综上所述，在有风条件下做悬停转弯，应根据风向风速用舵保持转弯角速度；用油门总距杆保持高度；用驾驶杆保持不移位。

　　在转向去风方向时，方向稳定力矩起到阻止转弯的作用，应向转弯方向加大蹬舵量，以保持转弯角速度。反之，转向来风方向时，为保持转弯角速度，应适当地向转弯的反方向增加蹬舵量。增加左舵量时，直升机有减小高度的趋势，要适当上提油门总距杆。增加右舵量时，应适当下放油门总距杆。

　　为保持直升机不出现水平移位现象，在 360° 转弯中，驾驶杆始终是向来风方向倾斜。相对于直升机而言，右转弯时，驾驶杆沿逆时针方向转一圈；左转弯时，驾驶杆则沿顺时针方向转一圈。

　　在有风情况下实施 90°、180°、270° 和任意角度的悬停转弯，其操作原理与上述相同。必须指出，在较大风速条件下悬停转弯不仅难以保持飞行状态，因驾驶杆的备份量减少，还会危及飞行安全。所以右旋旋翼直升机不宜在风速过大的情况下做悬停右转弯，防止尾桨进

217

入涡环状态，造成尾桨失效。

表 6-1 列出了悬停左转弯的操纵方式。

表 6-1　悬停左转弯的操纵方式总结

风				
驾驶杆：前位	驾驶杆：右侧位	驾驶杆：后位	驾驶杆：左侧位	驾驶杆：前位
脚蹬：悬停时左脚蹬保持，左转弯开始后，进一步蹬左脚蹬	脚蹬：继续蹬左脚蹬	脚蹬：从左脚蹬换为右脚蹬	脚蹬：转弯中增加右脚蹬压力	脚蹬：继续蹬右脚蹬，停止左转；然后，蹬左脚蹬保持悬停
总距杆：保持悬停所需功率对应的桨距位置	总距杆：转弯中增加功率，上提总距杆	总距杆：下放总距杆，减小功率	总距杆：下放总距杆位置到底	总距杆：上提总距杆增加功率，保持悬停
油门：按照需要保持旋翼转速不变	油门：按照需要保持旋翼转速不变	油门：按照需要保持旋翼转速不变	油门：按照需要保持旋翼转速不变	油门：按照需要保持旋翼转速不变

6.2　垂直上升

直升机在静升限范围之内，不仅能在各高度上悬停，而且还能以垂直上升的飞行状态来增加飞行高度。特别是在周围有较高障碍物的狭小场地起飞，应利用垂直上升超越周围障碍物。所以，在特定的条件下，垂直上升具有很重要的实用价值，是飞行员必须掌握的内容。

6.2.1　垂直上升的条件

直升机垂直上升中，相对气流从上向下吹向桨毂旋转平面，旋翼迎角为 $-90°$。而翼型迎角 α 等于桨距 φ 与来流角 ε 之差，即 $\alpha = \varphi - \varepsilon$，如图 6-12 所示。

垂直上升中，流过桨叶翼型的气流，它的速度是由两个相互垂直的气流速度合成的。其一是直升机向上运动产生的轴向气流速度 V_y 和旋翼的诱导速度 V_i，也就是说这两者的速度方向一致，在单位时间内流过桨盘的空气质量增多。其二是由桨叶旋转在桨毂旋转平面内产生的相对气流速度 Ωr。

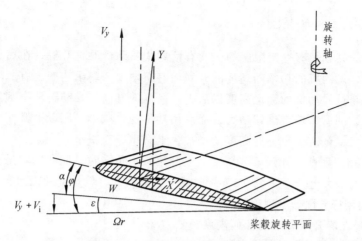

图 6-12　垂直上升中的翼型迎角

来流角 ε 的正切值等于上升率 V_y 与诱导速度 V_i 之和同圆周速度 Ωr 的比值，即

$$\tan\varepsilon = \frac{V_y + V_i}{\Omega r} \tag{6.11}$$

从式（6.11）中可看出，由于垂直上升中的上升率 V_y 不为零，所以来流角要比悬停时大。并且，上升率越大，来流角也越大。如桨距 φ 一定，则来流角越大，迎角越小。要保持桨叶迎角不变，应相应地增大桨叶安装角。因此，随着上升率的增大，必须相应地增大总距，才能保持旋翼拉力等于直升机的重力。

垂直上升是在悬停的基础上实施的，保持等速垂直上升的条件与保持悬停状态的条件基本相同。由于垂直上升率一般都不大，因此机身阻力比重力小得多，通常可以略去不计，而认为 T_1 和 G 相等。

垂直上升时，诱阻功率有所减小，而上升阻力功率增加较多，所以旋翼所需功率比悬停所需功率要人，旋翼的反作用力矩随之增大，因此，$T_{尾}$ 和 T_3 与悬停状态相比，其数值都有所增大，才能满足垂直上升的条件。

6.2.2　垂直上升所需功率

垂直上升与悬停相比，型阻功率基本相等，诱阻功率比悬停时小。因为上升存在轴向气流，在单位时间内流过桨盘的空气质量增多而使诱阻功率减小。如果爬升率比较小，垂直上升所需功率 N_c 则可以用下式来表示

$$N_c = \frac{1}{2}GV_y + N_h \tag{6.12}$$

从式（6.12）中可以看出，垂直上升中的总所需功率大于悬停所需功率 N_h，式中 $\frac{1}{2}GV_y$ 为克服重力以 V_y 速度做的功，这部分功率称为上升阻力功率。

219

6.2.3　高度-速度图（*H-V* 图）

直升机上升的高度是有一定限度的。装有活塞式发动机的直升机，在离地上升到发动机的额定高度以前，发动机的功率随高度的升高而有所增大，剩余功率也有所增加，上升率也略有增大。但在超过发动机的额定高度以后，随高度的升高，发动机功率随着高度的升高而减小，当垂直上升的所需功率继续增大，而可用功率随之减小，所以上升率减小。而装有涡轴发动机的直升机，随着垂直上升高度的增加，上升率一直减小。

所以，在直升机垂直上升到某一高度，上升率减小至零时，此高度就是直升机的理论静升限。当直升机的最大上升减至 0.5 m/s 时所对应的高度，就是直升机的实用静升限。从图6-13 可以看出实用静升限低于理论静升限。

从理论上讲，在静升限以下的任何高度，直升机都能做垂直上升。垂直上升固然有其一定的实用价值，但消耗功率大，上升率又小，上升至预定高度所需要时间也长，直升机的稳定性和操纵性都比较差。实际上，在距离升限尚远的高度上，此时直升机的剩余功率已经很小，上升率也已很小，垂直上升极为缓慢。为了迅速达到静升限，一般常采取带有一定前进速度的办法上升。所以，垂直上升超越障碍物一定高度以后，仍采用沿倾斜轨迹上升的方法，以便迅速取得高度。

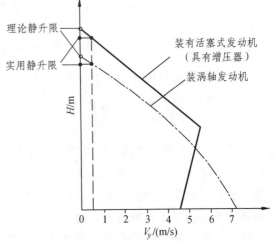

图 6-13　垂直上升中上升率随高度的变化

在直升机取得适航认证以前，需要经过多次发动机停车试飞取证，获得典型数据绘制高度-速度图，即 *H-V* 图，类似飞机的飞行包线，也会在飞行手册中给出，图 6-14 为典型单发和多发直升机的 *H-V* 图。从直升机 *H-V* 图中可以看出直升机在起飞或着陆时，在近地面上空发动机停车后，直升机不能进行安全着陆的区域，也就是回避区或危险区。回避区边界线被称为死亡安全线，也称为低速包线。在回避区以外的区域（除单发直升机的近地非安全区域），直升机可以正常飞行，即使在发动机失效等紧急情况下，直升机也可以安全地稳定自转着陆。

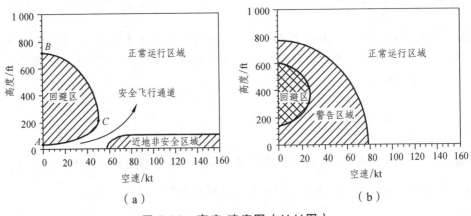

（a）　　　　　　　　　　　　　　　（b）

图 6-14　高度-速度图（*H-V* 图）

单发直升机运行空域包括正常运行区域、回避区和近地非安全区域，如图 6-14（a）所示。注意，单发直升机的 $H\text{-}V$ 图中有两个非安全运行区域，其中回避区一般出现在低速运行情况中，表明了直升机的低速性能，多发直升机情况也一样。而低空非安全区只出现在单发直升机近地高速运行中，表明了直升机的高速性能。低速区中的回避区和高速区中的近地非安全区之间的中间区域形成一个安全飞行通道。一般来说，直升机要飞出 $H\text{-}V$ 图的"鼻"部才算起飞成功。

单发直升机低速区的 $H\text{-}V$ 图只有通过飞行试验才能准确确定，而在高速区近地飞行存在一块非安全区域，而双发直升机没有此区域。双发直升机在警告区也可以正常飞行，即使出现单发失效的情况，直升机也可以安全飞行，如图 6-14（b）所示。

直升机 $H\text{-}V$ 图中回避区的边界线有 3 个关键点：A 点、B 点和 C 点，垂直上升中，高于 A 点和低于 B 点表明直升机不可能安全自转着陆，大于 B 点高度，无论空速多少，飞行员都有足够的时间和高度使直升机进入稳定自转；C 点代表回避区中的最大空速飞行的高度，此高度上如低于这个速度也不能安全自转着陆，C 点决定了一个临界高度和临界速度。

根据 FAR 运行要求，军用直升机和民用直升机的 $H\text{-}V$ 图有所不同。$H\text{-}V$ 图中各区形状与许多因素有关，包括直升机特性、总重和运行密度高度等。FAA 规定，在确定直升机速度-高度图时，沿着 $H\text{-}V$ 上边界，发动机失效后飞行员的反应滞后时间为 1 s，而沿 $H\text{-}V$ 图下边界，则没有反应滞后时间的要求。

发动机数量决定直升机运行能力，所以会改变 $H\text{-}V$ 图的形状（见图 6-14）。在不同标高的着陆区域上垂直起飞，对应的 $H\text{-}V$ 图也不一样，如图 6-15 所示。可以看出，随着着陆区域海拔增加，回避区扩大，而在标准海平面的着陆区域所对应的回避区最小。所以，直升机在高原着陆场垂直起降要特别注意性能的变化。

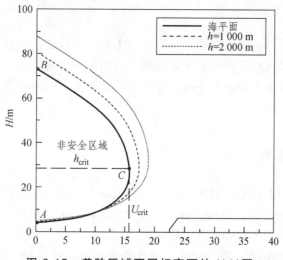

图 6-15　着陆区域不同标高下的 $H\text{-}V$ 图

对单发直升机而言，降低桨盘载荷可以缩小回避区大小；而对双发直升机而言其回避区更小；三发直升机理论上没有回避区，因为单发失效不会影响其运行。然而，在实际运行中，$H\text{-}V$ 图中一定会有回避区，例如尾桨失效后，不管发动机数量多少都需要直升机安全着陆。

6.2.4 垂直上升的操纵原理

垂直上升的操纵与悬停时比，有其不同的特点。悬停时，上升率为零，直升机处于相对静止的状态；垂直上升时，上升率不等于零，直升机处于高度发生变化的状态。

直升机在悬停的基础上做垂直上升，首先应柔和地上提油门总距杆，在油门桨距增大的初始阶段，旋翼拉力大于重力，直升机加速上升；随着上升率的增大，桨叶来流角也不断增大，桨叶迎角减小，当来流角的增量与总距的增量基本相等时，旋翼拉力等于直升机重力，加速上升的力消失，保持稳定垂直上升。

要注意上述的操纵方法是针对无地效情况。直升机悬停高度在地面效应范围之内，由于不同高度的地面效应强弱不同，上提油门总距杆增大旋翼总距的瞬间，旋翼拉力增大，但随着直升机高度升高，地面效应作用减弱，诱导速度增大，来流角增大，桨叶迎角减小，上升到某一高度，当总距的增量与来流角的增量相等时，旋翼拉力的增量减小到零，直升机不再继续上升。因此，在地面效应范围内，柔和地上提油门总距杆，直升机上升高度；停止上提油门总距杆之后，上升率急剧减小至零，不再继续上升。但是，在地面效应范围之外，停止上提油门总距杆后，在高度变化不大的范围内，仍然能保持稳定的上升率上升。

由于上提油门总距杆，旋翼反作用力矩增大，直升机将出现偏转。为了保持方向平衡，要蹬舵增大尾桨拉力。同时要向侧方压杆修正，使直升机不出现侧向移位和滚转。为了不使直升机前后移位，应前后调整驾驶杆位置，保持旋翼拉力第二分力等于零。垂直上升的稳定性和操纵性都比较差，所以操纵动作更要柔和，杆、舵和油门总距杆更要协调一致。

6.3 垂直下降

在静升限以下，直升机不仅能够悬停、垂直上升，而且还能够以不太大的下降率做垂直下降。这一特殊性能可以用来避开高大障碍物，在狭小的场地着陆。垂直下降分为带动力和不带动力下降两种，其中不带动力下降常出现在自转下降中，将在第 9 章中分析，这里主要分析带动力垂直下降。

6.3.1 垂直下降的条件

垂直下降与垂直上升状态正好相反，相对气流从下而上流向桨毂旋转平面，旋翼迎角为 +90°。垂直下降中，流经桨毂旋转平面的气流速度是两个方向相反的气流速度的合成，一是垂直下降所形成的自下而上的轴向气流速度 V_y；二是自上而下的旋翼的诱导速度 V_i。

通常，在下降率较小时，V_y 小于 V_i，来流角为正，如图 6-16（a）所示，桨叶迎角小于桨距，这时翼型迎角 α 等于桨距 φ 与来流角 ε 之差，即 $\alpha = \varphi - \varepsilon$。如果下降率很大时，$V_y$ 大于 V_i，来流角越来越小，甚至可能为负值，桨叶迎角大于桨距，如图 6-16（b）所示，这时翼型迎角 α 等于桨距 φ 与来流角 ε 绝对值之和，即 $\alpha = \varphi + |\varepsilon|$。因此，垂直下降和垂直上升的情况相反，这时要保持一定的迎角，必须相应地减小总距。

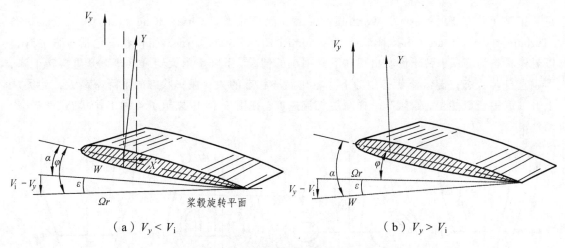

$$(a)\ V_y < V_i \qquad\qquad (b)\ V_y > V_i$$

图 6-16　垂直下降中的翼型迎角

　　保持等速垂直下降的条件同保持悬停和等速垂直上升的条件也基本相同。只是旋翼所需功率要小，旋翼的反作用力矩随之减小。因此，要保持平衡，$T_尾$ 和 T_3 与悬停状态相应数值都有所减小。

6.3.2　垂直下降所需功率

　　垂直下降与垂直上升相反，直升机势能不断减小，这时直升机获得一定的能量，所以，所需功率比悬停所需功率小。但就其诱导功率来说，垂直下降状态的诱阻功率比悬停状态的诱阻功率要大。这时直升机向下运动，相对气流向上，诱导速度与此相反，这两股方向相反的气流相遇，造成通过旋翼的气流变得复杂起来，会出现涡环状态，需要消耗更多的能量，也就是说，诱阻功率增大了。

　　随着下降率的增大，这一现象越来越明显。但当下降率很大时，相对气流速度 V_y 比诱导速度 V_i 大得多，使这种复杂气流变得规则一些，如图 6-17 所示。

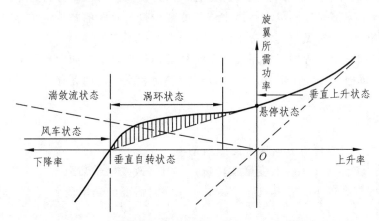

图 6-17　旋翼所需功率与下降率和上升率的关系

图 6-17 中显示了直升机旋翼运行模式，旋翼在垂直下降过程中经历 4 个工作状态，分别

是：正常工作状态（Normal Working State）、涡环状态（Vortex Ring State）、湍敛流状态（Turbulent Wake State）和风车状态（Windmill Brake State）。正常工作状态包括垂直上升，以悬停状态为界限；涡环状态出现在下降率小的情况，下降率增大到可以让直升机自转下降，即垂直自转状态；湍敛流状态中的下降率比涡环状态的大；风车状态的下降率最大，旋翼从上升气流中获取能量，像风车一样减缓气流速度。在图6-18中显示了4种工作状态下空气流动情况。

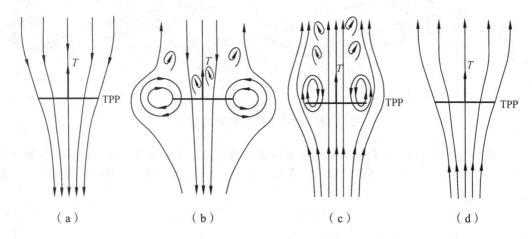

（a）　　　　　　　（b）　　　　　　　（c）　　　　　　　（d）

图 6-18　垂直下降中的气流流动

6.3.3　垂直下降的操纵原理

直升机在悬停的基础上做垂直下降，首先应下放油门总距杆，减小旋翼拉力，使拉力小于直升机重力，进行垂直下降。

下放油门总距杆，旋翼反作用力矩减小，直升机将向旋转方向偏转。为保持方向平衡，必须蹬舵减小尾桨拉力。同时要向侧向压杆，不使直升机出现侧向移位和滚转。为保持直升机不出现前后移位，还应前后调整驾驶杆位置，保持旋翼拉力第二分力为零。在加速垂直下降过程中，桨叶的来流角逐渐减小，当来流角的减少量与总距的减少量相等时，旋翼拉力与直升机重力平衡，直升机做稳定垂直下降，下降率保持不变。

在垂直下降的整个过程中，要用油门总距杆来调整下降率。如发现下降率增大，就应上提油门总距杆，同时，还应蹬舵和压杆，以保持航向和水平面内无移位。

·复习思考题·

1. 单旋翼直升机悬停时方向保持的操纵是（　　　）。

　　A. 使旋翼变距　　　B. 改变尾桨转速　　　C. 改变尾桨桨距

2. 在标准大气条件下，直升机在（　　　）悬停时需要的功率最大。

　　A. 混凝土停机坪上空

　　B. 起伏不平的地面上空

　　C. 杂草丛生的地面上空

3. 直升机做逆风悬停右转弯，当转过 90° 时，（　　　）的量最大。

    A. 右压杆　　　　　　　　B. 左压杆　　　　　　　　　C. 前推杆

4. 单旋翼直升机垂直升降的操纵是（　　　）。

    A. 提压总桨距杆

    B. 增加或减小旋翼转速

    C. 使桨叶周期变距

5. 侧滑法修正侧风时，驾驶杆应（　　　）操纵。

    A. 向上风方向压杆　　　B. 保持在中立位置　　　　C. 向下风方向压杆

6. 直升机做逆风悬停右转弯，当转过 270° 时，（　　　）的量最大。

    A. 左压杆　　　　　　　　B. 右压杆　　　　　　　　　C. 前推杆

7. 对于从上方俯视旋翼为反时针旋转的直升机，在静风条件下，（　　　）操纵需要增大功率。

    A. 在有地面效应时做悬停

    B. 蹬左舵左转弯

    C. 蹬右舵右转弯

8. 直升机做逆风悬停右转弯，当转过 180° 时，（　　　）的量最大。

    A. 右压杆　　　　　　　　B. 前推杆　　　　　　　　　C. 后带杆

9. 直升机悬停时，当总重增加，则下洗速度（　　　），密度高度（　　　）。

    A. 增加　　　　　　　　　B. 不变　　　　　　　　　　C. 减小

10. 理解地面效应和风对直升机悬停的影响。

11. 掌握速度-高度图知识点。

12. 了解直升机风中悬停转弯的操纵原理。

13. 了解直升机垂直上升和垂直下降的操纵原理。

第7章　侧滑和盘旋

7.1　侧　滑

　　直升机对称面与相对气流方向不平行的飞行状态，叫侧滑。相对气流的方向和飞机纵向对称面之间的夹角，叫侧滑角，用 β 表示。直升机出现侧滑，表明其空速矢量偏离直升机纵轴。侧滑飞行是一种既有向前、又有向侧方的飞行运动。

　　在飞行中如果出现侧滑，会引起作用在直升机上的力和力矩发生变化，并使预定的飞行状态受到破坏，在一般情况下应避免产生侧滑。但在有些情况下，却有必要操纵直升机带侧滑，比如起飞、着陆时修正侧风的影响，接近地面实施机动和修正编队间隔等。

　　本节将讨论侧滑状态的一般知识和直线下降侧滑。

7.1.1　侧滑产生的原因

　　飞行中，相对气流通常是迎着直升机正面吹来，与直升机的纵向对称面没有夹角。带有侧滑时，相对气流从直升机侧方吹来，如图 7-1 所示。

　　相对气流从左侧方吹来叫左侧滑；相对气流从右侧方吹来叫右侧滑。由于直升机的飞行特点，所能产生的侧滑角要比固定翼飞机能产生的侧滑角大得多。

　　直升机带有侧滑，会引起空气动力性能降低，所以在一般情况下应避免直升机产生侧滑。直升机形成侧滑的原因有两个，分别为：

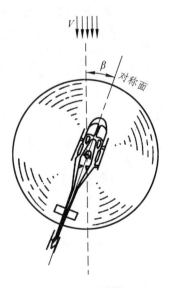

图 7-1　侧滑

1. 直升机的对称面偏离飞行轨迹

　　飞行中由于直升机对称面偏离飞行轨迹而造成的侧滑，从操纵上讲主要是由于飞行员只蹬舵（或蹬舵过多）所引起的。向转弯方向的蹬舵量过多，或转弯反方向的蹬舵量不足，也会造成直升机的对称面偏离飞行轨迹。

　　例如，飞行员只蹬左舵，尾桨拉力增大，尾桨拉力对重心形成一个使机头向左偏转的方向操纵力矩，于是直升机的对称面会偏离飞行航迹而出现右侧滑。在机头偏转的过程中，出现了阻尼力矩。同时，相对气流从右侧方吹来，作用在尾桨上，形成方向稳定力矩，使机头向左偏转的角速度减小，并力图制止侧滑角的增大。当阻尼力矩与方向稳定力矩之和同方向操纵力矩相等时，飞机便保持一定的侧滑角做侧滑飞行。此时，因右侧滑机身产生向左的侧力 Z 并没有得到平衡，它起着向心力的作用，使飞机做带右侧滑的左转弯，如图 7-2 所示。这种向转弯反方向的侧滑，叫作外侧滑（skid）。

2．飞行轨迹偏离直升机的对称面

飞行中由于飞行轨迹偏离直升机对称面而造成的侧滑，从操纵上讲主要是飞行员只压杆（或压杆过多）所引起的。向转弯方向的蹬舵量不足，或转弯反方向的蹬舵量过多，也会造成飞行轨迹偏离直升机的对称面。

例如在平飞时，飞行员只向左压杆，旋翼锥体向左倾斜，拉力方向也随之倾斜，旋翼拉力第三分力 T_3 同尾桨拉力 $T_尾$ 的水平分量的平衡关系被破坏，在侧向不平衡力 Z 的作用下，直升机向左做曲线运动，如图 7-3 所示。由于没有相应的蹬左舵，运动方向偏向直升机对称面的左方，形成左侧滑。在出现左侧滑的同时，一方面产生方向稳定力矩，促使机头跟着运动方向一起偏转，力图减小侧滑角；另一方面因直升机绕立轴旋转，产生了与方向稳定力矩相反的阻尼力矩，阻止侧滑角减小，当阻尼力矩与方向稳定力矩取得平衡时，直升机则带一定的左侧滑做左转弯。这种向转弯方向的侧滑，叫作内侧滑（slip）。

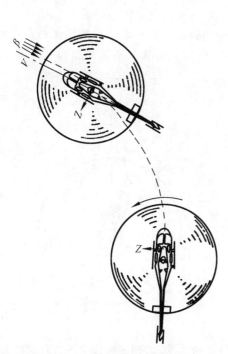

图 7-2　只蹬舵产生的侧滑

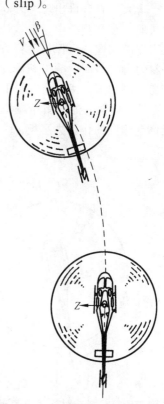

图 7-3　只压杆产生的侧滑

可见，飞行员只蹬舵会形成外侧滑，只压杆会形成内侧滑。操纵直升机转弯时，如果向同一方向压杆蹬舵，只要杆舵配合适当就不会形成侧滑。如果杆舵配合不当，就会产生侧滑。例如，压杆过多相当于只压杆而产生内侧滑；蹬舵过多就相当于只蹬舵的情况而产生外侧滑。此外，调整片使用不当或操纵油门总距杆时，驾驶杆和舵配合不好也要产生侧滑。

7.1.2　侧滑的受力情况

直升机侧滑时，作用于直升机上的力和力矩与无侧滑相比要发生变化。又因为左侧滑和右侧滑时的作用力和力矩不同，所以在操纵上也不同，故应采取不同的措施保持直升机的平衡。

例如，直升机在保持一定方向做左侧滑飞行时，如图 7-4 所示，在机身上产生了向右的侧力（Z），也包括由于尾桨桨叶来流角减小所引起的尾桨拉力增加，此力绕重心而形成方向稳定力矩（$Z \cdot l$）。在方向稳定力矩的作用下，有减小侧滑角的趋势，为了保持飞行方向，应蹬右舵减小尾桨拉力力矩来平衡机身侧力力矩。必须指出，此时虽然力矩得到了平衡，但是直升机的侧力并没有得到平衡，在侧力的作用下直升机将向右移动，为了消除这种移动，应适当向左压杆。

此外，左侧滑中，空气从直升机对称面的左侧吹来，此时桨叶自然挥舞最高点将从无侧滑时的"1"点移到"2"点，相对于直升机的纵轴而言，桨叶自然挥舞的最高点向左移，将使旋翼锥体更加向右倾斜。为保持侧向力的平衡，也必须向左增加压杆量。

左侧滑中，既然桨叶自然挥舞最高点向左移，在飞行速度相同的条件下，旋翼锥体向后的倾倒角减小。为保持速度，还应当适当向后带杆。

左侧滑中，为保持飞行方向，需蹬右舵减小尾桨拉力，尾桨所需功率减小，使旋翼获得的功率增大，直升机出现上升高度的趋势。

同理，在右侧滑中，空气从直升机对称面的右侧吹来，此时，方向稳定力矩和旋翼反作用力矩方向相同。为保持飞行方向，应蹬左舵增加尾桨拉力。

右侧滑飞行时，直升机产生向左的侧力（Z），使直升机向左移动。另外，桨叶自然挥舞最高点将移至"3"点（见图 7-5），相对于直升机的纵轴而言，桨叶自然挥舞最高点向右移，旋翼锥体向右的倾斜角减小，也要使飞机向左移动。这两方面都需要增加向右的压杆量，才能保持侧向的作用力平衡。

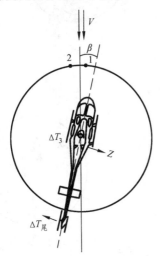

图 7-4　左侧滑时作用于直升机的力

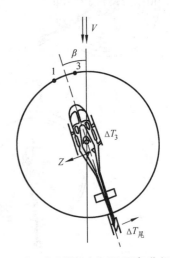

图 7-5　右侧滑时作用于直升机的力

右侧滑角增大，直升机所产生的侧力增大，桨叶自然挥舞的最高点也越向右移动，为保持侧向的作用力平衡，向右的压杆量也增大。如果右侧滑角过大，向右压杆的备份量减少，将给操纵带来一定的困难。

右侧滑中，当侧滑角不大时，桨叶自然挥舞最高点右移的同时，旋翼锥体向后倾斜的趋势增大，使机头上仰。为了保持速度，还应适当向前顶杆。

右侧滑由于蹬左舵使尾桨拉力增加，旋翼获得的功率有所减小，直升机会出现下降高度的趋势。

通过比较分析可以看出，侧滑飞行的主要特点是：由于桨叶自然挥舞最高点方位发生变化，使旋翼锥体倾斜方向也发生变化，从而引起旋翼在侧向分力变化很大，不同方向的侧滑其相对气流方向不同，所需功率不等，直升机状态的变化也不同，为保持平衡，其杆、舵的操纵量也不同。

7.1.3 判断侧滑的方法

直升机在原来没有横向运动的情况下，只要水平方向的合力为零，就不会发生横向运动，即不会发生侧滑。直升机在做无侧滑转弯时，沿横轴方向的作用力有惯性离心力在横向方向的分力（离心力）和重力在横轴方向上的分力（向心力），这两个分力的方向是相反的，如图7-6 所示。通过离心力和向心力大小，可以进一步判断是否有侧滑。

直升机在飞行中，飞行员无法直接看见相对气流是否是从侧方吹来，必须借助仪表的指示来判断是否出现了侧滑。通常利用转弯侧滑仪来指示是否有侧滑。侧滑仪由小球、玻璃球和阻尼液

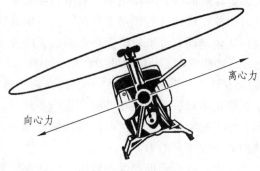

图 7-6　无侧滑

组成，其中小球相当于单摆的摆锤，阻尼液起到阻尼作用。侧滑仪中的小球受到两个力：一个是小球的重力；另一个是曲线运动中小球的惯性离心力，飞行中也可以产生离心力和向心力。

1．直线飞行

直线飞行中，侧滑仪的小球只受重力 G 的作用，如果直升机做无侧滑水平直线飞行，小球的位置处在玻璃管中央，其重力垂直于管壁，如图7-7（a）所示。做直线侧滑时，直升机向侧滑一侧带有坡度，玻璃管也随着倾斜，小球在重力作用下向倾斜的一边移动，直到重力又与管壁垂直为止，如图7-7（b）所示。因此，小球偏向那一边，就表示直升机向那一边侧滑。发现侧滑仪的小球向左移动，说明出现了左侧滑；反之小球向右移动，则是出现了右侧滑。小球偏离中心位置越远，说明侧滑角越大。

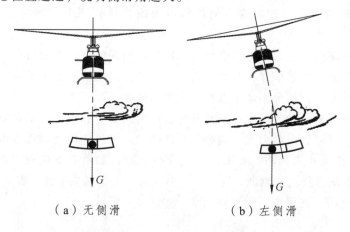

（a）无侧滑　　　　　　　　（b）左侧滑

图 7-7　直线飞行时小球的位置

2．转弯飞行

当直升机以一定角速度做无侧滑转弯时，直升机的立轴相对地垂线倾斜了一个角度，即倾斜角 γ，侧滑仪的玻璃管也跟着倾斜 γ 角，作用在小球上的力包括自身的重力 G 和曲线运动中的惯性离心力 F。如果作用在直升机上的横向合力为零，则没有侧滑，小球的横向合力（沿玻璃管的切线方向）也等于零，即 $F_x = G_x$。故小球处在玻璃管中央，如图 7-8 所示。

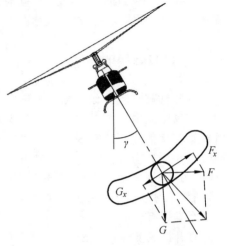

若直升机转弯时的倾斜角过小或转弯角速度过大，则在横向合力的作用下，直升机要发生外侧滑，此时小球在横向合力作用下（$F_x > G_x$）偏离玻璃管中央向外侧运动。由于玻璃管是弯曲的，随着小球向外运动，势能增加，动能减小，作用在小球上的力 F_x 和 G_x 都在改变。当运动的到某一位置，这两个分力相等，小球停止不动，最终停在外侧。进一步理解，外侧滑中，由于侧滑使机体产生向内侧的额外侧力，造成机体向心力大于离心力。

图 7-8　转弯飞行的小球受力情况

反之，若直升机发生内侧滑，小球在横向合力作用下（$F_x < G_x$）也偏离玻璃管中央向内侧运动，最终停在内侧。进一步理解，内侧滑中，由于侧滑使机体产生向外侧的额外侧力，造成机体离心力大于向心力。

因此，根据小球偏离中央位置的方向和距离，可以判断直升机侧滑的方向和严重程度。直升机做外侧滑转弯时，小球偏向外侧；做内侧滑转弯时，小球偏向内侧。只要直升机带有侧滑，小球总是偏向侧滑的一侧。

3．判断侧滑的方法

综上所述，判断内外侧滑的方法有 5 种，分别为：

（1）根据内外侧滑的定义，从操纵技术上进行判断，只蹬舵或蹬舵过多，产生外侧滑；而只压杆或压杆过多，产生内侧滑。

（2）当盘旋转弯时，出现转弯方向的侧滑为内侧滑；而出现转弯反方向的侧滑为外侧滑。

（3）当盘旋出现侧滑时，根据坡度增量来判断。出现的坡度增量为左坡度时，此时小球在左侧，则为内侧滑；如果小球在右侧，则为外侧滑。出现的坡度增量为右坡度时，此时小球在左侧，则为外侧滑；如果小球在右侧，则为内侧滑。

（4）当盘旋出现侧滑时，可以根据直升机机体的向心力和离心力来判断，即向心力小于离心力为内侧滑；反之，向心力大于离心力为外侧滑。内外侧滑的过程也可以根据小球的向心力 G_x 和离心力 F_x 大小来判断，如果 $F_x < G_x$ 是内侧滑；如果 $F_x > G_x$ 是外侧滑。

（5）根据转弯侧滑仪指示判断，当小球向小飞机的下沉翼尖靠拢，表示为内侧滑；反之，当小球远离小飞机的下沉翼尖，则为外侧滑，如图 7-9 所示。

（a）内侧滑　　　　　　　　（b）外侧滑

图 7-9　转弯侧滑仪的侧滑指示

7.1.4　直线下降侧滑

1. 对直线下降侧滑的作用力

直线下降侧滑是带侧滑的下滑飞行。这时作用在直升机上的力主要有 5 个：旋翼拉力 T、空气阻力 X、重力 G、侧力 Z 和尾桨拉力 $T_尾$，如图 7-10 所示。由于直线下降侧滑中，既带坡度又有侧滑，旋翼拉力 T 分解为 T_1、T_2 和 T_3。尾桨拉力 $T_尾$ 可分解为：在铅垂方向上的一个分量 $T_{尾1}$，沿飞行方向的第二分力 $T_{尾2}$ 和在水平面内并垂直于飞行方向的第三分力 $T_{尾3}$。在坡度和侧滑角很小的情况下，$T_{尾1}$ 和 $T_{尾2}$ 近似等于零，可以忽略不计，$T_{尾3}$ 近似等于 $T_尾$。

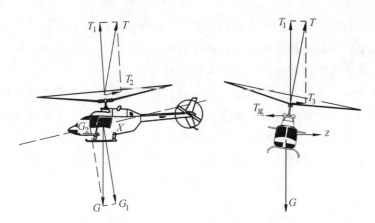

图 7-10　直线下降侧滑的作用力

在直线下降侧滑中，要保持直线等速运动，除了各力矩必须取得平衡外，各作用力还须构成如下的平衡关系：

$$T_1 = G_1 \qquad\qquad 保持下滑角$$
$$T_尾 = T_3 \pm Z \qquad\qquad 保持直线$$
$$G_2 = T_2 + X \qquad\qquad 保持等速$$

当左侧滑飞行时，对于直升机而言，$T_尾 = T_3 - Z$；当右侧滑飞行时，$T_尾 = T_3 + Z$。

2．直线下降侧滑的操纵原理

下面按进入、保持和改出 3 个阶段来分析直线下降侧滑的操纵原理。

1）进入阶段

直升机在进入侧滑的过程中，运动方向将逐渐偏离直升机的纵向对称面，为了在进入侧滑后仍保持原来的运动方向，在进入侧滑以前，应先用转弯的方法，使直升机向侧滑的反方向转一个角度，这个角度大约等于预定的侧滑角。

然后，向预定侧滑的一边压杆形成坡度，使运动方向逐渐偏离对称面而形成侧滑。侧滑中产生的侧力 Z 对直升机重心形成方向稳定力矩，力图使机头向侧滑的一边偏转，减小侧滑角。故在压杆的同时还应蹬反舵，以保持机头方向不变。当侧滑所形成的侧力 Z、拉力第三分力 T_3、尾桨拉力 $T_尾$ 等力取得平衡时，就能保持直升机的运动方向。

直升机出现侧滑后，机身的废阻力增加，下滑所需功率增大，如果保持同样的下滑速度，下滑角就要增大。为保持一定的下滑角，就需要适当地上提油门总距杆。

在进入直线下降侧滑时，影响方向平衡的侧力力矩反应很快并且强烈，所以操纵动作应该柔和、协调，侧滑角不宜太大。

根据以上分析，直线下降侧滑进入阶段的操纵动作是：先操纵直升机向侧滑的反方向转一个约与预定侧滑角相等的角度，接着向侧滑一侧压杆，同时蹬反舵，为保持下滑轨迹还应适当上提油门总距杆和蹬舵。

2）保持阶段

直升机进入侧滑后，直升机在方向稳定力矩的作用下，有自动减小侧滑角的趋势。故需蹬住反舵，使尾桨产生的操纵力矩和方向稳定力矩平衡，以保持侧滑角不变。还应该注意操纵油门总距杆来调整下滑角和操纵驾驶杆调整下滑速度。

直线下降侧滑中，如发现检查目标左右移动，说明直升机偏离了直线飞行状态。其原因一般是杆舵配合不当。如果压杆过多或蹬反舵不够，就会引起直升机向侧滑的一侧转弯。反之压杆不够或蹬反舵过多，会引起直升机向侧滑的反方向转弯。

综上所述，侧滑保持阶段的操纵动作是：杆舵协调以保持预定的侧滑方向，并通过带杆或顶杆来调整侧滑速度，用油门总距杆来调整下滑角。

3）改出阶段

改出侧滑时，应同时回杆回舵，以便在侧滑角减小的过程中，拉力第三分力、尾桨拉力和侧力相应地改变，使直升机的运动方向在改出的过程中始终不变。

在改出过程中，如果回杆过快或回舵过慢，都会使力和力矩得不到相对的平衡，改出侧滑后直升机的方向将偏向蹬舵的方向。反之，回杆过慢或回舵过快，在改出侧滑后，直升机的方向会偏向压杆的方向。此外，改出动作粗猛、回杆回舵份量不准，还会引起左右摇摆。因此，侧滑改出阶段的操纵动作是：协调一致地回杆回舵。

7.2 盘　旋

直升机在水平面内做等速等半径的圆周飞行，叫作盘旋。盘旋是水平机动飞行的基础，也是直升机实施机动的一个常用的飞行状态。必须掌握盘旋的运动规律和操纵原理，才能更好地发挥直升机的水平机动能力。盘旋中，如果直升机不带侧滑，飞行高度、速度、盘旋半径等参数均不随时间改变，这种盘旋称为正常盘旋。

直升机不仅可以作水平盘旋，还可以沿螺旋形轨迹作匀速上升（盘旋上升）和匀速下降（盘旋下降），其操纵原理与水平盘旋基本相似。本节从保持水平盘旋的受力情况入手，研究盘旋的操纵原理，分析左、右盘旋的特点，介绍盘旋半径和盘旋时间以及盘旋中产生侧滑的原因和修正。

7.2.1 盘旋的受力情况

直升机做盘旋机动时，其受力情况如图 7-11 所示，包括旋翼拉力 T、阻力 X 和重力 G。旋翼拉力可以分解为垂直方向的分力 T_1 和水平方向的分力，而水平方向的分力又可以进一步分解为 T_2 和 T_3，分别为沿水平运动轨迹的切向分力和法向分力。

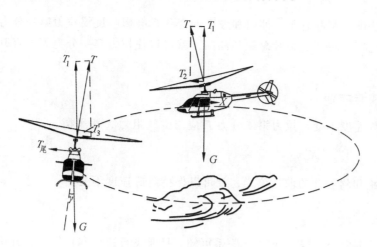

图 7-11　盘旋的作用力

做好盘旋的基本要求是：保持盘旋的坡度、高度、速度和半径不变。现在通过作用在直升机各作用力的相互关系，分别说明保持盘旋高度、速度和半径不变的条件。

1. 保持高度不变的条件

在正常盘旋中，直升机做水平圆周运动，必须取得水平方向的向心力，这需要通过倾斜旋翼，使直升机带有坡度 γ，产生旋翼拉力的第三分力 T_3。在旋翼倾斜的条件下，为保持盘旋的高度不变，应使拉力的第一分力 T_1 与直升机的重力 G 平衡，即

$$T_1 = G \tag{7.1}$$

盘旋中，直升机重力可以认为不变，所需的拉力第一分力 T_1 也不变。在拉力不变增大坡度 γ 时，T_1 将小于直升机重力 G，为保持高度不变，必须相应地增大旋翼拉力。盘旋坡度增大，所需的旋翼拉力也增大，如图 7-12 所示。即在增加盘旋坡度时，要上提油门总距杆，增加旋翼拉力，也要增加发动机功率来保持旋翼转速。

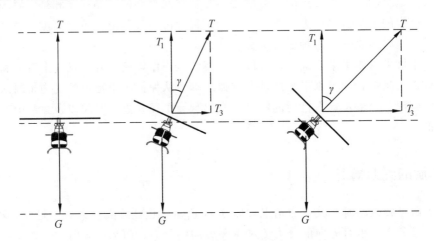

图 7-12　坡度对旋翼所需拉力的影响

盘旋中，速度、桨叶总距、油门和坡度的变化都会影响旋翼拉力第一分力的大小。只要保持好预定的速度、坡度、桨叶总距和油门，就可以使拉力第一分力等于直升机重力，保持高度不变。

2. 保持速度不变

要保持盘旋速度不变，拉力第二分力 T_2 应与空气阻力 X 相平衡。即

$$T_2 = X \tag{7.2}$$

只要保持好桨距和驾驶杆的前后位置，就可以保持盘旋速度不变。

3. 保持半径不变

盘旋中，根据向心力等于 mV^2/r 关系可知，只要飞行速度和作用于直升机的向心力不改变，盘旋半径也就不变。由图 7-11 可以看出，左盘旋中起向心力作用的是旋翼拉力第三分力 T_3 与尾桨拉力 $T_{尾}$ 在水平面上的分力之差；右盘旋中起向心力作用的是上述两力之和。只要保持好预定的速度和坡度，就可以使向心力不变，盘旋半径也就不变。盘旋中，一般使用的坡度不大，$T_{尾}$ 的水平分力与 $T_{尾}$ 相差很小，可认为两者近似相等。

综上所述，正常盘旋中，直升机各作用力的相互关系为：

$T_1 = G$　　　　保持高度不变

$T_2 = X$　　　　保持速度不变

$T_3 \pm T_{尾} = C$　　　保持半径不变

$\sum M = 0$　　　保持匀速转动

7.2.2 盘旋性能

1. 转弯率

在正常盘旋中，直升机单位时间内转过的角度称为转弯率。标准转弯率为按 3(°)/s 的速率转弯，完成 180° 转弯需要 1 min。在实际飞行中，可以参照转弯侧滑仪来实现标准速率转弯。

直升机以固定坡度进行转弯，如果飞行速度增大，必须上提油门总距杆，以增加旋翼拉力，获得更大的向心力，才能保持标准速率转弯。但是，由于旋翼拉力增大造成垂直分力增加，直升机会上升，飞行高度增加。相反，如果飞行速度减小，就需要下放油门总距杆，减小旋翼拉力，同时增加转弯坡度。因此，为了按照标准转弯率进行盘旋，飞行速度发生变化，就需要改变转弯坡度。

但在飞行中，盘旋中增加坡度也有一定限制，最大坡度大小要受到可用功率的限制。因为速度一定，增大坡度必须相应上提油门总距杆，使旋翼拉力增大，所需功率也随之增大，当油门总距杆提至最高位置（可用功率最大）时，如果再继续增大坡度，拉力第一分力就不能平衡直升机的重力，引起高度下降。当盘旋速度减小到一定数值时，功率不足而引起直升机下降高度。为了保持预定飞行状态，盘旋速度必须大于最小速度。

这里给出计算坡度的简单方法。根据转弯的飞行速度，将速度值除以 10，然后加数字 7，就是以 3(°)/s 转弯的坡度值。例如，直升机飞行速度为 60 kt，除以 10 加上 7，得到数值 13，那么，直升机以 60 kt 正常盘旋的坡度大约为 13°。再举一个例子，如果直升机飞行速度为 105 kt，那么除以 10 加上 7 得到 17，则此刻转弯坡度为 17°。

2. 转弯半径

影响直升机盘旋半径的因素很多，现仅就飞行速度、坡度、高度和载重量对盘旋半径的影响分别进行分析。

当盘旋坡度、高度和载重量一定时，向心力是一定的，所以盘旋速度越小，盘旋半径也越小。但在飞行中，当盘旋速度减小到一定数值时，功率不足而引起直升机下降高度。为了保持预定飞行状态，盘旋速度必须大于最小速度。

在盘旋速度、高度、载重量一定时，坡度越大，向心力越大，盘旋半径也就越小。但盘旋中增加坡度也有一定限度，最大坡度要受到可用功率的限制。

在高度和载重量一定的情况下，盘旋半径可用下式求得。即

$$r = \frac{V^2}{g \tan(\gamma \pm \gamma_0)} \tag{7.3}$$

式中　　r——盘旋半径；

　　　　V——盘旋速度；

　　　　g——重力加速度；

　　　　γ——直升机的坡度；

　　　　γ_0——直升机平飞时带的坡度，左盘旋时取"$-$"值，右盘旋时取"$+$"值。

飞行高度对直升机盘旋坡度有很大的影响。高度升高，发动机功率减小，并且盘旋所需功率增大，剩余功率减小。因此，盘旋的最大坡度随高度的升高而减小。在动升限高度，直

升机只能以经济速度做小坡度的盘旋下降。

载重量对盘旋坡度和半径也有影响，其中对盘旋半径的影响与高度的影响相同。在发动机功率一定的情况下，载重量越大，所需功率越大，剩余功率越小，盘旋的坡度就越小，半径也就越大。超载飞行时，直升机的盘旋机动性能就更差。

综上所述，盘旋坡度一定，速度越大，盘旋半径越大；盘旋速度一定，坡度越大，盘旋半径越小。

3．盘旋时间

盘旋时间是指直升机盘旋一周所需的时间。盘旋时间可以表示为

$$t = \frac{0.64\,V}{\tan(\gamma \pm \gamma_0)} \tag{7.4}$$

影响盘旋时间的因素与影响盘旋半径的因素相同。当盘旋坡度、高度和载重量一定时，增大速度，盘旋半径增大，盘旋时间增长。在盘旋速度、高度和载重量一定时，增大坡度，盘旋半径减小，盘旋时间缩短。

直升机以同样的表速在不同的高度上盘旋，高度越高，空气密度越小，真速越大，盘旋半径也就越大，盘旋时间就越长。

7.2.3　盘旋的操纵原理

直升机盘旋通常分为进入、保持和改出 3 个阶段，在这 3 个阶段中，直升机的运动状态各不相同。下面分别分析 3 个阶段的操纵原理。

1．进入阶段

在飞行速度达到盘旋速度时，应协调一致地向盘旋方向压杆蹬舵。压杆使直升机倾斜，形成所需的水平分力作为向心力，使直升机在水平面内作曲线运动。蹬舵是为了使直升机向盘旋方向偏转，以免产生侧滑。

随着坡度的增大，旋翼拉力第一分力 T_1 减小。为了保持高度，应在增大坡度的过程中，上提油门总距杆增大旋翼拉力。由于坡度和拉力的增大，盘旋的向心力也增大，为防止产生侧滑，还要继续向盘旋的一侧增加蹬舵量。

在直升机接近预定的坡度时，曲线运动的角速度基本稳定，必须适当地回舵，保持规定的坡度和偏转角速度，直升机进入稳定盘旋。

2．保持阶段

在盘旋的过程中必然会出现各种偏差，必须及时发现和不断地修正各种偏差，才能保持盘旋。

1）如何保持高度

盘旋中恰当地使用油门总距杆，有助于保持高度。盘旋中，高度发生改变主要是拉力的第一分力与直升机的重力不平衡引起的。如果拉力的第一分力大于重力，直升机将盘旋上升；

拉力的第一分力小于重力，直升机将盘旋下降。例如，如果盘旋坡度增大，会使旋翼拉力第一分力减小，直升机下降高度；坡度减小，旋翼拉力第一分力大于重力，直升机高度升高。

要保持高度不变，应正确地使用油门总距杆、保持好盘旋的坡度和速度，操纵动作要协调，不产生侧滑。

2）如何保持速度

在盘旋中，要保持速度不变，应该正确地操纵驾驶杆和保持好盘旋的高度。

盘旋中操纵驾驶杆适当，才能保持速度不变。如带杆多，旋翼锥体相对后倾，拉力第二分力减小，使直升机速度减小；如顶杆多，旋翼锥体相对前倾，拉力第二分力增大，使飞行速度增加。

在盘旋中保持好高度有助于保持盘旋速度。若高度升高，为保持等高就应向前顶杆，这样就会使盘旋速度增大；反之，若高度降低，为保持等高就应向后带杆，盘旋速度就会减小。

总之，盘旋高度、速度和半径三者是紧密联系的，任何一项保持不好，都会引起另外两项发生变化。所以在盘旋中，只要杆、舵、油门总距杆的操纵动作配合适当，保持好直升机的高度、速度和坡度，则盘旋半径就不会变。

3．改出阶段

从盘旋改为平飞，直升机的坡度不可能一下就减小到零，要有一个减小的过程。在坡度减小的过程中，直升机还要继续转过一定的角度。因此，必须做提前改出的动作，才能在预定的方向改出盘旋。改出的时机过晚或动作过慢，改出以后会超过预定的方向；反之，改出时机过早或动作过快，就会达不到预定的方向。

改出盘旋，首先需要消除向心力，故应向盘旋的反方向压杆，减小直升机的坡度，使拉力第三分力减小。此时，直升机做曲线运动的角速度减慢，为了避免产生侧滑，需要向盘旋的反方向蹬舵，制止直升机偏转。随着坡度减小，拉力第一分力将增加，为保持高度和速度不变，必须在改出盘旋的过程中下放总距杆，减小旋翼拉力，使拉力第一分力与直升机的重力、拉力第二分力与阻力保持平衡。当直升机接近平飞状态时，调整杆舵保持平飞。

对盘旋的进入和改出的操纵还应考虑旋翼进动的影响。

4．水平转弯的操纵特点

综上所述，根据盘旋的操纵原理，水平转弯的操纵特点为：

（1）转弯前，保持好平飞状态，调整好速度，选好改出目标。

（2）向转弯方向压杆，并注意保持好俯仰状态，当接近预定的坡度时回杆，保持好坡度和俯仰状态。进入转弯后，应考虑旋翼的反扭力矩作用，左转弯抬头，右转弯低头。

（3）转弯中，保持好坡度，参考升降速度表保持好俯仰，检查侧滑仪和空速表，保持速度，无侧滑，如有偏差，及时修正。

当机头下俯、坡度增大时，应减小坡度并向后带杆修正；当机头下俯、坡度减小时，应向后带杆同时增大坡度。

当机头上仰、坡度减小时，应向前稳杆同时增大坡度修正；当机头上仰、坡度增大时，应向前稳杆同时减小坡度。

（4）转弯后段，注意检查改出目标，判断开始改出转弯的时机。当直升机转至改出目标，向转弯的反方向压杆使直升机改出转弯。同时向前稳杆，防止高度上升。

7.2.4 盘旋的特点

盘旋中的左盘旋与右盘旋相比较，固然有共同点，但也有其特殊点。认识左、右盘旋的特点，有助于掌握直升机盘旋的规律。下面主要分析进动和自然挥舞对盘旋的影响，以及操纵修正原理。

1．旋翼进动的影响

进入和退出盘旋时，直升机向左、右滚转，改变了旋翼旋转轴的方向，旋翼产生进动，使直升机绕横轴转动。下面以右旋旋翼直升机为例，分析旋翼进动的影响。

进入左盘旋，要向左压杆，直升机向左滚转，旋翼旋转轴方向改变，旋翼的进动作用使机头上仰，破坏了直升机的俯仰平衡，出现减小速度的趋势，所以在向左压杆的同时应向前顶杆进行修正。进入右盘旋时则相反，由于旋翼的进动作用，机头下俯，出现增加速度的趋势，在向右压杆的同时应先后带杆。

直升机处于稳定盘旋后，旋翼旋转轴的方向基本不变，进动作用也基本消失。

在退出左盘旋时，要向右压杆，直升机向右滚转，旋翼产生的进动作用使机头下俯，有增加速度的趋势，应向后带杆。退出右盘旋时则相反，旋翼的进动作用将使机头上仰，出现减小速度的趋势，应向前顶杆。

进入和改出盘旋时，考虑到旋翼进动的影响后，左旋旋翼直升机的驾驶杆移动情况如图7-13所示。右旋旋翼直升机的驾驶杆移动情况与左旋旋翼直升机不一样。

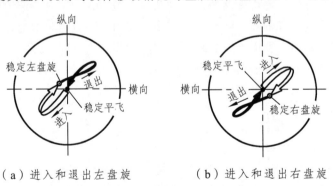

（a）进入和退出左盘旋　　　（b）进入和退出右盘旋

图 7-13　左、右盘旋时驾驶杆移动情况

进入或退出盘旋时，旋翼产生的进动有时候表现得明显，有时则不明显，这主要与操纵动作有关。飞行员操纵动作粗猛，旋翼旋转轴的方向改变得快，进动作用就明显；反之，进动作用就不明显。所以，操纵动作一定要柔和。

2．桨叶自然挥舞的影响

在稳定盘旋中，直升机应在一定高度上做匀速圆周运动，由于流过桨盘左、右两边的气流速度不同，桨叶的自然挥舞特性也不同，将影响直升机的平衡。下面以左旋旋翼直升机为例，通过左、右盘旋与平飞比较来说明桨叶自然挥舞对直升机平衡的不同影响。

从图 7-14 中可以看出：平飞中，旋翼桨盘左边相对气流速度增大的数值与桨盘右边相对气流速度减小的数值相等；左盘旋中，桨盘左边相对气流速度增大的数值比桨盘右边相对气流速度减小的数值要小；右盘旋中，桨盘左边相对气流速度增大的数值比桨盘右边相对气流速度减小的数值要大。

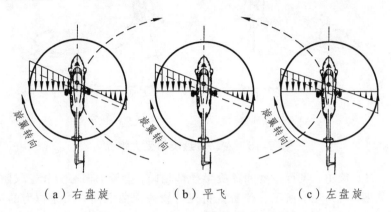

（a）右盘旋　　　　（b）平飞　　　　（c）左盘旋

图 7-14　桨叶的相对气流速度的分布

在上述 3 种情况下，由于桨盘上相对气流速度分布不同，桨叶的自然挥舞特性也不同，旋翼向右后方的倾斜角也就不同。

前飞中，由于旋翼相对气流速度不对称引起旋翼锥体主要是向后倾斜，所以只分析旋翼锥体向后倾斜对稳定盘旋的影响。从第 3 章和第 5 章中可知，在稳定平飞中，桨盘左、右气流速度差越多，左、右的桨叶切面迎角变化也越大。即旋翼左右两边的气流不对称性越大，旋翼锥体后倾角也就越大。

在图 7-14 中，左盘旋时，桨盘 90°方位与 270°方位的相对气流速度差比平飞大，所以桨叶自然挥舞形成的切面迎角变化也比平飞时大；右盘旋中，桨盘 90°方位与 270°方位的相对气流速度差比平飞小，迎角变化也就比平飞时小。这说明，左盘旋中旋翼锥体向后的倾斜角比平飞时大，而右盘旋则比平飞时小。于是，在左盘旋中，旋翼拉力后倾产生的附加上仰力矩使直升机上仰，为平衡此力矩要向前顶杆；右盘旋中产生的附加下俯力矩会使直升机下俯，应向后带杆。

还必须指出，上面所述，右盘旋中桨盘 90°方位与 270°方位的相对气流速度虽然增大了，但由于桨叶挥舞改变了桨叶切面迎角，使桨叶在旋转一圈中各个方向的拉力仍保持基本相同，左盘旋中也是如此。也就是说，左、右盘旋中，桨盘 90°方位与 270°方位的相对气流速度平方的比值虽然不同，但它只影响桨叶的挥舞，而桨盘左、右两边拉力的大小仍然基本相同。不过，就旋翼的总拉力来说，在其他条件相同的情况下，右盘旋比左盘旋中的要稍微大一点。

3．左、右盘旋所需功率不同

左、右盘旋所需功率不同，也是直升机盘旋中的一个特点。下面从左旋旋翼直升机为例，利用盘旋中力的平衡来分析左、右盘旋的所需功率，如图 7-15 所示。

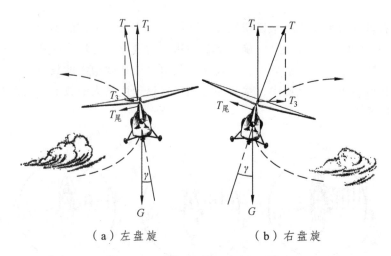

（a）左盘旋　　　　　　　　（b）右盘旋

图 7-15　左、右盘旋的受力情况

假设在左、右盘旋中，飞行速度和盘旋半径都相同，盘旋的向心力和空气阻力也就相同。在左盘旋中，如图 7-15（a）所示，使直升机飞行轨迹弯曲的向心力是拉力的第三分力 T_3 和尾桨拉力 $T_尾$ 的水平分力之和。在右盘旋中，如图 7-15（b）所示，使直升机飞行轨迹弯曲的向心力是拉力的第三分力 T_3 和尾桨拉力 $T_尾$ 的水平分力之差。

通过上述比较可以看出，向右盘旋所需的拉力第三分力比向左盘旋所需的拉力分力要大。所以，向右盘旋的所需拉力大于向左盘旋的所需拉力。显然，右盘旋中的诱阻功率也就大于左盘旋中的诱阻功率。同时，右盘旋由于蹬右舵使尾桨拉力增大，尾桨所需功率也大；左盘旋由于蹬左舵使尾桨拉力减小，尾桨所需功率也小。可见，在盘旋速度和半径相同时，右盘旋所需功率大于左盘旋所需功率。

此外还应指出，当左、右盘旋速度和半径相同时，盘旋的有效坡度 γ_e 是相等的，但直升机的坡度 γ 是不等的。例如，某型直升机在稳定平飞中就略带右坡度（约为 2°），右盘旋是在平飞已向右倾斜的基础上再向右增加坡度，即 $\gamma = \gamma_e + 2°$；而左盘旋时在原来向右倾斜的基础上向左增加坡度，即 $\gamma = \gamma_e - 2°$。可见，当左、右盘旋的有效坡度相等时，此直升机的坡度 γ 右盘旋比左盘旋约大 4°。

4. 尾桨拉力对盘旋的影响

针对左旋旋翼直升机而言，左盘旋中，由于直升机向左倾斜，尾桨拉力也随之倾斜，尾桨拉力的垂直分力对直升机重心形成抬头力矩，如图 7-15（a）所示，使直升机在左盘旋中有低头趋势；右盘旋中，尾桨拉力的垂直分力使直升机有低头趋势，如图 7-15（b）所示。

以上讲述的直升机左、右盘旋的特点，只有在以较大的坡度做小半径盘旋时才会明显地表现出来，一般在以较小的坡度做大半径盘旋时则表现得不明显。

7.2.5　侧滑对盘旋的影响及修正

在盘旋各个阶段中飞行员必须协调一致地操纵杆舵，否则就会出现侧滑。出现侧滑后，由于相对气流方向的改变，使作用于直升机的力和力矩发生改变，盘旋中的坡度、高度和速度也随之改变，飞行状态也就会改变。

以左旋旋翼直升机为例，如果左盘旋中坡度正常，蹬左舵过多形成外侧滑。从图 7-16（a）看出，侧滑所产生的侧力起增大向心力的作用，使盘旋半径减小。外侧滑还会引起旋翼自然挥舞最高点右移，使坡度增加引起盘旋半径进一步减小。

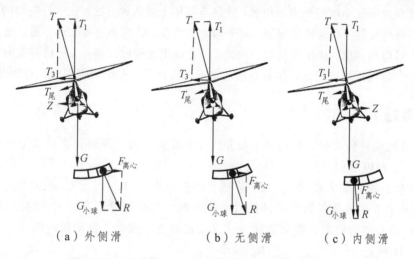

（a）外侧滑　　　　　　（b）无侧滑　　　　　　（c）内侧滑

图 7-16　左盘旋中内、外侧滑和无侧滑的作用力

左盘旋中，蹬左舵少会形成内侧滑。从图 7-16（c）看出，侧滑所产生的侧力 Z 起减小向心力的作用，使盘旋半径增大。内侧滑还会引起旋翼最高挥舞点的位置左移，使直升机的盘旋坡度减小，进一步引起盘旋半径增大。

盘旋中若舵量适当，压杆不当造成坡度过大或过小，直升机也会出现侧滑，并导致飞行状态变化。例如，坡度过大会产生内侧滑，使拉力第一分力减小和第三分力增大，盘旋半径变小，并有下降高度的趋势；坡度过小产生外侧滑时，盘旋半径增大，并有上升高度的趋势。

带侧滑飞行时，会偏离预定的飞行状态，所以要及时发现和消除。直升机上安装的侧滑仪是判断有无侧滑的主要仪表，如图 7-17 所示。

外侧滑　　　　　　　协调转弯　　　　　　　内侧滑

指向转弯反方向的侧力

指向座椅方向的压力

指向转弯方向的侧力

图 7-17　飞行员和侧滑仪

盘旋中，如果发现侧滑仪小球不在中立位置，应先检查坡度是否适当。如果坡度正常，直升机仍带有外侧滑，就应向盘旋的反方向蹬一点舵；如果是内侧滑，就应向盘旋的方向蹬一点

舵，以便消除侧滑，使侧滑仪小球回到中立位置。在盘旋中，只要小球偏离中立位置，就应根据"小球怕舵"的道理，向小球偏离的方向适当蹬舵，使小球回到中立位置，消除侧滑。

总而言之，飞行员要保证直升机盘旋中协调转弯。如果侧滑小球在中央位置，表明直升机是协调转弯。当直升机出现内侧滑，这表明对给定的坡度，转弯的角速度不够，可以通过减小坡度，蹬舵增加转弯角速度使小球回到中央位置，或结合使用上述两种方法。在带外侧滑的转弯中，侧滑小球偏向转弯的外侧。在这种情况下，对于给定的坡度，转弯角速度太大。通过增加坡度或减小舵力来减小转弯角速度，让小球回到中央，或结合使用这两种方法。飞行员首先向侧滑小球偏离反方向压杆，以保证坡度正确，然后在此前提下修正侧滑，左侧滑蹬左舵，右侧滑蹬右舵。

·复习思考题·

1. 在直升机爬升转弯时，发动机的扭矩大于预定值，为了保持预定的发动机扭矩，首先应采取（　　）操纵动作。

　　A. 降低总距并加大油门　　　B. 降低总距并减小油门　　　C. 只降低总距

2. 对于从上方俯视旋翼为反时针旋转的直升机（右旋旋翼直升机），在静风条件下，在做悬停并打算用右舵右转弯，在装置往复式发动机的直升机上，发动机的转速将（　　）。

　　A. 保持不变　　　　　　　　B. 减小　　　　　　　　　　C. 增大.

3. 侧滑法修正侧风时，驾驶杆应（　　）操纵。

　　A. 向上风方向压杆　　　　　B. 保持在中立位置　　　　　C. 向下风方向压杆

4. 直升机做水平盘旋时拉力变化为（　　）。

　　A. 拉力随盘旋角增大而增大

　　B. 拉力随转弯角速度增大而增大

　　C. 拉力随转弯半径增大而增大

5. 直升机做逆风悬停右转弯，当转过270°时，（　　）的量最大。

　　A. 左压杆　　　　　　　　　B. 右压杆　　　　　　　　　C. 前推杆

6. 对于从上方俯视旋翼为反时针旋转的直升机，在静风条件下，（　　）操纵需要增大功率。

　　A. 在有地面效应时做悬停　　B. 蹬左舵左转弯　　　　　　C. 蹬右舵右转弯

7. 直升机做逆风悬停右转弯，当转过180°时，（　　）的量最大。

　　A. 右压杆　　　　　　　　　B. 前推杆　　　　　　　　　C. 后带杆

8. 空中修正侧风时，为使直升机具有良好的气动外形，应用（　　）方法修正。

　　A. 侧滑法和航向法结合　　　B. 侧滑法　　　　　　　　　C. 航向法

9. 直升机平飞遇水平阵风时尾桨受力的变化为（　　）。

　　A. 水平阵风只增大尾桨的阻力

　　B. 水平阵风使尾桨拉力变化

　　C. 水平阵风不影响尾桨的受力

10. 理解侧滑产生的原因。

11. 说明侧滑的种类以及产生的原因。

12. 判断侧滑的方法有哪些？

13. 了解盘旋的特点，掌握直升机盘旋的规律。

第 8 章　起飞和着陆

无论是训练还是执行各种任务，每次飞行都离不开起飞和着陆。起飞和着陆的驾驶技术是飞行训练的重点和难点科目之一。本章将着重研究直升机接近地面飞行、起飞和着陆等过程中的相关作用力和操纵原理，以及风对上述运动状态的影响及修正方法。

起落航线包括起飞和着陆，与固定翼飞机的起落航线相比，直升机的起落航线样式没有严格的规定和要求。根据场地条件和训练要求的不同，直升机的起落航线样式可以不一样，常见的两种典型起落航线包括直角航线和矩形航线，如图 8-1 和图 8-2 所示。

其中，矩形航线飞行的特点是时间短，动作多，连贯性强，准确性要求高，它贯穿于每次飞行中，是最基本的飞行科目。它由垂直起飞、起飞增速、航线建立、着陆目测、五边消速、悬停和垂直着陆组成。通常包括 5 个边和 4 个 90° 转弯。起飞后向左转弯建立的航线叫左航线；向右转弯建立的航线叫右航线。

直升机场是供直升机起飞、降落和地（水）面活动使用的场地或建筑物上的特定区域。根据直升机起降灵活的特点，直升机场的设置比较灵活，有的设置在飞机机场中［见图 8-3(a)和(c)］，有的设置在建筑物上［见图 8-3 (b)］，有的设置在漂浮或固定的近海船台上［见图 8-3 (d) 和(e)］。故直升机场包括地面直升机场、高架直升机场、直升机甲板和船上的直升机场等。

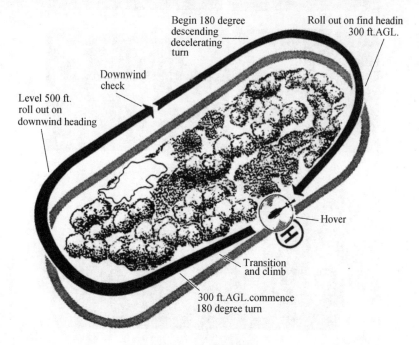

图 8-1　直角航线

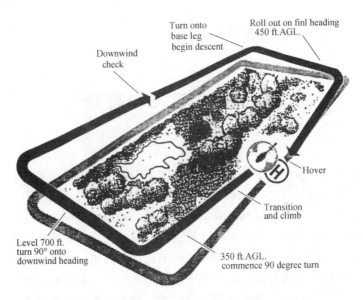

图 8-2　矩形航线

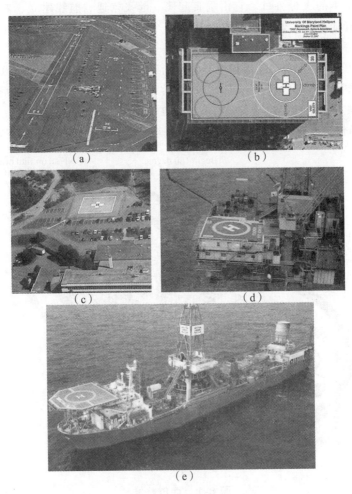

图 8-3　直升机场

地面直升机场是位于地（水）面上的直升机场。高架直升机场是位于陆地上高架构筑物或建筑物顶部的直升机场。直升机甲板是位于漂浮的或固定的近海构筑物上的直升机场。船上的直升机场是位于船中或船边的直升机场。

8.1 滑 行

滑行是直升机在地面机场移动的基本手段。如因受周围条件的限制，而不能直接在停机坪起飞和着陆，又不宜做接近地面飞行，为了起飞或停放在指定地点，则需要滑行。此外，在高原、高温机场或超载滑跑起飞时，也都需要滑行。因此，飞行员应该了解滑行分类及其操纵原理方面的有关知识。

直升机按规定速度，在地面上，或靠近滑行道面上，按照预定路线所做的直线或曲线运动叫作滑行。直升机启动和滑行之前，飞行员必须根据手册按照一定的路线做起飞检查，如图 8-4 所示。一般是从机头开始，沿着顺时针，绕过机尾检查，以确保燃油是否充足，直升机是否可用等。检查完毕，飞行员进入驾驶舱，执行检查单，启动发动机。

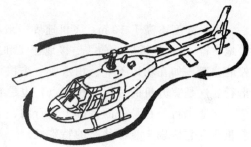

图 8-4 起飞前的检查

8.1.1 滑行的分类

滑行分为 3 种类型，如图 8-5 所示，第一类为悬停滑行，第二类为空中滑行，第三类为地面滑行。悬停滑行主要在地面情况不好、距离地面较近时，与直升机前飞、侧飞或倒飞情况类似的一种滑行状态。空中滑行指的是距离地面高度大于悬停滑行的高度，且滑行距离较长的一种滑行状态。安装轮胎式起落架的直升机主要采用地面滑行，地面滑行可以减小旋翼下洗流对滑行的影响。

（a）悬停滑行　　　　　（b）空中滑行　　　　　（c）地面滑行

图 8-5 滑行的 3 种类型

8.1.2 滑行操纵方法

根据滑行的 3 种类型，飞行员按照不同的操纵方法操纵直升机。这里主要给出空中滑行和地面滑行的操纵方法。

空中滑行操纵方法，从正常悬停高度，前推驾驶杆，直升机开始滑行。在整个滑行中，驾驶杆的作用就是保持直升机地速和滑行路径，同时利用脚蹬保持飞行方向，用总距杆保持高度，油门控制转速。当要停止空中滑行，后拉驾驶杆减小前飞速度。同时下放总距杆使直升机下降到悬停高度。当前飞运动停止时驾驶杆要回中立位置。

地面滑行操纵方法，停止在地面上的直升机总距杆下放到底，保持转速一致。稍微向前顶杆，逐渐上提总距杆，直升机沿着地面开始滑行。脚蹬控制滑行方向，总距杆维持地面轨迹。总距杆控制着直升机滑行开始、滑行停止和滑行速度。

8.2 接地飞行

飞行高度不高于 10 m，飞机速度一般不大于 10 km/h 的飞行，称为接近地面飞行（简称接地飞行）。它包括接地前飞、接地侧飞和接地后飞。利用接地飞行可以调整起飞、着陆和悬停的位置。如在场地不平、积水或冬季积雪等场地不允许滑行的条件下，可用接地飞行代替滑行。这是直升机的另一飞行特点，也是它的另外一个优点。

接地飞行是在悬停的基础上进行的，本节在分析接地飞行的作用力关系和操纵原理时，着重研究它区别于悬停状态的特殊性。

8.2.1 接地前飞

接地前飞的作用力和操纵原理的特点与第 5 章讲述的平飞相同。图 8-6 中旋翼拉力第二分力 T_2 促使直升机前飞，当其与空气阻力 X 相等时，直升机等速前飞。

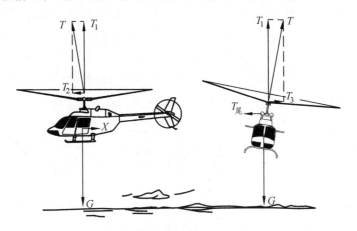

图 8-6 接地前飞时的作用力

由悬停改为前飞，应柔和地向前顶杆，使旋翼锥体和拉力前倾，直升机便在拉力的第二分力作用下，向前飞行。至于前飞中杆、舵、油门总距杆的操纵，及如何保持高度、速度和航向等问题，与平飞的操纵原理相同。

由前飞改为悬停，应向后带杆，以减小旋翼拉力向前的第二分力。在空气阻力作用下，前飞速度将逐渐减小。随着速度的减小，旋翼的诱阻功率增大，拉力第一分力将减小，直升机要下降高度。所以，在减速的过程中，要逐渐上提油门总距杆，并相应地蹬舵修正航向，以保持飞行高度和方向。当飞行速度减小到零时，重新使力和力矩取得平衡，以便直升机进行稳定悬停。

8.2.2 接地侧飞

1. 作用力分析

直升机在悬停的基础上向左或向右侧飞，因侧飞方向不同，侧向力也各不同，其作用力特点主要是侧向力的变化和平衡。以某型直升机接地侧飞为例分析，比如向右侧飞时，应向右压杆，旋翼锥体和拉力方向向右倾斜，拉力第三分力 T_3 大于尾桨拉力 $T_尾$，使直升机向右运动。在运动中又产生向左的空气阻力，即侧力 Z。当侧向力重新取得平衡时，即：$T_3 = T_尾 + Z$，保持等速右侧飞，如图 8-7（a）所示。

在悬停基础左侧飞，应向左压杆，旋翼拉力第三分力 T_3 小于尾桨拉力 $T_尾$，在两力之差作用下，直升机加速向左运动，同时产生向右的侧力 Z，当侧力平衡时，即：$T_尾 = T_3 + Z$，保持等速左侧飞，如图 8-7（b）所示。

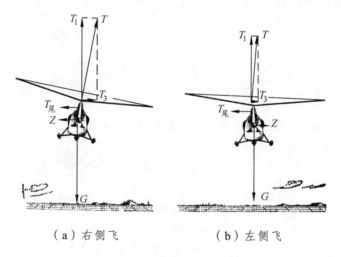

（a）右侧飞　　　　　　　（b）左侧飞

图 8-7　接地侧飞时的作用力

2. 操纵原理和方法

由悬停转为侧飞，应柔和地向侧飞方向压杆，使旋翼锥体和拉力方向在悬停的基础上向侧飞方向倾斜，旋翼拉力的第三分力发生变化，破坏悬停时的平衡状态，促使直升机向压杆方向运动。例如，向右压杆，旋翼拉力第三分力增大，破坏侧向力的平衡，使直升机向右运动。当压杆后所产生的侧向不平衡力与空气阻力相等时，就保持向右做等速运动。

在侧飞中，相对气流作用于机身和尾桨上所产生的侧力还会绕重心形成方向偏转力矩，使机头向侧飞方向偏转，所以应及时蹬反舵，使尾桨拉力改变以保持方向。

压杆转入侧飞以及蹬反舵保持机头方向时，拉力第一分力发生变化将影响高度。例如，左旋旋翼直升机由悬停转入右侧飞，向右压杆使旋翼拉力向右倾斜，于是拉力第一分力减小，出现飞行高度降低的趋势；右侧飞中蹬反舵即左舵，出现高度增加的趋势。同理，由悬停转入左侧飞，由于向左压杆盘旋拉力第一分力增大，将出现飞行高度增加的趋势；左侧飞中蹬右舵，也出现高度降低的趋势。上述左、右侧飞的不同特点，在操纵量过大或不够柔和时，将出现得比较明显。因此，在压杆进入侧飞和蹬反舵保持方向时，要注意柔和操纵油门总距杆保持飞行高度。

侧飞的速度是用驾驶杆来保持的。如需增大速度，应向侧飞方向稍增大压杆量。反之，应减小压杆量。在操纵驾驶杆调整侧飞速度时，应注意用油门总距杆和舵保持高度和方向。

改出侧飞，应根据速度的大小选择提前量，向侧飞反方向压杆，并逐渐收回反舵，直至侧飞速度为零，重新保持好稳定的悬停。

8.2.3 接地后飞

1. 作用力分析

在悬停的基础上做后退飞行，其作用力特点主要是前后方向的变化和平衡，如图 8-8 所示。在旋翼拉力的第二分力 T_2 的作用下，直升机做后退飞行。在飞行中又产生向前的空气阻力 X，当空气阻力与拉力第二分力相等时，即：$T_2 = X$，直升机保持等速后飞。

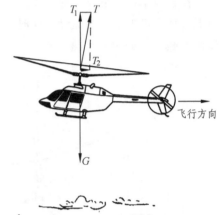

2. 操纵原理和方法

由悬停转入后退飞行，首先要保持好规定的高度，然后再柔和地向后带杆，使旋翼锥体后倾，拉力第二分力指向后方，在此作用力下直升机开始向后运动。随着后退飞行速度的增大，空气阻力增大，当空气阻力增至与旋翼拉力第二分力相等时，直升机做等速后

图 8-8　接地后飞时的作用力

退飞行。带杆做后退飞行时，因旋翼锥体后倾，拉力第一分力减小，直升机有下降高度的趋势。此时，要相应地上提油门总距杆，保持规定的高度。上提油门总距杆使得发动机功率增加，旋翼反作用力矩增大，为保持飞行方向，还要适当蹬舵修正。

后退飞行，机头不宜上仰过高，否则，旋翼拉力第二分力增大和第一分力减小，使后退速度过大和高度降低，以致造成尾桨碰地。修正此偏差时应先向前顶杆，并适当上提油门总距杆，以保持规定的速度和高度。

改出后退飞行，应在到达预定地点前，柔和地向前顶杆，使旋翼锥体稍向前倾，改变旋翼拉力第二分力的方向使之指向前方。直升机在空气阻力和旋翼拉力第二分力的作用下，后退速度将逐渐减小到零。此时，应及时拉杆消除向前的拉力第二分力，防止向前运动，保持稳定悬停。

8.2.4　风的影响及修正

风向风速不同对接地飞行的影响也不同。下面着重阐述顺风、侧风对接地飞行的影响及修正方法。

1. 顺风接地飞行

顺风接地前飞，直升机的运动方向和风向一致，由于地速等于空速与风速之和，故此时地速增大。为保持地速不超过规定速度，飞行员应带杆。这样，在顺风接地前飞中，机头上仰较高，为防止尾桨因离地过低而触地，应适当增加飞行高度。

在顺风速度较大的条件下接地前飞，如果风速大于直升机前飞速度，这时相对气流将从直升机尾部吹来，旋翼因桨叶的自然挥舞而前倾，加之水平安定面产生向上的附加升力，机身产生下俯力矩，都迫使机头下沉，如图 8-9 所示。而且，直升机的方向稳定性因相对气流从尾部吹来而变差，会给操纵带来一定的困难。鉴于上述原因，一般不宜在大顺风中做接近地面前飞。

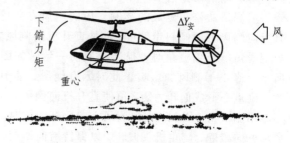

图 8-9　顺风对接地飞行的影响

如果限于客观条件，需做顺风接地飞行，应灵活地操纵直升机偏转一定角度，将正顺风飞行变为右侧侧风飞行（见图 8-10），以减小顺风对接地前飞的不利影响。此时，要用舵保持一定的顺侧风角度，并要注意用油门总距杆保持高度，用驾驶杆保持速度和航迹，不使直升机偏离预定目标。当飞到预定地点后，如果条件允许，应转弯对正风向，做逆风悬停或着陆。这样，比较容易操纵，并有利于保证飞行安全。

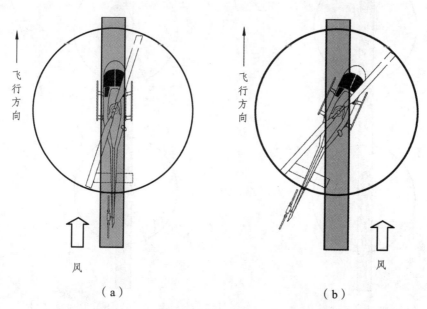

（a）　　　　　　　　　　　　（b）

图 8-10　顺风变为顺侧风的飞行示意图

2．侧风接地飞行

1）侧风对接地飞行的影响

如果接地飞行受到侧风的影响，航迹将偏离航向而产生偏流，如图 8-11 所示。左侧风，航迹偏右，产生右偏流；右侧风产生左偏流。空速方向与地速方向之间的夹角，叫偏流角。

2）修正侧风影响的方法

修正侧风影响的方法主要有两种：一是侧滑修正法，二是航向修正法。

（1）侧滑修正法。

用侧滑法修正侧风的影响，应向侧风方向压杆，使直升机向侧风方向倾斜带坡度，于是直升机向侧风方向侧滑。当侧滑角等于偏流角时，航迹与航向一致，如图 8-12（a）所示，修正了侧风的影响。此时因有侧滑，直升机产生的侧力绕重心形成偏转力矩，迫使直升机向侧风方向偏转，力图减小侧滑角。因此，在向侧风方向压杆的同时，还应向侧风反方向蹬舵，制止机头偏转，以保持航向不变，即能沿着预定航迹飞向既定的目标。

（2）航向修正法。

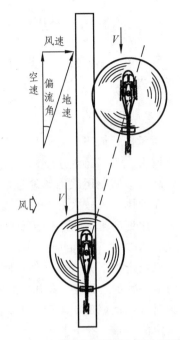

图 8-11　侧风对接地飞行的影响

用航向修正法修正侧风的影响，应使直升机的航向向侧风方向偏一定角度，以保持航迹不变。当改变的航向角恰好等于偏流角时，直升机便沿预定的航迹飞行，如图 8-12（b）所示。

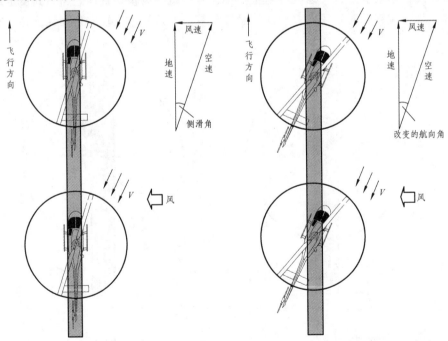

（a）侧滑修正法　　　　　　　　　　　　（b）航向修正法

图 8-12　修正侧风影响的方法

250

（3）两种修正法的比较。

用侧滑法修正侧风的影响，飞行轨迹与直升机的对称面一致，便于判断和保持直升机的运动方向。但是操纵比较复杂，所需功率较大，在大侧风情况下不宜使用。

用航向法修正侧风的影响，直升机不带坡度和侧滑，蹬舵量较小，操纵动作比较简单，大侧风情况下也可以使用。但飞行轨迹与直升机的对称面不一致，不便于观察和判断方向。

总之，两种方法各有优缺点，可以单独使用，也可以结合使用。究竟采用哪种方法，在实际应用中，应按照当时当地的实际情况（风向、风速、地形、地标等），审时度势，灵活运动。实践证明，在侧风不大的情况下接地飞行，常采用侧滑修正法。

例如，在图 8-13 所示的矩形航线的侧风边中飞行，常采用航向修正法，在下风边和上风边常采用侧滑修正法。当侧风影响较大时，由于用侧滑修正法蹬舵量需要很大，操纵比较复杂，所需功率也较大，不能完全修正偏流时，通常采用航向修正法，或把二者结合起来一起使用。

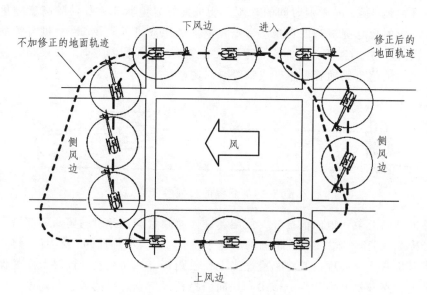

图 8-13　矩形航线中侧风的修正

8.3　起　飞

直升机从开始增大旋翼拉力到离开地面，并增速和上升到一定高度的运动过程，叫起飞。在起飞的过程中，应根据场地面积、大气条件、周围障碍物的高度和起飞全重（All up weight，AUW）的不同，采用不同的起飞和增速方法。

直升机垂直离地到一高度上悬停，然后保持一定姿态沿预定轨迹增速，上升到一定的高度起飞，叫垂直起飞。垂直上升的高度和增速的运动轨迹与飞行任务的性质、起飞场地的大小以及周围障碍物的高度有关。根据上述条件的不同，可采用不同的起飞方法。

8.3.1　正常起飞

在正常起飞全重、场地净空条件较好时，直升机垂直离地 1 ～ 2 m 进行短时间悬停，然后带小上升角增速上升到一定高度和达到一定速度的过程，就是正常起飞，也称为垂直起飞增速。这是一种经常采用的起飞方法。

作垂直起飞，应柔和地上提油门总距杆，使旋翼产生的拉力大于直升机的重量，即可垂直离地。上提油门总距杆时，旋翼的反作用力矩增大，为保持方向，必须相应蹬左舵，增大尾桨拉力力矩，来平衡旋翼的反作用力矩，以保持方向平衡。尾桨拉力增大，因尾桨拉力高于重心，将引起直升机向右滚转和侧移，故需向左压杆使直升机稍带左坡度，使旋翼拉力分出向左的第三分力 T_3，以保持滚转力矩和侧向力的平衡。为消除旋翼拉力在水平面内的纵向分力，还应前后操纵驾驶杆。当直升机垂直离地上升到接近预定高度时，稍稳住油门总距杆，在预定高度保持稳定悬停。

直升机在离地 1 ～ 2 m 做短时间的悬停，要把握好悬停状态，任何的高度变化都会引起直升机运动。此时要选择恰当的目视参考点（一般为距离直升机 15 m），进行精准控制，如图 8-14 所示。驾驶杆调整桨盘姿态，总距杆保持高度，蹬舵控制方向。如果是安装活塞式发动机的直升机，油门也要随着总距杆或脚蹬一起调整。

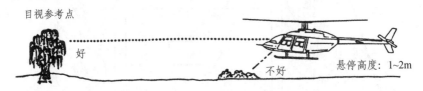

图 8-14　悬停的目视参考点

在悬停的基础上柔和地向前推杆，使旋翼锥体前倾量和直升机的俯角逐渐增大，向前的拉力第二分力 T_2 也逐渐增大，直升机向前增速飞行。因旋翼锥体前倾，拉力第一分力 T_1 减小，为了不使直升机有下降高度的趋势，应适当上提总距杆，保持高度，同时蹬左舵保证起飞方向。速度增大，直升机升力增加，应柔和地向前稳杆保持直升机的姿态和高度，视线随直升机运动一起前移。

当速度增大到一定数值（Bell206BⅢ型直升机为 25 ～ 40 km/h，斯瓦泽 300 型直升机为 20 ～ 30 kt），直升机出现过渡速度抖动现象。同时，因桨叶自然挥舞旋翼锥体后倾和流向水平安定面的相对气流方向改变，在瞬态升力效应作用下，使上仰力矩突增，机头出现上仰现象。这是因为，直升机从悬停刚进入前飞时，水平安定面的迎角超过临界迎角很多，其空气动力很小；当前进速度逐渐增大后，水平安定面的迎角向临界迎角靠近，其升力迅速增大，绕重心形成的上仰力矩也随之急剧增大，而使机头上仰。加之速度增大，诱导阻力功率减小，剩余功率增加，直升机还会上升。因此，飞行员应及时、适当地向前推杆，保持原有的姿态和上升角继续增速。当速度达到预定的速度时，再带杆转入稳定上升。

在开始向前推杆增速时，由于旋翼锥体前倾，拉力第一分力减小，直升机有下降高度的趋势，应适量地上提油门总距杆，并蹬左舵和适量地向左压杆。随着飞行速度的加快，尾桨拉力增大，应适当地回左舵；此时，因桨叶自然挥舞使旋翼锥体的左倾量增大，还应适当地向右回杆，以保持直升机沿预定的轨迹增速。

在正常起飞中，如图 8-15 所示，图中位置 1 表示性能检查，包括功率、平衡和操纵 3 个部分，例如剩余功率检查、悬停时的驾驶杆位置、操纵响应等。位置 2 表示柔和缓慢地顶杆，直升机开始向前移动，必要时上提总距杆、调整油门位置和蹬舵修正方向。位置 3 表示直升机增速上升时，由于受到瞬态升力效应机头上仰，所以用顶杆来克服，同时调整总距杆保持正常上升功率。位置 4 表示保持上升姿态，增速到上升速度，到达预定高度。位置 5 表示，直升机继续上升，到达最佳上升率，带杆上升到正常上升高度，保持速度转入正常上升。

图 8-15　正常垂直起飞

综上所述，直升机正常起飞可分为 3 个阶段：开始增速阶段，过渡速度阶段，小上升角爬高阶段。

1．开始增速阶段

直升机从稳定悬停开始向前顶杆增速至过渡速度之前，称为开始增速阶段。

（1）增速前悬停姿态要稳定，高度和方向要保持好，向前稳杆时操纵动作柔和，视线看好正前方 15 m 地面，判明直升机开始增速时的姿态变化。

（2）开始向前稳杆增速，前移驾驶杆动作要柔和，方向要正。切忌粗猛操纵驾驶杆，防止向前顶杆量过大，造成直升机下降高度甚至二次接地；向前稳杆时方向不正，会造成直升机带坡度起飞或左右晃动驾驶杆，引起直升机横侧状态不稳定，左右摆动。

（3）向前稳杆后，直升机桨盘旋转平面向前倾斜，旋翼会产生向前运动的水平分力，垂直升力减小，直升机易出现高度下降的趋势，故应稍向上提总距杆，保持高度不变，同时应抵左舵，克服旋翼的反扭力矩，防止方向发生变化。

（4）直升机位置开始前移，看地面的视线应随直升机的运动同时向前移动，根据直升机与地面的相对位置关系，判明直升机的姿态。

2．过渡速度阶段

从过渡速度的出现到其消失的阶段，称为过渡速度阶段。

过渡速度出现时，直升机的升力会突然增加，产生抬头力矩，使直升机机头上仰，高度增加，速度突然减小。同时，飞行速度增大，使得旋翼前行桨叶升力大于后行桨叶，产生左偏力矩，使得直升机向左倾斜，方向向左偏转。故飞行员应柔和地向右前方顶杆，制止直升机抬头和向左倾斜，并抵右舵，保持增速方向。

3. 小上升角爬高阶段

过渡速度结束后，在直升机增速的同时，以小上升角爬高，视线应转移至前方，注意前方目标并稳杆稳舵，保持好上升姿态。当直升机增至一定的速度后，柔和地向后稍松杆，转入正常上升。

最后，正常起飞应尽量选择逆风起飞增速；开始增速时向前稳杆动作不能粗猛；直升机稍有下降高度时，上提总距杆不宜过多；增速过程中禁止下放总距杆。

8.3.2　滑跑起飞

当机场标高较高或气温较高，为了增大起飞载重量，而不能进行垂直起飞增速时，安装机轮式起落架的直升机也可以采取地面滑跑增速的起飞方法，即滑跑起飞。同普通飞机一样，起飞场地必须是平坦坚硬的，没有障碍物，且足够长。

从直升机的所需功率曲线图可知，在增速阶段随速度的增大，所需功率减小，旋翼拉力不断增大。在地面滑跑阶段，旋翼拉力的第二分力不断增大，克服起落架与地面之间的摩擦力和机身阻力，滑跑速度也不断加快。与此同时，旋翼拉力的第一分力不断增加，当增加到大于直升机的重量，直升机就会离地升空。离地后在一定高度范围内，保持飞行状态，使旋翼拉力的第二分力继续增大，当速度到达规定数值后，就可以转入稳定上升。所以滑跑起飞与固定翼飞机一样，要经过地面和空中两个增速阶段，先在地面滑跑增速，等到具有足够剩余功率后再离地升空。

起飞前，要根据可用于滑跑的距离长短，首先将油门加到最大位置，并适当地上提油门总距杆（见图 8-16 中 1 位置），然后柔和地向前推驾驶杆，使旋翼锥体向前倾斜，当旋翼拉力的第一分力大于重量，直升机就会离开地面（见图 8-16 中 2 位置）。在滑跑中，随着地面摩擦力的逐渐减小，直升机可能发生偏转，要用杆、舵及时进行修正（见图 8-16 中 3 位置）。为了充分利用地面效应，应在离地高度 1 m 以上，再柔和地前稳杆，保持直升机增速姿态，并沿较小的上升角继续增速到规定速度（见图 8-16 中 4 位置）。最后转入稳定上升。这种方法起飞可以避免悬停状态，故直升机载重量大。

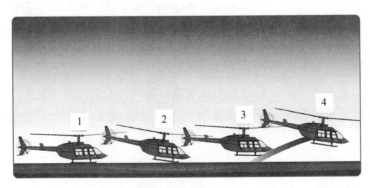

图 8-16　滑跑起飞

应当指出，在开始增速时，不宜大量或过粗地前推驾驶杆，应随速度的逐渐增大而柔和地顶杆；离地时，前飞速度不能太小；油门总距杆上提的位置不能过高，否则，会使旋翼转速减小；在高原机场、气温高、载重量大和顺风起飞时，因起飞增速距离延长，必须有足够的起飞增速距离。

8.3.3 最大功率起飞

最大功率起飞是在起飞路径上有一定高度障碍物的小场地上起飞，或称之为越障起飞，或最高性能起飞。越障起飞往往是在无或较小的地面效应的高度上悬停和增速上升。利用这种方法起飞，直升机起飞的有效载重量会减小。

在进行大功率起飞前，应了解直升机的性能和限制，要检查悬停功率、起飞全重和重心，而且必须考虑风、高度、温度、重量等影响直升机性能的因素。并且选择一个侧向标记，如图 8-17 所示，以便进行垂直起飞。

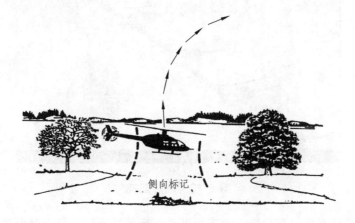

图 8-17 侧向标记

这种起飞方式需要直升机有足够的悬停功率，防止直升机功率不足而再次接地，而且要保证安全的清障高度，如图 8-18 所示。即在超越障碍时，应高出障碍物一定的高度，防止碰撞障碍物，以保证直升机安全起飞。

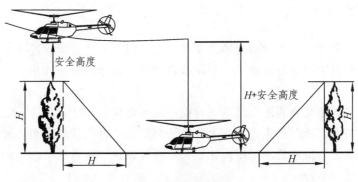

图 8-18 安全高度

越障起飞的操纵原理与正常起飞相同，如图 8-19 所示。首先按照正常方法操纵直升机进入稳定悬停，如图中位置 1 所示，柔和一致地上提总距杆，同时蹬左舵，用驾驶杆和侧向标记来保持直升机垂直上升。悬停中检查直升机的功率，判明功率是否足够。位置 2 为直升机离地后稍前稳杆增速，继续上提总距杆接近最大可用功率，直升机便以小前进速度和大上升角爬升。位置 3 表示继续上升，必要时用驾驶杆控制好飞行方向，直到越过障碍物。位置 4 为越过障碍物一定高度后（障碍物高度与安全高度之和），向前稳杆增速，由于受到瞬态升力效应，应柔和下放总距杆，同时稍抵右舵。位置 5 表示调整上升姿态和功率继续上升。

图 8-19　越障起飞

因此，采用这种方法，在操纵上要求操纵动作应柔和准确，特别是上提油门总距杆时，驾驶杆和舵的操纵动作更要协调一致。因为随着上升高度增加，地面效应会减弱，所以更要谨慎地设置大全重小上升率起飞。上提总距杆不得超过 100% 扭矩，防止损坏主减速器。直升机离地后顶杆不能过多，防止增速过快而爬升慢，造成无法超越障碍物。

8.3.4　利用地效起飞

如果起飞载重量较大，虽然场地净空条件较好，但又不适合滑跑起飞时，为了弥补发动机功率的不足，可利用地面效应起飞。利用地效起飞是在地面效应作用的范围内先离地再增速的起飞方法。

利用地效起飞就是充分利用在过渡飞行前的地面效应，如图 8-20 所示，目的是减少悬停和垂直升降所需功率，此时载重比垂直上升方法的要大。首先让直升机垂直离地，在地面效应的作用范围内增速，增速的水平距离比较长，待增速到一定数值（30 ～ 40 kt）后，设定上升姿态和功率后转入上升。

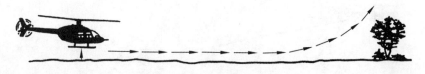

图 8-20　利用地效起飞

采用此法起飞增速的操纵原理与正常垂直起飞增速是相似的。但应注意的是，因直升机的备份功率较小，推杆增速时应注意离地高度，同时操纵动作要柔和，形成增速的俯角要更缓慢。为了充分地利用地面效应增速，直升机起飞所需水平距离要增长。如果推杆动作过粗，可能造成直升机下降高度，或上提油门总距杆的动作过粗，造成旋翼转速减小，拉力减小，引起直升机机轮触地，结果不但不能完成增速上升，反而危及飞行安全。

8.3.5　无悬停起飞

当场地有积雪、尘土、沙石等，或在沙尘暴、废墟中起飞，普通的起飞方法已不能满足起飞要求时，可以采用无悬停起飞方式，如图 8-21 所示。

尘土
雪、沙石

图 8-21　无悬停起飞

此时，确保发动机设定为最大起飞状态，然后柔和地上提总距杆，开始垂直上升。利用脚蹬协调控制，保持直升机方向，用驾驶杆修正爬升姿态。当脱离影响范围之后，转入正常上升操纵。无悬停起飞无需进行悬停检查，但要保证具有足够功率到达目的地。

综上所述，直升机起飞方式主要包括正常起飞、最大功率起飞、利用地效起飞、滑跑起飞和无悬停起飞，如图 8-22 所示。图中（a）属于正常垂直起飞，图中（b）和（c）分别是利用地效起飞和滑跑起飞。其中，正常垂直起飞和越障起飞，由于未利用地面效应，悬停和垂直升降所需功率较大，故采用这两种方法起飞，直升机载重较小。利用地效起飞和滑跑起飞都利用了地面效应，减少了悬停和垂直升降的所需功率，直升机载重要大。所以，直升机为了多载重量，在场地条件许可的情况下，应当尽量利用地面效应的有利特点。

如某型直升机以垂直起飞方法起飞时，其起飞全重 ΛUW 限制为 6 000 kg，如果采用第一种方法起飞，起飞全重 AUW 规定为 7 000 kg，而如果采用先滑跑再离地的方法，则起飞全重 AUW 可达 7 500 kg。

究竟采用哪种方法起飞、着陆最合适，应根据场地面积、地面平滑程度、载重多少和地面效应的作用范围等因素来确定。

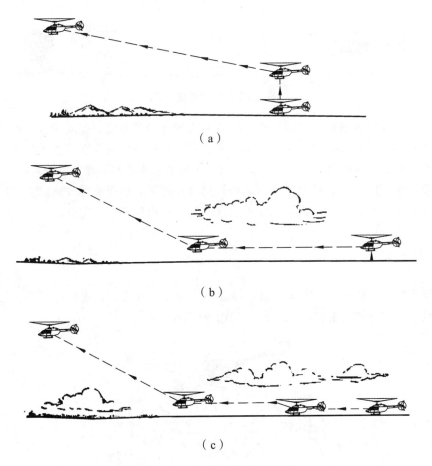

（a）

（b）

（c）

图 8-22　直升机的起飞方法

8.3.6　影响 AUW 的主要因素

根据前面起飞方法的分析可知，对不同直升机来说，如果外界自然条件相同，垂直起飞的悬停高度、增速的运动轨迹以及所需水平距离的长短，都与直升机当时起飞全重 AUW 有关。影响起飞全重 AUW 的主要因素包括机场标高、气象条件等，下面一一分析。

1．机场标高、空气温度和湿度

起飞场地的标高和气温高，空气湿度大，则空气密度小，发动机功率降低；同时，在单位时间内流过旋翼的空气质量减小，旋翼的效能降低。因此，最大起飞重量要减小。

2．风速和风向

逆风起飞，旋翼相对气流速度增大，在单位时间内流过旋翼的空气质量多，旋翼产生拉力大，起飞全重就大。顺风起飞，为了避免尾桨打地，悬停高度较高，导致地面效应作用减弱，直升机的最大起飞重量减小。

顺侧风或逆侧风起飞，为了保持直升机的平衡和运动轨迹，还需要向侧风方向压杆，也同样对起飞最大重量有不同程度的影响，而且操纵变得复杂困难。因此，载重起飞一般要逆风进行。

　　除了上述因素会影响直升机的起飞全重，还有其他一些因素，如对同型直升机来说，地面效应、场地面积和周围障碍物高度，以及对发动机和旋翼的维护、飞行员的操纵都会影响起飞全重。起飞前，要根据情况认真计算起飞载重量，才能顺利完成起飞。

　　根据起飞场地的标高、有无地效、温度、风速等主要因素确定起飞载重量，可使用飞行手册提供的如图 8-23 所示类型的性能图表。

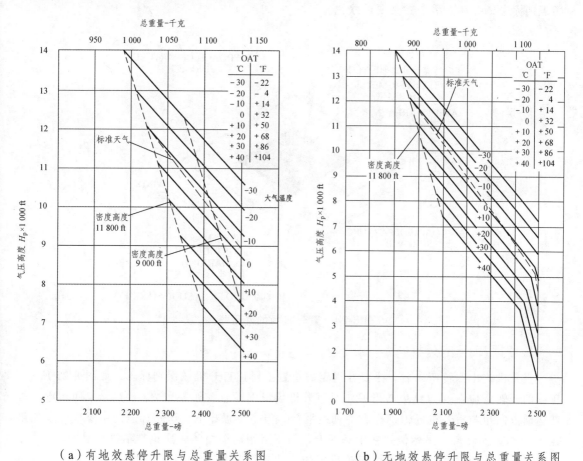

（a）有地效悬停升限与总重量关系图　　　　　（b）无地效悬停升限与总重量关系图

图 8-23　确定起飞全重的性能图表

8.4　着陆目测

　　在目视进近着陆过程中，根据当时的飞行高度，以及到降落地点的距离进行目测判断，以便操纵直升机沿预定方向悬停于着陆点上空，叫着陆目测，简称目测。超过预定着陆点进入悬停，叫目测高；未能到达预定着陆点进入悬停，叫目测低。

　　目视进近着陆技术是直升机飞行员不可缺少的一项基本功。本节主要分析对正和降落在预定地点及下滑消速的操纵原理。

8.4.1 对正降落场地

要使直升机在预定地点着陆，首先的问题是对正直升机场的降落场地，如图 8-24 所示。直升机场的识别标志用白色的"H"表示，接地和离地区（TLOF）是直升机接地或离地的一个区域，接地和离地区可以是任何形状。就像汽车驶入狭窄的桥梁前，必须调整行驶方向，使其不左不右地对正桥面一样。飞行中一般是从四转弯开始调整飞行方向，逐渐对正直升机场识别标志，并在下滑中做必要的修正。

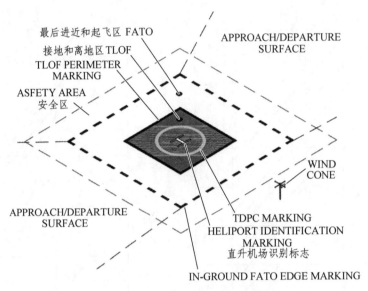

图 8-24 直升机场的降落场地

1. 对四转弯的分析

直升机改出四转弯以后，主要在规定的位置上对正直升机场识别标志，如图 8-25 所示。正确的四转弯应在 A 点结束转弯并正对直升机场识别标志。如果在 B、C 点结束四转弯，虽然运动方向也与直升机场识别标志中垂线平行，但是位置却不在识别标志的中垂线上。如果在 D 点结束四转弯，虽然位置在中垂线上，但下滑距离缩短了，这也都不符合要求。可见，四转弯是一个比较特殊的转弯。正确位置的 A 点就像通往着陆场地的"大门"，对于飞行员来说，如果"不得其门而入"，将会给下滑方向带来偏差。

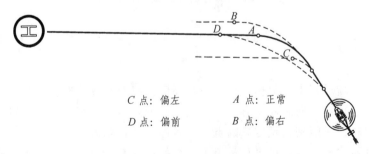

图 8-25 进入和改出四转弯位置的影响

四转弯的位置和改出高度不固定，会破坏正常的高距比（即高度与四转弯距"着陆点"的水平距离的比值）和下滑角。如四转弯距"着陆点"的距离近或改出高度高，就会造成下滑角大、下滑线高，目测易高；反之，则造成下滑角小、下滑线低，目测易低。

1）进入四转弯

直升机在四转弯中逐渐改变运动方向，直到对正直升机场识别标志，其运动轨迹如图8-26中的 AB 段曲线。曲线开始的一端（A 点），离识别标志中垂线有一段距离（d）。因此，应提前进入转弯，距离 d 就是进入四转弯的提前量。

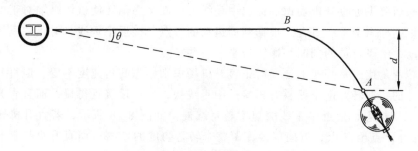

图 8-26　进入四转弯的提前量

如果四转弯的速度、坡度和转弯角一定，则运动轨迹的半径和长度就一定，进入四转弯位置一定时，提前量 d 也自然一定。由于飞行员在空中不便于判断提前量的长度，因此，一般以直升机场识别标志中垂线与飞行员的观察线之间的夹角（观察角）来判断进入四转弯的提前量，图8-26中的 θ 角即为观察角。进入四转弯的位置一定，观察角也一定。在第四边上，进入四转弯的提前量越多，观察角越大，进入转弯的时机也就越早。机型不同和进入四转弯的条件不同，观察角的大小也不同。这个观察角，在各型直升机的地面预习教材中都有具体规定。

在提前量一定的条件下，观察角的大小与四转弯的位置有关。图8-27表明，提前量一定，四转弯位置越远，观察角越小（ $\theta_1 > \theta_2 > \theta_3$ ）。

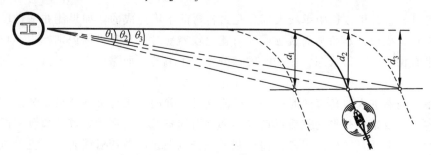

图 8-27　四转弯位置与观测角的关系

2）四转弯半径大小的影响

在提前量一定的情况下，进入四转弯，必须符合预定的转弯半径，否则直升机仍对不正直升机场识别标志。以左航线为例，如四转弯半径增大，直升机要偏到直升机场识别标志右侧，且距着陆场近，如图8-25中的 B 点所示；相反，半径减小，则偏到识别标志左侧，且距离增长，如图8-25中的 C 点所示。

怎样才能保证预定的转弯半径呢？影响转弯半径的因素就是速度和坡度，只要保持好规定的速度和坡度，半径就不会发生变化。但是，直升机转弯中的坡度很容易改变，而改变速度则相对比较难，从这个意义上讲，坡度比速度对转弯半径的影响大，因此在四转弯中要特别注意保持规定的坡度。在需要改变转弯半径对正直升机场识别标志时，也应采用改变坡度的办法，以达到迅速改变半径的目的。

3）接近和对正直升机场识别标志的规律

四转弯的运动，包含接近和对正直升机场识别标志中垂线两个方面。即是说，直升机在四转弯中，一面要飞近直升机场识别标志中垂线，一面又要偏转使机体纵轴对正中垂线，最终使纵轴与识别标志中垂线重合。根据圆周运动的特点，接近中垂线与对正中垂线这两个不同的运动速度，给飞行员的判断和操纵带来了一些特点。

直升机转弯角速度是等速的，即对正直升机场识别标志的角速度不变。但直升机接近中垂线却是减速的，即转弯前半段直升机接近中垂线快，后半段接近得慢，而且直升机越将对正直升机场识别标志，接近中垂线的速度越将减慢。如图 8-28 所示，若直升机转弯角度为60°，直升机由 A 点至 B 点，方向仅改变了整个转弯角度的 50%，而直升机与直升机场识别标志中垂线的垂直距离却缩短了约 70%；在后半段的转弯中，即 B 点至 C 点，接近中垂线的距离大约只占 30%。

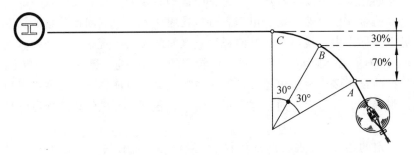

图 8-28　直升机接近直升机场识别标志中垂线的情形

由此可见，直升机接近中垂线大部分是由转弯前半段完成的。如果能在前半段保持好飞行状态，使直升机按预定的圆周轨迹运动，就比较容易对正直升机场识别标志。相反，转弯的前半段没有保持好飞行状态，在 70% 的部分发生了偏差，而靠后半段去修正，往往是比较困难的。

飞行中，判断进入四转弯的时机是不可能绝对准确的，飞行员保持坡度和速度都可能发生某些偏差，以及来自外界的气流扰动等，都会引起直升机的运动轨迹偏离预定的轨迹。因此在四转弯中，尤其是转弯后半段，需要判断直升机在改出转弯后能否对正直升机场识别标志，并作必要的修正。

4）改出四转弯

把直升机从转弯中改出，使其角速度减小为零，必须经过一段减速过程，在这个过程中，直升机还要继续向转弯方向偏转一定角度。因此，需要提前一定角度改出转弯，停止转弯时，正好对正直升机场识别标志。速度或坡度不同，提前改出的量也不同。

5）风对四转弯的影响

在有风的情况下，直升机将随气团一起运动。侧风不仅会使直升机在直线飞行中产生偏流，同样在曲线飞行中也会产生偏流。在转弯中，飞行方向不断变化，侧风的相对方向也在改变，因而在转弯前、后两个阶段中，直升机受风的影响程度是不同的。

以左航线为例，如在 90° 左侧风的影响下，直升机改出四转弯后会偏到直升机场识别标志右侧，在转弯中侧风方向由左顺侧风（四转弯角度小于 90°）逐渐转为左侧风，偏流角随侧风的增大而增大。因此，侧风对于直升机对正直升机场识别标志的影响主要是在转弯的后半段。

修正侧风对四转弯的影响，一般采用提前或推迟进入四转弯时机的方法。例如左航线飞行，在左侧风的影响下，这时应提前进入四转弯，只有提前进入的距离正好等于侧风所引起的偏航距离时，改出四转弯后，才能对正直升机场识别标志。如遇右侧风，则应延迟进入四转弯的时机。如果进入四转弯的提前量或延迟量不适当，则应在转弯中通过改变坡度调整转弯半径来修正，以便在改出四转弯后正好对正直升机场识别标志。

2．下滑方向的修正

准确的四转弯仅仅给下滑对正直升机场识别标志创造了有利条件，因为在四转弯后的下滑中，飞行员操纵的偶然偏差以及侧风的影响等，都可能使直升机偏离识别标志中垂线。所以，修正下滑方向也是对正直升机场识别标志的重要问题之一。

正确的下滑方向应该是：直升机的位置处于直升机场识别标志中垂线上，且运动方向与其平行，如图 8-29 中 A 点。两者必须同时具备，缺一不可。而下述 3 种情况则属于下滑方向不正确的典型例子。

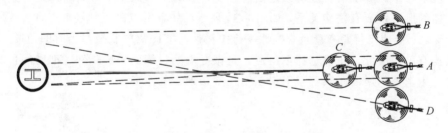

图 8-29　正确与不正确的下滑方向

（1）直升机的运动轨迹平行于直升机场识别标志中垂线，但位置不在识别标志中垂线上，如图 8-29 中 B 点。

（2）直升机位于直升机场识别标志中垂线上，但运动轨迹与中垂线不平行，如图 8-29 中 C 点。

（3）直升机既不位于直升机场识别标志中垂线上，运动轨迹也不与中垂线平行，如图 8-29 中 D 点。

在目视飞行中，判断下滑方向的主要参考物是直升机场识别标志，主要根据直升机与识别标志之间的相对运动，来判断下滑方向。

修正下滑方向的方法是操纵杆和舵，使直升机对正直升机场识别标志。如直升机位于图 8-29 中 C 点，用蹬右舵和适量向右压杆，即可修正。如直升机位于 B 点或 D 点，应操纵杆和舵向直升机场识别标志中垂线上转弯进行修正。因压坡度产生的向心力要比蹬舵产生的力大，所以用小坡度转弯进行修正效果显著，特别适合于修正较大的方向偏差。

8.4.2 目测的基本原理

直升机着陆的接地点以直升机场识别标志（Heliport Identification Marking，HIM）为依据。准确的目测是使直升机在识别标志一定范围的地区内接地，即在接地和离地区 TLOF 内接地。没有到达 TLOF 就接地就是目测低；超过了 TLOF 才接地就是目测高，如图 8-30 所示。

能否将直升机降落在预定接地点，主要问题在于正确选择下滑点，保持规定的下滑角和下滑速度。

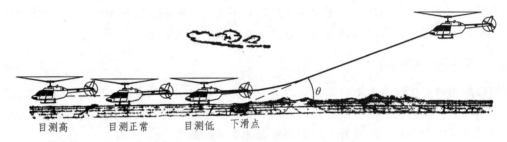

图 8-30 目测正常、目测低和目测高

1．正确选择下滑点

直升机下滑中，其下滑轨迹对准地面的一点，称为下滑点。下滑点的位置与直升机接地飞行中消速的所需距离有密切关系，如图 8-31 所示。如下滑点离正常接地点远，接地飞行距离就远；反之，接地飞行距离就近。接地飞行中消速所需距离的长短与当时的速度、载重量、风向和风速有关。因此，正确选择下滑点，是做好着陆目测的重要条件。准确的目测，必须是接地飞行中消速的所需距离等于下滑点至正常接地点的距离。

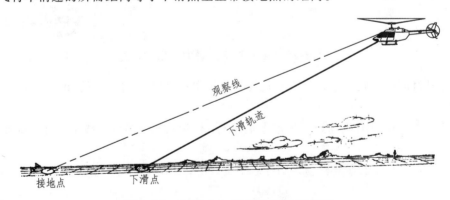

图 8-31 下滑点与接地点的关系位置

在保持正常下滑速度的前提下，下滑点选择靠前，目测易高；反之，下滑点选择靠后，目测易低。

2．保持规定的下滑角

下滑点确定之后，直升机所在位置至下滑点的连线与地平线之间的夹角，叫预定下滑角。这里所指的下滑角，均为预定下滑角。

直升机的下滑角与开始下滑的高度和下滑距离有关，可用下式表示

$$\tan\theta = \frac{H}{L}$$

式中，H/L 被称为高距比。飞行员要保持一定的下滑角飞向预定的下滑点，必须使直升机的高度与下滑距离保持一定的比例关系，即按照固定的高距比飞向预定的下滑点。

直升机退出四转弯后，如其高度正常，下滑距离越短（如图 8-32 中的 F 点），或下滑距离正常，高度越高（如图 8-32 中的 B 点），都会使下滑角增大，造成目测高。反之，则会使下滑角减小，如图 8-32 中的 C 和 D 点，容易造成目测低。

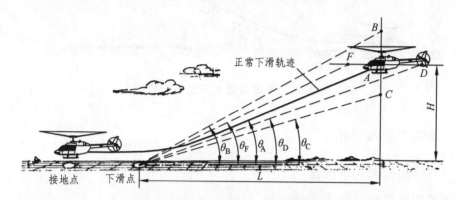

图 8-32　高距比和下滑角的关系

油门总距保持一定，飞行速度增大，不仅会使五边的水平距离缩短较快，而且会引起下降率减小，高度下降较慢，使直升机飞向预定下滑点的下滑角增大（如图 8-33 中 F 点）。反之，飞行速度减小，下降率增大，下滑角减小（如图 8-33 中 C 点）。同样，若飞行速度一定，下降率增大，直升机飞向预定下滑点的下滑角要减小。反之，下降率减小，下滑角要增大。

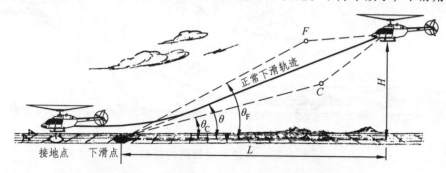

图 8-33　下滑速度、下降率对下滑角的影响

综上所述，要保持规定的下滑角，必须使高度与水平距离保持一定的关系，并且在下滑中调整好下滑速度和下降率。开始消速前高度高、速度大，目测易高；反之，高度低、速度小，目测易低。进入消速时机早、速度减小快，目测易低；反之，消速时机晚、速度减小慢，目测易高。

下滑中，若下滑角发生偏差，可根据当时的具体情况，操纵驾驶杆和油门总距杆进行修正。如下滑中直升机的下滑角变大（如图 8-34 中的 F 点），应适当地放下油门总距杆，或向前顶杆减小旋翼迎角，增大下降率，使直升机从图中 F 点飞向 B 点。当下滑角接近正常时，及时地拉杆保持下滑速度和沿预定下滑角下滑。反之，若直升机至下滑点的下滑角变小（如图 8-34 中的 C 点），则应上提油门总距杆减小下降率，当直升机接近正常下滑轨迹（如图 8-34 中的 B 点）时，再适量地放下油门总距杆，使直升机向预定下滑点运动。

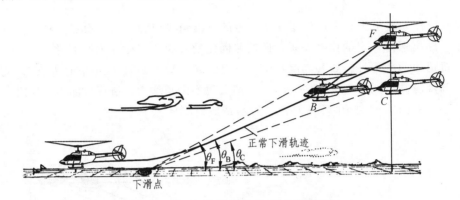

图 8-34　下滑角过大和过小的修正

8.4.3　目测的影响及修正

1．风对目测的影响及修正

1）顺逆风的影响及修正方法

逆风使目测低，顺风使目测高。在无风时，直升机向下滑点 A 点运动，遇到逆风时，下滑角增大，下滑距离变短，这时直升机实际向下滑点 B 点运动，增长了接地飞行距离。加之逆风使地速减小，故会形成目测低。反之，顺风时的下滑角较小，直升机实际向下滑点 C 点运动，缩短了接地飞行距离，加之顺风使地速增大，故目测易高。如图 8-35 所示。

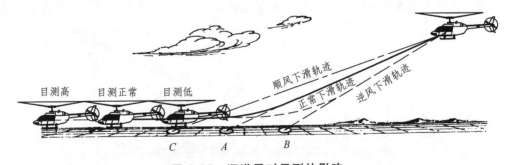

图 8-35　顺逆风对目测的影响

可见，飞行员修正逆风对目测的影响，应保持好既定的下滑角并适量地增大下滑速度，使直升机沿着既定的下滑轨迹向预定的下滑点 A 点运动。消速时机应适当延迟，消速的动作量也不宜大，否则仍形成目测低。反之，修正顺风对目测的影响时，应减小下滑速度，使直升机按预定的下滑角下滑。根据风速的大小，要适当提前进行消速，如果消速时机晚，会造成消速动作量过大或者目测高。

此外，在风速较大的情况下，还可采用移动下滑点的方法修正风对目测的影响。如遇逆风可适当前移下滑点，以缩短接地飞行距离；反之，顺风可适当地后移下滑点。

在起落航线飞行中，如第五边是逆风，则对第四边来说就是 90°侧风，要使第四边的航线向外偏，使第五边的距离增长，下滑角减小，造成目测低。反之，顺风会引起第五边的距离缩短，造成目测高。因而需要改变第三转弯的角度，来修正风的影响。逆风着陆，三转弯的角度比无风时的大，顺风着陆则比无风时的小，以便飞向正常的四转弯点，为正确目测创造条件。

2）侧风的影响及修正方法

侧风着陆，直升机的运动轨迹会受到风的影响，而偏离直升机场识别标志的中垂线。若风速较小，可采用侧滑修正法，即向侧风来的方向适当地压杆和蹬反舵，使直升机向侧风来的方向形成侧滑，当侧滑角等于偏流角时，直升机沿预定方向下滑。风速较大，可采用航向修正法，即操纵直升机向侧风来的方向偏转一个航向角，当改变的航向角等于偏流角时，直升机的航迹与直升机场识别标志中垂线一致。在大侧风的情况下，采用此法修正比较容易。

总之，直升机在逆、顺侧风中下滑着陆，风不仅影响下滑方向，也影响目测的高低。顺侧风会引起目测高，逆侧风会引起目测低。

2. 场地标高和气温对目测的影响及修正

飞行员常常感到"早晨目测容易低，中午目测容易高"，或"在高原机场着陆时消速慢，目测容易高"，这是因为早晨气温低，中午气温高，气温升高和场地标高较高，引起空气密度减小的原因。

当气温变化，或是着陆场地标高变了，空气密度就要变化，直升机的真空速也要变化。例如，气温高于标准气温或场地标高较高，空气密度要减小，如指示空速不变，则真空速增大，下滑消速过程和接地前飞距离要增长，故目测高。此外，在中午气温较高，上升气流往往比较强，使下降率减小，也促成目测高。反之，气温降低或场地标高较低，如保持指示空速不变，真空速减小，会引起目测低。

综上所述，在有顺风或空气密度小时，为防止目测高，可采取适当地提前消速或后移下滑点等方法进行修正，反之，可延迟消速时机或前移下滑点进行修正。

3. 修正目测高低的方法总结

1）修正目测低的方法

五边目测低，主要表现在，下滑角小，下滑线低，下滑速度也易小。此时，应上提总距杆，并适当向后带杆，减小下滑角，使直升机以较小的下降率下滑，当直升机接近正常下滑线时，应稳杆对正预定接地点，并下放总距杆保持正常的下滑角和下滑速度，然后按规定要求，进行正常消速。

2）修正目测高的方法

五边目测高，主要表现在，下滑角大，下滑线高，下滑速度易大。此时，应下放总距杆，并适当向前稳杆，增大下滑角，使直升机以较大的下降率下滑，当直升机接近正常下滑线时，应上提总距并向后带杆，保持正常的下滑角和速度，然后按规定要求，进行正常消速。

8.5 着 陆

直升机从一定的高度下滑，消速并降落于地面直至停止的运动过程称为着陆。根据飞行任务的性质和场地条件的不同，可采用不同的着陆方法。本节主要分析垂直着陆和滑跑着陆等几种方法。

8.5.1 下滑消速

直升机向预定接地点降落，要经过下滑消速的过程。通过下滑来下降高度，通过消速使速度减小，直至速度为零以便垂直着陆。直升机一边下降高度一边消失速度的过程，叫下滑消速。直升机的下滑消速是一个过渡飞行状态。由于飞行状态的变化，作用于飞机上的力和力矩不断发生变化，所以下滑消速的操纵比较复杂。

为便于分析，把消速过程分为两个阶段，如图 8-36 所示。从图中可以看出，如果飞行员选择消速时机在 A 点，由于向后拉驾驶杆，旋翼锥体后倾，使向后的拉力第二分力 T_2 增大，此时 T_2 与阻力之和大于重力第二分力（ $T_2+D>G_2$ ），直升机减速。由 A 点飞到 B 点的过程中，飞行员根据水平距离的长度、当时的下滑速度和风向风速等影响，用向后带杆和向前稳杆的往复操纵使直升机逐渐减速，随着速度的减小和越接近 B 点，并逐渐向前迎杆。在通过 B 点以后的接地飞行中逐渐地向前顶杆和稳杆，使直升机保持一定的仰角继续减速，在接近悬停位置 C 点时，使速度减至零，保持稳定悬停。

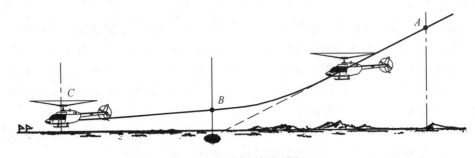

图 8-36 下滑消速过程

开始拉杆消速时，旋翼锥体后倾量增大，旋翼迎角增大，拉力增大，下降率减小，为保持预定的下滑轨迹，要适当地下放油门总距杆。在下滑消速过程中，由于前飞速度减小，所需功率逐渐增大，飞行员要根据高度的变化，及时地上提油门总距杆，使直升机在预定地点上空（ B 点）保持预定的高度。在通过 B 点以后的接地飞行中，因前飞速度还在继续减小，上提油门总距杆的量越来越多，当前飞速度减至零即悬停时，为保持在预定的高度上悬停，所需功率最大，上提油门总距杆的位置最高。应当指出，为了在悬停时旋翼能获得最大功率，在消速前或消速的过程中要把油门设置为最大位置。同时，驾驶杆和舵的操纵量是随油门总距杆变化而变化的，例如，逐渐上提油门总距杆，要相应地增大蹬舵量，才能保持预定的轨迹飞行。

因此，油门总距杆、舵和驾驶杆的操纵是相互联系和相互影响的。飞行员要根据自己的目测和直升机姿态的变化情况，做到油门总距杆、舵、驾驶杆协调操纵，才能沿预定的轨迹下滑消速并降落在预定地点。

在正常运行中，如果让直升机尽快进入悬停状态，就要采用快速减速方法，这需要飞行员具备最高程度的协调操纵能力。快速下降消速如图 8-37 所示。图中位置 1 表示改平状态，然后加速到理想的速度，见图中位置 2，这时距离地面高度为规定高度。从位置 3 开始带杆减速，同时下放总距杆。操纵动作要及时准确。否则，下放总距杆小的话，直升机会爬升；而下放总距杆大的话，会造成直升机下沉。同时，通过蹬舵来修正航向，调整油门保持旋翼转速。在位置 4 中直升机速度达到预定速度，机头开始下俯，直升机开始下滑到悬停高度。在位置 5 处直升机地速为零，总距杆、驾驶杆和舵协调一致地保持直升机在正常悬停高度悬停。

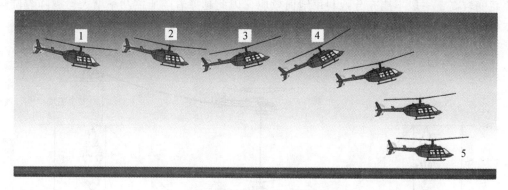

图 8-37　快速下滑消速

8.5.2　垂直着陆

垂直着陆是经过下滑、消速，并在预定地点上空进行短时间悬停后的一种着陆方法。在预定地点上空悬停的高度与着陆场地面积和周围障碍物高低有关。下面分别研究正常垂直着陆和越障着陆的操纵原理。

1．正常垂直着陆

在净空条件较好的场地着陆，通常采用正常垂直着陆的方法，如图 8-38 所示。

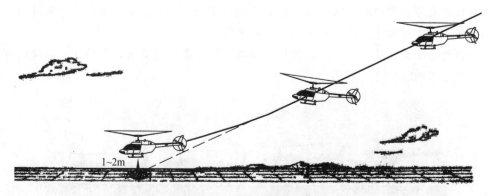

图 8-38　正常垂直着陆

直升机是在悬停的基础上进行垂直着陆的。在整个垂直下降的过程中，飞行员应把自己的注意力主要放在保持飞行状态上，保持各力和力矩不断地取得平衡，达到垂直下降和着陆的目的。其操纵原理与垂直下降基本相似，所不同的是随着直升机高度降低，受到地面效应的影响，下降率要减小，还应柔和地下放油门总距杆，在离地高度 1 m 以下时，保持 $0.1 \sim 0.2$ m/s 的下降率垂直接地。在垂直下降的过程中，水平安全面所形成的抬头力矩减小，直升机有下俯趋势，此时应该适当向后拉杆。为使起落架同时接地，接地后总距杆要下放到底。

2．越障着陆

在着陆场地小而周围又有障碍物的条件下，可以采用越障着陆方法。由于在此条件下，悬停高度较高，一般不能充分地利用地面效应，因此越障着陆所需功率增大。越障着陆运动状态如图 8-39 所示。

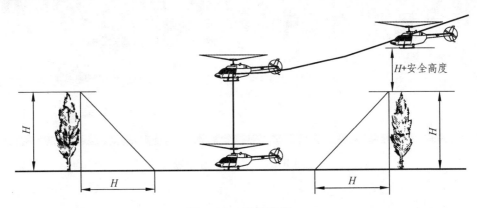

图 8-39　越障着陆

越障着陆过程中目测更要准确。越过障碍物时，要保持规定的安全高度。越过障碍物后要使尾桨与障碍物保持一定的安全距离。在垂直下降过程中，要严格保持垂直下降状态，不能有纵、横向大量的移动，以防止与障碍物相撞。

8.5.3　滑跑着陆

直升机在高原高温机场，或载重量较大，因可用功率不足，无法进行垂直着陆时，可以与普通飞机一样在坚硬平坦的场地上进行滑跑着陆。

直升机经过下滑消速后，以一定的前飞速度在预定地点接地滑跑至停止的运动过程叫滑跑着陆，如图 8-40 所示。

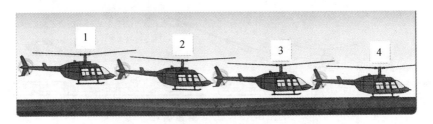

图 8-40　滑跑着陆

滑跑着陆的目测、消速与垂直着陆的操纵规律基本相同。但滑跑着陆在接地时具有一定速度，所以也有一定的特点，如下滑线稍低，消速时机稍晚，下滑点也要靠后一些，故进入接地飞行时的高度、速度和操纵动作要准确，保持好着陆方向。当速度减小到一定数值时，应及时向前顶杆，使直升机带较小的仰角缓慢地消速。随着前飞速度减小，必须上提油门总距杆，旋翼反作用力矩也随之增加，要及时用舵来修正。

经过目测、消速，直升机带很小的下降率轻轻接地，接地后柔和地下放总距杆，用舵保持好方向，做到协调一致。在摩擦阻力和空气阻力作用下，迅速减速直至停止滑跑。

在操纵直升机做滑跑着陆的过程中，错误和偏差是难免的，正确的操纵总是从不断纠正错误、偏差中掌握的。滑跑着陆中常见的偏差有：

（1）接地速度大，造成接地后滑跑速度大，若这时仍保持较大的旋翼拉力，滑跑中易受地面不平等外界自然条件的干扰，使直升机姿态不稳，机体摇晃，有些直升机可能由此产生"地面共振"。

（2）接地飞行的方向与着陆方向交叉和带侧滑接地，带侧滑接地最容易在有侧风的情况下发生。严重的侧滑接地不但有可能损坏起落架，甚至有可能使直升机发生侧翻。

滑跑着陆中发生的各种偏差，往往是由于对客观情况判断的误差，以致操纵不当。因此，在飞行实践中，要进一步熟悉各种偏差的现象和产生原因，以便进行正确的修正。

综上所述，常用的着陆方法如图 8-41 中所示，它们的特点总结为：

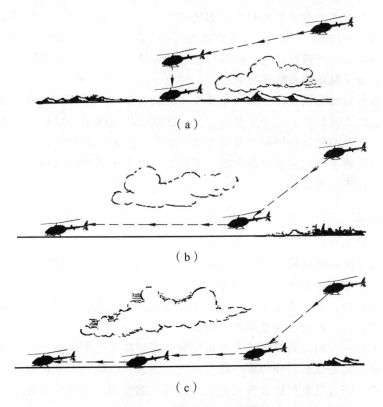

（a）

（b）

（c）

图 8-41　直升机的着陆方法

图 8-41（a）所示为垂直着陆，先下滑到一定高度并减速到悬停状态，然后垂直下降接

地。但为了多载重量，在场地条件许可的情况下，应当尽量利用地面效应。即先下降到地面效应作用范围之内，再减速到悬停状态，然后垂直下降接地，如图 8-41（b）所示。因这种方法利用了地面效应，减少了悬停和垂直升降所需功率，所以载重要比垂直升降方法的大。第三种可按下滑、拉平、平飘、接地及着陆滑跑等阶段进行，如图 8-41（c）所示，就是滑跑着陆。这种方法中起飞着陆的特点是可以避免悬停状态，故直升机载重最大。

直升机在起飞增速和着陆消速阶段，在某一飞行速度范围内，会出现明显抖动现象，这个出现抖动的范围，习惯上称为"过渡速度"。"过渡速度"的抖动，是直升机所特有的一种现象，它实质上是一种强迫运动，是由于旋翼的激振力增大所引起的。

8.6　特殊运行情况

除了以上常用的普通起飞和着陆技术以外，还会遇到一些特殊运行情况，例如，斜坡上的起飞和着陆、受限的狭小区域、山地运行等。这里也仅仅介绍斜坡运行和受限区域运行。

8.6.1　斜坡运行

直升机可以在斜坡上安全起飞和着陆的情况很少，除非坡度很小，一般不要超过 5° 坡度，即 5° 坡度是斜坡运行的最大值。如果在斜坡起飞或着陆，应当对斜坡地形事先进行勘察，且飞行员要具备斜坡运行的操纵技能，以保证在整个着陆过程中飞行员仅用杆就能操纵直升机停稳在斜坡上，应采取横坡着陆的方式。

当直升机在斜坡面上接地时，旋翼轴基本与斜坡面垂直，而桨盘平面则与真实的地平线平行或微微朝上坡方向倾斜。因为正常情况下，旋翼锥体倾斜是通过操纵驾驶杆使桨叶周期变距来实现的，所以旋翼锥体倾斜的角度要受驾驶杆的操纵行程和机械等原因的限制，这种操纵限制在直升机遇下坡风时更容易出现。因此，斜坡着陆场地的选择应视风向风速、直升机的重心及载荷的不同而异。

1．斜坡起飞

具体操纵方法如下：

（1）先下放总距杆增加旋翼转速进行起飞，然后朝上坡方向压杆以使旋翼的桨盘平面与水平面平行，但不是与坡面平行，如图 8-42（a）所示。

（2）稳住驾驶杆，柔和地慢慢上提总距杆，滑橇承受直升机的重量越来越小，直升机下坡一侧滑橇主管离地，此时应注意用舵保持方向，如图 8-42（b）。

（3）随着下坡一侧的滑橇离地，直升机桨盘平面逐渐处于水平姿态，立刻将驾驶杆回归到中立位置。此过程要做到动作协调一致，尽量让直升机保持在水平位置，用一侧滑橇主管保持直升机悬停。同时蹬舵保持直升机方向，或需要调整油门保持旋翼转速。最后逐渐上提总距杆完成起飞，如图 8-42（c）所示。

脱离斜坡时，尾桨绝不能转向上坡方向，否则会发生尾桨撞地的危险。如果存在上坡风，要执行侧风起飞，然后转弯，也要注意避免尾桨与斜坡相撞。

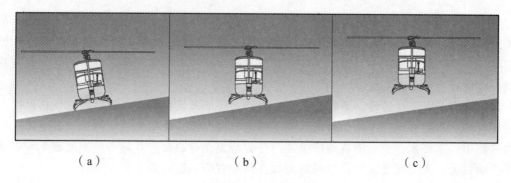

（a） （b） （c）

图 8-42　斜坡起飞

2．进　近

直升机在斜坡上的进近着陆，与在其他区域进近着陆没有多大差异。但在斜坡上着陆操纵过程中，一定要考虑风向风速、障碍物以及一旦发动机失效后直升机迫降点的选择等情况，同时由于坡面阻碍了气流的顺畅流动，因而还必须考虑紊流和下降气流的影响。

3．着　陆

直升机在斜坡上着陆时，一般情况下采取横坡着陆方式，而非沿上坡方向顺坡着陆。当然，沿下坡或下山方向的顺坡着陆就更不可取，因为这样可能会造成尾桨撞地，危及飞行安全。斜坡着陆与斜坡起飞相反，具体操纵方法如下：

（1）在最后进近阶段，操纵直升机往斜坡移动，横向对准斜坡，尾桨切勿转向上坡方向，使直升机在预定接地点上空悬停，如图 8-43（a）所示。

（2）柔和地下放总距杆，让直升机慢慢下沉，当上坡一侧滑橇主管触地时，暂时让直升机在水平位置停顿片刻，即桨盘保持水平，然后往上坡方向压杆以免直升机向下坡方向滑动，如图 8-43（b）所示。

（3）为了使下坡侧滑橇继续下沉，就要继续下放总距杆，随着总距杆的下放，驾驶杆也要继续往上坡方向移动，以保持直升机位置不变。若直升机有前后运动的趋势时，应用杆前后移动来制止，如图 8-43（c）所示。

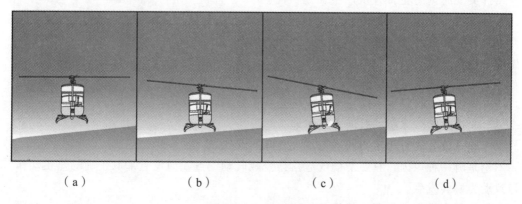

（a） （b） （c） （d）

图 8-43　斜坡着陆

（4）当下坡侧滑橇触地后，下放总距杆到底，驾驶杆和脚蹬回中立位，图 8-43（d）所示。然后保持旋翼按照规定转速继续旋转，直到直升机重量完全作用在起落架上。确保旋翼转速的目的是，确保万一直升机开始沿斜坡下坡方向滑动时，也可有足够的转速供直升机立即起飞。在整个着陆操纵中，蹬舵保持直升机方向，在减小旋翼转速之前，务必要左右移动驾驶杆以检查直升机的稳定度。

　　如果没有在着陆点接地，不管是否发生滑动，应该慢慢使直升机脱离斜坡保持悬停，重新进行着陆。在斜坡运行中，如果飞行员不知道坡度大小，决定要着陆的话，更应该在整个操纵过程中提高警惕，小心谨慎地操纵。而且要特别注意的是，着陆中产生的非正常振动，如果振动过大，表明坡度太陡，应果断地放弃斜坡着陆，进入复飞。

　　对于右旋旋翼直升机而言，如果往右压杆进行着陆的话，可以在坡度更大的斜坡着陆；如果往左压杆进行着陆的话，则相反。所以，斜坡着陆中飞行员要考虑着陆方向。

8.6.2　动力翻转

　　直升机斜坡运行中，在地面上可能发生静态翻转和动力翻转。当直升机重心往一侧滑橇或起落架移动并超过这个支点时，就会发生静态翻转（Static Rollover）。对大多数直升机而言，静态翻转对应的临界翻转角大概是 30°。

　　直升机斜坡或侧风起降时有横向翻滚的趋势，称为动力翻转（Dynamic Rollover）。动力翻转可能发生在任何类型的旋翼和任何一侧滑橇或起落架情况。当发生动力翻滚时，直升机绕一侧滑橇或起落架机轮横向转动，直到倾斜角超过一定的临界翻转角，此时旋翼拉力促使直升机继续翻转，如图 8-44 所示。

　　每一架直升机都有一个临界翻转角，而且左右两侧滑橇或起落架接地对应的临界翻转角不同，还与侧风、重心偏置量和抵制偏航脚蹬量有关。超过临界翻转角，飞行员即使用最大反向驾驶杆量，也无法制止直升机向一侧翻倒。

　　飞行员要时刻防止直升机产生加速横向翻转，而且坡度不要超过临界翻转角，小心谨慎地修正直升机俯仰、滚转和偏航姿态。直升机发生动力翻转可能有以下几个原因：

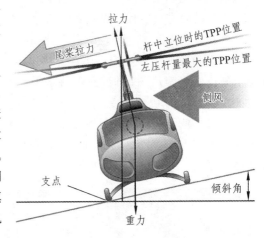

图 8-44　动力翻转

（1）忘记解开系留或滑橇安全装置。
（2）悬停侧飞时观察不周，滑橇或机轮挂住地面固定物体。
（3）起落架陷入冰层、软沥青或泥地。
（4）起飞或着陆方法不当或进行斜坡着陆与起飞。

　　不论是哪一种原因，只要滑橇或起落架变成转动支点，而没有采取正确的修正动作，就会导致动力翻转发生。

　　右旋旋翼直升机动力翻转临界条件：

（1）右侧滑橇或机轮接地，增加了翻转的趋势。
（2）横向重心靠右侧。

（3）有左侧风。

（4）左偏航操纵。

对左旋旋翼的直升机则相反。

动力翻转一旦发生，总距杆比周期变距杆能更有效地控制其翻转，而仅仅靠反向压驾驶杆不可能改出。例如，如果右滑橇碰到一个物体并成为支点，并且倾斜角超过临界翻转角，这时即使驾驶杆向左压到底，旋翼的拉力矢量和对直升机产生的力矩仍然带动直升机向右翻转。突然增加总距试图让直升机升空对制止动力翻转是无效的，因为直升机没等脱离地面，就可能产生动力翻转。但下放总距杆会减小旋翼拉力，所以快速放下桨距是制止动力翻转最有效的方法。

柔和平滑地下放总距杆能有效制止直升机翻转运动，总距减小率不应超过 2 s 用完所有桨距。总距减小太快会引起桨叶过度挥舞（Flap Excessively），严重的会撞击机身或地面。过大的总距减小率会引起大的反方向滚转率。

在比较平的地面上正常起飞和着陆时也有可能发生动力翻转，当一侧的滑橇或机轮在地面上并且旋翼拉力接近于直升机的重量时，如果不注意操纵，直升机有可能绕停留在地上的滑橇或机轮滚转。起飞或着陆时，动作应该柔和并注意配平驾驶杆，保证没有大的俯仰或滚转变化，尤其是滚转。如果倾斜角从开始到增加至 5°~8°，并且全偏驾驶杆也不能减小这个角度，就应该立即放下总距以消除不稳定的滚转状态。

在斜坡上进行起飞和着陆时，应严格按照推荐的操作程序。起飞时应该柔和地抬起下坡方向的滑橇或机轮，使直升机水平，然后慢慢离地升空；着陆时先使上坡方向的滑橇或机轮接地，然后配合使用驾驶杆和桨距，柔和地放下下坡方向的滑橇或机轮。如果直升机向上坡方向倾斜 5°~8°，应该减小桨距以修正倾斜角，使直升机回到水平状态，然后重新开始着陆程序，如图 8-45 和图 8-46 所示。

过量操作驾驶杆和桨距可能导致下坡方向的滑橇抬起，超过横向驾驶杆控制极限，此时可能发生向上坡方向的滚转。要避免突然上提桨距使直升机离地，这会产生一个大而且突然的滚转力矩。过量使用桨距可能导致下坡方向的滑橇升起，并超过驾驶杆横向控制极限，这种运动可能是无法控制的。如果直升机进入滚转时一侧滑橇或机轮在地面上形成支点，直升机就可能向另外一侧翻倒。

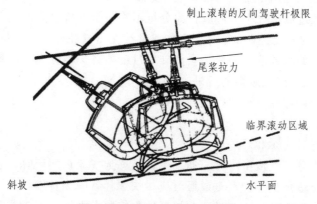

图 8-45　下坡方向动力翻转

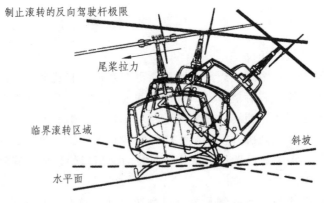

制止滚转的反向驾驶杆极限

尾桨拉力

临界滚转区域

斜坡

水平面

图 8-46　上坡方向动力翻转

8.6.3　低过载和 Mast Bumping 现象

1. 低过载飞行

低过载（低 G 或重量轻）直升机操纵会产生灾难性后果，是一种特殊的非正常飞行情况。特别是针对于半刚度旋翼直升机而言，考虑到在正常飞行中正过载操纵引起的振动很小，所以这类直升机低过载飞行会引起直升机机体超过设计准则。在运行中避免低过载非正常飞行的最好办法就是通过避开诱因来阻止其发生。

通常，小型直升机主要依靠驾驶杆操纵桨盘倾斜，让旋翼拉力分量就会产生绕重心的操纵力矩来实现所需的俯仰、横侧与滚转运动。在正常平飞或者上升过程中，如果突然向前过量操纵驾驶杆，会导致直升机进入低过载（失重状态）条件。或者在非常颠簸的气流环境下飞行也会体验到失重状态的过载飞行。

直升机低过载飞行不是意味着旋翼拉力损失，更不是受力不平衡。低过载一般发生在重力和拉力失去平衡时，例如右旋旋翼直升机突然往下俯冲，旋翼拉力前倾，拉力分力不能平衡重力，就产生失重状态。既然此时升力不再与重力平衡，尾桨拉力着力点高于重心，那么机身受到尾桨拉力的影响，尾桨拉力矩会使机体右倾，飞行员必须左压驾驶杆。在设计直升机时，桨盘的左倾姿态也用来抵抗右滚转的力矩。

当直升机处于低过载情况下，旋翼拉力分量不能完全维持直升机重力，机体就加大滚转力度，直升机就会出现不受控的右滚转，如要继续左压驾驶杆至最左位，试图停止右滚转，特别对于跷跷板结构的两片旋翼系统，会使旋翼过度挥舞，桨叶会超出其挥舞极限，直到发生 Mast Bumping 现象而产生致命的后果。

避免直升机产生低过载飞行的操纵方法如下：

（1）不要过量前推驾驶杆。

（2）下放总距杆时应柔和。

（3）避免在严重颠簸气流中飞行。如果飞行员感觉气流很颠簸时，应减少飞行速度，小心操作驾驶杆，防止过量操作。严重颠簸时应尽快选择备降场备降。

（4）如果身体有失重感觉，并且直升机又不受控制右滚转，不要试图侧向移动驾驶杆来修正滚转，而是应该立即向后带驾驶杆，适当上提总距杆，使过载增加，恢复直升机旋翼拉力，再向左修正偏差。

2. Mast Bumping 现象

Mast Bumping 现象是桨叶过度挥舞的产物。半刚度旋翼设计时要求桨叶挥舞有挥舞限动值，飞行中桨叶挥舞受到最大挥舞角的限制。如果桨叶挥舞超过设计的挥舞角限制，就会撞击桨毂轴（Mast）而产生 Mast Bumping 现象，如图 8-47 所示，甚至引起过度挥舞造成桨叶碰撞机身。Mast Bumping 现象与桨叶挥舞程度有关，随着每次挥舞，撞击主轴就会变得更为严重，旋翼轴受损或者旋翼系统从直升机脱落，导致旋翼系统失效。

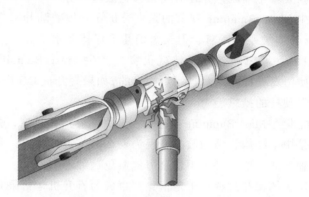

图 8-47　Mast Bumping 现象

Mast Bumping 现象分为明显与不明显两种情况，影响 Mast Bumping 现象的主要影响因素是：① 低过载操纵；② 快速、大驾驶量（特别是前飞状态）；③ 在径向或纵向 CG 限制范围边界处飞行；③ 大斜坡着陆运行。而侧飞或倒飞、侧滑飞行和桨叶失速对发生 Mast Bumping 现象的影响较小。

直升机平飞中的桨叶挥舞角小，大约为 2°。随着前飞速度增加，挥舞角稍微增加；在低转速、高密度高度、大总重以及遇到湍流情况时，也会引起挥舞角增加。如果操纵直升机侧滑飞行或极端 CG 位置的低速飞行可以减小挥舞角。

引发直升机发生 Mast Bumping 现象的情况包括：

（1）直升机在低 G 条件下进近着陆时，极可能发生过度挥舞。在飞行员操纵直升机高速越岭飞行等情况下，通常需要前推驾驶杆和/或减小总距杆，减小旋翼拉力，一般会引起低 G 飞行。在正常飞行中，所有受力都处在平衡状态。如果突然前推驾驶杆，旋翼就会卸载，旋翼拉力过度减小，引起直升机向右滚转，这是因为尾桨拉力不变，且尾桨拉力作用线高于直升机的纵轴。为了抵制直升机右滚，飞行员就要往左压杆，导致径向挥舞过度，引发 Mast Bumping 现象。飞行员从这种情况改出的方法，就是缓慢地后拉驾驶杆，恢复旋翼拉力，然后将驾驶杆放在中立位置，继续进行正常操纵。

（2）Mast Bumping 现象也可能发生在飞行员对发动机失效的不正确操纵。假设直升机正常巡航，桨盘和机身轻微前倾，旋翼轻微左倾，以抵制尾桨产生的拉力矩。当发动机失效时，转速、姿态和空速开始衰减，尾桨产生的拉力使机体往左偏航以及右滚，机体在侧滑影响下加重偏航。此刻，直升机形成新的姿态——机头下沉和左偏航，同时直升机往右滚。通常，飞行员往右蹬舵，往左压杆。驾驶杆的移动引起桨盘左倾后倒，会引发更大的挥舞

277

角，就会发生 Mast Bumping 现象，问题在于只抵制了直升机滚转，没有应对发动机失效。而正确的操纵反应是下放总距杆来保持恒定的转速，抵右舵保持直升机平衡，操纵直升机自转安全着陆。

（3）还有一种极可能发生 Mast Bumping 现象的情况，就是前飞中尾桨失效。在尾桨失效时刻，尾桨反作用力矩降为零，直升机开始往右偏航，同时直升机往左滚转。飞行员一般做出的反应是往右后移动驾驶杆，并蹬左舵，从而会引起桨盘往机身倾斜，快速增大桨叶挥舞，而引发 Mast Bumping 现象。从尾桨失效中改出的正确操纵方法是，立即减小发动机功率来减小力矩，这样就会减小偏航，并让时间来修正滚转趋势。

（4）最有可能发生 Mast Bumping 现象的是直升机在斜坡着陆和起飞。当直升机停靠在斜坡上，桨毂轴 Mast 与斜坡平面垂直，但桨盘仍几乎保持在水平方向。如果飞行员向上坡方向操纵驾驶杆，加上下坡风的外界条件就很容易产生 Mast Bumping 现象。此时 Mast Bumping 现象限制了使用驾驶杆操纵桨盘倾斜的目的，如果直升机 CG 横向达到极限位置（上坡侧）会进一步限制驾驶杆的操纵能力。

总而言之，直升机发生 Mast Bumping 现象时，旋翼桨叶挥舞过度，引发旋翼桨毂与桨毂轴相撞。如果桨毂轴是中空结构，结构破坏表现为要么是桨毂轴受损，要么严重破坏旋翼系统，引发桨毂与桨毂轴分离，所以必须不惜余力地避免这种现象发生。飞行员必须小心谨慎地操纵直升机，防止旋翼挥舞超过挥舞限定值，这也成为直升机运行限制的一个原因，这样就局限了直升机的飞行包线，降低了直升机的飞行性能。

8.6.4　受限区域运行

受限区域运行是指直升机的飞行路径受到地形或障碍物限制的运行方式。例如直升机飞行方向受到峡谷、城市街道、河道的限制，或飞行高度受到障碍物（树木、楼顶和屋顶等）高度的限制等。峡谷、公路、河道、楼顶等都属于受限区域。

在受限区域起飞，由于直升机不能通过向前运动获得瞬态升力效应，所以飞行员必须采用受限区域飞行技术，这是一种极端操纵方式。直升机应用最大功率，从低空悬停状态垂直上升。当越过低高度障碍物后，应该柔和地顶杆，将直升机从垂直上升状态转变为前飞状态。当直升机越过所有障碍物后，恢复到正常改平速度。

在受限区域着陆，首先要认真勘查一下着陆点情况，例如，着陆点的大小、形状、坡度、表面状况、周围障碍物等。在进近着陆初期，应尽量选择侧风进近，如图 8-48 所示。为了能保证安全越障，特别是尾桨越障，进近中下降角要比较小。而且，在越过一个障碍物后，要保持旋翼转速和具备一定的功率储备。

直升机在受限区域运行，要注意以下几点。第一点，也是最重要的一点，旋翼和障碍物之间有一定的安全余度，特别是尾桨部位，因为驾驶舱中的飞行员观察尾桨很不方便。第二点是低空中的电线很难被飞行员发现，所以起落架很容易挂到电线。起飞和着陆应尽量选择风中飞行，以获得最大空速和最小地速。

除了斜坡运行和受限区域运行以外，还有在松软场地运行等。例如在松软场地着陆，当双滑橇主管接地后，停止下放总距，驾驶杆修正位置，舵保持方向。禁止总距杆放到底，造成直升机倾斜和下沉。如在田垄地着陆应横跨田垄着陆，不得顺田垄着陆。

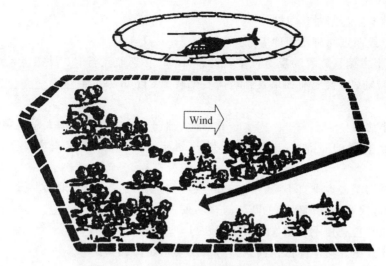

图 8-48　受限区域中直升机着陆路线

·复习思考题·

1. 用安全有效的方法在地面滑行时，直升机应＿＿＿＿＿＿＿。
   A. 在侧风条件下使用反扭转脚蹬修正飞机的偏移
   B. 使用总桨距操纵直升机的起动、滑行和停机
   C. 使用周期桨距操纵直升机的起动、滑行及停机

2. 下面对滑跑起飞的讲述中，正确的是＿＿＿＿＿＿＿。
   A. 滑跑起飞的一个优点是增加的空速可以迅速转化为高度
   B. 当总重或高度不能保证在标准悬停高度悬停时，便可使用滑跑起飞
   C. 如果直升机不能垂直起飞，就应该使用滑跑起飞

3. 以下内容是关于直升机滑行程序的描述，正确的是＿＿＿＿＿＿＿。
   A. 要避免突然急剧的操纵行为
   B. 周期桨距始终在中立位
   C. 周期桨距始终在中立稍后的位置

4. 用安全有效的方式在地面滑行时，应该使用周期桨距，其目的是＿＿＿＿＿＿＿。
   A. 在侧风条件下保持航向
   B. 在侧风条件下修正直升机的偏移
   C. 使直升机起动和停止

5. 对于从上方俯视旋翼为反时针旋转的直升机，在巡航飞行时，反扭矩系统失效，在着陆接地前如果直升机左偏，飞行员应采取＿＿＿＿＿＿＿措施才能使直升机对准跑道。
   A. 使用部分动力并向左压杆做滑跑着陆
   B. 做正常滑跑着陆
   C. 在接地前适当使用油门使机头右偏

6. 直升机垂直着陆方式按着陆接地姿态分为＿＿＿＿＿＿＿。
   A. 重着陆与轻着陆

B. 对称着陆与不对称着陆

C. 三点或四点同时接地的着陆

7. 对于从上方俯视旋翼为反时针旋转的直升机，在巡航飞行时，反扭矩系统失效并开始做有动力进近着陆，在接地前如果直升机向右偏转，飞行员应适当_____才能减弱机头右偏的趋势。

    A. 减小油门   B. 加大油门   C. 增大总桨距

8. 做接近垂直的带油门进近着陆到一划定区时，空速接近零，此时可能会发生_____。

    A. 带油门缓慢地垂直下降   B. 桨叶失速振动   C. 地面共振

9. 直升机起飞和着陆时吸入的灰尘过多将使涡轴发动机_____。

    A. 磨损严重，但不影响发动机的经济性

    B. 磨损严重，功率降低，而且易造成发动机超温或喘振

    C. 功率降低，但发动机不易进入喘振

10. 当按标准进近进入悬停时，使用周期桨距的主要目的是_____。

    A. 用正确方法收油门   B. 调整下降角   C. 保持航向

11. 对于从上方俯视旋翼为反时针旋转的直升机，在巡航飞行时，反扭矩系统失效，在着陆接地前如果直升机左偏，飞行员应采取（   ）措施才能使直升机对准跑道。

    A. 在接地前适当使用油门使机头右偏

    B. 使用部分动力并向左压杆做滑跑着陆

    C. 做正常滑跑着陆

12. 在滑跑着陆时应保持标准转速，其主要目的在于_____。

    A. 如直升机满载货物或在高高度时，保证有横、纵向操纵力矩

    B. 如果出现紧急情况，直升机能有足够升力

    C. 在直升机完全停止前，保证有足够的保持操纵方向的力

13. 直升机滑行分为哪 3 种？

14. 理解风对直升机接地飞行的影响。

15. 直升机起飞分为哪几种不同的起飞方式？

16. 理解直升机最大功率起飞方式。

17. 了解影响直升机起飞全重 AUW 的主要因素。

18. 理解直升机着陆目测原理以及影响因素。

19. 掌握直升机下滑消速原理。

20. 掌握直升机斜坡起降原理和方法。

21. 理解直升机斜坡动力翻滚知识点。

22. 掌握直升机低过载飞行和 Mast Bumping 现象。

第9章　特殊飞行状态

直升机飞行中会遇到一些危险的特殊飞行状态。如在外界风的作用下，或飞行员操纵不当，桨尖处会进入失速状态，会造成旋翼失速或尾桨失速；如果发动机空中停车，必须依靠旋翼自转来维持旋翼转速，以保持直升机飞行直至着陆。再者，通过旋翼的气流有时会形成一种特殊的流动，即涡环状态，这是直升机所特有的空气动力学现象，也是关系飞行安全的重要问题。

因此，为了保证飞行安全，飞行员必须理解直升机的特殊飞行状态，进一步掌握直升机失速理论和失速改出方法、旋翼自转的基本原理、自转下降和自转着陆的操纵方法、涡环状态和改出方法等。

9.1　旋翼失速

对于常规固定翼飞机而言，失速往往会在低速情况发生，机翼低速性能受到失速的限制。而对于直升机而言，情况恰恰相反，失速往往在高速的情况下发生，直升机的高速性能受到失速限制，被称为旋翼失速。旋翼失速现象包括前行桨叶失速和后行桨叶失速。在旋翼后行桨叶上会出现高迎角引起的动态失速，在前行桨叶上则会出现因为激波诱导前缘分离引起的激波失速，这都会影响直升机的性能和操纵。

9.1.1　动态失速

飞行器动态失速是非定常动态运动引起的在静态失速迎角后出现的一系列复杂失速迟滞气动现象。大多数情况下，动态失速将会引起气动力的突然波动，导致过大的结构载荷。动态失速现象在直升机旋翼上表现得尤为典型。直升机飞行中，旋翼始终处于动态运动状态，由于飞行员的操纵输入、旋翼的挥舞运动、涡流和气流分离的影响，造成旋翼桨叶迎角随时间和方位变化。在一定的飞行条件下，如直升机前飞中，旋翼桨叶迎角从前行一侧较小值变化到后行一侧较大值，旋翼将会出现动态失速。

动态失速是指翼型迎角或来流条件急剧变化，由附面层分离而带来的一种非定常流动现象。旋翼风洞实验证明，随着桨叶迎角的增加，在翼型上表面伴随有从前缘产生不断向后缘发展的动态失速涡，只要涡在翼型上方经过，升力就没有失速而是继续增加，翼型的最大升力也可以显著提高，产生明显的增升效应，如图 9-1 所示。

动态失速具有时变和动态的特性，引起迟滞效应和失速颤振现象。在迎角超过临界迎角后的短时间内，桨叶不会立刻发生失速，反而是升力系数继续增加，此时最大升力系数是静态情况下的近两倍。一旦动态失速涡离开翼型后缘流向下游，会伴随升力急剧下降、阻力迅速增大、低头俯仰力矩剧烈增大的失速或抖振现象。

在动态失速中，升力系数动态增量几乎与翼型形状无关，图 9-2 给出了几种直升机桨叶翼型的动态失速特性比较。

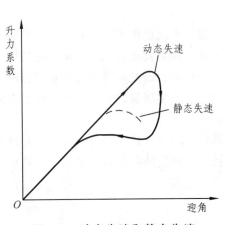

图 9-1 动态失速和静态失速

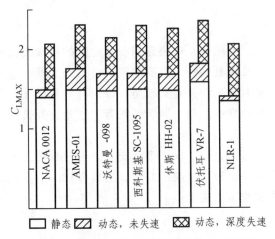

图 9-2 不同直升机翼型的动态失速特性

动态失速可以分成 3 个阶段。第一阶段，超过静态失速迎角后，在逆压梯度作用下，以及涡流和层流不稳定性，使气流延迟分离，见图 9-3 中 1 点。非定常运动减小了桨叶翼型的有效迎角，这是失速延迟的主要原因。第二阶段，从翼型前缘气流分离到涡流形成和发展，由于涡流停留在上翼面，会提供额外升力，见图 9-3 中 2 点和 3 点。在某些情况下，主要在低 M 数下，与静态最大升力相比，可以提高升力 50% ~ 100%。这个过程的升力系数斜率也得到提高，升力的增加也会产生低头力矩。然而，涡流是不稳定的，在来流的作用下涡流很快掠过翼面，这会使压力中心后移，产生很大的低头力矩，增加桨叶的扭转载荷。这是桨叶动态失速的不利特征。第三阶段，升力系数突然中断上升，这发生在高迎角下，当涡流经过翼型后缘，被吸进翼型的湍敛流中，上翼面气流发展成完全分离。在此阶段，升力突然丧失，压差阻力达到最大值，产生最大的低头力矩，见图 9-3 中 4 点。当翼型迎角重新减小到足够小值时，气流又重新附着在翼型上翼面，见图 9-3 中 5 点。

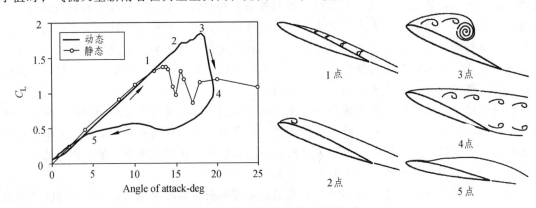

图 9-3 动态失速中的气流流动

从图中还可以看出，第一，气流从完全分离到重新吸附到上翼面，存在一个很大延迟。这说明动态失速使失速发生的起始时刻动态延迟了；第二，只要迎角重新低于静态失速迎角，气流才重新附着在上翼面上。这表明动态失速很难预测。当气流分离动态发生时，例如迎角小于 5°时，气流又会重新被完全吸附在上翼面。涡流是从翼型前缘开始脱离，向后缘流动，只要涡流停留在翼型上表面，就会产生更大的升力。这种失速延迟特点对直升机性能是有利的，并能拓展任务飞行包线。正是由于这个原因，直升机优于固定翼飞机，Juan de la Cierva 设计旋翼机的原因，就是考虑到旋翼机不会失速，而且比较安全。

动态失速与静态失速有本质的区别。动态失速的气动力变化与静态失速的不一样。动态失速情况下，气流分离和失速的发展与静态失速机制根本不同。静态失速是在叶素迎角超过临界迎角时发生；而动态失速是桨叶随着来流变化而产生的非稳定复杂的反应，当桨叶角随时间和方位变化时，或处在颠簸或垂直升降等非稳定飞行状态中，非定常气动效应会促使叶素迎角变化很大，极易引发动态失速。从某种程度上讲，动态失速使气流分离推迟，且失速迎角变大，这意味着直升机旋翼不会丢失过多升力。

总而言之，固定翼飞机只要迎角超过临界迎角就一定进入失速，即静态失速；而直升机还需要更大迎角（动态临界迎角）才进入动态失速，故桨叶发生动态失速时，迎角超过常规静态失速迎角。

进一步理解，动态失速现象一般发生在高速前飞和高桨盘载荷情况下的后行桨叶上；在中等速度高桨盘载荷下，桨叶旋转一周经历两个动态失速环（方位角为 250° 和 300° 附近）。一般在颠簸和急降运动中急剧周期变距时，很容易发生动态失速。动态失速限制了直升机的最大飞行速度和操纵性，影响直升机的飞行包线，其机动、高速、沙漠/山区的飞行能力也受限。因此，动态失速被认为是限制直升机前飞性能和高机动性的重要因素。

9.1.2　前行桨叶失速

直升机在前飞速度较大的情况下，或者操纵引起过载因数较大的情况下，虽然前行桨叶迎角小，但会发生激波分离，产生激波失速；而后行桨叶桨尖处在低 M 数下，若桨叶迎角会超过失速迎角，就会发生失速。

直升机在静风中悬停，旋翼桨叶各处的旋转速度是变化的，其大小与距离桨毂中心有关。桨盘内侧桨叶处的空速很小，甚至为零；随着旋转半径增加旋转空速变大，在桨尖部位经过最大周长，所以桨尖的旋转速度最大，如图 9-4 所示。

从图中可以看出，桨根处的空速接近零，而桨尖空速可高达 500 km/h。在靠近桨毂中心处，由于旋转速度很小，所以没有设置桨叶工作面。如果相对气流方向与桨叶旋转方向相反，则垂直流经桨叶前缘，此时的旋转速度就是空速。所以，直升机在静风中悬停时，旋翼前行桨叶和后行桨叶的空速相等。

由第 2 章可知，旋翼转速增加会使桨尖的升力成倍增加，因为桨叶升力与速度的平方成正比。并且，诱导阻力与速度的平方成正比，翼型阻力与速度的立方成正比，所以桨尖部位的诱导阻力和翼型阻力最大。为了减小翼型阻力和诱导阻力，采用的旧方法是削尖桨尖，而新方法是采用桨叶扭转，让桨根处的桨叶角大于桨尖处的桨叶角，即为负扭转。例如，桨叶扭转角为 8°，就是将桨根处的桨弦调整了 8°，此时桨尖就与旋转平面重合了。

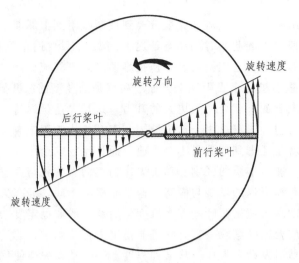

图 9-4　悬停状态的速度分布

当飞行状态发生改变，例如直升机处在前飞状态，受到飞行速度的影响，前飞产生新的相对气流，就是桨叶旋转所产生的相对气流与直升机前飞所引起的相对气流矢量之和，因此桨叶转到不同方位，相对气流速度大小和方向就不同，如图 9-5 所示为前飞状态的速度分布。

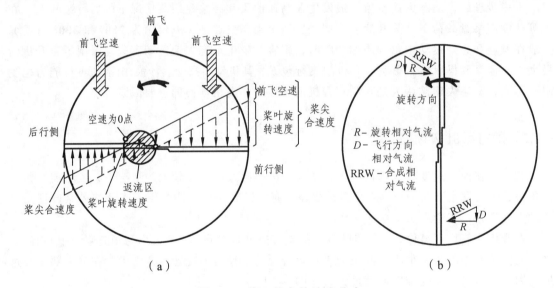

（a）　　　　　　　　　　　　　　　（b）

图 9-5　前飞状态的速度分布

前飞相对气流会改变其与桨叶前缘的正交性。桨叶旋转到机头方位的合成相对气流如图 9-5（b）所示，如果前飞速度很小，合成气流方向接近垂直于桨叶前缘，所以实际桨叶空速受前飞空速的影响很小。同样道理也可以应用于机尾方位。

如果旋翼转速固定，当直升机增加前飞空速，后行桨叶的合成空速越来越小，前行桨叶的合成空速越来越大。这是因为前行桨叶的合速度是桨叶旋转速度和前飞速度之和。当速度超过临界 M 数或音速后，桨叶翼面出现局部超音速区和局部激波，会使空气动力特性发生很大变化。在局部激波前的超音速区，压力降低；而在激波后，压力突然升高，逆压梯度增大，引起附面层分离。当激波增加到一定程度，发生严重气流分离，阻力系数急剧增大，升力迅速下降，进入激波失速状态。所以，前行桨叶的临界 M 数是产生激波失速的一个重要标志。

前行桨叶进入失速状态后，由于激波会作用在桨叶和机身上，从而产生振动，严重的话会造成机构破坏。由于临界 M 数和阻力发散是不可忽略的，所以空气压缩性和桨尖失速成为直升机性能所面临的重要挑战，是提升直升机性能的重大障碍。故前行桨叶失速是限制直升机前飞最大速度的因素之一。

9.1.3 后行桨叶失速

从本质上讲，后行桨叶失速与普通飞机机翼失速原因是一样的。当桨叶剖面迎角过大，超过了动态临界迎角，流过旋翼的气流，产生强烈的气流分离，出现了大量的涡流，旋翼拉力不但不增加，反而明显减小，同时旋转阻力急剧增加，便产生了旋翼失速现象。

直升机前飞时，在后行桨叶桨根处会产生返流区，返流区大小与前飞速度有关。图 9-5（a）中存在一个小圆圈区域（即返流区），此区域中相对气流从桨叶后缘流向前缘，在后行桨叶和圆形区域交点处空速为 0，但此点的旋转速度保持不变。

由于返流区中的桨叶部分不会产生旋翼所需要的拉力，因此需要增加桨叶迎角来满足要求。第 3 章中讲过，旋翼挥舞运动使桨叶旋转到后行侧时下挥。前飞中，前行桨叶的相对气流速度大，产生的拉力大，从而使桨叶向上挥舞，并产生向下的相对气流，使桨叶迎角减小；后行桨叶的相对气流速度小，产生的拉力小，而使桨叶向下挥舞，并产生向上的相对气流，而使桨叶迎角增大。

从图 9-6 中可以看到，在桨叶内侧 1 处的旋转速度较低，旋转相对气流和诱导气流（入流，下洗流）的合成气流引起迎角小于桨叶角。在桨叶外侧 2 处，由于旋转半径大，桨尖处的旋转速度变大，诱导气流影响到合成相对速度的大小和方向，在桨尖处的迎角较桨根处的大，所以最大迎角出现在桨尖部位。随着转速增加，桨尖处首先达到最大迎角进入失速。

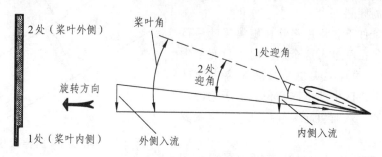

图 9-6 后行桨叶内外侧处的迎角

直升机的前飞速度越大，后行桨叶的迎角增加越多。另外，后行桨叶在向下挥舞过程中，向下挥舞的速度从桨根到桨尖是逐渐增大的，即桨尖向下挥舞的速度大，迎角增加也多，当前飞速度增大到一定速度时，首先发生桨尖失速。如果前飞速度继续增大，失速就会向桨根发展，失速区的范围就会扩大，如图 9-7 所示。

后行桨叶失速就是当后行桨叶桨尖部位迎角超过动态临界迎角，会向桨盘内侧发展，并产生俯仰和滚转运动，造成直升机性能和操纵性变差的现象。通过图 9-7 所示的桨叶剖面迎角分布来看，在约为 14° 迎角出现失速，图中阴影区就是失速区。后行桨叶桨尖的迎角最大，从返流区到旋翼外侧的迎角迅速增加，而前行侧的迎角保持在较低的范围。

大多数翼型的临界迎角为 12° ~ 20°，这取决于前缘半径和相对弯度。只有相对气流速度低时，桨叶翼型才能达到临界迎角。随着叶素相对气流速度的增加，临界迎角减小。桨叶扭转恰恰能弥补这个缺点，带有负扭转的桨叶，在桨尖上不会造成大迎角，所以在悬停状态下不用考虑桨叶失速。并且，扭转桨叶在空速大的情况下会延迟桨叶失速。由于桨叶扭转，桨尖在低迎角范围旋转，所以空气压缩效应减弱，临界 M 数增加。

沿桨叶展向的桨叶迎角分布很大程度上依赖旋转速度和诱导气流，直升机增加前飞空速，

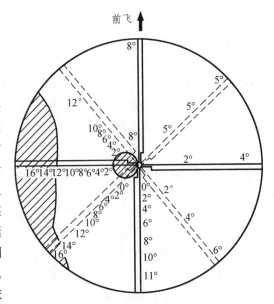

图 9-7　前飞状态的迎角分布

旋翼诱导气流增加，后行桨叶空速减小，如要保持后行侧桨叶升力就要增加迎角，当前飞空速增加某一速度时，即超过失速速度，后行桨叶桨尖部位开始出现失速点，很自然旋翼就进入失速状态。动态失速是发生在空速大的情况下，这时直升机的高速性能受到限制。也就是说，后行桨叶失速是限制直升机最大前飞速度的另一个因素。

后行桨叶进入失速状态后，前行侧和后行侧的桨叶拉力不对称，造成直升机向后行侧倾斜，即右旋旋翼直升机向左倾斜，由于旋翼进动作用，滚转运动滞后 90° 后出现在机头方位。带有铰外伸量的铰链会使机身尽量贴近桨毂旋转平面，如果旋翼安装在尾桨上方，则促使机头上仰或拉起。因此，后行桨叶失速造成直升机抬头，且向后行侧倾斜。

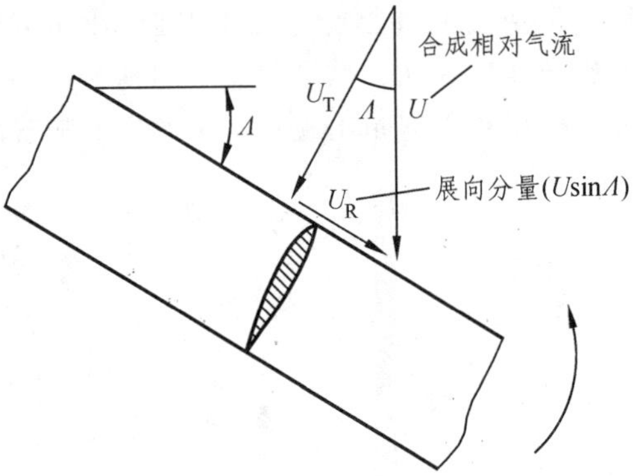

在给定的条件下，每片桨叶在旋翼桨叶后行侧进入失速区。在刚进入这个区域时，只有桨尖受到失速影响，并且桨尖也是最后脱离失速区的。桨叶经过失速区中的不同相位，由于桨叶所产生的阻力不同，从而引起桨叶振动，产生旋翼噪声。

图 9-8　后掠效应

桨叶后掠效应对桨尖失速有很大影响。图 9-8 中相对气流的展向分量就是后掠效应的表现。采用后掠角表示桨叶后掠程度。后掠角用符号 Λ 来表示，公式表示为

$$\Lambda = \tan^{-1}\left(\frac{U_R}{U_T}\right) = \tan^{-1}\left(\frac{\mu\cos\psi}{r + \mu\sin\psi}\right) \tag{9.1}$$

式中　U_R——合成气流的展向分量；
　　　U_T——合成气流的垂直分量。

后掠角大小与前进比和桨叶剖面处半径有关。相同的前进比，桨叶剖面处半径越大，后掠角越小。

当桨叶在大迎角情况下旋转，大的后掠角可以获得更大的升力系数，这是由于后掠效应促使层流展向流动，延缓气流分离。所以，后掠效应会推迟桨尖失速，使桨叶升力增加。从设计角度上考虑，带有后掠的锥形桨尖性能优于平直桨尖性能，现代直升机桨尖大多采用这种设计思路。

9.1.4　速度限制

目前，大部分直升机在距离地面 1 000 m 飞行高度以内的低空空域飞行。直升机的飞行速度记录为 Westland Lynx 直升机的 216 kt（400 km/h），大部分直升机的速度范围为 250 ~ 280 km/h。最大速度受到许多因素限制，这些因素包括桨尖速度、动态失速、振动、稳定性、最大输出扭矩、噪声等。

桨叶桨尖马赫数表达式为

$$M_T = \frac{V_T}{a} = \Omega R + V \cos \alpha_T \tag{9.2}$$

式中　Ω——旋转速度；

　　　R——半径；

　　　V——飞行速度；

　　　α_T——旋翼迎角。

公式表明，桨尖 M 数随着前飞速度、转速、旋翼半径增加而增加，也随着飞行高度增加而增加。

桨叶在相对速度一定的情况下，如果采取超临界翼型和低桨距，空气的压缩效应会减小。在临界 M 数之后的阻力发散 M 数处，由于产生阻力发散，故需要更多的功率，直升机会发生品质因数降低，振动加剧等现象。

前行桨叶的压缩效应和后行桨叶失速决定着旋翼的运行速度限制。前行桨叶在小迎角高速情况下旋转，速度要局限在亚音速或跨音速范围之内，最大值也只能靠近激波诱导气流分离边界。同时，后行桨叶在低 M 数情况下运行，但其最大迎角不能超过失速迎角。

旋翼设计的重点就是要最大化翼型的升力特性，同时缓解压缩效应和防止后行桨叶失速。通过分析前行和后行桨叶失速特性可知，当桨尖叶素的相对空速接近音速时，其迎角就要减小，如图 9-9 所示。

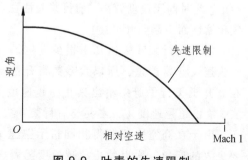

图 9-9　叶素的失速限制

直升机在较高的前飞速度下，随着周期变距，桨叶角成正弦周期变化，迎角变化比较复杂，图 9-10 给出桨尖迎角与相对气流速度的关系。从图中可以看出，迎角变化形状类似数字 8，其中位置 A 和 C 表示桨叶径向运动，而 B 和 D 表示桨叶的后行和前行位置。

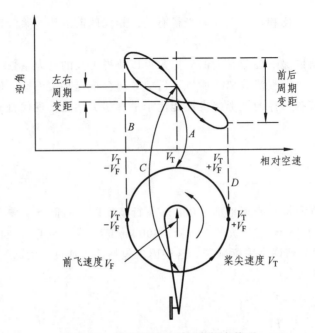

图 9-10　桨尖迎角与相对空速关系

如果将图 9-9 和图 9-10 结合起来分析，可以预测出桨叶失速时机，如图 9-11 所示。图 9-11(a)所示是相对空速接近最大空速情况，没有发生动态失速。图(b)表示后行桨叶失速，通常在重型直升机的后行桨叶上出现。这时，后行桨叶需要周期变距操纵，增大桨叶迎角，来消除升力不对称性。最大桨叶迎角大概出现在 285° 方位角，处在失速区中的桨叶长度最长。由于陀螺相位滞后的特点，在 285° 方位角的升力损失会引起旋翼抬头和滚转。如果这时操纵周期变距杆修正滚转，反而会加剧失速和失控。图(c)显示前行桨叶失速，通常发生在轻型直升机的平直前飞或俯冲飞行中，此时前飞速度较高，前行桨叶往往会由于空气压缩性而引起桨叶失速。

由于前行桨叶失速几乎很少发生，而后行桨叶失速又非常严重，所以大多数直升机制造商会在直升机飞行手册中给出禁止超越速度 V_{NE}。其实，禁止超越速度 V_{NE} 主要与后行桨叶失速有关。

由于在高空中要获得相同指示空速 IAS，需要更大的迎角，所以禁止超越速度随着压力高度增加而减小，如图 9-12 所示。也就是说，在高空飞行的直升机会提前遭受后行桨叶失速。进一步

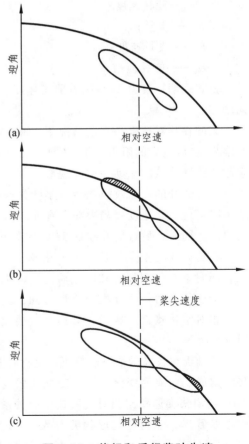

图 9-11　前行和后行桨叶失速

理解，在相同高度下，提高旋翼转速会延迟后行桨叶失速。

随着桨叶桨尖相对速度的增加，会产生振动、噪声、功率损失等问题，同时桨尖速度较低也会影响旋翼的自转特性。图 9-13 给出了桨尖速度的实用速度限制，其速度限制范围受制于噪声限制、压缩性限制、后退桨叶失速限制和发动机失效限制。一方面，前行桨叶相对空速要低于 $0.92M$，以避免产生大噪声和桨叶变形；另一方面，后行桨叶相对空速和前进比要低于 0.5，以避免返流区过大和后行桨叶失速。一般直升机的桨尖空速不超过 200 kt。总而言之，直升机速度永远受到前行桨叶压缩性限制和后行桨叶失速的限制。

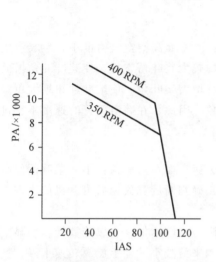

图 9-12　旋翼转速和压力高度对 V_{NE} 的影响

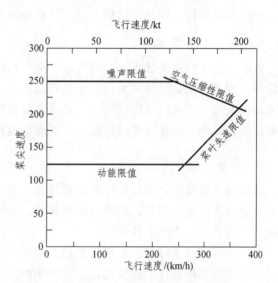

图 9-13　桨尖速度的限制

9.1.5　旋翼失速改出

前行桨叶失速和后行桨叶失速统称为旋翼失速。相对空速大，迎角超过临界迎角，以及在给定的空速下，桨叶载荷过大，都会引起桨叶失速。在低 M 数时，翼型前缘会失速；在高 M 数时，激波分离使桨叶前缘达到临界条件之前就失速了。旋翼失速后，直升机通常会有明显的振动，紧接着带有倾斜和抬头趋势。如果飞行员继续前推驾驶杆，而不减小总距，势必造成这种趋势加重，振动加剧和操纵变差。飞行员应及时意识到旋翼失速，根据失速原因并及时采取改出措施。

1. 旋翼失速的原因

1）飞行速度过大

飞行速度过大会使前行桨叶出现激波失速，后行桨叶出现超过临界迎角失速，此时旋翼失速也称为大速度失速。虽然直升机旋翼的桨叶有扭转角，会有利于推迟旋翼失速的发生，但并不是说旋翼不会失速。如果不注意旋翼失速的最大速度界限，就可能因为速度过大而产生旋翼失速现象。

2）上提总距杆过多过猛

在退出下滑时，如飞行员急于减小下降率，或在超载起飞所需功率很大时，稍不注意，飞行员就可能产生上提总距杆过多过猛，以致桨叶截面迎角过大，超过临界迎角，引起旋翼失速。旋翼桨叶截面迎角过大的原因有两种：

（1）上提总距杆过多。旋翼桨叶角增加也多，旋翼桨叶截面迎角就会过多增大。

（2）上提总距杆过猛。旋翼桨叶角增大很快，而发动机功率增加慢，不能满足旋翼转动的需要，使旋翼转速下降。另在直升机下降中，转速下降也会引起迎角增大。由此可见，在飞行中上提总距杆不能过多过猛，以免产生旋翼失速现象。

3）高空小速度飞行

若在高空飞行速度过小，会出现以下两种情况：一方面高空空气密度小，旋翼产生的拉力就小，为了得到足够的拉力，就要上提总距杆，用较大桨叶角飞行，使桨叶迎角增大。另一方面因速度小，飞行所需功率大，也需上提总距杆增大桨叶角，使桨叶迎角增大更多。这就可能使桨叶迎角超过临界迎角而发生旋翼失速现象。因此，在高空飞行时速度不宜过小。

2. 旋翼失速的现象

在某特定条件下，即使桨叶低速旋转也会发生失速；而在另一条件下，桨叶即使高速旋转也不会发生失速。要想正确处置旋翼失速，必须正确判断旋翼失速后直升机的表现。旋翼失速后，直升机会产生下述现象：

（1）旋翼转速下降。因旋翼失速后，桨叶旋转阻力急剧增加，所以旋翼转速明显下降。

（2）直升机掉高度。旋翼失速后，产生的拉力本来就减小，加上旋翼转速下降，使旋翼拉力减小更多，不能支持直升机重量，所以直升机掉高度。

（3）操纵性变差。飞行员操纵驾驶杆后，这时的操纵力矩是旋翼拉力方向改变后对重心所形成的力矩。旋翼失速后，拉力减小很多，操纵驾驶杆后，拉力对重心形成的力矩小，即操纵力矩小，所以操纵性变差。

（4）机体振动和倾斜。如果旋翼失速后，随着桨叶转到不同方位，旋翼时而失速，产生大量涡流；时而不失速，空气流动情况变化大，这种气流的剧烈变化，使旋翼和机体发生明显的非正常振动。轻型直升机的周期变距杆就会感觉到抖动，当失速很严重时，机身也会感觉到振动。

在前飞中，后行桨叶外侧需要更多升力来弥补内侧升力损失。在返流区中的升力损失是因为旋转速度小于前飞速度，相对气流从后缘流向前缘。而在失速阴影区中，如图9-7所示，旋转速度大于前飞速度，气流从前缘流向后缘，但如桨叶下挥不足以产生正迎角，后行桨叶拉力就会减小很多。旋翼失速后左右旋翼的拉力差会增大，使直升机向一侧倾斜。

旋翼失速与许多因素有关，如空速、转速、总重、温度、高度、载荷因数等。直升机前飞中，后行桨叶空速减小，其桨尖处的迎角增加，桨尖处的载荷也增加，过量的桨叶载荷会造成旋翼失速。所以，当直升机在大速度进近时，飞行员要提早考虑失速。快速转弯和急速拉起的飞行中，桨叶受到大的载荷因数，会出现严重的桨叶失速，并且失速改出比较困难。也就是说，不管是单一因素还是多种因素，只要产生大桨叶载荷，就会发生桨叶失速。一旦桨叶卸载，就会从失速中改出。

在平飞和巡航时，当小型直升机遇到桨叶失速，通常飞行员通过控制系统中提供的失速预警能觉察到旋翼失速。而大型、重型直升机采用对大载荷快速反应的伺服器，通过仪表显示来提供失速预警。

3．旋翼失速的改出

从设计角度上讲，改进桨叶翼型失速特性、减小机身阻力和减小桨叶载荷也可以缓解旋翼失速。为了避免旋翼失速，直升机的桨叶翼型应需要具备：① 高的最大升力系数，目的是降低实度和减轻重量，或可以在更高的旋翼拉力和操纵载荷因数下飞行；② 高的阻力发散 M 数，可以在大的前飞速度下飞行；③ 良好的升阻比，可以减低旋翼的翼型功率，减小自转下降率；④ 俯仰力矩低，这有助于减小桨叶扭矩，减小振动和控制载荷。

由于在大速度下发生旋翼失速很正常，在某些飞行情况下，飞行员必须比正常情况飞得慢些。当后行桨叶失速时，如果飞行员只仅仅向后拉杆，反而会加重失速。原因是向后拉杆会使直升机拉平，入流角减小，而增加迎角。当直升机出现抬头趋势时，飞行员稍微顶杆也会加重事态发展，因为顶杆会增加后行侧的桨叶角。所以飞行中，飞行员要准确判断是否进入旋翼失速，一旦发生旋翼失速，飞行员应及时沉着地操纵直升机改出失速。

既然后行桨叶失速是由于桨叶切面迎角过大，超过临界迎角而引起的，所以改出旋翼失速的方法，主要是适当下放总距杆，来迅速减小桨叶切面迎角。在转速下降时，应加油门制止旋翼转速下降和迎角增大。从理论上讲，增加旋翼转速是另一种失速改出方法，目的是减小返流区大小，从而减小桨叶迎角。但由于旋翼转速变化范围不大，从而限制失速改出方法的实际应用。

当旋翼出现严重失速，飞行员已失去控制。此时直升机会剧烈抬头且往旋翼后行侧倾斜（右旋旋翼为左侧），正确且为唯一改出的方法是，继续完成指示的改出程序，尽量缩短失速持续时间，重新获得操纵权。

总而言之，在桨叶载荷大（总重大）、低转速、高空飞行、大坡度盘旋、紊流等情况下，旋翼会很容易失速。改出旋翼失速的方法是：减小功率，下放总距杆；减小空速；减小操纵过载因数；增加转速到最大额定值。

9.2 自转状态

自转和涡环状态是直升机所特有的空气动力学现象，也是关系飞行安全的重要问题。自转状态是一种直升机降低高度的特殊飞行状态，发动机不再向旋翼提供动力，而是由气动力来驱动，这是直升机在发动机失效时能够安全着陆的方法。直升机进行自转状态飞行最常见的一个原因是发动机失效，但是在尾桨失效的情况下也可实施自转。

9.2.1 自转下降

直升机的上升和悬停等有动力飞行过程中，旋翼旋转动力来源于直升机发动机。当发动机失效或人为停车，此时单向离合器将旋翼系统与发动机脱开，允许旋翼自由旋转。在任何时候只要发动机转速小于旋翼转速，单向离合器就会与发动机脱开。此时直升机在下降过程中，利用旋翼原有的旋转动能和直升机所储备的势能，操纵直升机的垂直下降率达到规定值，旋翼不再需要发动机驱动而能够维持旋翼转速，其动力是来源于流过旋翼的气流，旋翼稳定旋转产生较大的拉力，保持直升机飞行直至缓冲接地，这种现象就是自转下降。

直升机的安全着陆能力取决于直升机自转性能和飞行员的驾驶技术水平。直升机本身必须具备自转下降能力才能通过型号合格审定。

直升机处在自转状态中，由于自身重力的作用，直升机下降高度，同时引发旋翼转动。然后，旋翼在迎面气流的作用下继续转动，并产生阻止直升机下降的阻力（也就是前面所讲的拉力），飞行员借助这个阻力，可以操纵直升机缓慢下降，安全着陆。也就是说，旋翼能够自转是由于直升机的下降运动所造成的。

竹蜻蜓从空中飘落下来，受到迎面气流的冲击产生下降的旋转运动，一边自动旋转，一边随风飘动，下降较为缓慢，还可以顺风飘得很远，如图 9-14 所示。直升机旋翼具有同样的特性。

空中的竹蜻蜓因为对抗风而产生自旋，这就是风车状态。虽然风车状态和自转现象相似，但风车状态大多指的是同时产生扭矩，而自转强调的是产生拉力，如图 9-15 所示。从本质上讲，旋翼自转产生的是扭矩还是拉力，取决于桨叶的桨叶角。

图 9-14 竹蜻蜓的自转下降

如果设置为适当的小正桨叶角，则指的是自转；而如果设定的为负桨叶角，则指的是风车状态。

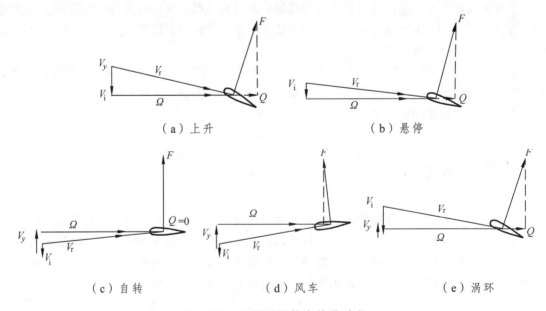

（a）上升　　　　　　　　　　　　（b）悬停

（c）自转　　　　　　　（d）风车　　　　　　　（e）涡环

图 9-15 不同飞行状态的桨叶角

在什么条件下，直升机的旋翼才会自转呢？以竹蜻蜓为例来说明，扭转角小的竹蜻蜓在下降中仍能按原方向旋转，转速减小不多，且下降得缓慢；扭转角大的竹蜻蜓，其转速迅速降低，下降也很快，最后旋转停止甚至转入反方向的旋转。直升机也是如此，其旋翼能顺利地自转并缓慢下降，桨叶也必须具有小的桨叶角。当直升机的垂直下降率达到某一值时，旋翼不再需要发动机驱动，而从气流中获得能量，维持恒定转速，此时旋翼产生较大的拉力，形成自转下降的飞行状态。

大部分直升机自转状态都带有前飞空速，但为了简化分析，下面首先分析无风情况下不带前飞速度的自转下降，如图 9-16 所示。

旋翼在发动机停车或人为关车后，在其旋转惯性作用下，虽然仍能沿原来方向继续旋转，但受旋翼阻力的作用，其转速和拉力会很快减小。在重力作用下，直升机开始下降高度。这时，旋翼的相对气流方向发生变化，桨叶相对气流合速度方向也发生了变化。作用在桨叶上的相对气流合速度 W 是旋翼转动下降而产生的相对气流速度 Ωr 和

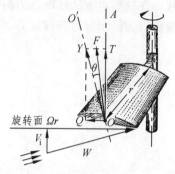

图 9-16　自转下降时的力矢量

V_i 相加而成。合成相对气流 W 吹向桨叶，在桨叶上产生桨叶升力 Y，总空气动力为 F，其方向为 OO'（垂直于旋转面），桨叶的来流角由正值变为负值，桨叶升力偏转一个性质角 θ。如果性质角小于 $O'OA$ 角，则引起桨叶升力 L 向旋转方向倾斜。这样，在旋转轴方向的分力 T 起到阻止直升机下降的作用，而其在旋转面内的分力 Q 却促使桨叶转动。这就是旋翼能在没有发动机动力的情况下，继续按原方向自转的原理。

随着直升机垂直下降率的增大，V_i 变大，桨叶的来流角负得更多，总空气动力更前倾，旋转阻力更小。下降率增大到某一数值时，总空气动力垂直于旋转平面，旋转阻力为零，如图 9-15（c）所示。桨叶桨距大，旋翼旋转速度小；桨距小，转速大。只有桨距合适时才能稳定自转。在自下而上的相对气流作用下，旋翼保持稳定旋转，这就是旋翼自转的原因。

所以，发动机一旦停车后，飞行员首先迅速将总距杆放到底，以便旋翼进入自转。如放总距杆过迟，或桨距过大，旋翼转速就会很快减小，甚至有可能停转，造成飞行事故。

在垂直自转下降过程中，如图 9-17 所示，将桨盘分为 3 个区：

（1）制动区：靠近桨尖，约占 30% 旋翼半径。气动合力方向偏向旋翼旋转轴后侧，产生的阻力减缓桨叶的旋转。

（2）驱动区：也叫自转区，处在 25% 到 70% 旋翼半径之间。气动合力方向偏向旋翼旋转轴前侧，其分量提供驱动力，使旋翼加速旋转。

（3）失速区：靠近旋翼轴的内侧区域，约占 25% 旋翼半径。此区域的桨叶角超过临界迎角，产生的阻力使桨叶旋转减慢。

以前章节分析过，由于靠近桨根的相对气流速度小，速度往桨尖方向增加，在靠近桨尖的相对气流速度最大。当入流自上而下流过旋翼，与旋转相对气流合成，沿着桨

图 9-17　桨盘分区

叶每一点上产生不同的合成气流，从而产生不同的气动合力。图 9-18 给出了桨叶的制动区 A、驱动区 B 和失速区 C，以及 3 个区的叶素受力情况。

在制动区 A 中，在旋转平面上产生一个制动力。因为气动合力偏向旋翼旋转轴后侧，结果产生的阻力阻碍旋翼旋转。虽然在这个区域也产生升力，但升力在旋转面上的分力也会继

续减缓旋翼旋转。制动区的大小与桨距调定、下降率和旋翼转速有关。

在制动区和驱动区之间存在平衡区，其实就是一些点连成的曲线，见图 9-18 中 D 和 E 曲线。在这些点上，气动合力与旋翼旋转轴方向一致。虽然也存在升力和阻力，但不存在影响旋翼转速的加速力和减速力。

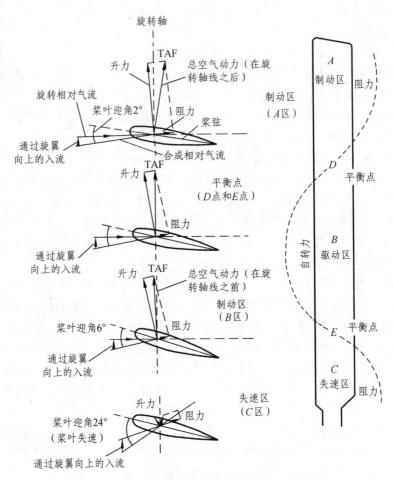

图 9-18　垂直自转下降中桨叶的受力情况

在驱动区 B 中，直升机自转可以产生驱动桨叶旋转的作用力。此时，气动合力偏向旋翼旋转轴前侧，从而产生一个连续加速力。驱动区大小与桨距调定、下降率和旋翼转速有关。

可以看出，如桨距过小，下降率大，桨叶的负来流角大，桨叶总空气动力方向前倾，在旋转平面的分力指向翼型前缘，扭矩增加，旋翼转速增加；如桨距大，桨叶总空气动力在旋转平面的分力指向翼型后缘，当桨距增加超过最大桨距，旋翼转速减小；只有当桨距适当，桨叶总空气动力在旋转平面的分力等于零，旋翼才能稳定自转。当桨叶有正桨叶角时，可以存在自转平衡状态。

整片旋翼桨叶处在自转平衡状态中，可以采用另一方式来理解，如图 9-19（a）所示，升力垂直于合成相对气流，其方向位于垂直参考线前侧。处在约 2/3 桨叶处翼型受到阻力分量 D_1 和合力 F_1 的作用，而靠近桨尖外侧约 1/3 桨叶处的旋转速度很大，产生很大阻力，在

图中用虚线矢量 D_2 来表示，其合力为虚线 F_2，矢量方向偏移到垂直参考线后侧。这两个合力 F_1 和 F_2 在旋转方向的分力为自转力和自转反力，如图 9-19（b）所示。在任何旋转的旋翼系统中，都存在自转和反自转力。当所有作用力包括自转力和反自转力都得到平衡，旋翼就处在自转平衡状态。

所以，飞行员可以控制驱动区、制动区和失速区大小来保证自转转速大小。当上提总距杆，所有区域的桨叶角增加，导致平衡区 D 向桨尖移动，制动区 A 减小，失速区 C 变大。当驱动区 B 中的加速力平衡于制动区和失速区的减速力之和，旋翼获得固定转速。当继续上提总距杆，桨叶总阻力增加，转速下降，如果旋翼转速低于操纵限制转速，直升机就会发生灾难性后果。

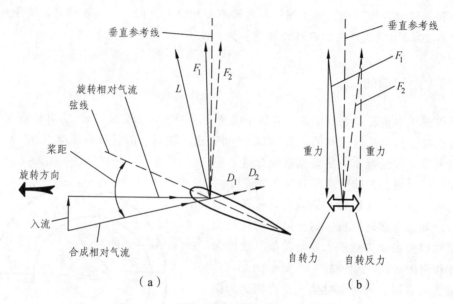

图 9-19　自转平衡状态下的受力分析

9.2.2　自转范围曲线

从旋翼自转下降中的叶素受力情况分析中，可以看出：当桨叶角大于迎角与性质角之差，即 $\varphi > (\alpha - \theta)$ 时，旋转阻力为正，旋翼减速旋转；$\varphi < (\alpha - \theta)$ 时，旋转阻力为负，旋翼加速旋转；$\varphi = (\alpha - \theta)$ 时，旋转阻力为零，旋翼稳定旋转。

只要知道翼型的极曲线，由翼型极曲线就可得出每一个桨叶迎角 α 所对应的性质角 θ。这样，就可算出每一个桨叶迎角 α 所对应的 $(\alpha - \theta)$ 角，再画出桨叶翼型的 $(\alpha - \theta)$ 角与桨叶迎角 α 的关系曲线，如图 9-20 所示，此曲线称为该翼型的自转范围曲线。

如果以某桨距值通过纵坐标画一条平行于

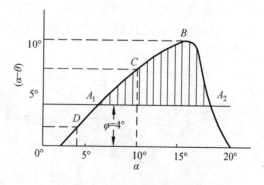

图 9-20　旋翼自转范围曲线

横坐标的直线，如图 9-20 所示，这样，当桨叶以同一桨距 φ 而以不同的迎角工作时，就可以确定何处是加速旋转，何处是减速旋转，何处是稳定旋转。

从图 9-20 中的曲线可以看出，当桨距 φ 为 4° 时，桨叶以 7° 迎角旋转，则 $\varphi=(\alpha-\theta)$，旋翼保持稳定自转，见图中的 A_1 点；如桨叶以小于 7° 迎角旋转，则 $\varphi>(\alpha-\theta)$，旋翼减速旋转，见图中的 D 点；若桨叶以大于 7° 迎角旋转，则 $\varphi<(\alpha-\theta)$，旋翼加速旋转，见图中的 C 点。图中 B 点所对应的迎角为临界迎角，此时的 $(\alpha-\theta)$ 为极限值，保持此桨距工作，旋翼还能以最小转速做稳定旋转。如果桨距 φ 高于极限值，无论桨叶保持什么迎角，旋翼都会减速旋转，甚至反转。

旋翼转速的大小还与高度有关。在其他条件不变的情况下，高度升高，空气密度减小，旋翼拉力和旋转阻力均减小，为了保持自转转速在规定的范围内，高度越高，桨距也相应地增大。贝尔 206BⅢ型直升机的自转转速范围为 90% ~ 107%。

9.2.3　前飞中的自转

直升机前飞中自转与无风中垂直自转下降所产生的自转力方式一样,直升机前飞过程中,前飞速度改变了向上流过旋翼的入流,驱动区和失速区往桨盘的后行侧移动,如图 9-21 所示。

由于前行侧桨叶迎角减小，更多桨叶部分进入驱动区，而在后行侧，桨叶更多部分进入失速区。

自转可以分为 3 个阶段：进入自转阶段、稳定下降阶段和加速接地阶段。每个阶段的气动力不同，发动机失去动力后进入自转阶段，表现为转速下降和失去平衡。图 9-22（a）显示的是直升机高速前飞示意图，此时桨叶微元受力情况如图 9-22（b）所示。在平常工作状态下，直升机大迎角运行时，由于旋翼吸入空气向下排出而产生升力 L，发动机提供的动力克服阻力 D，升阻气动合力 F 指向后上方。但如果当发动机动力消失，直升机想保持既定速度前飞，桨叶就需要调定为高桨距，此时升阻合力才能偏向垂直参考线后侧，

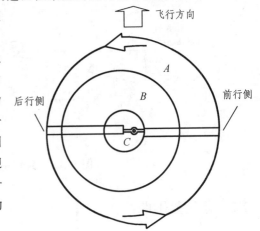

图 9-21　前飞中的桨盘分区

并产生自转反力使旋翼减速，甚至降到运行速度范围以下。

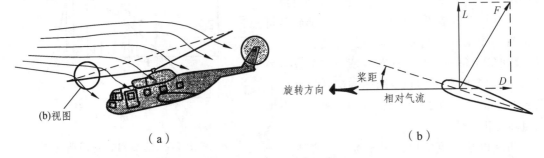

（a）　　　　　　　　　　　（b）

图 9-22　高速前飞示意图

如果直升机的总距调定得比较高时，发动机停车进入自转后，旋翼转速下降比较快。在仅仅几秒钟后，转速就接近最低安全边界，直升机会产生危险的后果。为了阻止这种情况，飞行员必须快速下放总距杆，目的是减小阻力，同时让气动合力前倾。

如果总距杆已下放，但直升机还没有开始下降的阶段为稳定下降阶段。在图 9-23 中显示的是发动机失去动力，总距杆已下放到桨距最小位置的情况。在这个阶段，直升机从有动力飞行转变到无动力自转过程，升力和阻力都减小，气动合力更加前倾。这是因为升阻合力不仅大小发生了变化，而且方向也改变了，更接近垂直参考线。

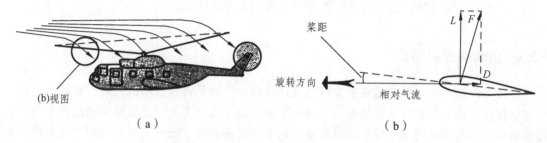

图 9-23　无动力低桨距前飞示意图

直升机以某一前飞空速自转下降，如图 9-24 所示。相对气流（入流）向上吹过旋翼，结合旋转相对气流，改变桨距使其变大，随之升力增加，气动合力也增加，同时方向向前倾斜，直到达到平衡。此时升力值比刚刚下放总距杆和自转前的都要大，升力方向向前倾斜，使自转力大小增加。下降率和转速处于稳定后，直升机以固定桨叶角下降，最终旋翼转速稳定地接近自转转速，此时，旋翼自转转速比正常运行转速高一些。

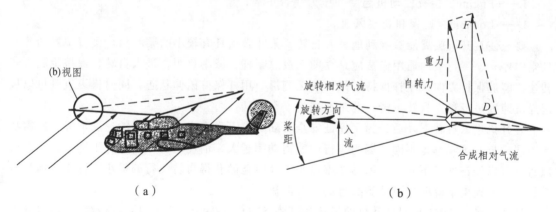

图 9-24　自转下降示意图

从操作方面上讲，发动机动力一旦消失，飞行员就要下放总距杆，目的是减小升力，更重要的是减小阻力。阻力的减小改变了升阻合力方向，使之更接近于垂直参考线。为了成功地自转着陆，在直升机接地前，根据直升机机型和总重，飞行员必须减小空速和下降率。通过向后移动驾驶杆，改变空气流以增加桨叶的迎角，结果增加旋翼拉力，从而使下降率减小。气动合力增加使转速增加，由此增加的桨叶动能也有助于缓冲接地。

综上所述，直升机前飞中自转下降接地的操纵方式为：下放总距杆，进入自转下降；后拉驾驶杆，让前飞速度减小到安全接地速度；当直升机处在着陆高度，以适当的空速下降，使旋翼转速稳定地靠近自转转速；当直升机距离地面越来越近时，后拉驾驶杆，由此拉平旋翼；最后操纵总距杆让直升机缓冲接地。

在下列情况下，直升机应做自转飞行：

（1）发动机发生故障，如空中停车或因发动机振动太大而被迫关车，飞行员应以自转飞行方式来寻找迫降地点。

（2）尾桨由于某种原因失效，不能平衡反扭矩，此时，为了安全着陆，飞行员应关闭发动机，进入自转飞行并着陆。

（3）直升机需徒降，为快速下降高度而不致陷入涡环状态。

9.2.4　自转的操纵特点

自转飞行是一种基本且很重要的应急程序飞行，特别是遇到发动机失效，要求飞行员具有在非常规条件下驾驶直升机的能力。自转下降是属于无动力飞行，虽然发动机没有给旋翼提供动力，但直升机仍在飞行，这时气流是向上流过旋翼的，而有动力飞行时气流是经由旋翼从上向下排压。为了保证自转飞行安全，直升机仍要有足够的可操纵性，飞行手册会给出以最小下降率自转所推荐的空速和旋翼转速。

在执行自转下降飞行训练之前，要进行自转前的检查，即 HASEL 规则：

H——Height，足够高度用于训练；

A——Area，选择理想的着陆点；

S——Security，系上安全带保证安全；

E——Engine，检查发动机温度和压力是否正常；

L——Lookout，巡视和观察风速。

要想使直升机旋翼能够顺利地进入自转，桨叶必须具有较小的桨叶角。飞行中发动机一旦空中停车，飞行员的通用做法应是立即下放总距杆，减小总距，进入自转，保持旋翼自转转速，蹬舵保持方向，压杆保持不倾斜和无侧滑，用杆保持俯仰状态，同时操纵直升机以接近经济速度进行稳定自转下滑，并迅速选场安全着陆。

直升机进入自转下降后，为了保证安全着陆要求下降率小。用不同的速度下降，所需功率不同，自转下降率也不同。因为飞行中所需功率越大，消耗的功率越多，下降率越大，所以直升机以经济速度下降时，所需功率最小，此时能够获得自转飞行的最小下降率。如果直升机以有利速度下降时，可获得最远的下降距离。

例如，贝尔 206BⅢ型直升机的经济速度为 52 kt（约 96 km/h），用经济速度下滑时的下降率为 1 800 ft/min（约 9 m/s）。有利速度为 69 kt（约 127 km/h）。用有利速度下滑，其下滑角最小（约为 14°），下滑距离最长（高距比约 1:4）。

自转下降分为 3 种形式：自转下降到复飞、自转下降到着陆、巡航中自转下降。

1. 自转下降到复飞

一旦结束自转前的 HASEL 检查，就可以准备让直升机进入自转下降飞行。选择一个下面区域无障碍物的高度，空速保持在正常巡航速度，让直升机平直飞行，准备进入自转下降，如图 9-25 所示。

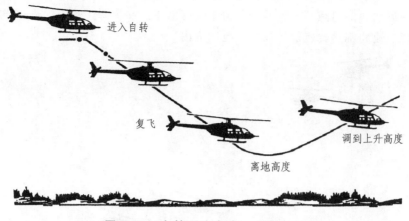

图 9-25 自转下降方式一（高空）

首先下放总距杆到底，确保旋翼转速没有超过限制，缓慢平稳地关闭油门。这些动作一定要平稳，以便能预测到低头的俯仰力矩，否则就要向后移动驾驶杆制止，同时，利用脚蹬来保持直升机水平姿态。直升机开始下降，用驾驶杆把空速从巡航速度减低到最小下降率速度。驾驶杆控制航向和空速，总距杆控制旋翼转速。

最后从自转下降转入复飞，由无动力飞行转为有动力飞行。此时，平稳地加油门，时时准备上提总距杆来防止旋翼超速。然后上提总距杆设定爬升功率，同时调节周期变距杆来获得最佳爬升率。在从自转下降到动力驱动飞行的整个过程中，需要用脚蹬来保持直升机协调飞行。

高空中自转下降的操纵特点总结为：

（1）进入：下放总距杆，关油门到慢车，同时修正偏航，带杆修正高度。

（2）自转下降中：检查旋翼转速、空速，保持协调飞行。

（3）复飞：打开油门，上提总距杆，设定上升功率，直到到达上升高度。

2．自转下降到着陆

以旋翼自转状态着陆，是直升机应当具备的特殊性能。着陆过程是不断减小前进速度和垂直下降分速的过程。在接地前，前进速度越小，则滑跑距离越短；垂直下降分速越小，起落架的过载越小。

在自转飞行中，发动机已停车，飞行员的操纵必须尽可能地释放直升机所储备的能量。如果直升机的前进速度较大，可操纵直升机使旋翼桨盘后倒，吸收直升机的前进动能，增加旋翼的向后分力及向上的分力，从而减小前进分速及垂直下降分速。如果旋翼的旋转动能较大，在接地之前可操纵总距杆使旋翼瞬时增加桨距，吸收旋翼的旋转动能，大大增加旋翼拉力，从而减小垂直下降分速。

因此，直升机发动机空中意外停车，若前飞速度较大，采用"桨盘后倒"方式着陆；若离地高度较高，采用"瞬时增距"方式着陆。根据具体情况，飞行员通常采用"桨盘后倒"和"瞬时增距"的综合方式着陆。

直升机以旋翼自转下降能安全平稳地着陆，首先要确保所在高度足够，如图 9-26 所示。然后平稳地下放总距杆，将油门调到慢车状态。调整驾驶杆来获得最小下降率速度，并对由于总距产生的偏航和油门减小产生的抬头力矩进行修正。在下降过程中，进一步调整驾驶杆和总距杆，使空速和旋翼转速保持在规定范围之内。

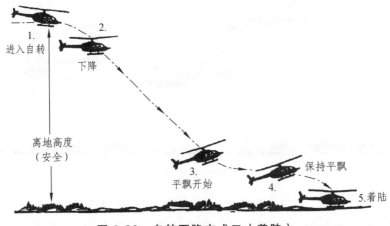

图 9-26　自转下降方式二（着陆）

在接近拉平高度（拉平高度与机型有关），开始拉平。目的有 3 个方面：减小前飞速度、减小下降率和增加旋翼转速。通过带杆开始拉平，用脚蹬保持平飞。

保持拉平直到速度减小到满足着陆要求。注意，直升机必须保持水平姿态，因为着陆时头高尾低的姿态会伤到直升机。前推驾驶杆太多会造成直升机以低头姿态着陆，会引起直升机再次加速，接地速度大，地面滑跑距离长。直升机在接地前会摇晃，可以利用脚蹬来保持直线着陆。

最后使直升机能缓冲接地，再拉平高度，如果直升机开始垂直下降，必须利用总距杆制动垂直下降，用脚蹬保持航向，保持驾驶杆在中立位置，或稍微靠前。防止直升机的摇晃进一步发展。一旦摇晃停止，下放总距杆到底，脚蹬在中立位。所以，做好旋翼自转着陆中的拉平接地，关键是掌握好拉杆的高度和上提桨距杆的时机。

例如，Bell206BⅢ型直升机，在保持 52～60 kt 速度自转下滑后，当高度下降到 60～80 ft，开始柔和地向后拉杆，增大旋翼迎角和锥体的后倾量，减小飞行速度，把直升机的运动动能转化为旋翼的旋转动能，增大旋翼拉力，减小下降率，使直升机在 15～10 ft 高度上以一定仰角接近平飘减速，然后再向前稳杆，继续下降高度。在高度至 3～6 ft 时，根据下降快慢协调一致地上提总距杆，并向前顶杆，使滑橇与道面平行，用舵保持方向。接地后，把总距杆柔和地放到底。

实践表明，做自转着陆时必须注意：

（1）直升机进入接近平飘减速的高度不能低，仰角不能过大，防止打尾桨。

（2）在开始拉杆减小前进速度和下降率的过程中，不能上提桨距杆，桨距杆上提过早或动作粗猛，必然造成重接地。

（3）尽量逆风接地，接地时不要带侧滑。

（4）在重量重和气温高的情况下，下降率增大，注意掌握拉杆时机。

3．巡航中自转下降

直升机为了达到最小下降率进行自转下降，一般按照推荐速度来操纵直升机。然而，在紧急情况下，按照这个空速直升机不会降落到指定地点。在实际紧急条件下，为了着陆到指定地点，直升机必须不断变化空速、飞行方向或转弯。例如，如果着陆点设置在树木茂盛的树林中，需要不断调整直升机，进行大量的操纵才能安全地到达这个着陆点。所以在自转飞行中，需要充分利用直升机的自转飞行性能。

巡航中自转下降，可以根据选择的着陆点进行航程自转下降，例如最大航程自转下降。许多直升机制造厂商在飞行手册中给出最大航程自转速度。在空中，应按照 HASEL 规则检查并确认选择的着陆点，如图 9-27 所示。

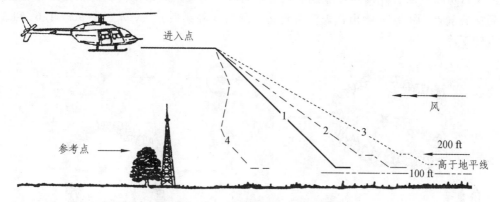

图 9-27　不同航程的自转下降

最大航程自转下降的操纵方法：

（1）从巡航速度进入盘旋，平稳调整油门到慢车状态，下放总距杆。

（2）调整驾驶杆，设定空速为最大航程，利用脚蹬保持平衡。

（3）时时检查旋翼转速，特别在转弯时，调整总距杆以保持旋翼转速在规定范围之内。

（4）始终保持航程速度直到确定着陆点，然后减小空速到最小下降率速度。

（5）然后，拉平保持水平姿态，最后着陆接地。

如果需要减小航程来进行自转下降，可以采取减小空速和转弯飞行两种方法。

1）减小空速

当直升机进入自转后，后拉驾驶杆减小空速。这种方法的优点是便于辨认着陆点。旋翼在低速旋转时，可以允许地速为负值，但决不允许空速为负值，所以要确信直升机保持某一指示空速飞行。在空速为零时也能执行自转，但下降率会增加很快，并产生偏转，直升机变得难以控制。

在这种类型的自转中，其下降率比以最小下降率速度的要大得多。到达指定接地点，就要增加空速，来获得最小下降率，这很重要。即严格遵循 $H\text{-}V$ 图来操纵，保证空速增加到最小下降率速度。

2）转弯飞行

另一种方法是通过转弯来缩短航程。直升机转弯会增加桨盘载荷，使旋翼转速快速增加。但要保证旋翼转速不要超过限制，必要时稍微上提总距杆来防止旋转超速。虽然转弯会缩短自转航程，但也会大大增加下降率。直升机离着陆点一定距离时，例如图 9-28 中 A 点，就要转入正常飞行，准备着陆。

图 9-28　通过转弯来缩短航程

当飞行员在判断直升机到理想接地点的距离时，也要判断采用何种操纵方式能让直升机安全到达着陆点。图 9-29 给出代表转弯自转下降的 3 种典型方式，分别是 90°、180° 和 360° 转弯自转下降。

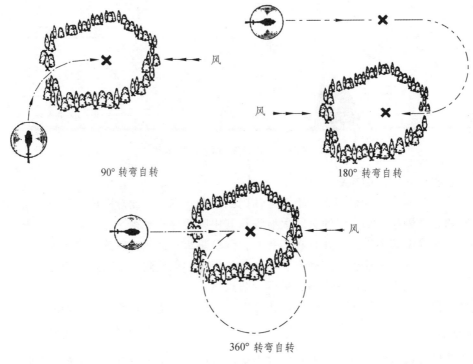

90° 转弯自转　　　　　　　　　180° 转弯自转

360° 转弯自转

图 9-29　转弯自转下降

在某一高度和速度范围内飞行时，如果发动机停车，飞行员来不及操纵直升机进入旋翼稳定自转下降，直升机就会以很大的下降率接地，危及飞行安全，所以就要根据直升机的高度-速度图（H-V 图）来进行操纵。H-V 图在第 6 章中讲解过，这里主要分析 Bell206BⅢ 直升机自转中的高度和速度关系。

图 9-30 所示为给定装载重量的直升机在水平光滑、坚硬地面上飞行的高度-速度关系，即 H-V 图，纵坐标表示高度（H），横坐标表示飞行速度（V）。图中回避区的上限是按转入最佳稳定自转所掉的高度而定的，在飞行速度为零时，上限最高，随着飞行速度的增加，相对而言直升机更容易进入自转飞行，因而上限减低。回避区的下限是按下降率及起落架的承载能力而定的，在悬停时下限最低，随着飞行速度增加，因为有前进动能可利用，所以下限提高。回避区不仅适用于发动机停车，也适用于尾桨失效。因为此时即使发动机能够提供足够

的功率，也必须使直升机进入自转飞行，以消除旋翼的反扭矩。

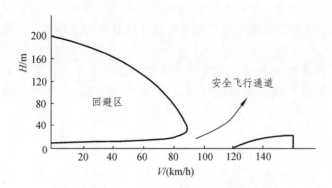

图 9-30　Bell206BⅢ 的 *H-V* 图

由于直升机从发动机停车过渡到最佳稳定自转状态需要一定时间，故而会损失高度。所以在回避区内飞行，发动机停车后，飞行员来不及操纵直升机进入以接近经济速度做旋翼稳定自转下滑，直升机就会以较大的速度触地，危及飞行安全。所以，除特殊情况外，一般不要在回避区内飞行。

以接近经济速度飞行，就不存在回避区了。因为用接近经济速度飞行，进入旋翼稳定自转下滑比较容易。所以，在 *H-V* 曲线上，回避区的高度范围随飞行速度的增大而降低。

大速度低高度飞行也是危险的。因为如果此时发动机停车，飞行员来不及反应并采取适当的操纵动作，直升机就会撞地，起落装置受地面的撞击力过大而遭损坏，还有可能冲出跑道，或因地面不平而翻倒。

针对 Bell206BⅢ 直升机而言，在 400 ft 以上高度悬停或用其他速度飞行，发动机停车后，可以操纵直升机进入以接近经济速度做旋翼稳定自转下滑，获得较小的下降率。在 10 ft 以下高度悬停和不大于 40 kt 速度飞行是安全的。这并不是说发动机停车后，就来得及进入以接近经济速度做旋翼自转下滑，而是说在直升机接地前，上提总距杆，利用旋翼旋转动能来增大旋翼的拉力，减小下降率，使直升机轻盈接地。

最后需要指出的是，直升机的自转飞行和自转着陆并非仅仅限于发生意外事故，有时为了快速地沿陡下滑线下滑着陆，也采取自转飞行以避免陷入涡环状态。

由于直升机具有自转下降性能，而且能够在着陆前通过"瞬时增距"，利用旋翼所储备的旋转动能来操纵直升机，因而，当直升机一旦发生空中停车故障而需要迫降时，可以在很大范围内调整下降角，着陆后可以不需要或只需要很短的滑跑距离就能停下来。从这个意义上讲，直升机的着陆安全性比固定翼飞机要好，因为后者要求有足够长而平坦的迫降场，而这种场地并不是随处可以找到的。

9.3　涡环状态

直升机做垂直下降或以小空速飞行时，如果下降率较大，向上气流会阻碍滑流运动，其中一部分空气重新吸入旋翼中，这种现象描述了一种特殊的气动条件，即为涡环状态。涡环状态出现后，将会造成气流分离、低频振动、挥舞过度、周期变距的控制余度减小、产生额外噪声以及升力减小等现象，此时驾驶杆操纵功效下降，或者根本没有操纵功效，这是一种危险的现象。显然，飞行员要提早发现涡环症候并能有效安全地改出，避免出现这种危险的飞行状态。

直升机处在涡环状态中飞行，此时发动机仍然处在工作中，即使飞行员采用发动机全功率，直升机仍然保持下沉，所以也可以采用"大功率下沉"这个术语来描述这种特殊飞行状态。

9.3.1 涡环的形成

直升机下降中，一方面，旋翼将锥体上面的空气吸入排压后向下流去；另一方面，直升机的相对气流自下而上流向桨盘。两个相反方向的气流相遇，由于旋翼上下面有压力差，在旋翼边缘上就有少部分空气从旋翼下面高压区绕过桨尖，自下而上地向旋翼上面低压区流动。这样，有一部分空气被重新吸入和排出，通过旋翼多次循环，就形成了涡流，即桨尖涡流，类似于普通固定翼飞机的翼尖涡现象。此时可以看出，涡环就是强化的桨尖涡流。桨尖涡流是形成涡环状态的内因，而直升机的垂直下降则是形成涡环状态的外因。

当直升机从悬停状态［见图 9-31（a）］转入垂直下降时，如果下降率增大并超过一定值，桨尖涡流会逐渐扩大而发展成为涡环状态。直升机垂直下降引起的向上相对气流与旋翼向下排压的气流相遇，迫使一部分气流绕过旋翼锥体的边缘向上流动，如图 9-31（b）所示。因为旋翼上面的空气压力比大气压力低，向上流动的这部分空气重新被吸入旋翼锥体中，又被旋翼排向下方，这样就使原来的涡流区扩大，从而形成如图 9-31（c）所示的涡环。也就是说，有部分空气被往复吸入和排出，故发动机要多消耗一部分功率，直升机也变得不易操作。

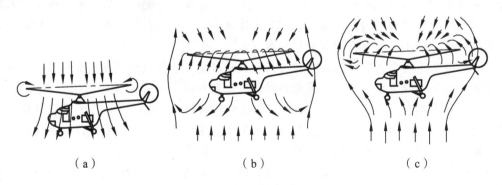

| （a） | （b） | （c） |

图 9-31　涡环状态的形成

只有当下降率增大到一定程度以后才可能出现涡环状态，涡环的形成与直升机的下降率有关系。如果下降率较小，旋翼向下排压空气的流动速度较大，直升机下降的相对气流速度较小，这两股气流相遇，其主流还是向下运动，空气绕过旋翼锥体的边缘向上流动还不至于形成涡环。反之，如果下降率过大，直升机下降所形成的相对气流速度很大，而旋翼向下排压的气流速度很小，涡环将被自下而上的相对气流吹掉，也不至于形成涡环状态。所以，在低下降率和高下降率之间，直升机下降就容易产生涡环状态。

直升机以不同的下降率下降，涡环状态如图 9-32 所示。图（a）中直升机以低下降率垂直飞行；图（b）中直升机下降率增加，涡环的大部分出现在桨盘上侧；图（c）中下降率继续增加，涡环消失，取代为桨盘上面的湍流；图（d）是下降率很高的情况，通过旋翼向下的滑流速度减慢，这种情况称为风车刹车状态。此时能量由空气传递到旋翼，桨尖涡流消失，滑流从旋翼下面流到上面。

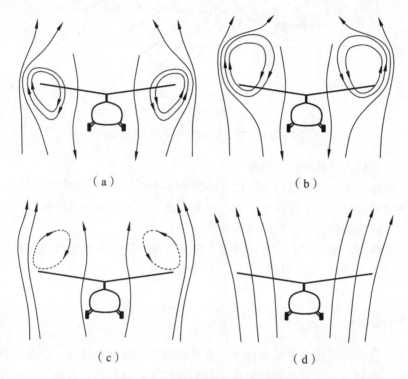

图 9-32　垂直下降中的涡环状态

　　特别在图 9-32（c）中，直升机下降比较快，导致桨叶内侧部位的诱导气流向上流动，也就是说桨根部位的气流相对于桨盘向上流动，上升气流克服了桨叶旋转引起的下洗流，在桨尖翼尖涡流外侧产生二次涡环。二次涡环在桨叶上气流方向改变为由桨盘下部流向桨盘上部，如图 9-33 所示。结果是桨盘大部分面积上产生不稳定紊流，造成旋翼效率损失。

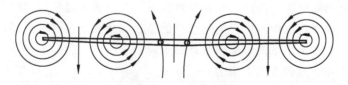

图 9-33　二次涡环

　　图 9-34 只针对某经典型号的直升机，而不代表所有直升机。图中显示了直升机下降过程中的水平速度和垂直速度的关系。从左上角引出的直线代表固定下降角，重叠在这些网格上的是直升机的飞行状态区。

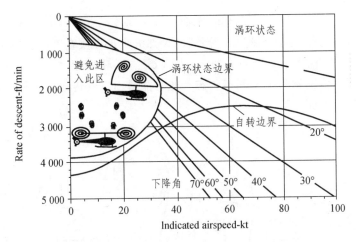

图 9-34　在下降前飞中的涡环状态

从图中可以得到关于涡环状态的几个结论：

（1）在任何速度下，降低飞行路径使下降角小于 30°，就可以避免涡环状态。

（2）对于陡峭进近，即下降角比较大，在某一速度下可以避免涡环状态。

（3）在小下降角的情况下，涡环尾流在直升机后面脱离。

（4）在大下降角的情况下，直升机以低下降率下降时，涡环尾流出现在直升机下侧。而直升机以高下降率下降时，涡环尾流出现在直升机上侧。

9.3.2　涡环的改出

在总重大、高密度高度和顺风条件下，直升机如果急剧下降进近，会进入自己的下洗流和涡环状态中。特别在高下降率和低空速飞行的条件下，直升机极可能发生这种情况。

完全发展的涡环具有不稳定条件特征，直升机进入涡环状态后，气流做环状流动，使旋翼上下表面的压力差减小，所以旋翼产生的拉力减小，下降率增大。下降率越大，涡环现象越严重，旋翼拉力减小越多。此时旋翼周围气流十分紊乱，影响旋翼的正常工作，使旋翼拉力忽大忽小，引起旋翼和直升机发生抖动、摇晃现象，操纵性变差，严重时可能造成操纵失效，所以必须改出涡环状态。

根据图 9-34 可知，如果直升机下降率高时，充分利用剩余可用功率产生大的前飞速度，直升机就可以脱离涡环状态。所以，在这种情况下，飞行员通过快速操纵周期变距杆，获得前飞速度，可以从涡环状态中改出。值得注意的是，如果没有足够的可用功率改出，这种行为会加重功率下降，产生严重的紊流和更高的下降率。

总而言之，涡环状态的改出方法为：

（1）如果发现直升机垂直下降率增大，是由于发动机功率不足引起的，则应及时地上提总距杆，迅速增大发动机功率，以制止下降率继续增大。

（2）如果上提总距杆也不能制止下降率继续增大，在一定的高度以上则应迅速地前推驾驶杆，使直升机产生前飞速度，把涡环吹掉，脱离涡环状态。在操纵驾驶杆没有异常感觉时，这种措施对改出涡环最为有效，损失高度较少。

（3）如果操纵效能已降低或失效，推杆也无法增大前飞速度，则应迅速地下放总距杆，增大下降率，使自下而上的相对气流速度增大，把绕着旋翼转动的环流向旋翼上方吹掉。然后再推驾驶杆增大前飞速度，改出涡环状态。这种方法损失高度较多，只有在高度较高或迫不得已时才采用。

直升机进入涡环状态后，可以根据情况采取上述 3 种方法来处理，但最好还是尽量避免此种现象。要防止进入涡环状态，飞行中应注意如下几点：

（1）如无特殊需要，特别是高度在 10～200 m 时，不要做垂直下降，宜做带空速的下降。

（2）做垂直下降或小速度下降时，下降率不要太大。

（3）在剩余功率较小的情况下（如载重大、海拔高度高或气温高等），不要勉强做悬停或垂直上升。

除了旋翼可以形成涡环状态，尾桨也会形成涡环状态，两者形成的原因相似。直升机尾桨涡环形成与偏转角速度有关，直升机向某一方向悬停转弯角速度过快时，尾桨也可能陷入涡环状态。转弯飞行时，偏转角速度超过一定值后，涡流区扩大形成涡环。此时，尾桨的效能明显下降，直升机还会出现抖动现象，这也是直升机在悬停转弯的过程中，角速度不能过大的原因之一。

9.4　尾桨失效

在单旋翼直升机上设置了尾桨，它是用来平衡旋翼反扭矩和对直升机进行方向操纵的部件。它的作用可以概括为以下 3 点：

（1）尾桨形成的拉力（或推力）形成偏转力矩，用以平衡旋翼的反作用力矩。

（2）通过变距改变尾桨的拉力（或推力）而实现直升机的偏航操纵，而且旋转的尾桨相当于直升机的垂直安定面，改善直升机的方向稳定性。

（3）某些直升机的尾轴向上斜置一个角度，可以提供部分升力，也可以调节直升机的重心范围（见图 9-35）。

尾桨结构与旋翼结构有很多相似之处。尾桨的结构形式有跷跷板式、万向接头式、铰接式、无轴承式等常规式，常规式尾桨技术发展比较成熟，应用广泛，缺点是受旋翼下洗气流影响，流场不稳定，裸露在外的桨叶易发生伤人或撞击地面障碍物的事故。后来又发展了无轴承尾桨及"涵道尾桨"。"涵道尾桨"是把尾桨置于机身尾斜梁的"涵道"之中，涵道尾桨是一种反扭矩旋翼，或者称之为 fan-in-tail 设计，因为桨叶处在一个圆形的导管中，不

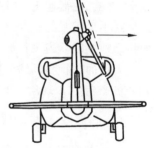

图 9-35　尾桨旋转面倾斜示意图

容易和外界物体或者人员发生碰撞。直 9 直升机的"涵道风扇"尾桨如图 9-36 所示。

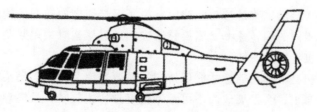

图 9-36　直 9 的"涵道风扇"式尾桨

涵道尾桨还可以显著改善气动性能，减少气动阻力以及功率损失，噪声小。但是此型直升机在悬停和垂直飞行状态下消耗的功率比常规式尾桨多。

除了"涵道尾桨"式尾桨，还有的直升机无尾桨系统。因尾桨短而宽，旋转面内的承弯能力强，因此一般尾桨都不设摆振铰。直升机航向操纵和平衡反力矩只需增加或减小尾桨拉力（或推力），因此尾桨只有总距操纵。

虽然尾桨的功用与旋翼不同，但是基本工作特点与旋翼类似，它们都是由旋转而产生空气动力，在前飞时处于不对称气流中工作的状态，产生拉力不对称性。由于尾桨与旋翼的工作特点一样，所以也存在尾桨失速。除了尾桨失速，还会发生尾桨失效情况。

9.4.1 LTE 的飞行特性

直升机尾桨失效，英文为 Loss of Tail Rotor Effectiveness，缩写为 LTE，也称为丧失尾桨效应，是近年来造成直升机失控事故的一个重要原因。这是直升机在最后进近着陆或贴近地面飞行时的低高度、低空速飞行状态下发生的紧急情况，直升机会发生非指令的快速偏转，并且不会自动改出。在多数情况下，飞行员不当或较迟的修正措施可能加剧不可控的偏转，导致直升机失去控制。所以，飞行员必须能预见尾桨失效并及时改出。

尾桨失效现象与直升机的机械系统没有联系，即直升机此时没有发生机械故障。旋翼旋转时产生的桨尖涡流以及自然风都会对尾桨拉力产生影响，尾桨不能提供适当的拉力保持航向，所有单旋翼带尾桨直升机在悬停时受到风的影响，或高高度小速度飞行情况下都有可能发生尾桨失效现象。

实际上，飞行中直升机总是受到风向风速的影响，直升机在任何机动飞行时，如果遇到左侧风或顺风，容易发生 LTE，因为此时处于大功率、小速度状态。直升机右转弯时也容易发生 LTE，在低速飞行时尤其容易发生这种危险情况。如果直升机非指令地右转，很有可能是风减小了尾桨的有效拉力。风也有可能增加反扭矩系统的拉力，在这种情况下，直升机将非指令地左转。当飞行员发现直升机不受控制地快速向右偏航时，必须提高警惕。

大量的飞行和风洞试验表明，有 3 种相对风结合直升机特性单独或综合作用，可能会使直升机产生 LTE 现象。下面一一简单介绍。

1. 旋翼桨尖涡干扰区

风从左前方以 10 ~ 30 kt 的速度吹来，将会把旋翼桨尖涡吹进尾桨，使尾桨工作在极度的紊流环境中。此时，相对风处在旋翼桨尖干扰区内，大概为 285° ~ 315°，如图 9-37 所示。

右旋旋翼直升机右转弯时，尾桨由于进入旋翼桨尖涡干扰区域，而使拉力减小。尾桨拉力减小的原因是旋翼桨尖涡通过尾桨桨盘时，改变了尾桨的流场。最初，旋翼桨尖涡增加尾桨桨叶的迎角，从而增加尾桨的拉力。此时，为了保持固定的转弯角速度，应该蹬右舵减小尾桨拉力，以保持相同的偏转速率。当旋翼桨尖涡通过尾桨时，尾桨桨叶迎角减小，导致尾桨拉力减小，直升机将加速右转。

由于飞行员最初是增加右舵量才能保持向右转弯速率，随后，尾桨拉力的减小是突然发生的，如果不及时修正，会发展成为不可控制的绕轴快速旋转，最终导致 LTE。当相对风处在旋翼桨尖涡干扰区内时，要意识到尾桨拉力可能突然减小，做好蹬左舵改出的准备。

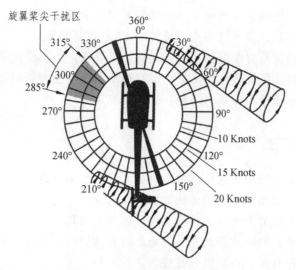

图 9-37　旋翼桨尖涡干扰区

2．风标效应区

当相对风处在风标效应区内，相对风会使直升机产生风标效应，机头将转向迎风方向，如图 9-38 所示，风标效应区大概为 120°～240°。如果不进行修正，直升机将会自动缓慢地旋转，其方向取决于风向。如果飞行员允许直升机以一定的角速度旋转，尾部进入此区域，则偏航角速度会突然增加。为了防止直升机在这种顺风时发生 LTE，飞行时必须密切注意直升机的状态，主动控制偏转速率，并集中注意力驾驶直升机。

3．尾桨涡环状态区

如果风从 210°～330° 吹来，风会引起尾桨产生涡环状态，如图 9-39 所示。此时尾桨处于变化的、不稳定的流场之中，导致尾桨拉力摆动。左侧风悬停时，必须进行快速、连续的蹬舵修正以补偿尾桨拉力的快速变化。这种情况下，精确地保持航向将十分困难，但只要修正动作及时，就不会造成严重问题。频繁蹬舵、注意力不集中和过操纵都可能导致 LTE。

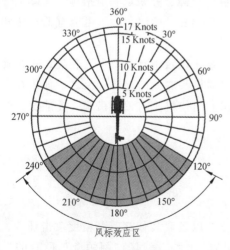

图 9-38　风标效应区

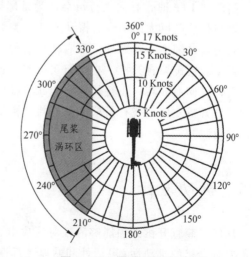

图 9-39　尾桨涡环状态区

309

计算机模拟显示，如果从左侧风（由于侧滑需要大量蹬右舵）转向顺风时，飞行员回舵不及时，将导致失去控制，直升机将至少旋转 360° 才会停下来。

左侧风悬停时，必须及时蹬舵修正航向，防止直升机产生不受控制的右偏航。如果直升机一直右偏航，就会进入风标效应的区域，即右偏航角速度会突然增加。当尾桨处在涡环状态时飞行员的工作负担很重，应尽量避免在这种情况下飞行。

9.4.2　LTE 的改出方法

当发现直升机不受控制地快速向右偏航时，必须马上采取改出动作。如果动作迟缓或错误，可能导致偏航角速度增加太快而无法改出。

如果直升机发生突然的右偏转，飞行员应该做如下处置：

（1）将左舵蹬到底，同时推杆增速。如果高度允许，可以减小功率。

（2）如果改出动作有效，调整直升机进入正常飞行。

（3）如果尾桨故障或不能停止直升机偏转，应立即进入直升机自转来停止旋转。

减少总距可以明显减小偏航角速度，但如果此时直升机已处于下降状态，总距的减少将大大增加下降率。如果为了防止撞地或障碍物，快速和大量地增加总距，将加剧偏航现象，并导致旋翼转速降低，超出允许扭矩，超温等情况。因此，只有在高度足够保证改出的情况下，才可以减小总距。应根据以下因素确定总距减小量，即离地面或障碍物的高度、直升机的重量以及当前的大气状况。

如果无法制止旋转，直升机即将撞地，自转是最好的选择。此时应一直保持将左舵蹬到底，直到直升机停止向右旋转，然后稳住航向迫降。

总而言之，为了避免 LTE 的发生，飞行员应当对这一现象非常了解，不要进入有利于 LTE 的状态。一旦发生 LTE，必须立即做出反应。

关注风的变化和它对直升机的影响，将会明显减少 LTE 的发生。对于确定的脚蹬位置，不同的风向可能产生不同的转弯角速度。飞行员应当记住最重要的一点是：尾桨并没有失速。修正动作应当是向旋转反方向蹬舵。

当遇到 LTE 时，有的飞行员会认为是尾桨传动机构故障，并采取相应措施。实际上，机械故障往往伴随巨大的声音、振动或其他类似现象，而 LTE 发生时，除了可能有低转速和快速向右旋转并随之下降之外，没有任何其他迹象。

对于右旋旋翼直升机，在巡航飞行时，若尾桨失效并开始做有动力进近着陆，在接地前如果直升机向右偏转，飞行员应适当减小油门才能减弱机头右偏的趋势；反之，如果在着陆接地前直升机左偏，飞行员应采取在接地前适当使用油门使机头右偏的措施，才能使直升机对准跑道。

9.5　机动飞行

现代武装直升机必须能够胜任对地攻击、空中格斗以及武装侦察等高精度攻击任务，这就需要有合格的机动性、灵活性和贴地飞行性能作保障。比如，美国的"阿帕奇"、欧直的"虎"

式、英国的"山猫"以及俄罗斯的米-28等直升机均能做筋斗、横滚这样的大机动飞行。直升机机动飞行特性对于提高武装直升机在战区的生存力和战斗力具有十分重要的意义。

飞行状态（速度、高度和飞行方向）随时间变化的飞行动作称为机动。单位时间内改变飞行状态的能力称机动性，包括速度机动性、高度机动性和方向机动性。飞行状态改变的范围越大，改变状态所需的时间越短，直升机的机动性就越好。

直升机实施简单机动飞行时，从运动轨迹看，可分为在铅垂面内、水平面内和三维空间的机动飞行。根据直升机的机体坐标，相应地有纵向机动、横向机动和三维机动等。

直升机机动飞行动作包括：俯冲拉起、跨越障碍、加减速、水平转弯、蛇行机动等。复杂机动飞行有：筋斗、横滚、兰威斯曼特技和倒飞等。

另外，按照直升机运动的特性，机动飞行分为稳定和不稳定两种，其加速度保持不变的称为稳定机动，如稳定盘旋；而变加速度机动，则称为不稳定机动。虽然特技机动飞行不作为直升机的正常飞行状态，但翻筋斗和横滚飞行是十分必要的，下面简单分析这几种典型的机动飞行。

9.5.1 横向机动飞行

横向机动飞行是在水平面内的等高机动飞行，包括加减速、盘旋、水平转弯、水平"8"字机动、蛇形机动等。

1. 平飞加减速（Level Acceleration）

平飞加速机动飞行，当速度加大后，机身阻力也随之加大，若要保持同样大小的加速度，则要求增加桨盘倾斜和旋翼拉力。如果得不到满足，直升机平飞加速就会随之减小为零，而直升机就会以一个较大的速度平飞。

2. 盘旋（Turn）

典型水平面的机动飞行动作是盘旋，即连续转弯个小于360°的飞行，分定常和非定常盘旋两种。飞机做定常盘旋时，飞行速度、高度、迎角、滚转角和侧滑角等运动参数都不随时间而改变。正常盘旋常用来衡量直升机的方向机动性。无侧滑的定常盘旋称为正常盘旋。盘旋一周所需的时间越短，盘旋半径越小，方向机动性就越好。非定常盘旋时，速度、滚转角等运动参数都随时间而变，又称加力盘旋。

3. 平飞转弯（Level Turn）

这种机动飞行常由直线平飞状态进入瞬态转弯，然后经过一段圆弧轨迹的变速转弯，再经瞬态转弯后返回直线平飞状态。

4. 蛇形机动（S-bend，or Slalom Course）

蛇形机动基本上是左、右转弯的结合。这种机动常在地形跟踪飞行或空战中采用。

5. 紧急侧移（Side-step）

这种机动飞行类似于迅速进位机动飞行，不同的是在所规定的侧飞距离内完成。这个过程是从悬停加速到某一规定侧飞速度，然后再减速至悬停。

6. 横滚（Roll）

横滚机动是绕机体纵轴的360°滚动运动，可作为由一种机动过渡到另一种机动的连续运动。横滚分为螺旋形横滚和操纵横滚两种形式。根据飞行安全条件，一般禁止大多数直升机作螺旋形横滚，只作操纵横滚。横滚的周期为快滚 6~8 s，慢滚 10~15 s。横滚机动过程可分为进入、稳态和改出 3 个阶段。

9.5.2　纵向机动飞行

纵向机动飞行就是将飞行轨迹保持在垂直面内，侧向速度总为零，所以也称为垂直机动飞行。垂直机动飞行通常需要改变高度、速度、总距，以及飞行姿态和曲率半径。纵向机动飞行包括以下 6 种典型科目。

1. 平飞跃升（Pop-up）

在贴地飞行中爬越地形或障碍物时采用平飞跃升机动。通常以中等速度从一种水平稳定飞行状态爬升进入另一种稳定飞行状态。飞行轨迹由障碍物的高度和长度确定。

2. 鱼跃越障（Hurdle-hop，or Dolphin）

贴地飞行中的地形跟踪常采用这种机动飞行以越过障碍物。直升机以中等速度平飞，遇障碍物时爬升减速，越过之后下降并加速，进入另一平飞状态。

3. 平飞加（减）速（Level Acceleration）

良好的加速和减速性能是直升机机动能力的基础，对于攻击地面目标、空中格斗或利用地形地物隐蔽，都可能采用这种机动飞行方式。在贴地飞行中，直升机做加减速机动时还必须保持等高飞行，以避免尾桨或旋翼与地面碰撞。

4. 迅速进位（Dash Stop）

迅速进位机动用于尽可能快地从一个隐蔽区域转移到前面另一个隐蔽区域。这是一种从悬停加速到另一规定速度然后再减速至悬停的一种水平机动飞行。

5. 垂直跃升（Bob-up）

垂直跃升是一种从悬停到悬停高度不断变化的机动，用于从隐蔽待机到升高射击的战术过程。该机动飞行规定了最大法向速度和跃升高度。上升速度变化假定为从悬停加速到某一速度，再减速至悬停，加速过程和减速过程所需时间相等。

6. 筋斗（Loop）

筋斗是武装直升机空战的典型机动动作之一，机动过程中直升机飞行姿态、速度、高度都有急剧变化，而且过载也很大。筋斗是直升机在垂直平面内爬升角连续变化360°的翻转机动，即所谓垂直筋斗飞行，如图 9-40 所示。理想筋斗飞行中不会使直升机有过大载荷，且速度保持不变，航迹是一个完美的圆周。

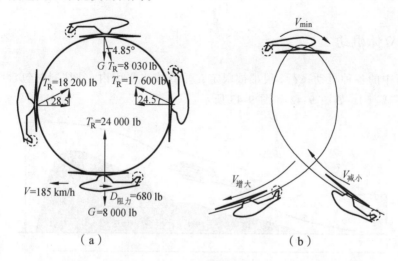

（a）   （b）

图 9-40 垂直筋斗飞行

假设直升机在筋斗过程中速度保持不变，直升机只受重力的作用（实际上这种假设不可能，因为还受其他力的影响）。当半径和速度保持不变时，表明直升机的向心力是恒定的，如图 9-40（a）所示。旋翼必须时刻产生一个沿轨迹曲率半径的拉力分量，以保证向心力的存在。在筋斗的底部，重力与旋翼拉力的方向是相反的；在垂直向上、向下时，重力与拉力垂直；在筋斗顶部，重力与拉力方向相同。这就表明旋翼产生的拉力要持续变化，才能保持向心力恒定并指向圆圈中心。所以，在筋斗最高点，旋翼拉力为零，或者至少是非常低的。

如果直升机速度比较小，为产生需要的向心力，甚至需要产生负拉力。最大过载位于筋斗飞行的底部，旋翼必须向上产生 3 倍于直升机自身重量的拉力，过载值为 2g。

有的直升机进行筋斗飞行时，仅仅只能做一个速度变化的非圆形飞行轨迹，如图 9-40（b）所示，这已属于非正常使用范围。其速度高度时间历程如图 9-41 所示。

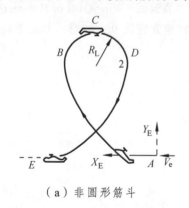

（a）非圆形筋斗

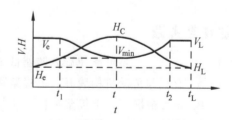

（b）速度 V 和高度 H 随时间的变化

图 9-41 非圆形筋斗飞行

在进入和改出筋斗时（在最低点附近），旋翼会产生较大的过载，因此旋翼要有产生和承受这个大过载的能力。

在筋斗飞行过程中，由于向心力的影响，旋翼的总距变化范围比较大，这就意味着旋翼桨叶剖面迎角变化会比较大，将可能导致更加严重的动态失速问题。

9.5.3 空间立体机动

实际飞行中的各种机动飞行，很难被限定在垂直或水平面内，往往同时包含爬升（下滑）、转弯、加速（减速），如图 9-42 和图 9-43 所示。

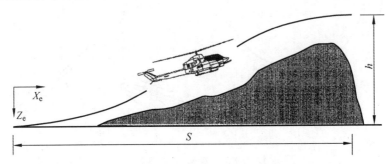

图 9-42 跨越障碍立体机动飞行（垂直面）

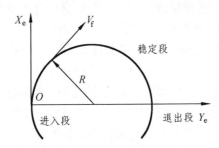

图 9-43 跨越障碍立体机动飞行（水平面）

空间立体机动包括盘旋下降、战斗转弯，跃升中的回转和转弯等。其中，爬升转弯（Climbing Turn）是一种包括速度和高度变化的转弯飞行。紧急返回（Wing Over or Hammerhead）用于贴地飞行中飞越目标后的再次攻击，其过程是爬升减速并完成 90° 转弯，然后下降继续再转弯 90°，整个过程是等速飞行。

·复习思考题·

1. _____不可能使旋翼转速低于允许最小转速。

    A. 旋翼与传动机构脱开，上提桨距杆

    B. 正常情况下，上提桨距杆

    C. 发动机停车，桨距比较大

2. 飞行中防止直升机桨叶颤振的主要限制是_____。

    A. 控制最大飞行速度不要接近或超过桨叶的临界颤振速度

    B. 控制飞行高度远离升限

    C. 控制发动机转速不超过额定

3. 涵道风扇式尾桨的构造特点是_____。

A. 尾桨类似于风扇装于尾斜梁的涵道中

B. 尾桨是可控桨距的风扇设置于尾端

C. 尾桨安装于尾梁中部而不是一侧

4. 发动机空中停车后，旋翼的反扭矩_____。

 A. 为零   B. 无法判断   C. 不为零

5. 关于稳定自转下滑正确说法是_____。

 A. 旋翼不产生拉力   B. 尾桨产生拉力   C. 不产生俯仰力矩

6. 发动机空中停车后，应首先_____。

 A. 下放桨距杆到底

 B. 保持驾驶杆在中立位置

 C. 用舵保持方向

7. 直升机最大速度受限的原因是_____。

 A. 旋翼空气动力性能的限制

 B. 发动机功率不足

 C. 结构强度不允许

8. 在从倾斜的地面起飞时_____。

 A. 使用总桨距和前推驾驶杆

 B. 在完全离地前，将直升机与地面平行

 C. 如地面平整，向下坡方向滑跑起飞

9. 在旋翼转动后，如遇到地面共振，应_____。

 A. 立即按标准起飞程序起飞

 B. 关闭油门

 C. 滑向平稳地段

10. 预防涡环状态的根本方法是_____。

 A. 保持较小的下降率

 B. 不做垂直下降

 C. 不做小下降速度的下降

11. 在立即停机时，应_____。

 A. 尽量放下总桨距以防止拉飘

 B. 尽量向上提总桨距以防止掉高度

 C. 尽量向上提总桨距以防止旋翼超速

12. 涡环状态形成的条件是_____。

 A. 垂直下降或小前进速度下降，下降率过大

 B. 桨距杆上提过高

 C. 下降速度和下降率都大

13. 在_____条件下，尾桨可能陷入涡环状态。

 A. 某一方向悬停转弯角速度过快   B. 上升   C. 下降

14. 旋翼稳定自转下滑中，主要保持好_____。

 A. 下滑速度   B. 直升机的飞行状态   C. 下滑方向

15. 限制直升机最大速度的主要因素是_____。

    A. 颠簸和高度

    B. 如升力不对称，没有足够的周期变距操纵力来平衡升力，如后行桨叶失速时，无法用周期变距操纵对之进行补偿

    C. 桨尖速度

16. 在做带坡度的飞行科目时，不允许做大坡度练习，其主要原因是_____。

    A. 坡度过大时，下洗紊流更加严重

    B. 从设计角度出发，大多数直升机不可做更大坡度飞行

    C. 在坡度过大时没有地面效应

17. 尾桨在_____情况下有可能进入涡环状态。

    A. 小前进速度、垂直升降、悬停等状态下，以较大的角速度向旋翼旋转反方向偏转

    B. 垂直下降速度过大

    C. 倒飞速度较大

18. 出现后行桨叶失速时应_____。

    A. 减小总桨距，降低旋翼转速及前飞速度

    B. 减小总桨距，增大旋翼转速，降低前飞速度

    C. 增大总桨距，降低旋翼转速及前飞速度

19. 飞行中，一旦发动机失去功率，首先的工作是_____。

    A. 检查失去功率的原因

    B. 选迫降场

    C. 迅速放桨距杆到底

20. 在高度-速度图里有一个横向阴影区，直升机不允许进入的理由是_____。

    A. 如在如此低的高度上拉平，旋翼的转速会过高

    B. 接近地面时颠簸气流使旋翼系统中的桨叶阻压器无相位差，由此引起几何上的不平衡状态

    C. 如发动机停车就没有足够的空速使直升机安全着陆

21. _____飞行状态不可能进入旋翼涡环状态。

    A. 前进速度小而下降率较大

    B. 前飞速度大，下降率也大

    C. 垂直下降中，下降率较大

22. 旋翼稳定自转下滑中，要使下滑率最小，应该_____。

    A. 用有利速度下滑

    B. 用尽量小的下滑速度下滑

    C. 用经济速度下滑

23. 旋翼稳定自转下滑时，桨叶处于不同方位，空气动力对自转转速的影响是_____。

    A. 180° 方位减小转速

    B. 90° 方位增大转速

    C. 270° 方位增大转速，90° 方位减小转速

24. 当做带坡度的着陆时，用驾驶杆_____。

A. 使机头下俯，沿一定下滑角滑向地面

B. 使旋翼桨盘与坡度平行

C. 使机头上仰并保持这种姿态，避免出现过大坡度

25. 高度-速度图中的阴影部分禁止直升机飞入的主要原因是_____。

A. 在如此低的高度如果有必要拉平，旋翼转速会过高

B. 接地前，如果发动机失效，旋翼转速会降低

C. 在发动机失效时无法提供足够的转速进行安全着陆

26. 做自转接地时，最合适的操纵是_____。

A. 接地时应垂直下降

B. 接地时向后拉驾驶杆使直升机缩短滑跑距离

C. 接地时，机头稍微上仰

27. 发动机空中停车后，旋翼的自转转速一般应保持在_____范围。

A. 90% ~ 110%　　　B. 90% 以上　　C. 110% 以下

28. 在巡航高度上完全失去动力时，应_____。

A. 稍微向下操纵总桨距，关闭油门，然后完全放下总桨距

B. 关闭油门，稍微向下操纵总桨距到完全放下位，蹬舵保持方向，然后进行标准的自转下滑

C. 稍微向下操纵总桨距使直升机能保持旋翼的恰当转速，并蹬右舵修正偏移

29. 发动机停车后，旋翼稳定自转的条件是_____。

A. 桨叶切面安装角等于桨叶切面迎角减去性质角

B. 桨距杆下放到底

C. 保持一定的下降速度

30. 涡环状态形成的条件是_____。

A. 下降速度和下降率都大

B. 桨距杆上提过高

C. 垂直下降或小前进速度下降，下降率过大

31. 发动机停车后，旋翼稳定自转的条件是_____。

A. 保持一定的下降速度

B. 桨叶切面安装角等于桨叶切面迎角减去性质角

C. 桨距杆下放到底

32. 旋翼稳定自转下滑时，桨叶处于不同方位，空气动力对自转转速的影响是_____。

A. 90°方位增大转速

B. 180°方位减小转速

C. 270°方位增大转速，90°方位减小转速

33. 旋翼转速低于允许最小转速可能会造成的后果是_____。

A. 旋翼桨叶过度挥舞，操纵不当还会打坏尾梁

B. 直升机抖动

C. 脚蹬操纵失效

34. _____不可能使旋翼转速低于允许最小转速。

A. 正常情况下，上提桨距杆

B. 发动机停车，桨距比较大

C. 旋翼与传动机构脱开，上提桨距杆

35. 掌握直升机旋翼失速概念，掌握静态失速和动态失速的本质区别。

36. 简述前行桨叶失速和后行桨叶失速。

37. 如何进行旋翼失速改出？

38. 掌握直升机自转和自转操纵原理。

39. 简述直升机涡环状态原理以及改出方法。

40. 了解直升机尾桨失效 LTE 特性。

第10章 重量与平衡

按照重量与平衡装载直升机是十分重要的，这与普通固定翼飞机是一样的。如果直升机运行超过最大允许重量限制，就会影响直升机的飞行性能，甚至破坏直升机的结构。对于满载量直升机而言，确保平衡也十分重要，即使重心位置移动很小，也会影响直升机的操纵品质。如果没有满足重量与平衡限制的直升机起飞，会影响到飞行安全。

与普通飞机相比较，直升机的重量与平衡会有更多的限制，重心包线范围会更小。考虑到周期变距控制量时，就要确定纵向和横向重心包线，在装载后让飞行员有足够的周期变距控制量以保证直升机适应所有的飞行条件。

10.1 重 量

从直升机开始设计生成到其退役，重量是一个必须重视的因素，在直升机执行飞行计划和任务时飞行员更应重视。在初始生产或后来的机务维修中，航空器基本空重对飞机性能有直接的影响，这关系到飞行任务是否能安全成功地执行完毕。

根据实际情况的变化进行装载，来满足直升机运行要求。例如，在清晨，直升机重量在规定的范围之内，但在白天运行中，如果随着密度高度增加，最大运行重量的要求就会减小，否则会影响直升机的起飞、上升、着陆、自转等性能。

在飞行和操纵过程中，直升机全重会随着时间变化而变化，当然直升机最大允许重量会变化。本章节主要分析瞬态静止情况下的重量和平衡。

10.1.1 重量术语

1. 基本空机重量（Basic Empty Weight）

基本空机重量包括标准直升机重量、选装设备、不可用燃油、全部工作液体如发动机滑油。基本空机重量在直升机的整个运行寿命中可能多次改变，如设备的安装与拆除，这些设备可能包括新的仪表、无线电装置或其他修改。任何大的重量和重心位置的变化必须由机务人员登录在飞机载重与平衡资料中，这些内容可能小到安装一副新天线、大到去掉起落架换装成浮筒。作为飞行员，在计算中必须确保使用最新的载重与平衡资料。

2. 最大起飞重量（Maximum Takeoff Weight）

最大起飞重量为直升机在跑道上开始起飞滑跑时允许的最大重量。

3．最大着陆重量（Maximum Landing Weight）

最大着陆重量为直升机着陆时允许的最大重量。

4．总重或全重（Gross Weight）

总重为直升机上所有部件重量以及全部装载之和，直升机制造厂商设定的极限总重称为最大重量。大部分直升机包括内在最大全重和外在最大全重。内在最大全重指的是包含在直升机内部的重量。外在最大全重指的是包含外挂载荷的直升机最大重量。外在最大全重大小与外加载悬挂位置有关。一些大型货运直升机有几个吊挂点。如果吊挂点在重心位置下方的话，直升机可以吊运巨大物体。

5．有效载荷（Useful Load）

有效载荷为最大重量与空机重量之间的差值，可用以完成有效任务，如机组、旅客、货物、燃油。

6．商载（Payload）

商载为有效载荷减去燃油重量。

10.1.2　重量限制

为了确保直升机结构的完整性，让飞行员能准确预测直升机性能，给出重量的限制是很有必要的。虽然直升机在设计时已经考虑到重量因素，但是在实际运行时飞行员不能有意识超过适航认证的重量限制。在飞行员操纵手册 POH 和飞行手册 AFM 中会给出总重限制。

在小于最小允许重量情况运行，也会影响直升机的飞行品质。许多单人驾驶直升机需要更多的周期变距杆操纵量让直升机保持悬停状态，只好通过增加压载物，增加直升机运行重量，以获得更大范围的操纵运动，而且直升机会很快进入自转下降，进一步改善直升机自转特性。

在大于最大允许重量情况运行，会导致结构变形或产生故障，特别是遭到大过载、强阵风或湍流。最大重量限制也是为了考虑直升机部件的使用寿命，超载意味着过大的结构应力，结构会在预期之前产生破坏。虽然对直升机最大允许重量已经进行了适航认证，但在某些条件下运行也不安全。

因此，在实际运行中，要检查直升机重量是否在规定范围之内，既不能小于最小允许重量，也不能大于最大允许重量。这时要综合考虑直升机重量、乘客、机组、业载和燃油量等，进行适当的装载，做好飞行计划。特别是在无地效悬停和局限区域中飞行时，应确保直升机在各个飞行阶段都具备充足的拉力；在高高度、高温、大湿度条件下，直升机性能受到很大影响，都有必要制订周密的飞行计划。

10.2　平　衡

直升机平衡包括纵向平衡和横向平衡。对于轻型直升机而言，由于客舱狭长，许多选装设备也安装在纵轴附近，执行普通飞行任务时一般不考虑横向平衡问题。除非在执行例如吊运任务时，由于吊装货物重量引起装载重心横向移动,故要考虑横向平衡问题。这里主要分析纵向平衡问题。

10.2.1 平衡术语

1．重心（CG）

直升机性能不仅受总重影响，而且还受重心位置的影响。直升机各部件、燃料、乘员、货物等重力的合力，叫直升机的重力。直升机重力的着力点叫作飞机重心（Center of Gravity，CG）。单旋翼直升机的重心通常靠近旋翼轴。直升机是一个物体系统，由多个物体组成，所有物体的全部质量可被视为集中在重心这一个理论点上。

直升机不正确的配载会严重影响操作控制，如果重心位置不适宜，重心太靠前，就会造成直升机低头；相反，重心太靠后，就会造成直升机抬头，如图 10-1 所示。特别是在阵风中高速飞行时，可能引起飞行不稳定，造成飞行员操纵困难。理想的情况就是，直升机在静风中悬停时，机身保持水平，此时没有周期变距杆的操纵量。

（a） （b） （c）

图 10-1　悬停中的重心位置

2．基准（Reference Datum）

通常用重心到基准的距离来表示重心位置以及重心极限，基准是一个假想的垂直平面，包括纵向基准和横向基准，如图 10-2 和图 10-3 所示。

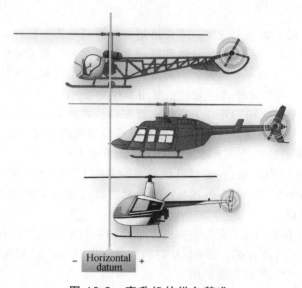

图 10-2　直升机的纵向基准

321

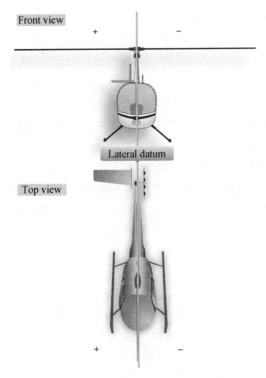

图 10-3　直升机的横向基准

典型的基准位置为机头、发动机防火墙、机翼前沿，甚至在直升机外部前面空间的某一点上，基准的位置由直升机制造厂商建立。平衡中的所有水平距离均以到基准的距离度量，在直升机操纵手册或载重与平衡资料中定义给出。一般采用简化方式，即通过除以一定值来缩小力矩大小。例如，3 201 英尺磅/1 000 这种简化方式就是代表 3 200 893 除以 1 000，再往最接近的整数圆整。

3．站位（Station，FS）

为精确定位直升机上的某个位置，需要使用一种类似地图上的网格坐标的系统。直升机上任何一个点可以通过测量距横轴、立轴和纵轴的相对垂直位置来定位。

站位是由基准面定义的一个位置。沿机身纵轴方向的距离称为站位。站位的数值代表此站位到基准面的距离，用于水平方向定位，常用单位是英寸（in）或厘米（cm），直升机一般使用毫米（mm）。在基准之前的站位为负值；而在站位之后的站位为正值。

机身框架只需要一个站位号就够了，但小零件或位置则需要在垂直方向和横侧方向定位。图 10-4 为某型直升机的站位图，上图为横向站位，下图为纵向站位。

水位线（WATER LINE，WL）是指沿机身立轴方向上的距离，用于垂直方向定位。参考点是机身上某一合适的部件，如客舱地板或直升机停放的地面。水位线的测量值在参考点以上为正值，以下为负值。

中心线（BUTT LINE，BL）是指与穿过纵轴线的垂直平面的左或右的距离，用于横侧方向定位。一般在 BL 右侧的为正，在 BL 左侧的为负。用"LBL"或"RBL"表示中心线对大型宽体飞机或小型飞机的机翼定位非常有用。

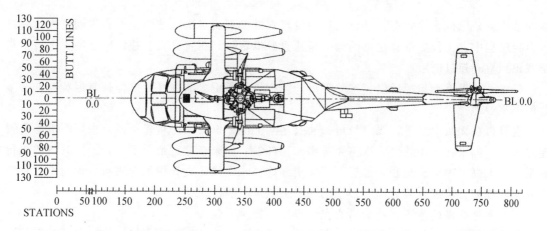

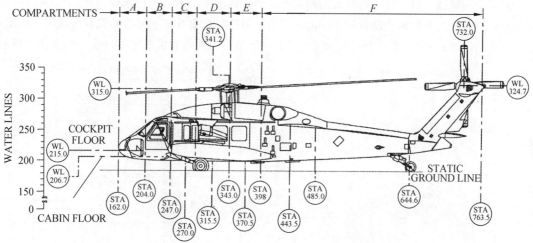

图 10-4　某型直升机的站位图

4．力臂（Arm）

力臂是力作用点到直升机基准的距离，用米（m）或英寸（in）来表示，另一个类似的术语是站位。力作用点在基准之后，力臂为正，通常以基准后距离表示；力作用点在基准之前，则力臂为负，通常以基准前距离表示。

10.2.2　重心限制

重心位置随着载重大小和位置的变化而变化。例如，飞行员和乘客重量过大，会引起直升机机头下沉。再如，有些直升机的油箱位于 CG 后侧，随着燃油的消耗，重心移动造成着陆困难。所以直升机装载时就要考虑重心限制对起飞和着陆性能的影响。

重心限制包括重心前限（Forward Limit）和重心后限（Aft Limit）。

第一，如果重心超过前限，直升机前倾引起桨盘前倾，飞行员需要往后拉杆来消除前倾。如果重心前移量太多，最大拉杆量不足以让直升机拉平接地，会使直升机需要更多的着陆距离接地。

在静风中悬停时，飞行员很容易意识到重心超过前限。直升机会出现低头姿态，需要更多的带杆量来保持悬停状态，甚至飞行员发现直升机不能很快减速停止。在发动机失效时进入自转过程中，飞行员没有足够的操纵量让直升机着陆。而直升机在强风中悬停，飞行员很难意识到重心超过前限。

第二，如果重心超过后限，尾桨下沉，飞行员需要更多的推杆量来保持悬停状态，甚至会使尾桨触地。

直升机在无风中悬停，飞行员可以通过尾桨下沉，以及顶杆量保持悬停来判断重心是否超过后限。如果在风中悬停，则需要更多的顶杆量。如果在这种情况下飞行，直升机的飞行速度不会太高。因此，重心太靠后，只能依靠阵风或强风让直升机加速飞行。此时不对称拉力和桨叶挥舞会造成旋翼后倾，严重的还会造成旋翼撞击尾梁。

重心允许移动的范围，称为重心允许范围，即重心包线。

通常，同普通飞机一样，直升机的横向平衡考虑得较少，也不进行精确计算，因为直升机座舱相对较窄，且大多数选装设备位于中心线附近。但针对如直升机吊装运行操作等情况，必须考虑横向重心位置，在飞行员操纵手册和飞行手册中，会涉及横向和纵向重心包线，如图 10-5 所示。

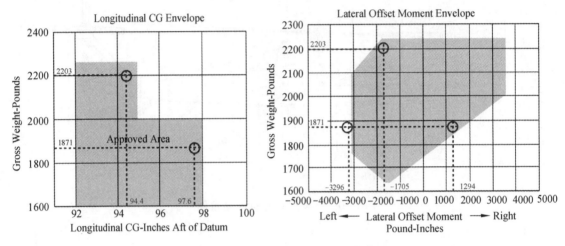

图 10-5　典型直升机的重心包线

10.3　重量与平衡原理

直升机的重量变化对飞行有直接影响，而是否平衡关系到直升机的稳定性和操纵性问题。通过重量与平衡的分析，确保重量低于最大允许重量，而且重心在许可范围内。基本方法是将各部分所有重量累加起来，并计算各部分形成的力矩的大小，确定重心位置。如果重心超出允许包线范围，则需要调整。

直升机最大载重受发动机的功率限制，而直升机重心的前后极限位置受俯仰安定性和俯仰操纵性的限制。

直升机的平衡要求：装载后的直升机重心位置必须在规定的重心范围内。这里的平衡包括纵向平衡和横向平衡。为了分析平衡性，必须计算力矩，这样就要知道力和力臂的值。

对于直升机装载而言，作用在直升机各部件及装载上的力是由于地球引力引起的物体重力，用千克力（kgf）或磅力（lbf）来表示，其与力臂的乘积就是用以分析平衡的力矩。例如，下图给出分析重量与平衡原理的例子。

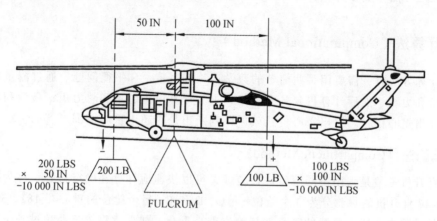

图 10-6　直升机的平衡支点

在支点前方产生 – 10 000 lb 的力矩，"–"代表逆时针的力矩；而在支点之后产生 +10 000 lb 的力矩；"+"代表顺时针的力矩。这里，顺时针力矩之和等于逆时针力矩之和，表明系统是平衡的。则平衡原理为所有针对支点的力矩之和为零，代表系统是静平衡的。为了确定系统是否平衡，必须知道支点或重心的位置。

图 10-7 为直升机装载示意图，在基本空机重量的基础上，装载燃油和商载。

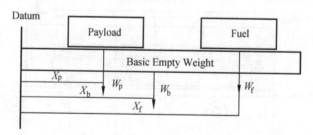

图 10-7　直升机装载示意图

设全机重心到基准的力臂为 X_{cg}，即重心位置，全机重量为 W_t，则根据物理学原理，可用以下公式确定直升机的重心位置

$$X_{cg} \cdot W_t = X_p \cdot W_p + X_f \cdot W_f + X_b \cdot W_b$$

则

$$X_{cg} = \frac{总力矩}{总重} = \frac{X_p \cdot W_p + X_f \cdot W_f + X_b \cdot W_b}{W_t}$$

10.4　重量与平衡的确定方法

要确定直升机是否装载合适，机组必须知道两个问题，一是总重是否超过最大总重，二

是重心是否在允许范围之内，而且在燃油消耗过程中也一直处在这个范围内。直升机的重量与平衡的确定方法一般分为 3 种：计算法、表格法和装载图法。

10.4.1 计算法（Computational Method）

使用计算方法时，需要用一些简单的数学运算解决重量和平衡问题。通过测量得到各个部分的重量和力臂，然后计算得到各个力矩；求和计算得到总重和总力矩；最后利用重心位置公式，算出重心位置。算出重心位置就可以判断出是否超出重心范围。

1．隔舱法（Compartment Method）

运输直升机一般是采用不同舱位进行装载，可以快速地计算和确定重心，称为隔舱法。例如，CH-47 直升机的货舱分为 3 个舱位——C、D 和 E，每个舱位的重心在 181、303 和 425 站位，装载过程中，所有负载的重心都与舱位重心重合。如果货物较长，超过一个舱位，占据 2 个以上舱位，则需要将重量等比例分配。

例 10-1 如图 10-8 所示，根据货物重量和站位计算装载重心。

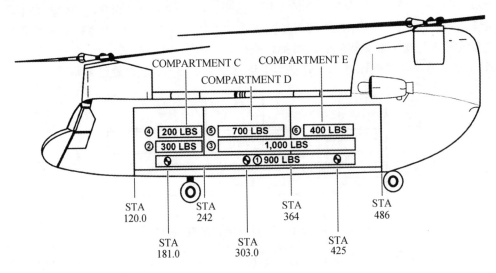

图 10-8 CH-47 直升机的货舱站位

解：

STEP 1：Record the weight of cargo in each compartment.

COMPARTMENT C	COMPARTMENT D	COMPARTMENT E
300 LBS (1/3 weight of item①)	300 LBS (1/3 weight of item①)	300 LBS (1/3 weight of item①)
300 LBS (weight of item②)	500 LBS (1/2 weight of item③)	500 LBS (1/2 weight of item③)
+ 200 LBS (weight of item④)	+ 700 LBS (weight of item⑤)	+ 400 LBS (weight of item⑥)
800 LBS	1 500 LBS	1 200 LBS

STEP 2: Calculate the moment for each compartment by multiplying the total weight in each

compartment by the station number of the compartment centroid.

COMPARTMENT C	COMPARTMENT D	COMPARTMENT E
800	1 500	1 200
×181	×303	×425
144 800	454 500	510 000

STEP 3: Add the compartment moments and weights.

Compartment C	144 800	800 LBS
Compartment D	454 500	1 500 LBS
Compartment E	+ 510 000	+ 1 200 LBS
Total Moment	1 109 300	Total Weight 3 500 LBS

STEP 4: Divide the total moment by the total weight.

$$\frac{1\,109\,300}{3\,500} = \text{Station } 316.9 \text{ (load CG)}$$

2. 站位法（Station Method）

如果比较通用和精确的计算负载重心，就要采用站位法。前提是要精确知道每件货物的重量和重心，重心是采用站位来表示，而且在装载时要准确放置到特定的站位上。

例 10-2　图 10-9 是 UH-60 直升机装载图。货舱中装载了 4 件货物，分别为 600 lb、700 lb、850 lb 和 1 100 lb，其重心位置分别为：270、310、343 和 375 站位，求负载的重心位置。

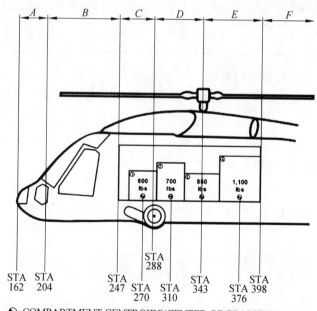

图 10-9　UH-60 装载图

解：

货物的总重量为

$$600 + 700 + 850 + 1\ 100 = 3\ 250\ 磅$$

总力矩为

$$600{\times}270 + 700{\times}310 + 850{\times}343 + 1\ 100{\times}375$$
$$= 162\ 000 + 217\ 000 + 291\ 550 + 412\ 500 = 1\ 083\ 050\ 站位\cdot 磅$$

负载重心位置为

$$1\ 083\ 050/3\ 250 = 333\ 站位$$

10.4.2 表格法（Tabulation Method）

表格法是另一种比较准确确定重心的方法。下面举例说明。

例 10-3 基准点为 0 点，重量和力臂如下表：

项　目	重量（磅）	力臂（英寸）	力矩（英寸·磅）
空　机	1 700	+ 6.0	$1\ 700{\times}(+6) = +10\ 200$
飞 行 员	200	− 31.0	$200{\times}(-31.0) = -6\ 200$
滑油（8 夸脱，全部可用）	12	+ 1.0	$12{\times}(+1.0) = +12$
燃油（50 加仑，全部可用）	300	+ 2.0	$300{\times}(+2.0) = +600$
行　李	30	− 31.0	$30{\times}(-31.0) = -930$

问：直升机的重心大致位于何处？

A. 基准点后 1.64 英寸处；　　B. 基准点前 1.64 英寸处；　　C. 基准点前 7.99 英寸处

解：

直升机的总重量为

$$1\ 700 + 200 + 12 + 300 + 30 = 2\ 242\ 磅$$

总力矩为

$$10\ 200 - 6\ 200 + 12 + 600 - 930 = 3\ 682\ 英寸\cdot 磅$$

直升机的重心位置为

$$3\ 682 / 2\ 242 = +1.64\ 英寸$$

所以，答案选 A。

10.4.3 装载图法（Loading Chart Method）

可以使用装载图确定直升机是否在重量和重心限制范围之内。为了使用装载图，首先将各部分重量求和。下面举例说明重心位置确定、判断平衡是否达到要求，以及调整重心位置的方法。

例 10-4　用图 10-10，根据表中所列条件，求直升机重心。

A. 重心范围之外，已超过标准全重；

B. 重心范围之外，标准全重和全重力矩已被超过；

C. 重心范围之内，全重和全重力矩均在标准范围之内。

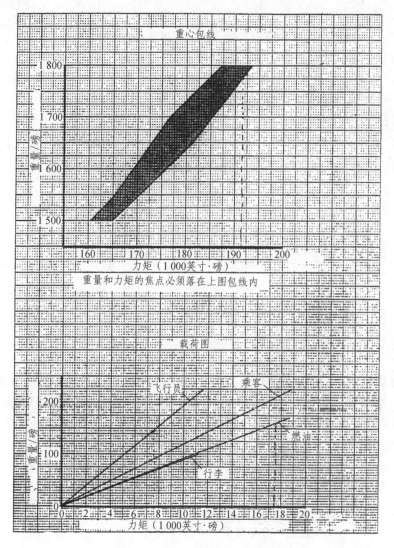

图 10-10　重心包线和荷载图

项　　目	重量（磅）	力矩（1 000 英寸·磅）
直升机的基本重量（包括滑油）	1 315	150.1
飞行员重量	140	7.2
乘客重量	150	12.3
27 加仑燃油	162	17.4

解：根据图 10-10 下表可分别查出 140 磅飞行员重量、150 磅乘客重量、27gal（美）燃油（162 磅）所对应的力矩分别为 7.2（1 000 英寸·磅）、12.3（1 000 英寸·磅）、17.4（1 000 英寸·磅）。

所以直升机的总重量为

$$1\ 315+140+150+162 = 1\ 767\ 磅$$

总力矩为

$$150.1+7.2+12.3+17.4 = 187（1\ 000\ 英寸·磅）$$

直升机的总重量与总力矩的交点在图 10-10 中的包线内，所以答案选 C。

例 10-5 重量增减后重心的确定：总重 4 137 磅，重心位置站位 67.8 处，小时燃油消耗量 13.7 gal（美）/h，燃油重心站位 68.0 处。问：经过 1 h 30 min 的飞行后，直升机的重心将位于哪一站位？

A. 67.79；   B. 68.79；   C. 70.78

解：经过 1 h 30 min 的飞行，直升机的耗油为

$$13.7×1.5×6 = 123.3\ 磅$$

根据公式

$$\frac{重量的改变量}{新的总重} = \frac{重心改变量}{增减重量与原重心的距离}$$

即

$$\frac{123.3}{4\ 137-123.3} = \frac{\Delta CG}{68-67.8}$$

可得

$$\Delta CG = 0.006\ 站位$$

随着燃油消耗，重心前移，所以新的重心在 67.8 − 0.006 = 67.79 站位，答案选 A。

例 10-6 重量移动后重心的确定：如果一架直升机的停机重量为 3 650 磅，重心在站位 94.0 处，现欲将重心移至站位 92.0 处，需将多少行李由位于站位 180 处的后行李舱移向位于站位 40 处的前行李舱？

A. 52.14 磅；   B. 62.24 磅；   C. 78.14 磅

解：根据公式

$$\frac{移动的重量}{飞机总重量} = \frac{重心改变量}{重量移动的力臂改变量}$$

即

$$\frac{\Delta W}{3\ 650} = \frac{94.0-92.0}{180-40}$$

可得

$$\Delta W = 52.143\ 磅$$

所以答案选 A。

·复习思考题·

1. 采用_____公式计算直升机重心位置。
2. 如果重心位置处在重心的前限，直升机逆风悬停有利还是顺风悬停有利？
3. 直升机逆风悬停，重心位置处在重心的后限有利，还是重心的前限有利？
4. 重量与平衡有哪几种确定方法？

附录Ⅰ 术 语

桨叶（Blade）：是产生升力的关键部件，具有一定的翼型结构。通常由金属材料或复合材料制成。

桨叶前缘（Leading Edge）：是指整个桨叶中最先与气流相接触的部分。

桨叶后缘（Trailing Edge）：是指桨叶中逐渐收敛的锥形部分，能使气流流过翼型表面产生流线型效应的部位。

前行桨叶（Advancing Blade）：在 0°～180° 桨叶方位角（Blade Azimuth Angle）范围内的桨叶，其旋转速度的分量指向直升机前方。

后行桨叶（Retreating Blade）：在 180°～360° 桨叶方位角范围内的桨叶，其旋转速度的分量指向直升机后方。

翼型（Airfoil）：机翼或桨叶的剖面形状。翼型与机翼或桨叶是不同的概念。对某些机翼或桨叶，沿着机翼展向或桨叶径向的不同位置翼型各异。

翼弦（Chord），或桨弦（Blade Chord）：从翼型的前缘到后缘之间假想出来一条直线，用作测量翼型角度的基准线。

迎角（Angle of Incidence）：也叫攻角（Angle of Attack，AOA），是指翼型的弦与相对气流之间形成的锐角。

最大厚度位置（Location of Maximum Thickness）：翼型的最大厚度所在的位置到前缘的距离。

最大厚度的相对位置（Maximum Thickness Ratio）：最大厚度位置与弦长的百分比。有些将其等同于最大厚度位置。

相对厚度（Thickness Chord Ratio）：又称厚弦比，是翼型最大厚度与弦长的百分比。

中弧线（Mean or Camber Line）：与翼型上下翼面相切的一系列圆的圆心的连线。中弧线的曲率表示翼型的弯曲程度。中弧线是曲线或直线，对称翼型的中弧线与翼弦重合，是一条直线。

弧高（Camber）：中弧线与翼弦之间的垂直距离，表征翼型前缘到后缘之间的弯曲程度。上翼面弯度是指翼型上表面的弯曲程度。下翼面弯度是指翼型下表面的弯曲程度。

相对弯度：最大弧高（Maximum Camber）与弦长的百分比。

最大弯度的相对位置（Maximum Camber Ratio）：最大弧高所在位置与翼型前缘的距离与弦长的百分比。

桨叶角（Pitch）：是指桨弦与桨毂旋转平面之间的夹角，也称作桨距、变距角或安装角。

桨盘面积（Disc Area）：桨叶转动时叶尖形成的圆周面积。

桨尖旋转平面（Tip Path Plane，TPP）或桨尖轨迹平面：所有桨尖转动时叶尖形成的平面。

圆锥角（Coning Angle）：桨叶与桨尖旋转平面之间的夹角。

桨叶扭转（Blade Twist）：从桨根到桨尖处的安装角不一致。

桨盘负载（Disc Loading）：直升机起飞重量与桨盘面积的比值。

桨叶负载（Blade Loading）：直升机起飞重量与所有叶片面积和的比值。

桨盘固态性（Disc Solidity）：所有桨叶面积之和与桨盘面积的比值，也称旋翼实度（Solidity Ratio）。

挥舞（Flapping）：在升力的作用下，桨叶绕水平铰的垂直运动。

阻尼（Dragging）：在阻力作用下，桨叶绕垂直铰的水平运动，也称摆振。

垂直飞行（Vertical Flight）：直升机在垂直方向的上升和下降，由总距杆操纵。

过渡飞行（Translational Flight）：除垂直方向以外任何方向的飞行，由周期变距杆操纵。

变距（Feathering）：改变桨叶角以改变桨叶迎角。

升力不对称性（Dissymmetry of Lift）：在某些飞行姿态下桨叶产生的升力不对称。

相位滞后（Phase Lag）：是指当有一个外力（改变桨叶角）作用到桨叶上时，桨叶的挥舞效应将沿着转动方向滞后 90° 才出现。这种现象也叫陀螺进动性。

地面效应（Ground Effect）：直升机的地面效应是指被旋翼排向下方的气流，受地面阻挡而影响旋翼空气动力的一种现象。地面效应强弱将直接影响旋翼拉力和悬停所需功率。地面效应强悬停所需功率小，反之则大。在水上悬停，没有地面效应。

地面共振（Ground Reconnaissance，GR）：当桨叶随摆振铰的振动频率与直升机自然频率接近时发生的自激励振动。

地效悬停（In Ground Effect，IGE）：直升机在距离地面高度小于旋翼直径处悬停。

无地效悬停（Out Ground Effect，OGE）：直升机在距离地面高度大于一个旋翼直径处悬停。与地效悬停相比，诱导阻力增加，所需功率增加。

铰接式旋翼（Articulated Rotor）：是通过桨毂上设置的挥舞铰、摆振铰和变距铰，使每片桨叶自由地进行挥舞、摆动和改变桨距。

桨毂（Rotor Hub）：是连接桨叶和旋翼轴的部件，由旋翼轴带动进而驱动桨叶旋转。为了保证直升机能够正常飞行，桨毂上还包含下列特殊部件：

铰链（Hinge）：用于满足桨叶在不同方向上的运动需求。不同结构的桨毂可能具有以下全部或部分铰链，甚至没有以下铰链，但通常在这些桨毂上应都能实现以下铰链所具有的功能。

挥舞铰（Flapping Hinge）：也称水平铰，允许桨叶绕该铰链在垂直于旋转面的方向上挥动，从而消除直升机前飞时因前行桨叶和后行桨叶的相对气流速度不一致所产生的侧向倾翻力矩。

摆振铰（Lead-lag Hinge）：也称垂直铰，允许桨叶绕该铰链在旋转面内摆动，从而减轻或消除旋转的桨叶因挥舞而产生的哥氏力所带来的影响，即桨叶根部疲劳。

变距铰（Feathering Hinge）：也称轴向铰，允许桨叶沿展向转动，改变桨距，从而控制桨叶的运动和产生的升力大小。

减摆器（Hunting Damper）：通过吸收能量的方式，降低桨叶的摆动幅度。

拉杆（Pitch Change Rod）：两端分别连接桨叶和自动倾斜器，传递周期变距和总距操纵。

扭力臂（Horn）：固定在桨毂上，带动自动倾斜器的旋转部分转动，保证与旋转部分相连的拉杆只传递桨距操纵，而不受侧向力干扰。

自动倾斜器（Rotor Control Assembly）：传递来自操纵线系的周期变距和总距操纵，由旋转和不旋转两部分构成。

　　旋翼轴（Rotor Mast）：传递主减速器输出的扭矩至桨毂。

　　平衡杆（Stabiliser Bar）：为桨毂提供内在稳定性，图 1、图 2 中最上方是二端有配重的平衡杆。

图 1

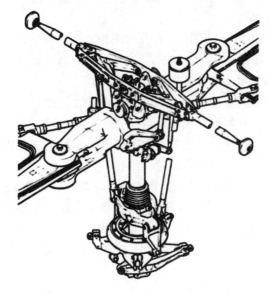

图 2

附录Ⅱ　英美制单位与国际单位的换算

	换算关系
长 度	
	1 ft = 0.304 8 m
	1 m = 3.281 ft
	1 n mile = 1.852 km
	1 mile = 1.609 km
速 度	
	1 kt = 1 n mile/h = 1.852 km/h = 0.514 m/s 1 m/s = 1.946 kt 1 km/h = 0.54 kt
重 量	
	1 lb = 0.454 kg
	1 kg = 2.205 lb
	1 slug = 14.594 kg
容 量	
	1 gal（AmE）= 3.785 L = 3.785×10^{-3} m^3
	1 m^3 = 1000 L = 264.169 gal （AmE）
压 强	
	1 inHg = 33.86 hPa
	1 hPa = 1 mbar
功 率	
	1 hp = 745.7 W

附录III 升力的不同描述

目前，关于机翼产生升力的原因，在一些教科书（航空科普读物、飞行员教程、航空概论等）中都有讲解。一般这种解释是基于伯努利定理，是对升力的一种普遍描述，且被广泛采纳。在一些名牌飞行学院里，甚至在美国和英国的许多百科全书中，联邦航空局（FAA）权威的《飞行员航空知识手册》和国际民航组织（ICAO）的《商用飞机飞行员培训手册》（1985版），都采用这种普遍描述方法。

其实，正确解释升力产生的原因是一件很复杂的事情。早年与普遍描述方法不同的解释曾在德国和瑞典出现过，后来随着网络和航空知识的普及，其他对升力产生机理的解释也涌现出来，例如，在 NASA 官网上就对升力的解释进行了"更正"。在 2000 年出版的联邦航空局（FAA）发行的第四版《飞行员航空知识手册》，以及 2001 年发行《理解飞行》中对升力的理解有了新的突破。资深飞行员和航空工程师 C. N. Eastlake 认为，只要条件足够，不管哪种方法都可以解释升力。

目前有两种最著名的解释，即 Longer Path 理论（即等时段理论，简称等时论）和牛顿理论（也称为动量传递或空气偏转理论），第一种被称为升力的普遍描述，第二种称为升力的物理描述。除了这两种描述，还有一种精确的描述方法——升力的数学描述，用机翼环量来确定升力，这种方法在高等空气动力学教材中有深入的讲解，主要依靠库塔条件、绕翼环量、库塔-茹可夫斯基定理和伯努利定理来解释。

下面就针对解释升力的几种方法进行一一叙述，仅供参考和理解。

一、升力的普遍描述（Most Description of The Physics of Lift）

这种对升力的描述是基于翼型和伯努利定理。相对气流流到机翼前缘，在驻点处分成上、下两股气流，分别沿机翼上、下表面流过，在机翼后缘重新汇合向后流去。由于翼型的上表面外凸程度大于下表面，应用连续性定理和伯努利定理，所以流过上表面的气流快于下表面，动压增加而静压减小，于是机翼上、下表面出现了压力差，垂直于相对气流方向的压力差总和就是升力。升力来源于机翼上下表面气流的速度差导致的气压差。即使典型弧形翼型的迎角为零，也会产生升力，更不用说迎角大于零了，如图 1 所示。

这种解释依据所谓的"等时段原理"（Principle of Equal Transit Times），即通过翼型的相对气流分成两股，它们在前缘同时分开又在后缘同时合并，也称之为长路径理论，如图 2 所示。在相同的时间内，从上表面流过的空气微团经过的路径更长，因而其速度必然更快，产生的压力差使机翼产生"上吸下压"的效果。

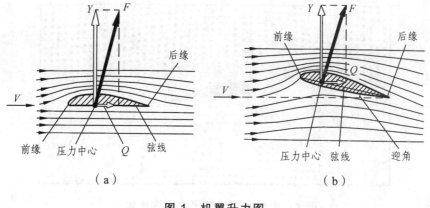

图 1 机翼升力图

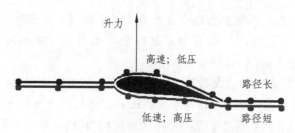

图 2 长路径理论或等时段原理

采用伯努利的这种解释虽然理论上通俗易懂，但有人认为，这种解释对飞机倒立飞行、对称翼型、超临界翼型也能产生升力，就显得无能为力了，其缘由包括以下几方面：

（1）等时段原理认为机翼上表面的气流确实比下表面的空气运动得快。事实上，这个速度比上表面和下表面空气微团汇合所需要的速度还要快，如图 3 所示。其实，由于上翼面前段流管收缩，空气的流速自然加快，所以达到后缘要提前。

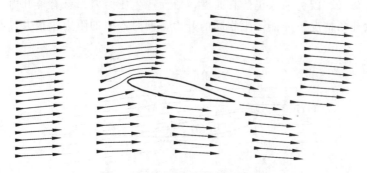

图 3 烟风洞试验的模拟显示

风洞的实验结果或计算机的仿真运算（图 4）都显示：机翼顶部的气流要比底部的气流快很多到达机翼后沿，而不是同时到达（Waltham，1998；Eastlake，2002）。从图中翼型绕流中可以看出，流过翼型上表面的相对气流先到达后缘。其实这个时间差恰恰会产生更大的升力。

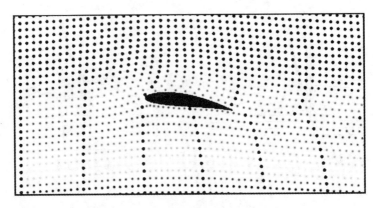

图 4　空气微团流经翼型的仿真显示

（2）压力差不能提供足够的升力以克服重力。通过翼型上表面的长度和下表面长度计算出气流速率的差别，会发现产生的升力不足以使飞机升空（Raskin，1994；Anderson & Eberhardt，2001）。

以波音 747-400ER 为例：最大载重 $W \approx 400\ 000$ kg；主翼面积 $A \approx 525$ m^2；在 10 700 m 高空巡航，巡航速度 $V \approx 910$ km/h（约等于 253 m/s）；空气密度 = 0.38 kg/m^3；利用上、下表面压力差等于载重可以算出，流过上表面的气流速度约为 323 m/s。由等时段原理可知，气流经过机翼上下表面的速率和机翼上下表面的长度成正比，则上表面路径：下表面路径 = 323：253 = 1.28：1。很明显，机翼不可能有这样的长度比例。

采用伯努利定理解释升力时进行了很多简化，忽略了很多因素。等时段原理就是一种简化形式。由压力差算出的升力其实并不是真实值，也只是一种简单的理解。特技飞机倒立飞行时，翼型也处在倒立状态，例如特技飞机机翼采用 NACA4412 翼型，如图 5 所示。如果机翼处在合适的位置，即迎角适度，流经上翼面（原来的下翼面）的气流在前缘仍然会被挤压，流管收缩，静压降低，因为前缘仍然有曲度，故而产生压力差，就有了升力。只不过产生升力的效果差，大迎角情况下才能产生相同的升力，同时产生的阻力也很大，所以这时气动效率也差。

图 5　倒立的 NACA4412 翼型

二、升力的数学描述（The Mathematical Description）

从任何大学用的空气动力学教材中，会发现大量的且很复杂的计算升力的数学公式，飞机设计师和航空工程师可以采用升力的数学描述方法来解释升力。采用 N-S 方程（分析黏性流体）等复杂的数学公式，通过计算机编程求解翼型周围的空气流速，然后再通过伯努利方程或欧拉方程（分析理想流体），可以精确计算出压力和升力。

这种升力解释方法是基于升力环量定律，就是在分析中采用环量概念，对通过机翼周围空气的旋转程度进行量化，可以解释上、下表面空气流动速度的差异性。升力大小与环量 Γ 大小成正比，环量大升力大，环量小升力小；环量为零，即使存在迎角，升力也为零，如图 6 所示。这种描述方法的深度和复杂性，导致其不可能在航空科普读物或飞行员教程中被采用，因为飞行员没有必要去考虑环量的问题。

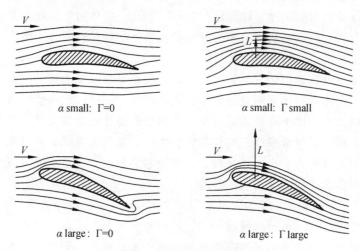

α small: $\Gamma=0$　　　　　　　α small: Γ small

α large: $\Gamma=0$　　　　　　　α large: Γ large

图 6　环量对升力的影响

三、升力的物理描述（The Physical Description）

升力的物理描述主要基于牛顿三大定律和康达效应（Coanda Effect）。D. F. Anderson 在《理解飞行》一书中对此进行了详细的分析和讲解。

在此描述中，升力被认为是一个反作用力，也就是说，机翼是通过将相对气流向下偏转而产生升力的。人们知道，螺旋桨产生拉力是由于推动空气向后运动形成空气流；直升机旋翼向下推动空气，形成空气流而产生升力。螺旋桨和直升机旋翼桨叶可以简单地看成不断旋转的机翼。所以，这种描述方法就是认为，机翼推动空气向下运动，形成空气流而产生升力。

许多人认为，气流撞击机翼下表面，然后向下偏转而产生升力，这是误解（牛顿本人也这样认为）。17 世纪末期，牛顿发表理论，认为气体分子的作用原理与单个粒子相似，撞击到机翼下表面的空气会像射击到金属板上的猎枪子弹一样弹回。每个单独的粒子都从机翼下表面弹回，并向下偏转。随着粒子不断撞击机翼下表面，它们将一部分动量传递给机翼，而每一个分子的撞击都会逐渐地将机翼向上推起。

不过这种说法在某些情况下有一定道理，有些升力的确是机翼下表面空气的偏转而形成的。虽然在正常飞行条件下（如喷气式客机）不能计算出准确的升力值，但针对于某些飞行状态仍可以很好地计算出升力。对于极超音速飞行状态（超过音速 5 倍的速度），牛顿理论非常适用。在速度高而空气密度低的情况下，气体分子的作用原理与牛顿所言的子弹作用原理极为相似。航天飞机在再入段就是在这种条件下工作的。

后来欧拉观察到，流向一个物体的流体在到达物体表面前实际上已发生了偏转，所以它根本没有机会从表面上弹回。所以，D. F. Anderson 认为，大多数机翼的升力是由机翼上表面空气的偏转产生的，也导致产生下洗这一物理现象。既然考虑到机翼上的空气偏转，那么就要用到牛顿三大定律和康达效应。

1. 牛顿三大定律

牛顿三大定律是力学中重要的定律，它是研究经典力学的基础。

（1）牛顿第一定律：任何物体都保持静止或匀速直线运动的状态，直到受到其他物体的作用力迫使它改变这种状态为止。

物体都有维持静止和做匀速直线运动的趋势，因此，物体的运动状态是由它的运动速度决定的，没有外力，它的运动状态是不会改变的。物体的这种性质称为惯性，所以牛顿第一定律也称为惯性定律。

气流吹向平板或机翼表面后发生偏转的原因，就是平板改变气流的流动方向。

（2）牛顿第二定律：物体受到合外力的作用会产生加速度，加速度的方向和合外力的方向相同，加速度的大小正比于合外力的大小，与物体的惯性质量成反比。牛顿第二定律定量描述了力作用的效果，定量地量度了物体的惯性大小。它是矢量式，并且是瞬时关系。要强调的是，物体受到的合外力会产生加速度，可能使物体的运动状态或速度发生改变，但是这种改变和物体本身的运动状态是有关的。

在宏观低速下，牛顿第二定律最常见的形式为 $F = ma$，就是作用力等于质量乘以加速度。使质量为 1 kg 的物体产生 $1m/s^2$ 加速度的力，叫作 1 N。

例如，从牛顿第二定律很容易算出喷气发动机产生的推力，即如果已知发动机单位时间的排气量和排气速度，二者的乘积就是发动机产生的推力。只要发动机排气量或排气速度都变大，那么发动机产生的推力就会增加。

再看图 7 中气流绕机翼的情况。气流从机翼的下表面接近机翼，并产生气流的上洗，然后气流分成两股向机翼后缘流去，在后缘向下偏转。气流的这种向下流动就是气流的下洗。机翼用下翼面将空气向下推，用上翼面将空气向下拉，其中后一个动作更为重要。机翼对气流的下洗作用，反过来，空气对机翼也产生反作用力，这正是机翼产生升力的原因。

图 7　气流绕机翼的真实情况

（3）牛顿第三定律：两个物体之间的作用力和反作用力，在同一条直线上，大小相等，方向相反。要改变一个物体的运动状态，必须有其他物体和它相互作用。物体之间的相互作用是通过力体现的。

相对气流绕过机翼流动，根据牛顿第一定律，机翼对其产生作用力（外力），造成气流流动方向发生偏转。根据牛顿第三定律，气流无论何时何地发生偏转，气流对机翼施加了一个反作用力，作用力和反作用力同时存在。

2. 康达效应

康达效应（见图 8）也称附壁效应或柯恩达效应（Coanda Effect），是大部分飞机机翼的主要运作原理，附壁作用的突然消失是飞机失速的主要原因。流体（水流或气流）有离开本来的流动方向，改为随着凸出的物体流动的倾向，流体与它流过的物体表面之间存在面摩擦，这时流体的流速会减慢。只要物体表面的曲率不是太大，依据流体力学中的伯努利原理，流速的减缓会导致流体被吸附在物体表面上流动。

例如，打开水龙头放出小股水流，把一汤勺背靠水流，慢慢接近。水流会被吸引发生弯曲，流到汤勺的背上。这是伯努利定理及康达效应作用的结果。伯努利定理令汤勺与水流之间的压力降低，把水流引向汤勺上。当水流附在汤匙上以后，康达效应令水流一直在汤勺的凸出表面流动。根据牛顿第一定律可知，水流发生弯曲是因为受到外力，其方向指向弯曲方向。根据牛顿第三定律可知汤勺受到一个大小相等、方向相反的力。同样道理应用到机翼上，就可以解释升力了。

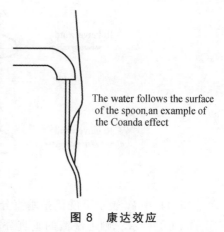

The water follows the surface of the spoon,an example of the Coanda effect

图 8　康达效应

相对气流在机翼周围弯曲的原因就是康达效应的结果。气流弯曲是受到外力的作用，此外力与流线垂直，弯曲越大，外力就越大。根据牛顿第三定律，空气受到的力与机翼受到力大小相等，方向相反，如图 9 所示。机翼前缘的上洗流和后缘处的下洗流也是康达效应的结果。

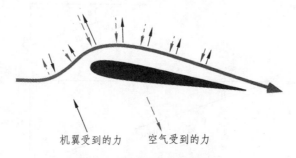

机翼受到的力　　空气受到的力

图 9　空气和机翼的受力

从图中可以看出，大部分升力来源于机翼前缘部位。事实上，机翼总升力的一半是在 25% 弦长前产生的。前端的作用力方向超前，既起到升力作用也起到拉力作用。后缘处作用力的水平分力抵消了前端的水平拉力。

根据图 3 和图 4 看出，流线之间的流速不同，越靠近翼面流速越慢，这是空气的黏性引起的。经过机翼前端最大突起后，如果流线径直流向机翼后侧，那么在流线和机翼上表面之间存在一空气团，它在外力的作用下向后运动，脱离机翼上表面，引起压力降低，产生低压区。最终由于压力下降引起流线弯曲，直到靠近机翼上表面。

这种描述方式表明，气流弯曲导致机翼上表面的压力降低。由于伯努利定理，压力降低导致气流加速。可以认为，机翼上表面气流加速是压力降低的结果，而不是其原因。也就是说，采用普遍描述方法解释升力的时候，因果颠倒。

根据牛顿第二定律，机翼升力与偏转空气量乘以下洗流的垂直分速成正比。其中，下洗流的垂直分速与机翼速度和迎角有关。可以通过增加偏转空气量和下洗流流速来增加升力。如果没有下洗流，就不能产生升力，如图 10 所示。

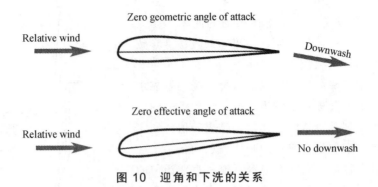

图 10 迎角和下洗的关系

图 11 中 V_V 表示下洗流是垂直分速；ε 表示下洗角。机翼速度翻番，迎角保持不变，如图 11（b）所示，则下洗流的垂直分速也翻番，那么偏转空气量增加了 1 倍。随着速度增加 1 倍，偏转空气量和下洗流的垂直分速各增加 1 倍，因此机翼升力变为原来的 4 倍。如果机翼保持原来速度，迎角增加 1 倍，如图 11（c）所示。相应地，下洗流的垂直分速增加 1 倍，机翼升力也翻一番。所以，下洗流的垂直分速与飞行速度和迎角大小成正比，只要其中一项变大，机翼升力就变大。

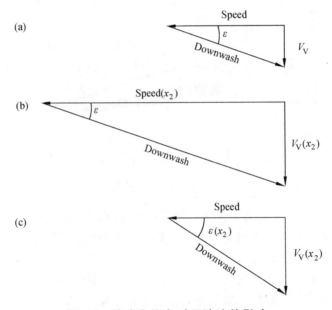

图 11 速度和迎角对下洗流的影响

由柯恩达效应可知，流体总是倾向于顺着它所接触到的弯曲表面的轮廓流动。如果流体流过圆柱体，如图 12 所示，不会产生横向力。但如果圆柱体旋转，会有什么结果呢，这里用到马格努斯效应。

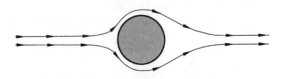

图 12 流过静止圆柱体的情形

3. 马格努斯效应

当一个旋转物体的旋转角速度矢量与物体飞行速度矢量不重合时，在与旋转角速度矢量和移动速度矢量组成的平面相垂直的方向上将产生一个横向力。在横向力的作用下物体飞行轨迹发生偏转的现象称作马格努斯效应（Magnus Effect）。如图13中的圆柱体旋转产生横向力。

旋转物体之所以能在横向产生力的作用，从物理角度分析，是由于物体旋转可以带动周围流体旋转，使得物体一侧的流体速度增加，另一侧流体速度减小。根据伯努利定律，流体速度增加将导致压强减小，流体速度减小将导致压强增加，这样就导致旋转物体在横向的压力差，并形成横向力。同时，由于横向力与物体运动方向相垂直，因此这个力主要改变飞行速度方向，即形成物体运动中的向心力，因而导致物体飞行方向的改变。

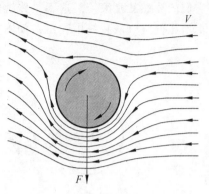

图 13　流过旋转圆柱体的情形

马格努斯效应可以用来解释乒乓球、网球、排球中的弧线球，足球中的香蕉球等现象，所以球转得越快，弧度越大。利用马格努斯效应还设计出了带旋转的飞艇，这种飞艇通过旋转可以增加、调节飞艇的升力，是飞艇设计中一种很有趣的设计方式。在1926年，Anton Flettner建造了一艘名为Bruckau的船，就是采用大量旋转的圆柱体而非船帆作为动力，并且横跨了大洋，图14所示为Flettner旋翼船。

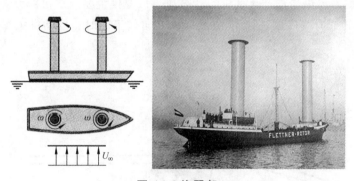

图 14　旋翼船

但如果有股气流被强迫着从圆柱体顶部后面的一个狭长缝隙中吹出，它将包裹住圆柱体的后端，并且拖住其周围的气体。这与马格努斯效应很相似，只不过圆柱体自身没有旋转，如图15所示。

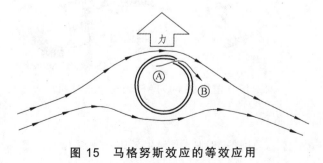

图 15　马格努斯效应的等效应用

柯恩达效应可应用于专门的环境下，以增加由襟翼所提供的额外升力的值。机翼或者襟翼上方的狭缝中将喷出压缩空气以提供额外的升力，而不是仅仅改变翼型。

1990 年，麦道直升机公司设计了一款直升机，设计中去除了部分直升机的尾桨，而取代它们的竟然就是滚筒。这不是传统的那种依靠尾部螺旋桨来操纵直升机的方式，而是在尾桁上增压使空气从狭缝中吹出，如图 16 所示。

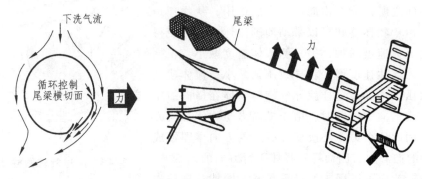

图 16　柯恩达效应的实际应用

在大直径空心尾梁的一侧制造了两个齿槽，叫作循环控制齿槽。通过尾梁的一部分气流通过这些齿槽排出，使主旋翼下洗气流附着在一侧的时间比另一侧长，因此形成了一个垂直的翼型，从而产生一个侧向力来抵消扭矩作用。

在悬停时，循环操纵齿槽产生的柯恩达效应可以提供主要的反扭矩力，而在前飞时，则是由侧垂尾和喷气推力器提供，如图 17 所示。在自转下降时，发动机关车，方向是由侧垂尾来控制的。

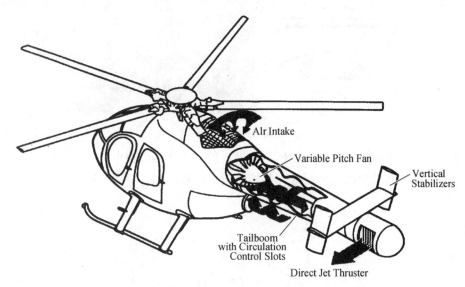

图 17　麦道的 NOTAR 无尾桨直升机

四、FAA 对升力的解释

21 世纪以来，FAA 普遍采用伯努利定理和牛顿定律来解释升力是如何产生的。

其实机翼在设计和制造时，其外表面有弯度或弧度。由于在相同时间段内，机翼上表面气流要比下表面气流移动的距离长，因此根据伯努利定理，机翼上表面压力低于下表面，在弯曲的机翼上表面会产生一个指向低压方向的升力，即翼型升力（Airfoil Lift）或伯努利升力（Bernoulli's Lift）。再者，如前所述没有弧度的平板也会产生升力，这是因为相对气流吹过机翼下表面引起气流向下偏转，根据牛顿第三定律，对于每一个作用力都会产生一个大小相等、方向相反的反作用力，机翼故而会产生额外的升力，即牛顿升力（Newtonian Lift）或反作用升力（Action-reaction Lift），这种升力通常仅占总升力的 15% 左右。

所以，机翼上表面的低压和空气对机翼下表面偏转气流的反作用力共同产生了升力，即机翼升力基本上等于伯努利升力与牛顿升力之和。

附录IV 直升机数据

A	B	C	D	E	F	G	H	I	J	K	L	M	N
Name and Model	(lb)	(ft)	(ft)	(ft/No.)	(ft)	(ft)	(ft/No.)	(ft)	UC Type	(ft)	(ft)		Crew /Passengers
Agusta													
A-109	5 997	43	11	37/4	10	25	6.7/2	2.3	wheel	11.6	7.5	2-T	1/7
A-109E Power	6 284	37.6	11.5	36.1/4	8.04	26.5	6.7/2	3	wheel	16.11	5.28	2-T	1/7
A119 Koala	5 997	42.7	11.5	36.1/5	8.33	25.5	6.6/2	4.23	skid	13.4	5.48	1-T	1/7
Bell/Agusta													
AB-139	13 228	54.8	12.5	45.3/5	7	32.2	8.9/4	7.5	wheel	14.2	10	2-T	1/13
BA-609 Tiltrotor	16 800	60	15	26/3×2	14	27	n/a	n/a	wheel	19	10	2-T	1or2/9
Bell Helicopter													
47	2 950	44	10	36/2	5	25	5.1/2	3.5	skid	9.9	7.5	1-P	1/3
205A,A-1	9 500	57.1	12.3	48/2	7.3	33.1	8.5/2	5.9	skid	12.1	8.8	1-T	1/14
205B&UH-1H II	10 500	57.1	11.8	48/2	7.3	33.1	8.5/2	5.9	skid	12.1	8.8	1-T	1/14
206B-3	3 200	39.1	10.4	33.3/2	6	22.5	5.4/2	2.1	skid	8.3	6.8	1-T	1/4
206L-1,3	4 150	42.5	10.3	37/2	6.2	24	5.4/2	3.5	skid	9.9	7.7	1-T	1/6
206L-4	4 450	42.5	10.3	37/2	6.2	24	5.4/2	3.5	skid	9.9	7.7	1-T	1/6
212	11 200	57.2	12.6	48/2	7.5	33.2	8.5/2	6.1	skid	12.1	8.8	2-T	1/14
214ST	17 500	63	16	52/2	6.5	37	9.7/2	3.5	skid	12.1	8.6	2-T	2/18
222B,UT	8 250	50.2	11.7	42/2	9.2	29.2	6.9/2	2.7	wheel/skid	12.2	7.8	2-T	1/9
230	8 400	50.2	12	42/2	9.2	29.2	6.9/2	2.7	wheel/skid	12.2	7.8	2-T	1/9
412EP	11 900	57	15	46/4	11	34	8.5/2	6.4	skid	7.9	8.3	2-T	1/14
407	5 250	41.8	10.9	35/4	8	24.3	5.4/2	3.3	skid	9.9	7.5	1-T	1/6
427VFR	6 350	42.6	10.6	37/4	6.3	24.1	5.7/2	3.8	skid	9.9	7.5	2-T	1/7
430	9 300	50.2	13.2	42/4	6.8	29.2	6.9/2	3.9	wheel/skid	12.5	8.3	2-T	1/9
Boeing													
107	20 000	84	17	50/3	15	59	50/3	16.9	wheel	24.9	12.9	2-T	3/25
234	48 500	99	19	60/3	15	69	60/3	18.7	wheel	25.8	10.5	2-T	3/44
360	36 160	84	84	50/4	14	59	50/4	19.6	wheel	32.7	13	2-T	3/30

A	B	C	D	E	F	G	H	I	J	K	L	M	N
Name and Model	(lb)	(ft)	(ft)	(ft/No.)	(ft)	(ft)	(ft/No.)	(ft)	UC Type	(ft)	(ft)		Crew/Passengers
Brantly													
B-2B	1 670	28	7	24/3	4.8	16	4.3/2	3	skid	7.5	6.8	1-P	1/1
305	2 900	33	8	29/3	8	19	4.3/2	3	skid/wheel	6.2	6.8	1-P	1/4
E.H. Industries													
EH-101	31 500	75	22	61/5	21.3	45	13.1/4	8.2	wheel	22.9	14.9	3-T	3/30
Enstrom													
208/F28F	2 600	29.3	9	32/3	5.8	20.6	4.7/2	3.1	skid	8	7.3	1-P	1/2
408B/TH-28	3 000	30.1	9.7	32/3	6.5	21.2	5.0/2	3.6	skid	9.2	8.1	1-T	1/5
Eurocopter													
315 Lama	4 300	42.46	11	36.15/3	10.13	20	6.27/3	3.18	skid	10.8	7.8	1-T	1/4
316 Alouette III	4 630	33.37	9.74	36.08/3	9.8	27.72	6.27/3	2.8	wheel	11.5	8.5	1-T	1/4
330 Puma	16 315	60	17	50/4	14.4	35	10.0/5	6	wheel	13.3	9.8	2-T	2/20
332 Super Puma	18 960	61.34	16.24	51.17/4	14.56	36	10.0/5	7.1	wheel	17.3	9.8	2-T	2/24
341 Gazelle	3 970	39.27	10.4	34.5/3	8.9	23	Fenestron	2.44	skid	6.4	6.6	1-T	1/4
350 A Star/Ecureuil	4 960	42.45	10.96	35.07/3	10.63	25	6.1/2	2.3	skid	4.7	7.48	1-T	1/6
335 Twin Star	5 732	42.45	9.91	35.86/3	10.3	25	6.1/2	2.3	skid	9.56	7.12	2-T	1/6
360 Dauphin	6 600	43.3	11.48	37.72/4	10.73	25	Fenestron	2.6	wheel	23.71	6.4	1-T	1/13
365 Dauphin 2	9 480	45.05	13.32	39.17/4	11.38	24	Fenestron	2.6	wheel	11.94	6.23	2-T	1/11
BO-105	5 732	38.9	11.5	32.28/4	9.84	23	6.2/2	6.1	skid	8.3	8.2	2-T	1/5
BK-117	7,385	42.65	12.63	36.09/4	11.02	25	6.42/2	6.3	skid	11.6	8.2	2-T	1/10
EC-120	3 780	37.79	11.15	32.8/3	10.1	24.6	Fenestron	2.06	skid	9.4	6.79	1-T	1/4
EC-130	5 291	41.47	11.84	35.07/3	10.96	23.7	Fenestron	5.3	skid	10.5	7.87	1-T	1/7
EC-135	6 250	40	11.5	33.5/4	11	22.8	Fenestron	5.628	skid	10.5	6.6	2-T	1/6
EC-145	7 904	42.74	12.98	36.08/4	11.32	28	6.44/2	10.69	skid	9.51	7.87	2-T	1/8
EC-155	10 692	46.91	14.27	41.34/5	11.96	23	Fenestron	3.1	wheel	12.83	6.23	2-T	2/12
EC 225	11 060	63.98	16.3	53.14/5	15.09	38	10.33/4	3.5	wheel	17.22	9.84	2-T	2/24

A	B	C	D	E	F	G	H	I	J	K	L	M	N
Name and Model	(lb)	(ft)	(ft)	(ft/No.)	(ft)	(ft)	(ft/No.)	(ft)	UC Type	(ft)	(ft)		Crew/Passengers
Kaman													
K-Max K1200	6 000	52	21	48.2/4	10.7	28	na	na	wheel	15.3	11.3	1-T	1/0
MD Helicopters													
500/520/550/530	3 100	32	9	28/5	8.5	19	4.6/2		skid	8.1	6.8	1-T	1/4
520N/530N	3 350	32	9	29/5	8.7	17	NOTAR		skid	4.5	6.5	1-T	1/4
MDX Explorer	6 500	39	12	34/5		23	NOTAR	3.3	skid	7.3	7.3	2-T	1/7
600N	4 100	37	10	27.5/2			NOTAR		skid			1-T	1/7
Piasecki													
PZI,Sokol	14 080	61.7	13.8	51.5/4			10.0/3		wheel			2-T	2/12
Robinson													
R-22	1 370	29	9	26/2	8.8	16	3.5/2	4.1	skid	4.2	6.3	1-P	1/1
R-44 Astro	2 400	38	11	33/2	10.5	22	4.8/2	3.8	skid	4.2e	7.2	2-P	1/3
Rogerson-Hiller													
RH-1100	3 500	42	10	36/2	9.5	24	6.0/2	3	skid	7.9	7.2	1-T	1/6
UH-12	3 100	41	11	36/2	10.1	23	6.0/2	4	skid	8.3	7.5	1-P	1/2
Schweizer													
300C	2 050	30.8	8.7	26.8/3	8.7	15.3	4.3/2	2.8	skid	8.3	6.5	1-P	1/2
300CB	1 750	30.8	8.7	26.8/3	8.7	15.3	4.3/2	2.8	skid	8.3	6.5	1-P	1/1
333	2 550	31.3	8.8	27.5/3	9.2	15.3	4.3/2	3.2	skid	8.3	6.5	1-T	1/3
Sikorsky													
S-58	13 000	65.8	16	56/4	11.4	38	9.5/4	6.4	wheel	28.3	14	2-T	2/16
S-61N	20 500	72.8	19	62/5	12.3	40	10.3/5	8.6	wheel	23.5	14	2-T	3/28
S-64F Skycrane	47 000	88.5	25.3	72.3/6	15.7	53	16.0/4	9.4	wheel	24.4	19.8	2-T	3/0
CH-53E	69 750	99.5	28.3	79/7	17	59.6	20.0/4	9.5	wheel	27.3	13	3-T	3/55
UH-60L Blackhawk	22 000	64.8	16.8	53.8/4	9.4	38	11.0/4	6.5	wheel	29	8.9	2-T	3/11
S-76B/C+	11 700	52.5	14.5	44/4	8.1	30.5	8.0/4	6.5	wheel	16.4	8	2-T	2/12
S-92	26 150	68.5	17.9	64.8/4	9.8	39.9	11.0/4	7.4	wheel	20.33	10.4	2-T	2/19

表中符号含义：

A——制造厂商和直升机型号；B——最大起飞重量（LB）；C——总长（ft）（旋翼和尾桨处在最大伸展处）；D——高度（ft）；E——旋翼直径（ft）；F——旋翼安全高度（ft）；G——桨毂到尾桨桨尖距离（ft）；H——尾桨直径（ft）；I——尾桨安全高度；J——起落装置的形式；K——起落装置的长度（ft）；L——起落装置的宽度（ft）；M——发动机数量和型号；N——机组和乘客的容量人数

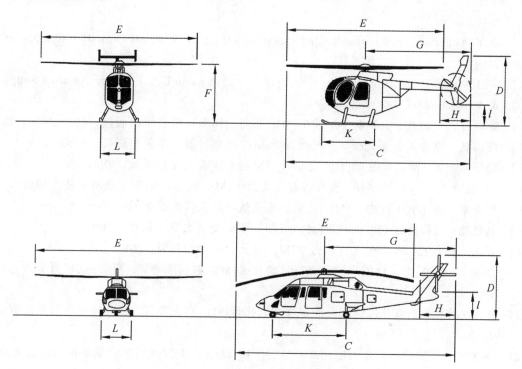

图 1　直升机的尺寸示意

参考文献

[1] D. F. Anderson，S. Eberhardt. Understanding Flight. U. S. A: MCGraw-Hill Companies，2001.

[2] W. J. Wagtendonk. Principles of Helicopter Flight. Second U.S. Edition，Aviation Supplies & Academics Inc.，2006.

[3] 顾诵芬，史超礼. 世界航空发展史[M]. 郑州：河南科学技术出版社，1998.

[4] 陈再新，刘福长，鲍国华. 空气动力学[M]. 北京：航空工业出版社，1993.

[5] 徐华舫. 空气动力学基础[M]. 北京：北京航空航天大学出版社，1987.

[6] A. 盖索乌，Г. 梅耶尔斯. 直升机空气动力学[M]. 北京：国防工业出版社，1959.

[7] 曹义华. 直升机飞行力学[M]. 北京：北京航空航天大学出版社，2005.

[8] 赵廷渝. 飞行员航空理论教程[M]. 成都：西南交通大学出版社，2004.

[9] 高正，陈仁良. 直升机飞行动力学[M]. 北京：科学出版社，2003.

[10] D. E. 马多纳,等. 性能理论和飞行试验技术[M]. 陈启顺等译. 西安：飞行力学杂志社，1990.

[11] R. W. 普拉蒂. 直升机性能及稳定性和操作性[M]. 高正等译. 北京：航空工业出版社，1990.

[12] 王永虎，关立欣. 直升机地面共振分析[C]// 2013 年中国通用航空发展论坛论文集. 成都：电子科技大学出版社，2013.

[13] J. Seddon. Basic Helicopter Aerodynamics. BPS Professional Books Oxford，1990.

[14] U.S.Department of Transportation. Rotorcraft Flying Handbook. FAA-H-8083-21，2000.

[15] J. R. Montgomery. Sikorsky Helicopter Flight Theory for Pilots. Sikorsky Aircraft，Division of United Technologies，U.S.A.，1964.

[16] J. Gordon Leishman. Principles of Helicopter Aeordynamics. Cambridge University Press，2000.

[17] Gareth D. Padfield. Helicopter Flight Dynamics. Blackwell Publishing. Second edition，2007.

[18] John Watkinson. Art of the Helicopter. Elsevier Butterworth-Heinemann，2004.

[19] J.D. Anderson. Fundamentals of Aerodynamics. Third edition. McGraw-Hill Higher Education，2001.

[20] C. Cheeseman，W. E. Bennett. The Effect of the Ground on a Helicopter Rotor in Forward Flight. R&M No 3021，1957.

[21] 中国民用航空局. 民用直升机场飞行场地技术标准[S]. MHS013 -2008，2008.

[22] International Civil Aviation Organization. Operation of Aircraft PartIII International

Operations — Helicopters, Fifth Edition, 2001.

[23] L. W. Carr. Progress in analysis and prediction of dynamic stall, J. Aircraft, 25（1）: 6-17, 1988.

[24] P. G. Darzin, W. H. Reid. Hydrodynamic Stability. Cambridge Univ. Press, Cambridge, 1981.

[25] L. N. Sankar, W. Tassa. Compressibility effects of dynamic stall of a NACA-0012 airfoil. AIAA J, 1981: 19（5）, 557-568.

[26] M. Dindar, U. Kaynak. Effect of turbulence modeling on dynamic stall of a NACA-0012 Airfoil, AIAA Paper 92-0027, 1992.

[27] S. T. Gangwani. Prediction of dynamic stall and unsteady airloads for rotor blades. J. Amer. Helicopter Soc.57-64, 1982.

[28] W. J. McCroskey. The phenomenon of dynamic stall. NASA TM-81264, 1981.

[29] D. F. Anderson, S. Eberhardt. Understanding Flight. New York: McGraw-Hill, 2001.

[30] C. N. Eastlake. An Aerodynamicist's View of Lift, Bernoulli and Newton. The Physics Teacher, 2002: 40, 166-173.

[31] J. Raskin. Foiled by the Coanda Effect. Quantum, 1994: 5（1）, 4-11.

[32] C. Waltham. Flight without Bernoulli. The Physics Teacher, 1998: 36, 457-462.

[33] K. Weltner. Aerodynamic Lifting Force. The Physics Teacher, 1990: 28, 78-82.

[34] K. Weltner. Bernoulli's Law and Aerodynamic Lifting Force. The Physics Teacher, 1990: 28, 84-86.

[35] J. Hoffren. Quest for an Improved Explanation of Lift. AIAA 2001-0872.

[36] http://baike.baidu.com/link?url = 81NxwYBkmmfFHigclk7bhf7UaRYSUgobFYpLOjxa1nx1 MHK06WvvZxPWsmmdu3_Q

[37] http://aerotech.buaa.edu.cn/EFM/Introduction/Book02/01_04.aspx?v = 0&p = 0&d = 0&k = Book02_01_04

[38] 马丁·宋贝. "伯努利升力原理" 批判[J]. 刘尚培译. 力学与实践, 1993: 15（4）, 72-76.

[39] http://www.grc.nasa.gov/WWW/K-12/airplane/Incorrect Lift Theory

[40] http://aircraftdesign.nuaa.edu.cn/plane1.htm

[41] P. E. Illman. The Pilot's Handbook of Aeronautical knowledge. USA: MCGraw-Hill Companies Inc., 2000.